ERLEBNIS *Biologie* 3

Herausgeber
Joachim Dobers
Imme Freundner-Huneke
Siegfried Schulz
Annely Zeeb

Autoren
Gerd-Peter Becker
Heike Claßen
Joachim Dobers
Imme Freundner-Huneke
Dr. Helmut Gaßmann
Dr. Andreas Heinrich
Marietta und Dieter Keller
Fritz Klöckner
Hauke und Christine Kruse
Dagmar Mehliß
Ralph Möllers
Rita Nowakowski
Ulrike Preuß
Anke Roß
Siegfried Schulz
Dorothee Tietge
Sabine Vogt
Michael Walory
Annely Zeeb

Mit Beiträgen von
Hans-Günther Beuck, Eva Döhring, Hartmut Eulner, Alex Knippenberg, Ernst-August Kuhlmann, Dr. Wolfgang Martin-Beyer, Erhard Mathias, Sabine Nelke, Günter Rabisch, Antje Starke, Rüdiger Stelling

unter Mitarbeit der Verlagsredaktion

Illustrationen:
Jan Bintakies
Dr. Peter Güttler
Theiss Heidolph
Brigitte Karnath
Joachim Knappe
Langner & Partner
Liselotte Lüddecke
Karin Mall
Tom Menzel
Heike Möller
Kerstin Ploß
Thilo Pustlauk
Barbara Schneider
Ingrid Schobel
Susanne Thater
Werner Wildermuth

Grundlayout:
Atelier *tiger*color Tom Menzel

Umschlaggestaltung:
SINNSALON, Büro für Konzept und Gestaltung

Druck A² / Jahr 2014
Alle Drucke der Serie A sind im Unterricht parallel verwendbar.

Satz: media service schmidt, Hildesheim
Repro: westermann druck GmbH, Braunschweig
Druck und Bindung: westermann druck GmbH, Braunschweig

ISBN 978-3-507-**77240**-3

Die Zelle als System

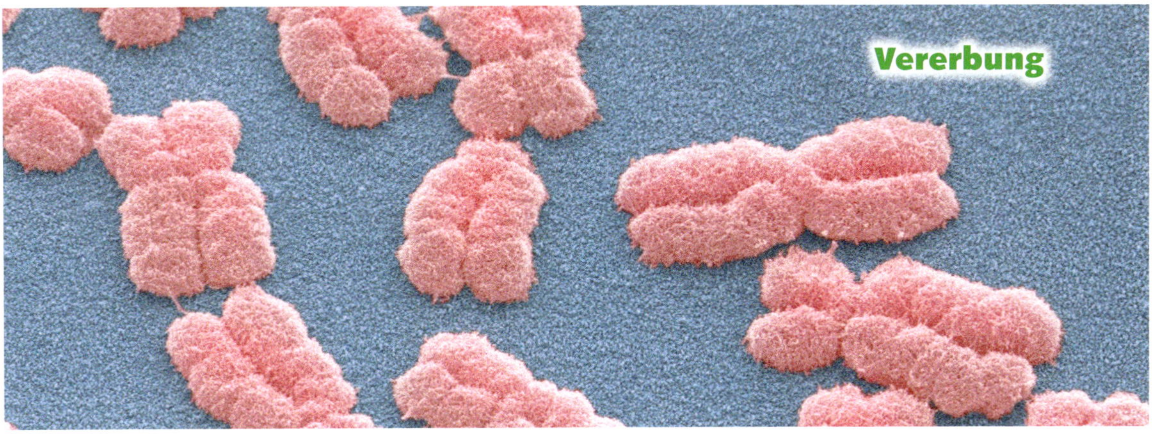
Vererbung

Evolution –
Vielfalt und Veränderung

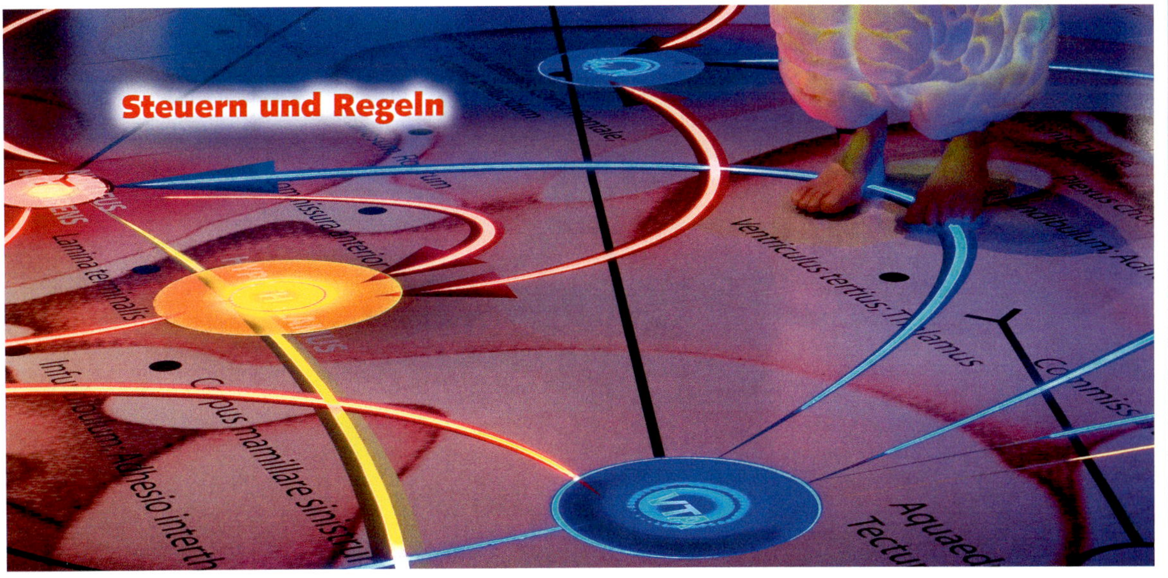
Steuern und Regeln

Stationen eines Lebens
Ereignis
ENDE
Ereignis
Ereignis
Ereignis
OSLO
MOSKAU
NEW YORK
HONG KONG
PARIS
SYDNEY
ROM

Methode

Hier findest du Methoden, die dir helfen, naturwissenschaftliche Themen zu verstehen und zu bearbeiten.

Pinnwand

Hier findest du zusätzlich Bilder und Informationen zum jeweiligen Thema und Aufgaben, die du selbstständig bearbeiten und lösen kannst.

Streifzug

Hier findest du weitere Informationen zu Themen, die in anderen Bereichen von großer Bedeutung sind.

Lernen im Team

Hier findest du Themenvorschläge für die Arbeit in Gruppen. Eine Gruppe bearbeitet jeweils einen Vorschlag. Am Ende stellt jede Gruppe ihre Ergebnisse vor.

Auf einen Blick

Hier findest du die Inhalte des Kapitels in kurzer und übersichtlicher Form dargestellt.

Zeig, was du kannst

Hier findest du vielfältige Aufgaben zum Wiederholen und Vertiefen der Inhalte des Kapitels.

Weitere Informationen über das Wort, das mit ▸ gekennzeichnet ist, erhältst du über das Stichwortverzeichnis am Ende dieses Buches.

Kennzeichnung der Aufgaben:

Diese Aufgabe kannst du mit deinem Vorwissen oder mit den Informationen aus dem Buch beantworten.

Dieses Symbol kennzeichnet eine Aufgabe, bei der du beobachten, untersuchen oder experimentieren musst.

Um diese Aufgabe zu lösen, nutze weitere Informationsquellen wie Fachbücher, Lexika oder das Internet. Manchmal beinhalten diese Aufgaben auch Arbeitsaufträge, die außerhalb des Klassenzimmers zu erfüllen sind.

1. Dies sind schwierige Aufgaben oder solche, die nur mit hohem Aufwand zu lösen sind.

Was sind überhaupt Basiskonzepte?

Biologen stellen Fragen an die Natur. Dabei sind immer wieder ähnliche Fragen sinnvoll. Basiskonzepte sind sozusagen die verschiedenen Blickwinkel, aus denen diese sinnvollen Fragen gestellt werden. Auch bei sehr unterschiedlichen Untersuchungsgegenständen findet man dabei immer wieder ähnliche Antworten. Man findet also wiederkehrende Prinzipien oder Zusammenhänge, die für (fast) alle naturwissenschaftlichen Sachverhalte gelten.

Warum sind Basiskonzepte hilfreich?

Basiskonzepte helfen dir dabei, naturwissenschaftlichen Fragen auf die Spur zu kommen. Indem du einen Gegenstand gezielt mit Hilfe der Basiskonzepte, also aus den typischen Blickwinkeln betrachtest, kannst du schneller die richtigen Fragen stellen. Außerdem findest du etwas wieder, was du so ähnlich schon woanders her kennst. So verbindest du Neues mit dem, was du schon weißt, kannst es leichter verstehen und behalten.

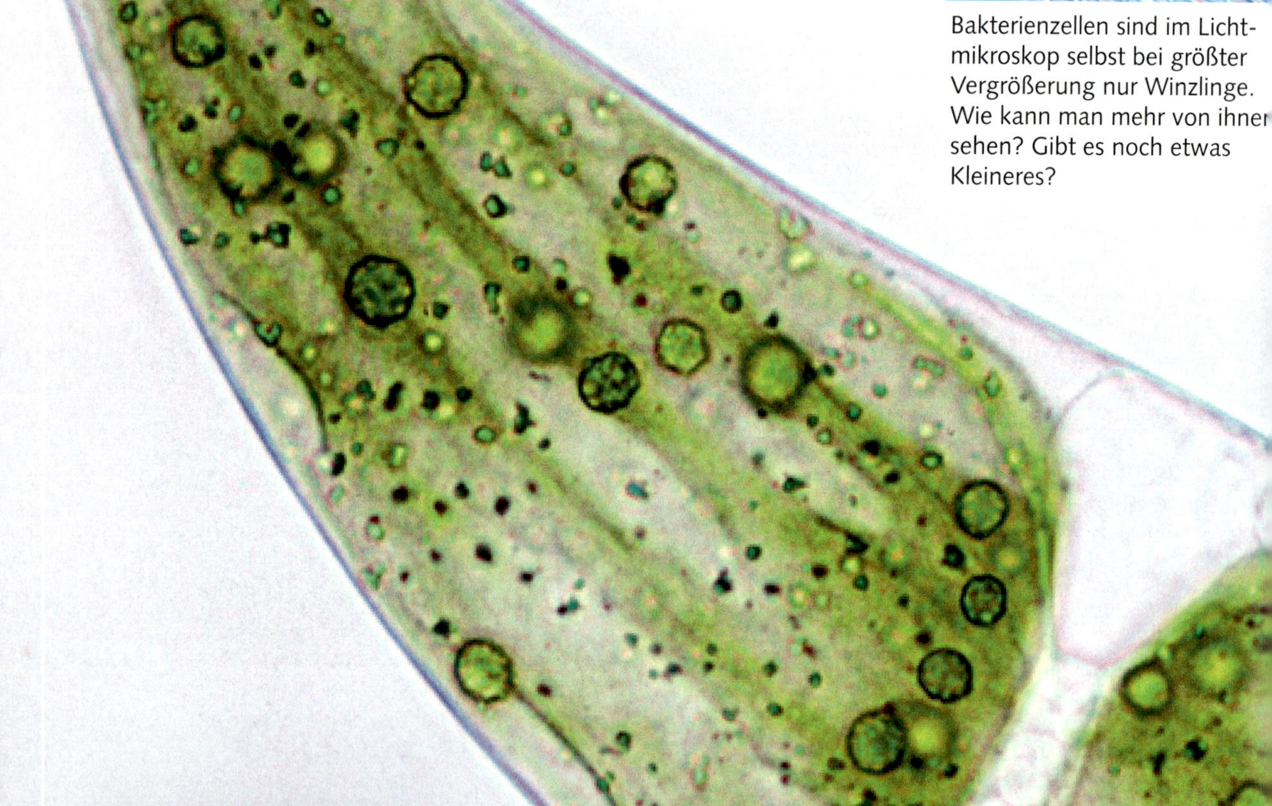

Die Zelle als System

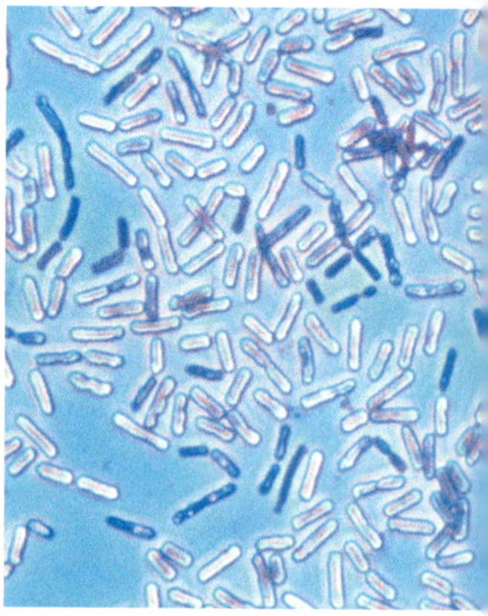

Bakterienzellen sind im Lichtmikroskop selbst bei größter Vergrößerung nur Winzlinge. Wie kann man mehr von ihnen sehen? Gibt es noch etwas Kleineres?

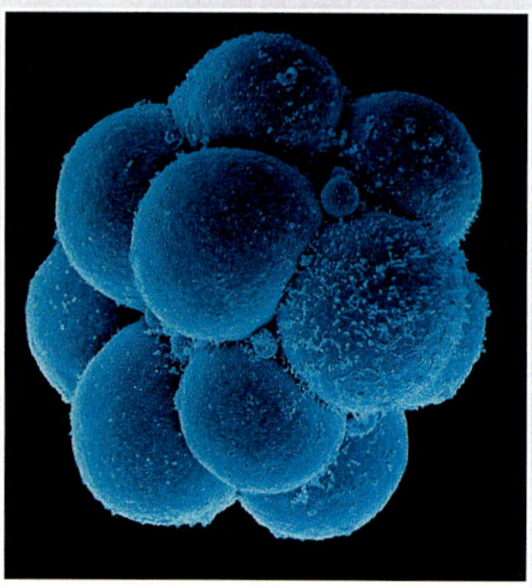

Woher kommen neue Zellen? Wie wachsen und entwickeln sich Organismen?

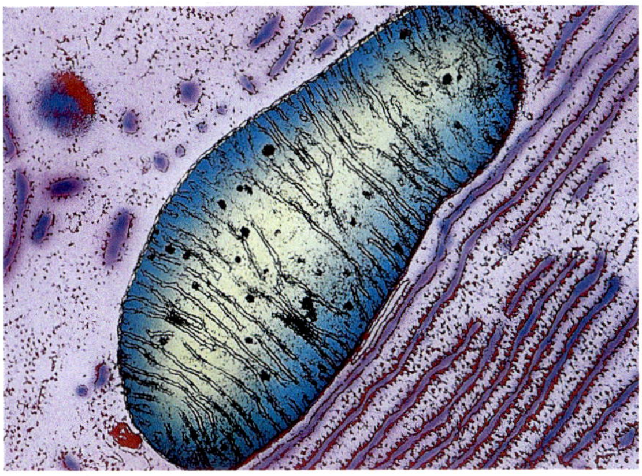

Welche Funktionen erfüllen die verschiedenen Zellbestandteile?

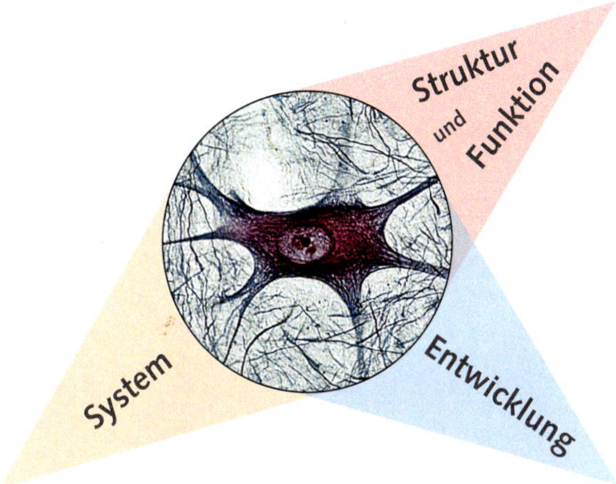

Die Zelle ist ein System. Was bedeutet das und unter welchen Blickwinkeln lässt sich die Zelle auch noch betrachten?

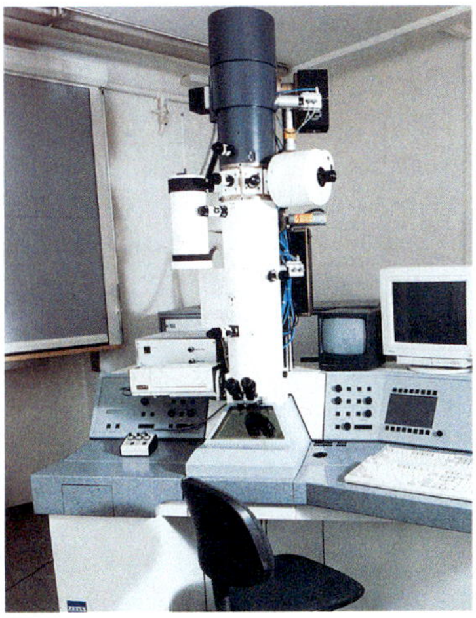

Warum haben wir an der Schule kein Elektronenmikroskop? Was können Forscher damit entdecken?

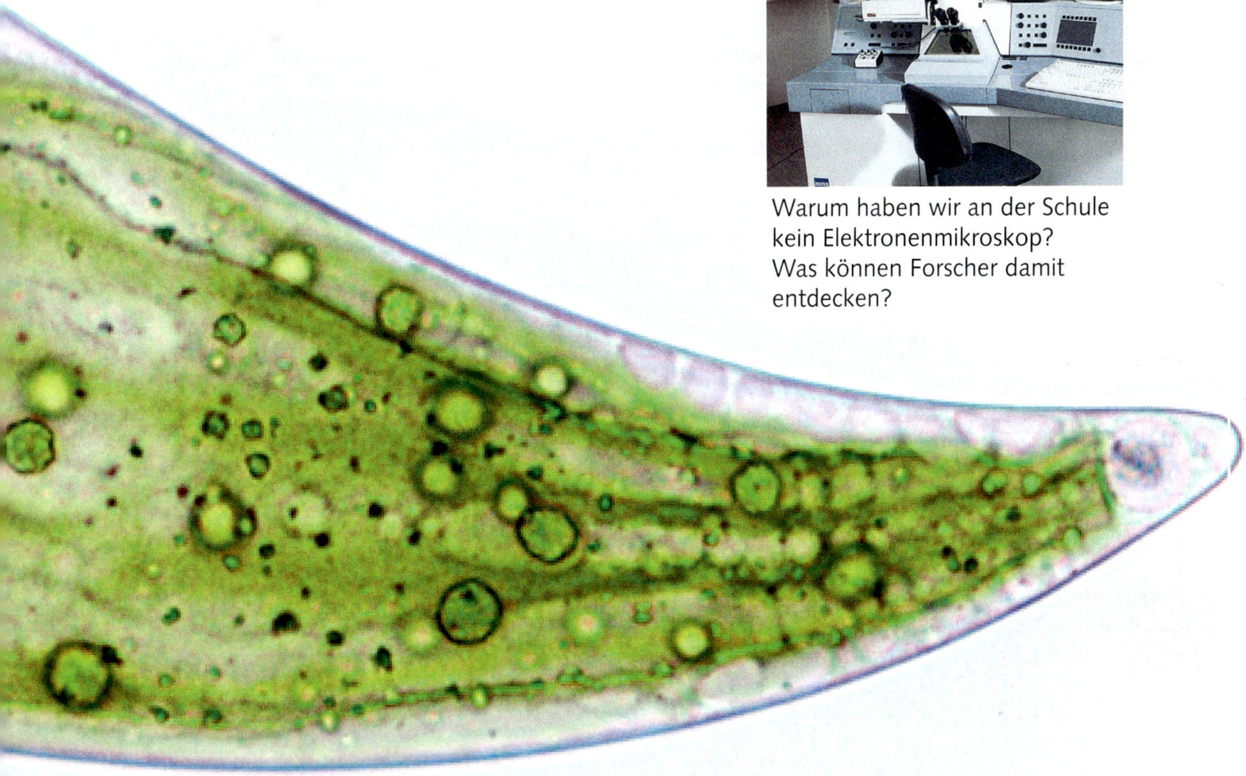

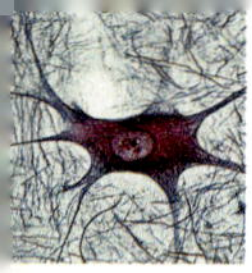

Zellen im Lichtmikroskop betrachtet

1. a) Ordne in einer Tabelle die Teile eines ▸ Lichtmikroskops den jeweiligen Funktionen zu.
b) Formuliere schriftlich die wichtigsten Mikroskopierregeln in deinem Heft.

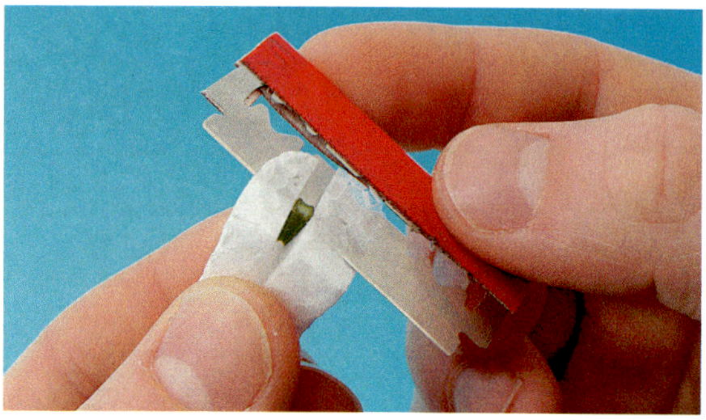

2. Auch Bakterien kannst du im Lichtmikroskop betrachten. Nutze dazu folgende Anleitung:
a) Möhrenstücke von 5 cm Länge werden zunächst drei Minuten lang gekocht und dann über Nacht in den Wärmeschrank bei 30 °C gestellt. Es bildet sich eine schleimige Schicht, die Riesenbakterien enthält. Entnimm davon etwas mit einer Präpariernadel und mikroskopiere.
b) Verdünne etwas Naturjogurt mit Wasser in einer Verdünnung von 1:2 und gib einen Tropfen davon auf den Objektträger.
c) Beschreibe Form und Beweglichkeit der unterschiedlichen Bakterien.

3. Pflanzenzellen eignen sich besonders gut für die Lichtmikroskopie. Je nachdem, was du genau betrachten möchtest, kannst du unterschiedliche Pflanzen für die Beobachtung nehmen:
a) An der Gartenpflanze Clematis kannst du gut die Zellwandstruktur erkennen. Lege dazu einen kurzen Stängelabschnitt über Nacht in Alkohol. Stelle dann einen Stängelquerschnitt her. Fertige den Schnitt so dünn an, dass das Deckgläschen nicht wackelt. Betrachte das Präparat im Mikroskop und erstelle eine mikroskopische Zeichnung einiger Zellen mit dem Zellwandverlauf.
Tipp: Zellwände lassen sich gut mit Chlorzinkiodlösung einfärben (C, Xn, N).
b) Untersuche das Fruchtfleisch roter und grüner Paprika und ein Häutchen der roten Küchenzwiebel darauf, wie jeweils die Färbung zustande kommt. Zeichne farbige Zellorganellen auch farbig ein.
c) Amyloplasten finden sich in Kartoffeln. Schabe von einer angeschnittenen Kartoffel mit einem Spatel etwas ab und färbe es auf dem Objektträger mit einem Tropfen **Iod-Kaliumiodidlösung.** Zeichne die Amyloplasten farbig.

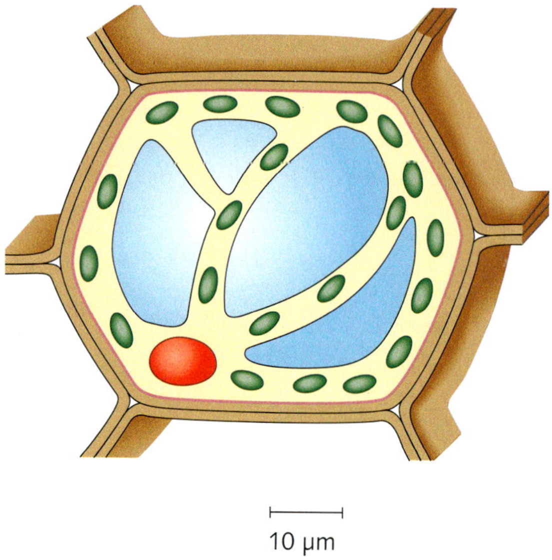

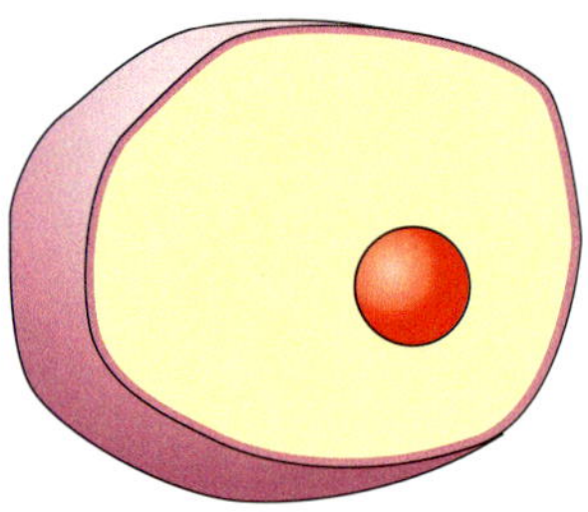

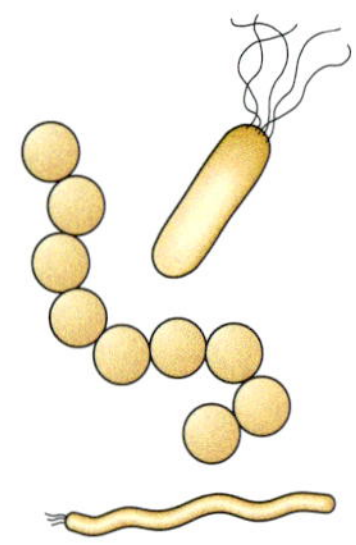

4. Erstelle zwei Tabellen. Vergleiche in der ersten Tier- und Pflanzenzellen miteinander und in der zweiten Eukaryoten und ▸ Prokaryoten.

5. a) Zeichne die abgebildeten Zellen ab und beschrifte die Zeichnungen.
b) Begründe mit einigen Argumenten, um was für eine Zelle es sich jeweils handelt.
c) Gib für jede Zelle ihre natürliche Größe in Millimeter an. Nutze dazu den angegebenen Maßstab.

Bakterien sind im Lichtmikroskop gerade noch zu erkennen

Bei größter Vergrößerung kann man in der Kahmhaut eines Heuaufgusses ein Gewimmel von unzähligen Heubakterien sehen. Man erkennt aber nur, dass es sich um winzige Organismen handelt, die sich mithilfe von Geißeln schnell bewegen. ▸ Bakterien gibt es aber auch noch in anderen Formen und sie können unterschiedlich viele oder gar keine Geißeln haben.

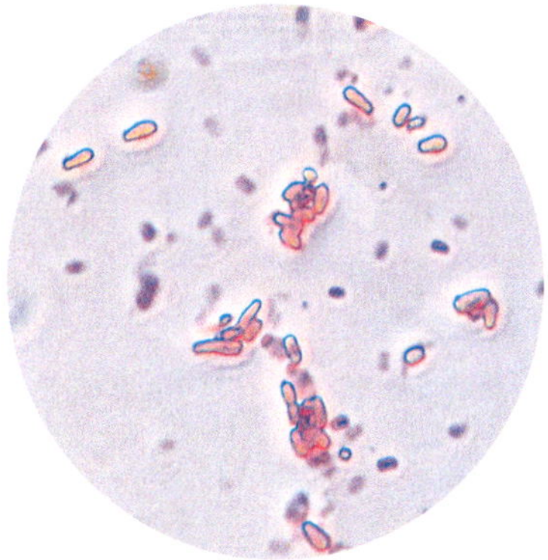

1 **Heubakterien**

Pflanzliche Zellen haben Besonderheiten

Der Querschnitt durch ein Blatt sieht dagegen ganz anders aus. Selbst bei geringer Vergrößerung sind zahlreiche Zellen gut erkennbar. Diese Zellen bilden verschiedene Gewebe, die gemeinsam ein gut funktionierendes **Organ,** das Blatt, bilden.
Sofort zu identifizieren sind im Lichtmikroskop die **Zellwände.** Sie begrenzen jede pflanzliche Zelle und bestehen zu einem großen Teil aus **Zellulose.** Die Zellulosemoleküle sorgen dafür, dass die Zellwände gleichzeitig stabil und dehnbar sind.
Bei stärkerer Vergrößerung sieht man in den Zellen mehr Einzelheiten. Zum Beispiel wird im Palisadengewebe der Grund für die Grünfärbung der Blätter deutlich: **Chloroplasten** liegen in großer Zahl in den Zellen. Sie sind mit dem grünen Farbstoff **Chlorophyll** für die ▸ **Fotosynthese** verantwortlich. Chloroplasten gehören zu den **Plastiden,** zu denen auch Chromoplasten und Amyloplasten zählen. Chromoplasten geben oft Früchten ihre rote oder gelbe Farbe und sind für die Herbstfärbung der Blätter verantwortlich. Amyloplasten speichern Stärke und sind zum Beispiel in Bananen und Kartoffeln zu finden.
Auf den ersten Blick liegen die Chloroplasten in der ganzen Zelle gleichmäßig verteilt. Schaut man aber genauer hin und stellt mit dem Feintrieb die verschiedenen Schichten einer Zelle scharf, wird deutlich, dass die Chloroplasten nur am Rand der Zelle zu finden sind. In ausgewachsenen Pflanzenzellen drückt eine zentrale, mit Flüssigkeit gefüllte **Vakuole** das **Zellplasma** an die Wand. Daher sind die im Zellplasma enthaltenen Chloroplasten und auch der **Zellkern** ganz an den Rand der Zelle gedrängt. Die Vakuolenflüssigkeit kann Farbstoffe, aber auch Zellablagerungen oder Reservestoffe enthalten. Die dicht unter der Zellwand liegende **Zellmembran** ist bei Pflanzenzellen oft nicht deutlich zu erkennen.

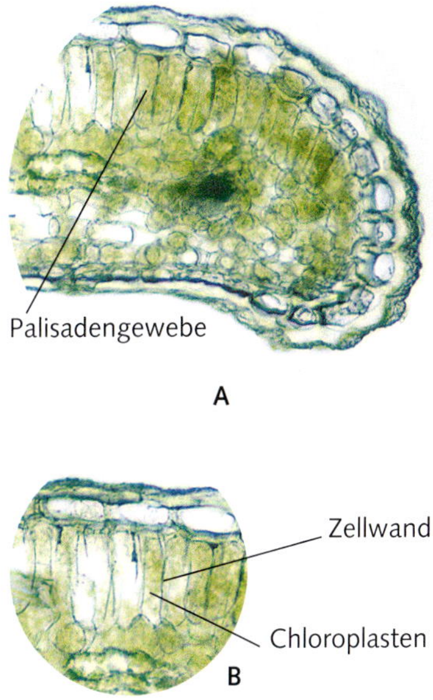

2 **Pflanzenzellen.**
A *Blattquerschnitt;* **B** Ausschnitt aus dem *Palisadengewebe*

Pflanzen- und Tierzellen sind Eukaryotenzellen

In einer angefärbten Mundschleimhautzelle ist der **Zellkern** deutlich zu erkennen. Er liegt mitten in der Zelle im Zellplasma. Die Tierzelle enthält im Gegensatz zur Pflanzenzelle keine Vakuole, keine Plastiden und hat keine Zellwand. Als Zellbegrenzung dient hier nur die Zellmembran.
Insgesamt aber überwiegen die Gemeinsamkeiten von Tier- und Pflanzenzellen. Die entscheidende Gemeinsamkeit ist der echte Zellkern, der die ▸ Erbinformation enthält. Aufgrund dieses echten Zellkerns, über den Tier- und Pflanzenzellen verfügen, werden sie als **Eukaryoten** (griechisch eu = echt, karyon = Kern) bezeichnet. Die Eukaryotenzellen haben aber noch weitere Zellbestandteile gemeinsam, die im Lichtmikroskop nicht zu erkennen sind. Der Sammelbegriff für diese besonderen Zellbestandteile mit jeweils bestimmten Funktionen lautet **Organellen**, zu denen bei Pflanzenzellen außer dem Zellkern auch die Plastiden und die Vakuole gehören. Weitere Organellen erkennt man erst, wenn man die Zellen im ▸ Elektronenmikroskop betrachtet.

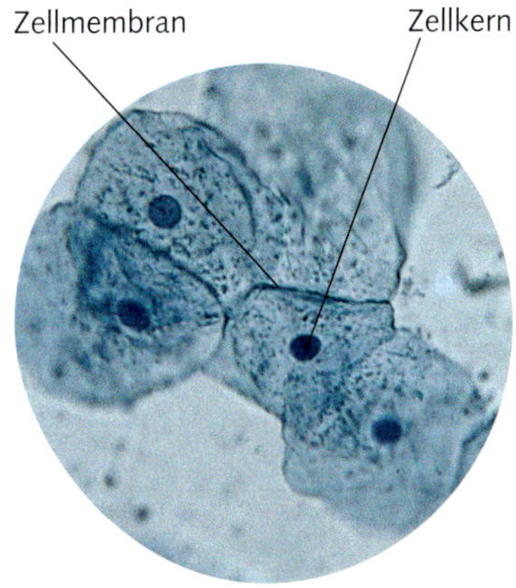

3 **Mundschleimhautzellen**

System → S. 180

Vom Organismus zur Zelle

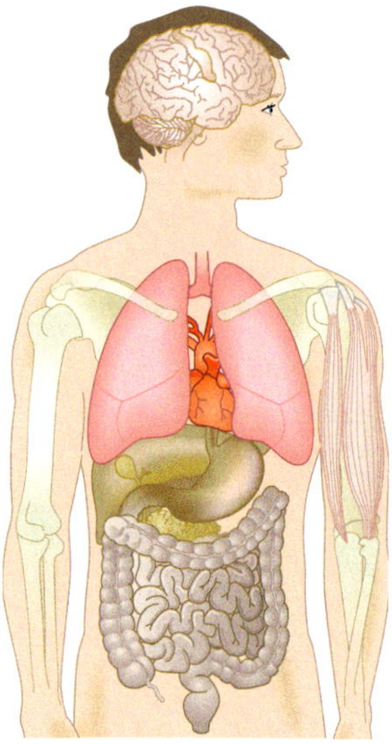

A

1. Liste einige Organe des Menschen auf und schreibe ihre Hauptfunktionen im menschlichen Organismus dazu.

Organ	Funktion
Herz	pumpt das Blut
Leber	entgiftet das Blut

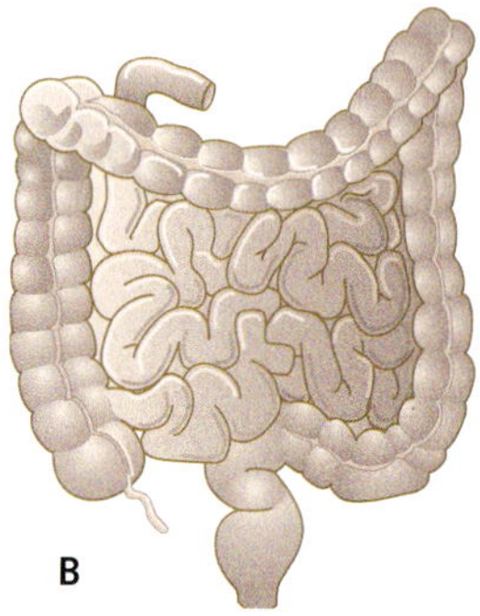

B

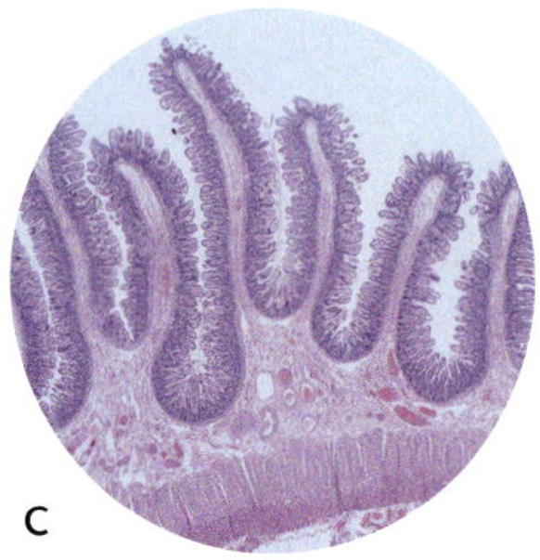

C

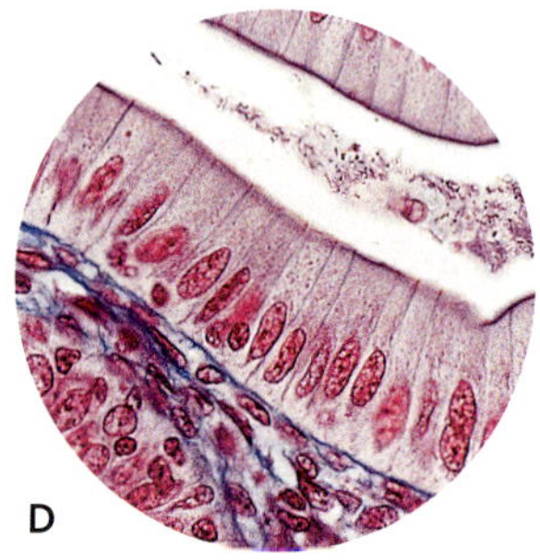

D

2. Die Abbildungen 1 A–D auf der rechten Seite zeigen den Aufbau einer Maispflanze aus Organen, Geweben und Zellen. Formuliere entsprechende Bildunterschriften auch für die obigen Abbildungen A–D für den Menschen.

3. Die obige Abbildung D auf dieser Seite zeigt Zellen der Darmwand des menschlichen Körpers.

a) Beschreibe die Formen und die Anordnung der Zellen in diesem Gewebe.

b) Stelle eine Beziehung zwischen dem Bau der Zellen und ihren Funktionen in dem entsprechenden Organ her. Nimm den Informationstext zu Hilfe.

4. Wenn jeder in der Klasse ein Zellmodell baut, könnt ihr daraus ein Gewebe gleichartiger Zellen zusammensetzen. Einigt euch vorher, aus welchen Materialien und in welcher Größe ihr eure Zellenmodelle bauen wollt, damit daraus ein Gewebemodell entstehen kann.

5. Gib in eine breite Schale ein wenig mit Wasser verdünntes Spülmittel. Blase mit einem Trinkhalm in die Lösung, sodass sich die Schale mit großen Blasen füllt.

a) Beschreibe möglichst genau, welche Formen die Blasen haben.

b) Wovon hängt ihre Form ab?

c) Stelle das Glas auf einen Projektor. Vergleiche das Projektionsbild mit dem Mikrofoto von den Zellen eines ▸ Leitbündels.

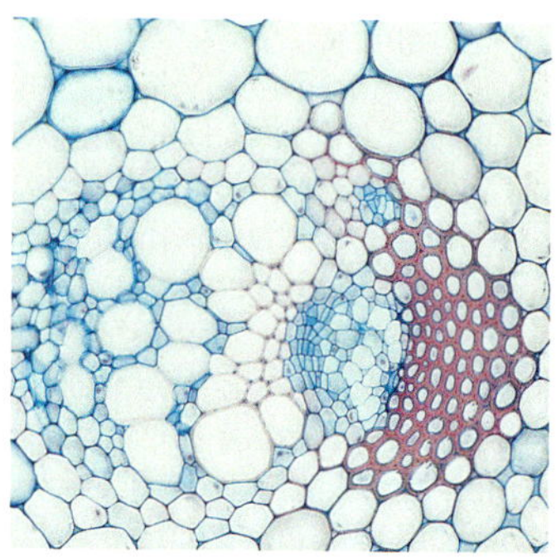

Organismen bestehen aus Zellen

Alle Lebewesen bestehen aus **Zellen,** sowohl Pflanzen als auch Tiere und wir Menschen. Man bezeichnet die einzelnen Lebewesen auch als **Organismen**, weil sie ihre Lebensvorgänge selbst organisieren. Einzellige Organismen wie ▸ Pantoffeltierchen bestehen nur aus einer einzigen Zelle. Größere Organismen wie beispielsweise Maispflanzen, Hunde oder Menschen sind aus verschiedenen **Organen** aufgebaut, die bestimmte Funktionen im Organismus erfüllen.

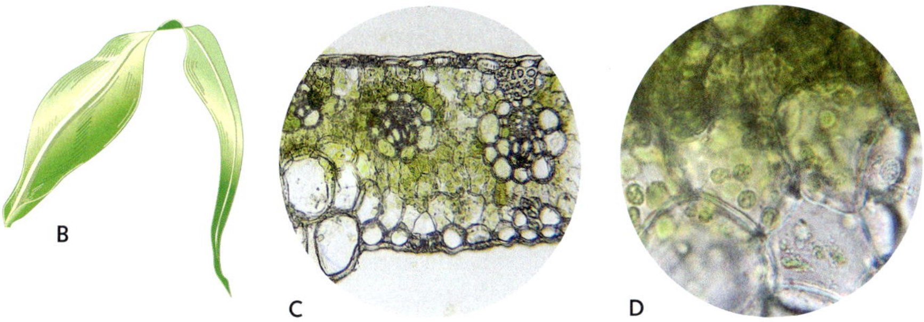

1 **Mais. A** *Organismus Maispflanze;* **B** *Organ Blatt;* **C** *Blattgewebe;* **D** *Zellen des Grundgewebes mit Chloroplasten*

Pflanzen haben als wichtige Organe meist Wurzeln, Stängel, Blätter, Blüten und Früchte. In den Organen liegen gleichartig gebaute Zellen oft nebeneinander und bilden **Gewebe.** Die Zellen sind in den verschiedenen Geweben und Organen etwas unterschiedlich ausgeformt und haben bestimmte Funktionen. Im Organ Blatt findet man verschiedene Blattgewebe: In der Ober- und Unterhaut beispielsweise haben die Zellen dicke Zellwände und schützen das Blatt. Die Zellen des Grundgewebes enthalten zahlreiche Blattgrünkörner (Chloroplasten), in denen Fotosynthese betrieben wird.

Organe, Gewebe und Zellen des Menschen

Die etwa 10 Billionen Zellen, aus denen ein Mensch besteht, sind nicht alle gleich. Es finden sich zwar überall dieselben Grundstrukturen wie ▸ Zellmembran, ▸ Zellplasma und ▸ Zellkern, aber die Form der Zellen und ihre Anordnung im Gewebe hängen von ihren Funktionen in den jeweiligen Organen ab.
Die Zellen der Darmwand liegen beispielsweise dicht nebeneinander. Sie grenzen so das Körperinnere gegen den Darminhalt ab. Gleichzeitig sorgen sie für die kontrollierte Aufnahme von Nährstoffbausteinen ins Blut. Nervenzellen des Gehirns hingegen sind reich verzweigt und tauschen über viele Verbindungen mit anderen Nervenzellen Informationen aus. Knorpelzellen sind rundlich und sondern um sich herum eine elastische Eiweißsubstanz ab, die zum Beispiel dem Gelenkknorpel seine federnde Eigenschaft verleiht.

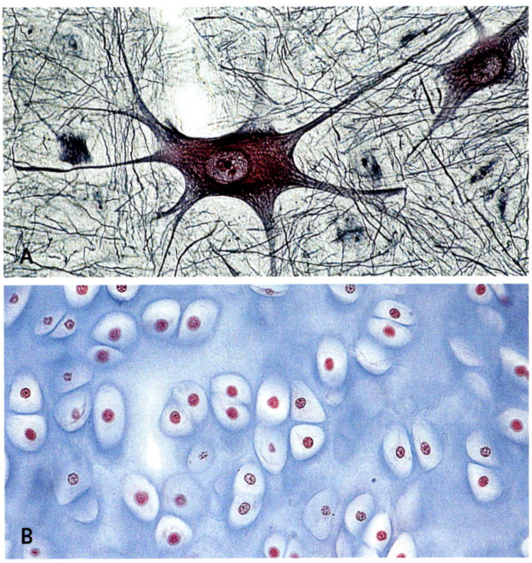

2 **Menschliche Gewebe. A** *Nervenzellen des Gehirns;* **B** *Knorpel mit Knorpelzellen*

System → S. 180

Von der Zelle zum Organismus

1 **Entwicklung eines Grasfrosches. A** *befruchtete Eizelle;* **B–D** *Zellteilungen;* **E** *Embryo;* **F** *Larve eines Grasfrosches*

1. Beschreibe die in Abbildung 1 dargestellte Entwicklung von der befruchteten Eizelle eines Grasfrosches bis zur Kaulquappe. Beachte dabei die Zahl und Größe der Zellen und die Bildung von Körperteilen.

2. Berichte über Tiere, die Körperteile nach Verletzungen ersetzen können. **Tipp:** Als Suchworte für eine Internetrecherche kannst du „Regeneration" und „nachwachsende Organe" nutzen.

2 Maiskeimling

Ein neues Lebewesen entwickelt sich

Ausgangspunkt für die Entwicklung eines Lebewesens, zum Beispiel eines Frosches, ist die durch ein Spermium befruchtete Eizelle. Nach der Befruchtung beginnt sich diese zu teilen. Vor jeder **Zellteilung** wird der Zellkern verdoppelt, sodass die beiden neuen Zellen je einen Zellkern mit der vollständigen Erbinformation als Steuerzentrale erhalten.
Die Zellen teilen sich immer und immer wieder, bis eine Kugel aus mehreren tausend Zellen entstanden ist. Nach und nach bildet sich ein Embryo mit den Anlagen für den Kopf, den Schwanz, den Rumpf und die inneren Organe. Je nach Lage im Körper entwickeln die Zellen einen etwas unterschiedlichen Aufbau und **spezialisieren** sich auf bestimmte Aufgaben.
Bis die Larve aus der Eihülle schlüpft und als selbstständige Kaulquappe lebt, hat die Gesamtmasse des Körpers noch nicht zugenommen. Die Zellen sind bei jeder Teilung kleiner geworden. Wenn das Tier jetzt wächst, teilen sich weiterhin Zellen, aber vor jeder neuen Teilung wachsen die Tochterzellen wieder zur ursprünglichen Größe heran.
Auch im erwachsenen Frosch teilen sich noch Zellen, aber nur, um abgestorbene Zellen zu ersetzen oder Wunden zu heilen. Die Fähigkeit zur **Regeneration,** also zur Wiederherstellung von Organen, ist bei manchen Tieren ganz erstaunlich: Molche zum Beispiel können ein ganzes Bein oder ein verletztes Herz erneuern.

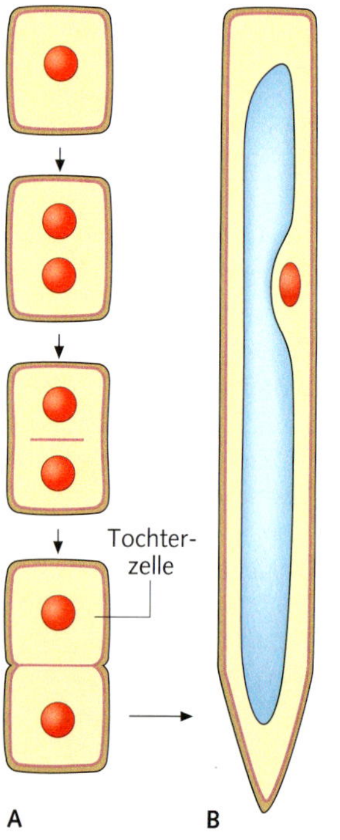

3 Wachstum. A *Zellteilung;* **B** *Zellstreckung*

Wie wächst eine Pflanze?

Bei Pflanzen vermehren sich die Zellen vor allem an den Wurzelspitzen und an den Triebspitzen durch **Zellteilung.** Nach jeder Teilung wachsen die Tochterzellen wieder auf Normalgröße heran. Das Größenwachstum geschieht aber hauptsächlich auf eine andere Weise. Der Stängel einer Pflanze verlängert sich durch **Zellstreckung.** Die anfangs etwa 0,02 mm langen Zellen können zum Beispiel in einem Maisstängel auf mehrere Zentimeter Länge heranwachsen.

Entwicklung → S. 184

Arbeiten mit dem Lichtmikroskop

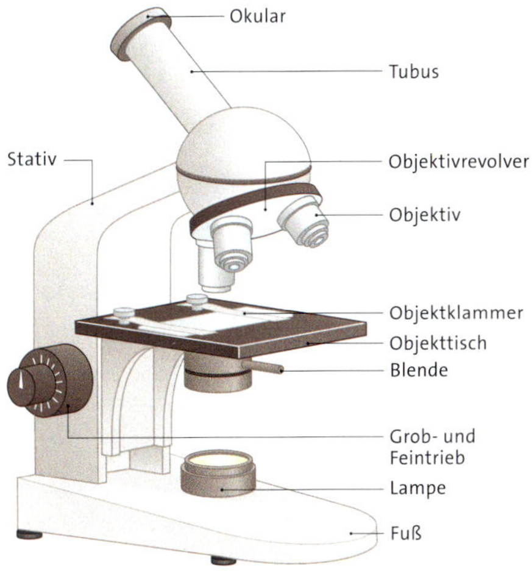

1 Bau eines Lichtmikroskops

1. Fertige ein Präparat von dem Häutchen einer Zwiebelschuppe an, so wie es in der Abbildung 3 vorgestellt wird. Mikroskopiere dieses und zeichne einen Ausschnitt. Beschrifte die Zeichnung.

Das optische Auflösungsvermögen eines Lichtmikroskops ist etwa 200- bis 500-mal stärker als das des menschlichen Auges. Die zu untersuchenden Objekte dürfen nicht zu dick sein, damit sie von genügend Licht durchstrahlt werden. Man fertigt daher von ihnen dünne Schnitte, Quetsch- oder Zupfpräparate an. Mit Hilfe einer Rasierklinge kann man von Pflanzen 100 µm (0,1 mm) dünne Schnitte erzielen. Mit modernen Mikroskopen lassen sich sich Objekte etwa 1200- bis 1500-fach vergrößern.

2 Schmetterlingsflügel. **A** *mit bloßem Auge betrachtet;* **B** *unter dem Mikroskop betrachtet*

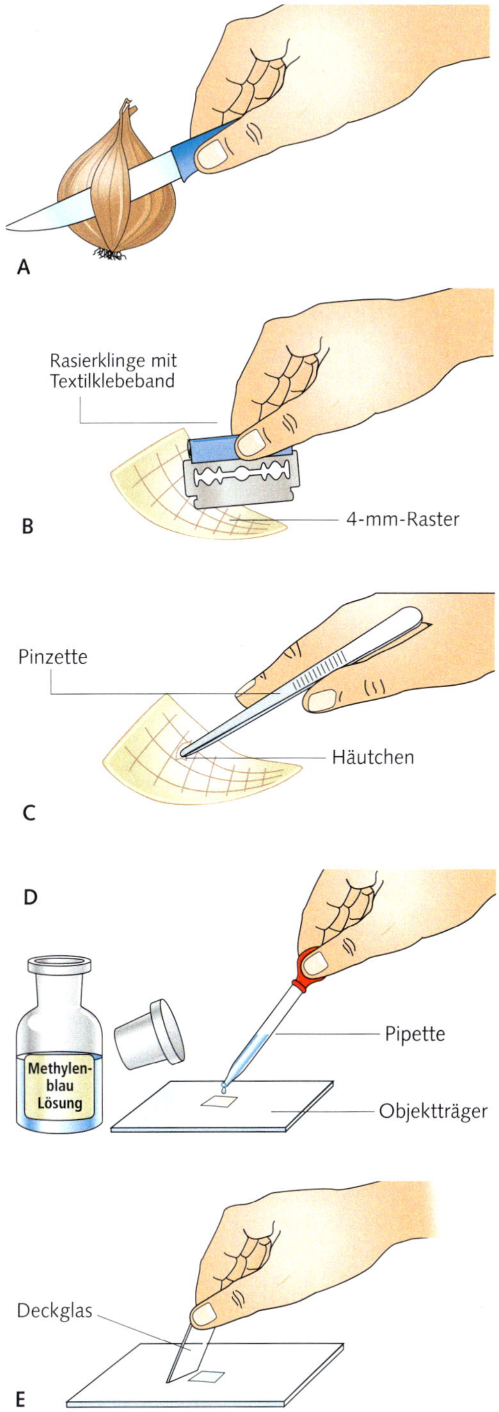

3 Anfertigen eines Zupfpräparates (Küchenzwiebel). **A** *Entnahme einer Zwiebelschuppe;* **B** *Einschneiden eines Rasters;* **C** *Entnahme eines Häutchens;* **D** *Anfärben mit Methylenblau (Xn);* **E** *Aufsetzen des Deckglases*

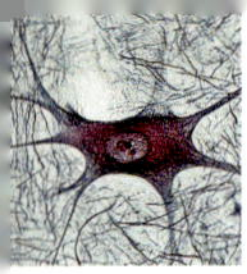

Das Elektronenmikroskop eröffnet neue Dimensionen

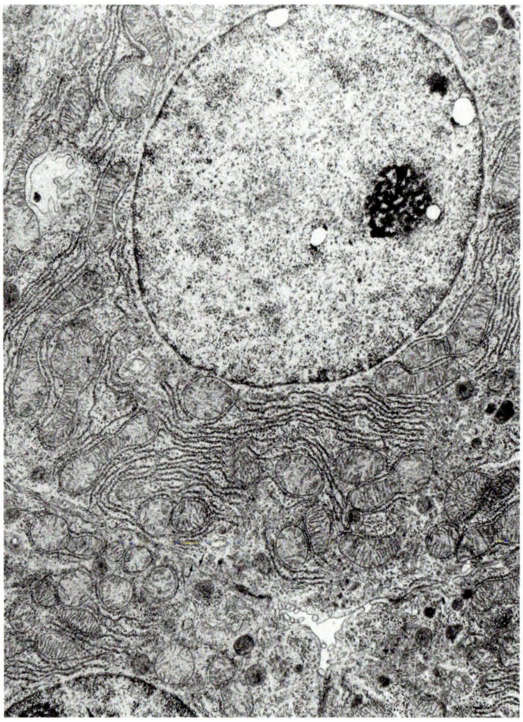

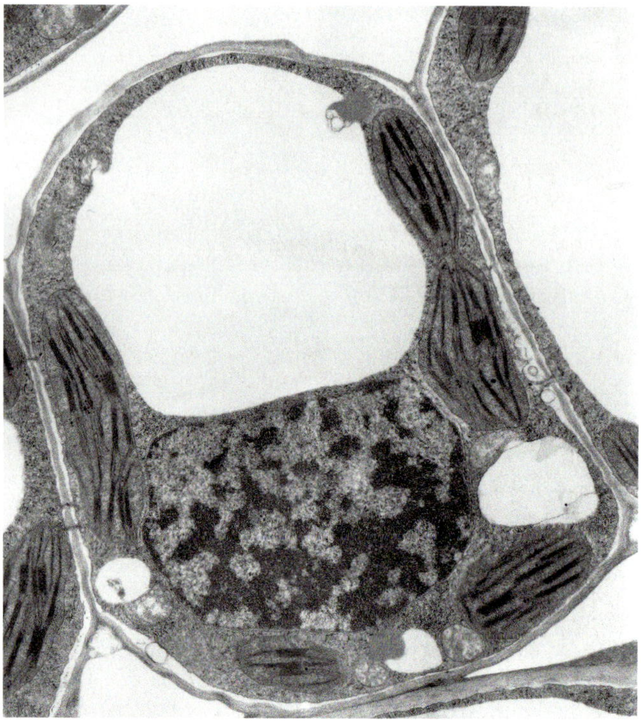

1. Die beiden obigen Abbildungen zeigen Zellen, die mit einem Elektronenmikroskop aufgenommen wurden.
a) Finde heraus, bei welcher Zelle es sich um eine Pflanzen- beziehungsweise um eine Tierzelle handelt.
Begründe deine Wahl ausführlich.
b) Zu welcher Zelle gehört die Schemazeichnung? Fertige eine ähnliche Schemazeichnung zu der anderen Zelle an und beschrifte sie.

2. Liste jeweils Vor- und Nachteile der Elektronenmikroskopie und der Lichtmikroskopie auf.

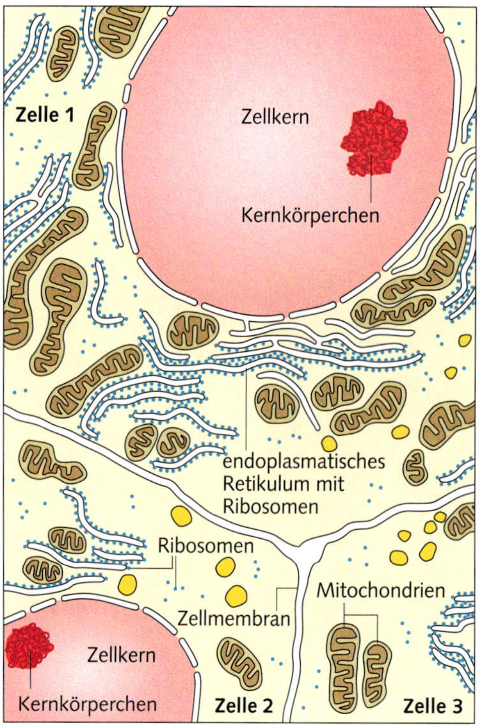

3. Stelle in einer Tabelle Organellen mit einer Membran den Organellen mit einer Doppelmembran gegenüber und nenne jeweils ihre Funktionen.

4. Stelle den Vesikeltransport zwischen ER, Dictyosom und Zellmembran mit Knetmasse nach.

5. Recherchiere und berichte, welche Krankheiten Bakterien beim Menschen auslösen können und wo Bakterien dem Menschen nützlich sind.

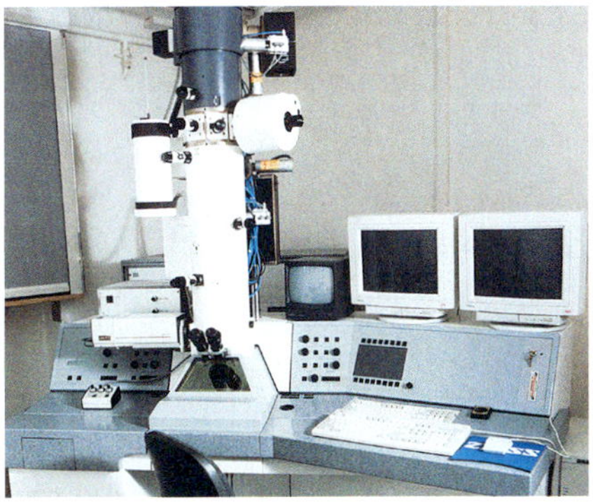

1 Elektronenmikroskop

Das Elektronenmikroskop lässt Kleines groß erscheinen

Mit dem Lichtmikroskop kann man Objekte bis zur Größe eines Bakteriums erkennen. Ein Bakterium aber genauer zu untersuchen, ist nur mit dem **Elektronenmikroskop** – kurz EM – möglich. Es vergrößert bis zu 1000-mal stärker als das Lichtmikroskop und lässt uns Details innerhalb von Zellen entdecken. Mit aufwändigen Methoden müssen die Objekte dafür vorbereitet werden. Allerdings lassen diese Präparationsmethoden und die Arbeitsweise eines EM es nicht zu, lebende Objekte zu mikroskopieren. Statt mit Lichtstrahlen und Glaslinsen arbeiten die Elektronenmikroskope mit Elektronenstrahlen, die von magnetischen Linsen gelenkt werden. Das Bild wird dann auf einem Bildschirm dargestellt.

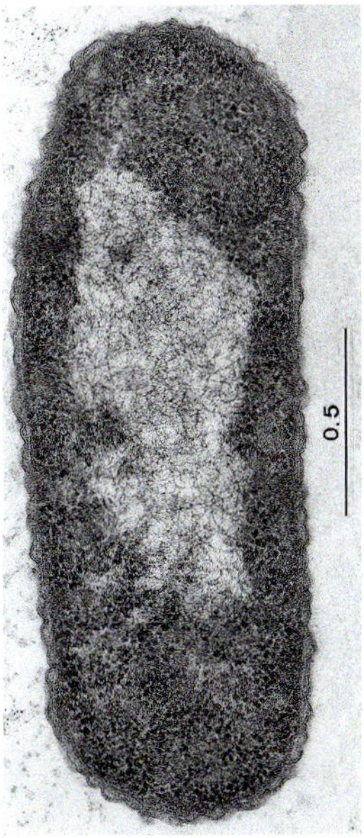

2 Bakterium im EM

Bakterien im Elektronenmikroskop

Schaut man sich **Bakterien** im Elektronenmikroskop an, erscheint das Innere der Zelle durch Helligkeitsunterschiede strukturiert. Man erkennt aber keine durch Membranen umhüllten Organellen in der Zelle. Es gibt keinen Zellkern, die ▸ **DNA** liegt frei im Zellplasma. Solche Zellen ohne echten Zellkern heißen **Prokaryoten.**
Außer einem großen DNA-Knäuel kann es noch weitere kleinere DNA-Ringe geben, die ▸ **Plasmide**.
Die Bakterienzelle ist außer durch die Zellmembran noch durch eine Zellwand begrenzt, die jedoch anders aufgebaut ist als die der Pflanzenzelle. In dieser Zellwand sind oft **Geißeln** verankert, mit denen sich manche Bakterien fortbewegen.
Bakterien vermehren sich durch Zellteilung. Unter günstigen Bedingungen kann ein Bakterium sich alle 20 Minuten teilen.

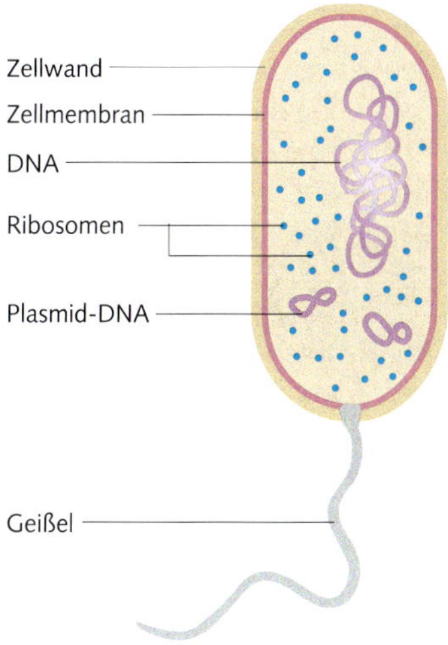

3 Bakterium im Schema

Viren sind keine Zellen

Auch ▸ Viren kann man im Elektronenmikroskop sichtbar machen. Sie sind viel kleiner als Bakterien, sind aber keine Zellen. Sie bestehen aus einer Proteinhülle, die die Erbinformation umschließt. Viren haben keinen eigenen Stoffwechsel und können sich nur mit Hilfe lebender Zellen vermehren.

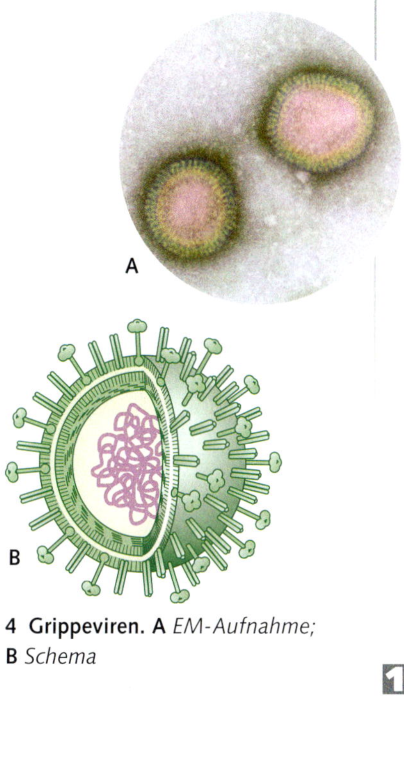

4 **Grippeviren. A** *EM-Aufnahme;* **B** *Schema*

Membranen gliedern Eukaryotenzellen

Im Elektronenmikroskop ist bei allen Zellen die Zellmembran als dünnes Häutchen zu erkennen. Bei ▸ **Eukaryoten** grenzt sie auch Reaktionsräume innerhalb der Zelle voneinander ab. Für Wasser sind alle Membranen durchlässig. Ionen und große Moleküle wie zum Beispiel Traubenzucker lassen sie nicht oder nur ganz gezielt passieren. Membranen können Bläschen, so genannte **Vesikel** abschnüren, die sich wieder mit anderen Membranen verbinden können. In diesen Vesikeln werden Stoffe von einem Organell zum anderen oder aus der Zelle heraus transportiert. Membranen können vielfach gefaltet sein, das bewirkt eine **Oberflächenvergrößerung.** In **Chloroplasten** beispielsweise laufen die Reaktionen der ▸ Fotosynthese an Membranen ab.

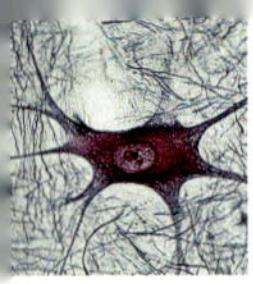

Die meisten Zellorganellen erkennst du in einer **jungen Pflanzenzelle.** Sie enthält die gleichen Organellen, die auch in einer Tierzelle vorkommen, zusätzlich aber noch die Chloroplasten, die Zellwand und Vakuolen.

Der Zellkern

Der Zellkern ist meistens kugelförmig und nimmt oft einen großen Teil der Zelle ein. Durch zwei Membranen, die zusammen auch **Doppelmembran** heißen, ist er vom Zellplasma abgegrenzt. Zusammen mit den Kernporen in der Doppelmembran sorgt sie dafür, dass nur bestimmte Stoffe den Kern verlassen oder in ihn aufgenommen werden können. Im Innern des Zellkerns sind häufig ein oder mehrere **Kernkörperchen** zu erkennen. Hier wird ▸ **RNA** zum Aufbau der Ribosomen hergestellt. Der Zellkern enthält in der ▸ **DNA** die Baupläne aller Proteine der gesamten Pflanze und damit alle Informationen, die die Pflanze zum Überleben braucht.

Das Endoplasmatische Reticulum oder kurz ER

Das ER ist eng mit dem Zellkern verbunden. Die Kernmembran geht in das ER über. Es besteht aus zusammenhängenden Röhren und flachen Hohlräumen, die jeweils von einer Membran umgeben sind. Weite Bereiche des ER sind mit Ribosomen besetzt. In diesen Bereichen heißt es **raues ER.** Hier werden verschiedene Stoffe, zum Beispiel Proteine, gebildet. Das ER schnürt dann Vesikel ab und verschickt die darin verpackten Proteine an andere Orte in der Zelle. In vielen Fällen ist die nächste Station dann ein Dictyosom.
Im nicht mit Ribosomen besetzten **glatten ER** werden weitere wichtige Stoffe für die Zelle gebildet, zum Beispiel Farbstoffe, die in die Vakuole transportiert werden und dort die Färbung einer Blüte ausmachen.

Die Ribosomen

Ribosomen bestehen aus zwei Untereinheiten, sind nicht von einer Membran umgeben und enthalten RNA und Proteine. Ribosomen sind entweder an das ER gebunden oder man findet sie frei im Zellplasma. An Ribosomen werden mithilfe der Erbinformation des Zellkerns die Proteine gebildet. Dieser Vorgang heißt ▸ **Proteinbiosynthese.**

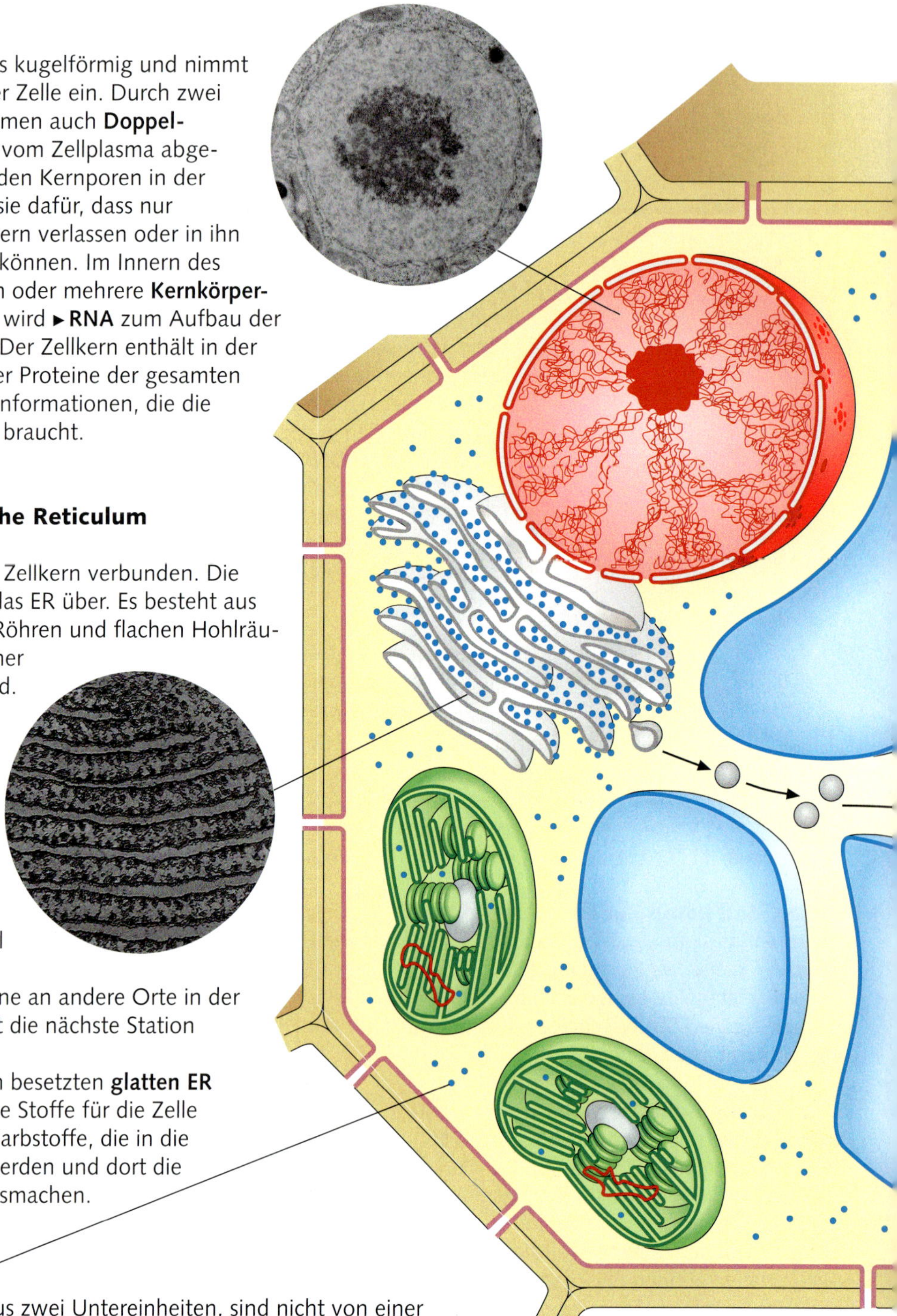

5 Elektronenmikroskopisches Bild einer Pflanzenzelle *(Schema und Zellorganellen)*

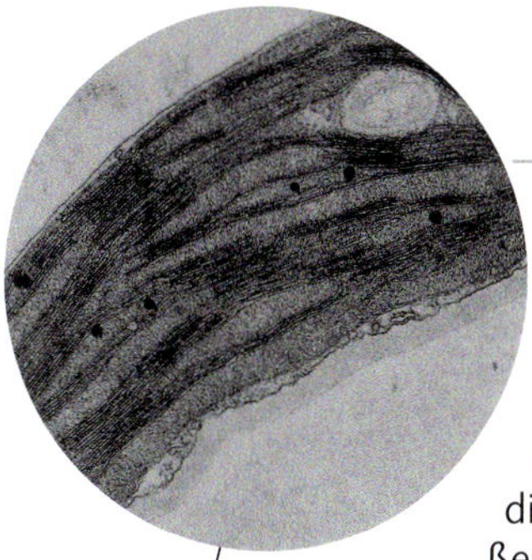

Die Chloroplasten

Chloroplasten sind linsenförmige Organellen, die durch eine Doppelmembran vom Zellplasma abgegrenzt sind. Im Innern der Chloroplasten fallen vor allem die Membranstapel auf. An diesen Membranen läuft die Fotosynthese ab. Durch die Stapelung der Membranen, die den Farbstoff Chlorophyll enthalten, wird die Oberfläche so vergrößert, dass zahlreiche Fotosynthese-Reaktionen gleichzeitig stattfinden können. Die Energie des Lichtes, das auf die Membranstapel fällt, wird zum Aufbau von Traubenzucker aus Kohlenstoffdioxid und Wasser genutzt. Dabei wird Sauerstoff frei. Oft wird im Chloroplasten der Traubenzucker zu Stärke umgewandelt. Dabei werden viele Traubenzuckermoleküle miteinander verknüpft und es entstehen die im Bild zu sehenden weißen Bereiche.

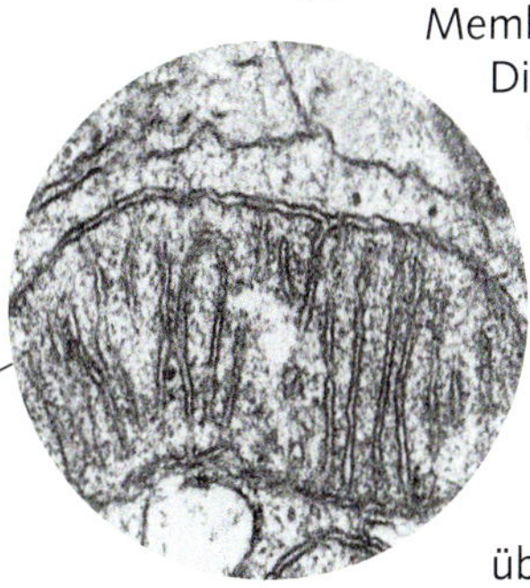

Die Mitochondrien

Mitochondrien sind langgestreckte Organellen, die von einer Doppelmembran umhüllt sind. Die innere Membran ist vielfach eingefaltet. Dies dient der **Oberflächenvergrößerung,** denn an dieser inneren Mitochondrienmembran findet die **Zellatmung** statt. Hierbei wird Energie aus Traubenzucker unter Verbrauch von Sauerstoff so umgewandelt, dass sie überall in der Zelle genutzt werden kann. Dabei entstehen Kohlenstoffdioxid und Wasser.

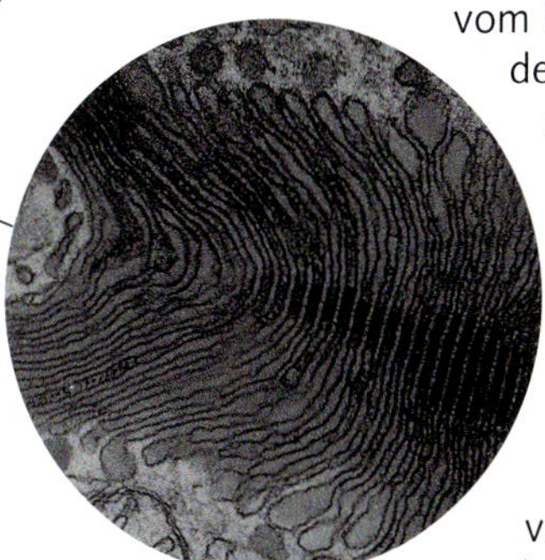

Das Dictyosom

Das Dictyosom ist aus flachen Hohlräumen aufgebaut, die jeweils von einer Membran umgeben sind. Die Membranstapel sind in einer bestimmten Weise zum Zellkern und zum ER hin ausgerichtet und nur an einer Seite verschmelzen Vesikel, die das ER verlassen haben, mit der Membran des Dictyosoms. So werden Stoffe vom ER in das Dictyosom transportiert. An der anderen Seite des Dictyosoms schnüren sich wiederum Vesikel ab und wandern zielgerichtet zu ihren Bestimmungsorten. Auf dem Weg von der einen zur anderen Seite werden die Stoffe im Dictyosom abgewandelt. Auf diese Weise stellt das Dictyosom auch Zellwandmaterial her. Dieses wird in Vesikeln zur Zellmembran verschickt, verschmilzt dort mit ihr, und der Inhalt gelangt nach außen zur Zellwand.

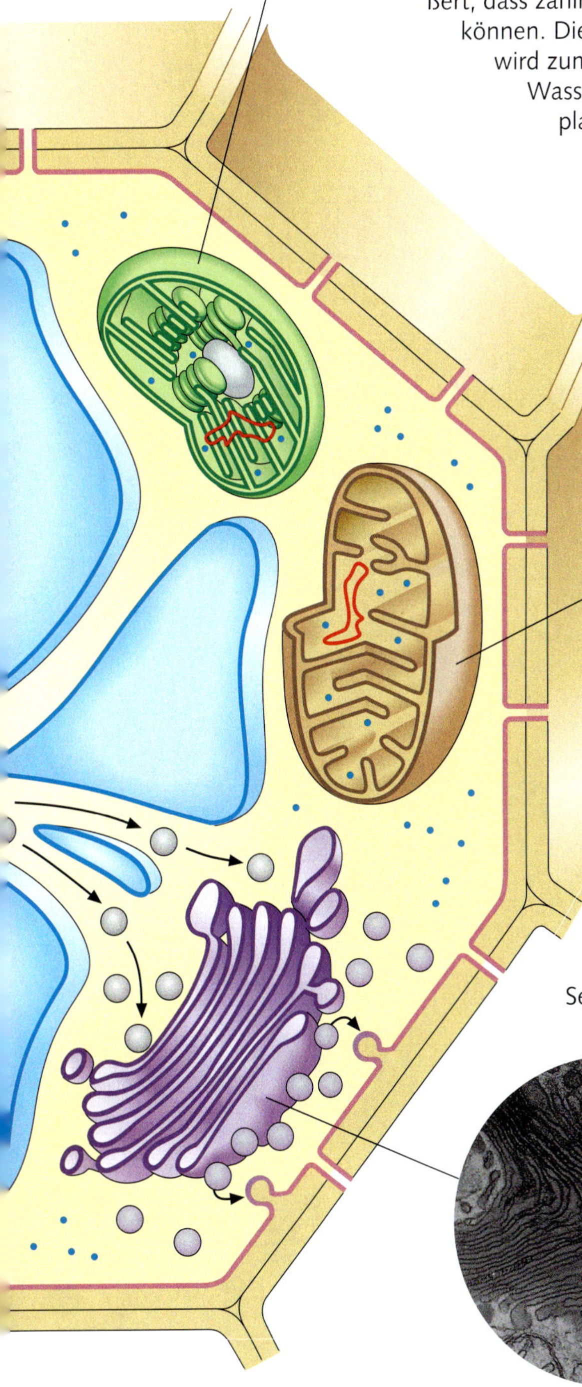

Struktur und Funktion → S. 182

Mikroskopiertechnik und Zellforschung

Neuartige Entdeckungen werden in den Naturwissenschaften häufig gemacht, wenn neue technische Geräte die Wahrnehmung erweitern. Dafür liefert die Geschichte der Mikroskopie und der damit eng verbundenen Zellforschung ein eindrucksvolles Beispiel.

Ende des 16. Jahrhunderts stellten niederländische Linsenschleifer die ersten einfachen **Mikroskope** her. Was man damit sehen konnte, diente oft nur auf Jahrmärkten der Volksbelustigung. Anton van LEEUWENHOEK (1632–1723) baute Mikroskope mit nur einer kleinen Linse aus Diamant oder Bergkristall, die er in einer Metallplatte befestigte. Mit diesen Mikroskopen erreichte er eine bis zu 270-fache Vergrößerung und sah erstmals ▸ **Einzeller** im Wasser, Spermien und sogar Bakterien. Dies wissen wir aus den Zeichnungen, die er über seine Beobachtungen anfertigte. Der Engländer Robert HOOKE (1635–1702) baute Mikroskope aus zwei Linsen. Mit einer etwa 100-fachen Vergrößerung entdeckte er die wabenartige Struktur von dünn geschnittenem Flaschenkork. Er prägte den bis heute gebräuchlichen Begriff der **Zelle.**
Erst Mitte des 19. Jahrhunderts waren die Optik der Mikroskope und die Präpariertechniken so weit entwickelt, dass man systematisch verschiedenste Gewebe von Pflanzen und Tieren untersuchen konnte. Dabei zeigte sich, dass Zellen die Grundbausteine aller Lebewesen sind. Diese Erkenntnis formulierten der Botaniker Matthias SCHLEIDEN (1804–1881) für die Pflanzen und der Mediziner Theodor SCHWANN (1810–1882) für die Tiere und Menschen um 1840 als so genannte **Zelltheorie.** Der Berliner Arzt Rudolf VIRCHOW (1821–1902) beobachtete Zellteilungen und stellte 1855 fest, dass sich Zellen nur aus anderen Zellen entwickeln können.
Um 1900 wurden die Eigenschaften des Lichtes genauer erforscht. Danach gelang es in den 1930iger Jahren, durch spezielle Beleuchtungstechniken das Auflösungsvermögen der Mikroskope noch zu verbessern. Allerdings wurde auch klar, dass der Mikroskopie durch die physikalischen Eigenschaften des Lichtes Grenzen gesetzt sind. Es lassen sich nur Dinge sehen, die nicht viel kleiner als ein Tausendstel Millimeter sind.
So konnte man die Feinstrukturen von Zellen erst aufklären, nachdem ebenfalls in den 1930iger Jahren von KNOLL und RUSKA die ersten Elektronenmikroskope entwickelt wurden, die mit Elektronenstrahlen anstatt mit Lichtstrahlen arbeiten. Sie vergrößern bis zu 100000-fach. Auch Viren konnte man damit nun erstmals „sehen“, die man vorher zwar als Krankheitserreger vermutet hatte, von deren Aufbau man sich aber keine Vorstellung machen konnte.

1 LEEUWENHOEKs Mikroskop und Zeichnung von Spermien

2 HOOKEs Mikroskop und Zeichnung von Korkzellen

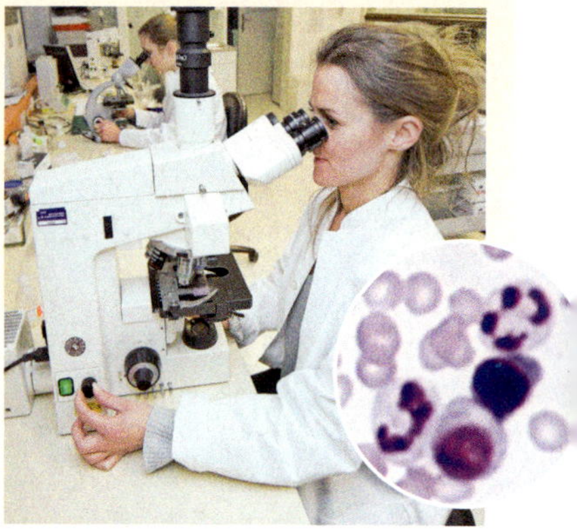
3 Modernes Lichtmikroskop und Foto von Blutzellen

1. Erstelle eine Zeitleiste, in die du zum Thema Mikroskopie und Zellforschung wichtige Jahreszahlen, Forschernamen und wissenschaftliche Entdeckungen stichwortartig einträgst.

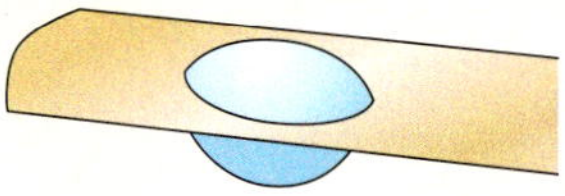

2. Setze in das Loch in der Deckleiste eines Heftstreifens einen Tropfen Wasser und probiere die Lupenwirkung des Wassertropfens aus.

Die Zelle als System

Lebewesen bestehen aus Zellen

Alle Lebewesen bestehen aus Zellen. Die Zellen liegen in Geweben zusammen und sind in den verschiedenen Organen auf bestimmte Funktionen spezialisiert. Alle Organe zusammen bilden einen Organismus, ein eigenständiges Lebewesen.

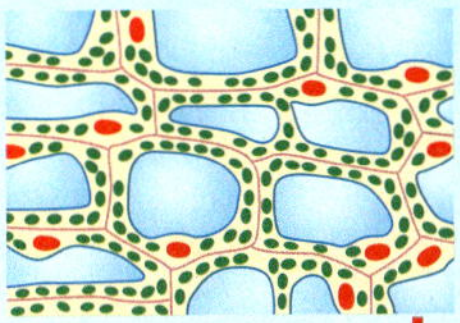

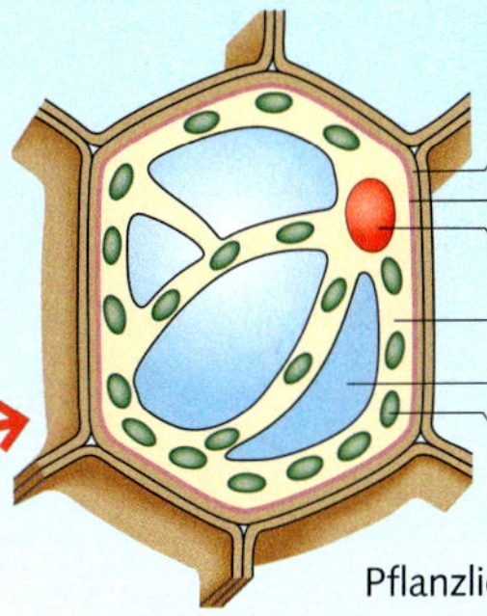

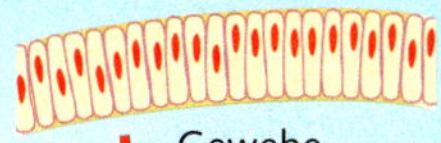

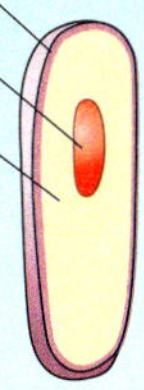

Eukaryotenzellen

Mit dem Elektronenmikroskop lassen sich Tier- und Pflanzenzellen genauer untersuchen. Sie enthalten verschiedene Zellorganellen mit jeweils speziellen Funktionen. Bei eukaryotischen Zellen liegt das Erbgut in Form von Chromosomen in einem Zellkern. Er ist durch eine doppelte Kernmembran vom Zellplasma abgegrenzt.

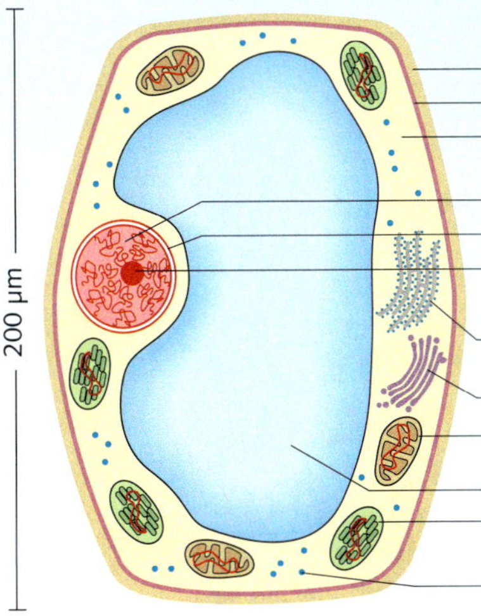

Zellteilung

Zellen vermehren sich durch Teilung.

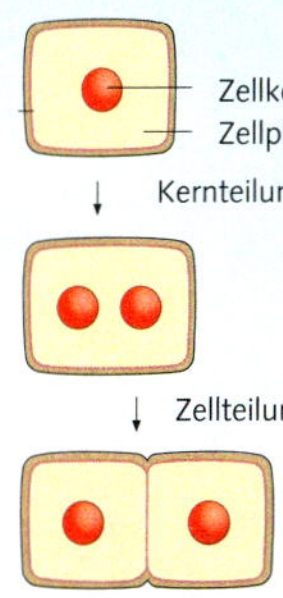

Die Zelle als System

1. „Das Zellplasma ist die zähe Flüssigkeit im Inneren der Zelle. Es ist umhüllt von …" Setze die Beschreibung der Pflanzenzelle fort. Beschreibe ausführlich mit eigenen Worten. Verwende dabei alle wichtigen Fachbegriffe.

2. a) Benenne alle membranumhüllten Zellorganellen eukaryotischer Zellen und gib an, ob sie durch eine einfache Membran oder durch eine Doppelmembran begrenzt sind.
b) Beschreibe die Hauptfunktionen der genannten Organellen.
c) Welche kommen nur bei Pflanzen vor?

3. Erläutere an einem selbst gewählten Beispiel, wie ein Organismus aus Organen, Geweben und spezialisierten Zellen aufgebaut ist.

4. Entscheide, welche der beiden Abbildungen Pflanzenzellen und welche Tierzellen zeigt. Begründe deine Entscheidung mit mehreren Argumenten.

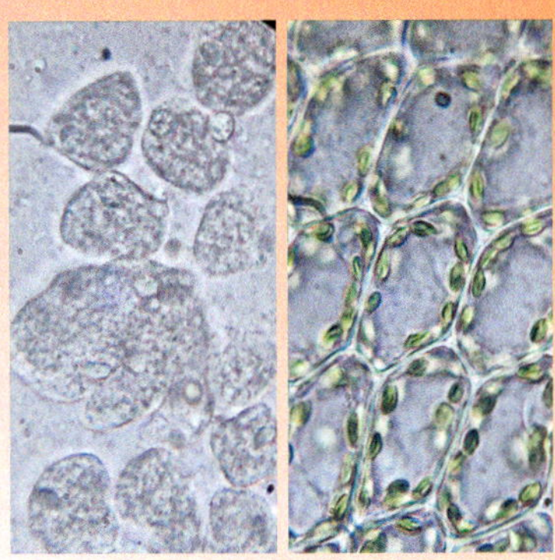

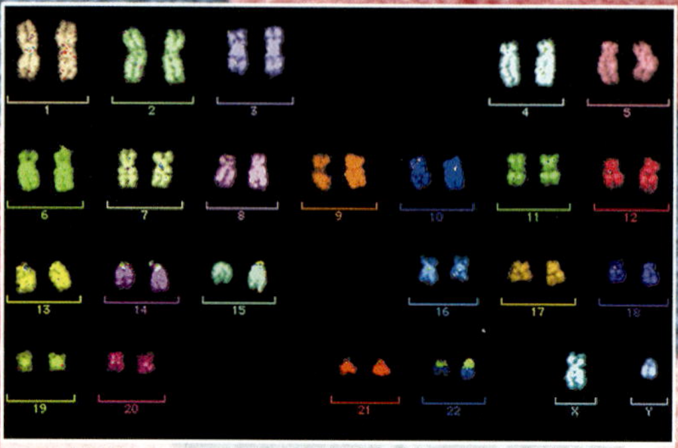

Sind das Gene oder Chromosomen?

Was haben ein Mönch und Erbsen mit Vererbung zu tun?

Warum sehen Menschen so unterschiedlich aus und sind sich doch so ähnlich?

Gene und Vererbung

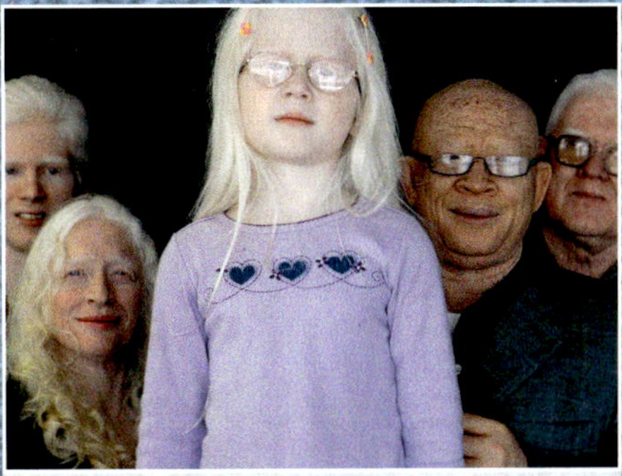
Gibt es ein Albino-Gen?

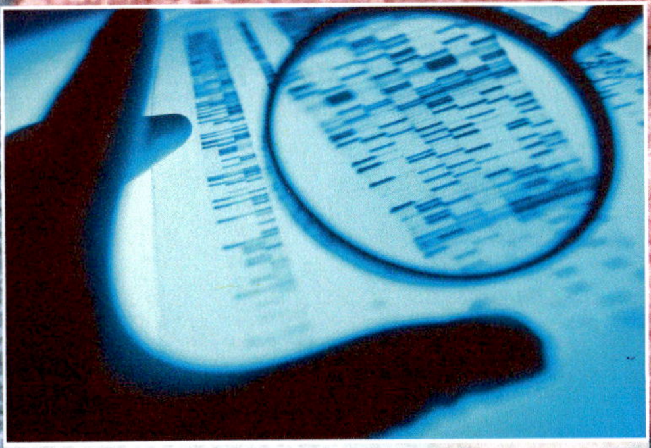
Was ist ein genetischer Fingerabdruck? Werden wir damit durchleuchtet?

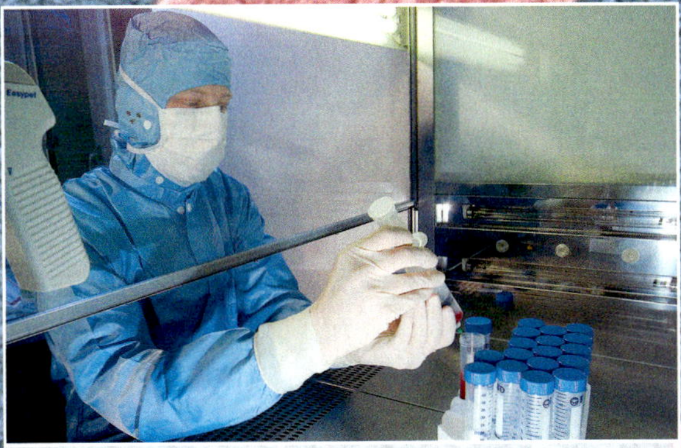
Werden hier Gene manipuliert? Ist das immer gefährlich?

Ganz der Vater – ganz die Mutter?

A

B

C

D

I

II

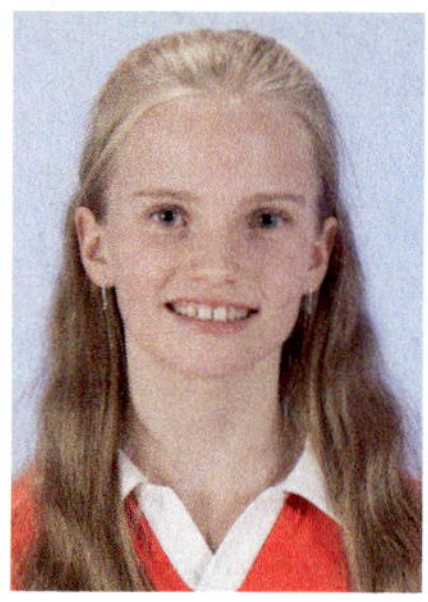
III

IV

1. a) Die oberen Abbildungen zeigen zwei Elternpaare, die unteren vier Kinder. Jedes Paar hat zwei Kinder. Ordne den Kindern ihre jeweiligen Eltern zu.
b) Begründe, warum die Kinder ihren Eltern ähneln.
c) Erkläre, weshalb sich Geschwister äußerlich durchaus unterscheiden können, obwohl sie die gleichen Eltern haben.

2. a) Erstellt Steckbriefe von euch, in denen ihr Namen, Größe, Haarfarbe, Augenfarbe, bevorzugte Kleidung, Hobbys usw. notiert.
b) Einige Steckbriefe werden vorgelesen, ohne dabei den Namen zu nennen. Versucht eure Mitschülerinnen und Mitschüler anhand der Steckbriefe zu identifizieren. Notiert die Merkmale, an denen es euch gelungen ist.
c) Bei einigen Mitschülerinnen und Mitschülern ähneln sich die Steckbriefe. Erläutert die möglichen Ursachen.

Art	Anzahl der Chromosomen
Mensch	46
Schimpanse	48
Goldhamster	44
Goldfisch	94
Stechmücke	6
Champignon	8
Wurmfarn	164

3. Die Tabelle zeigt die Chromosomenzahl verschiedener Arten. Was fällt dir auf?

4. Erläutere die Aussage der Karikatur.

Beim Blick in ein Familienalbum fallen häufig bemerkenswerte Übereinstimmungen auf. So ähneln Kinder oft in ihrem Gesichtsausdruck oder ihrer Statur den Eltern und Großeltern. Diese Ähnlichkeiten beschränken sich nicht nur auf äußerlich sichtbare Merkmale. Auch bei Verhaltensweisen, Charaktereigenschaften oder ausgeprägten Fähigkeiten kann man häufig Übereinstimmungen feststellen. Wie kommt es zu dieser Familienähnlichkeit und warum treten Merkmale der Eltern wieder bei den Kindern auf?

Lange Zeit blieben diese Fragen unbeantwortet. Erst die Erkenntnisse der **Vererbungslehre** oder **Genetik** brachten Licht ins Dunkel. So weiß man heute, dass die Information für die Bildung der verschiedenen Merkmale verschlüsselt als Erbinformation in der ▸DNA vorliegt. Jeweils bestimmte DNA-Abschnitte sind dabei für die Bildung von Merkmalen verantwortlich. Man nennt diese Abschnitte **Erbanlagen** oder ▸**Gene**. Da ▸Chromosomen DNA enthalten, entsprechen Gene auch bestimmten Abschnitten eines Chromosoms. Jedes Lebewesen besitzt in seinen Körperzellen eine typische Anzahl von Chromosomen, beim Menschen sind es 46. Jeweils zwei Chromosomen zeigen vergleichbare Gestalt. Man nennt sie **homologe Chromosomen.**
Die 46 Chromosomen lassen sich also in einem so genannten **Karyogramm** zu 23 Paaren ordnen. Je ein Chromosom eines

1 **Familienähnlichkeit**

Paares stammt dabei von der Mutter und eines vom Vater. Die Körperzellen besitzen demnach einen doppelten oder **diploiden Chromosomensatz.**

Eizellen und Spermien enthalten von jedem homologen Chromosomenpaar jedoch nur ein Chromosom. Sie besitzen einen einfachen oder **haploiden Chromosomensatz.** Er besteht beim Menschen aus 23 Chromosomen.
Bei der geschlechtlichen Fortpflanzung verschmelzen die haploiden Chromosomensätze der Keimzellen. Die befruchtete Eizelle und der daraus entstehende Mensch haben demzufolge wieder einen diploiden Chromosomensatz mit 46 Chromosomen.
Zusammen mit den Chromosomen werden bei der Fortpflanzung auch die Gene für bestimmte Merkmale von Mutter und Vater an die Kinder weitergegeben. Diese Weitergabe der Gene an die Nachkommen ist der Grund für die beobachtete Familienähnlichkeit.

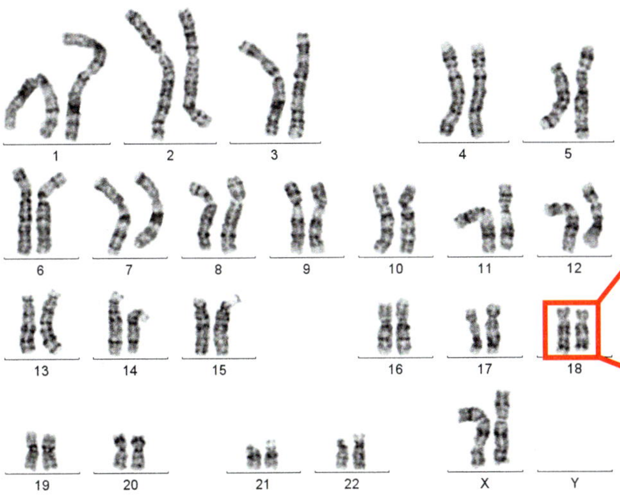

2 **Karyogramm mit diploidem Chromosomensatz einer Frau**

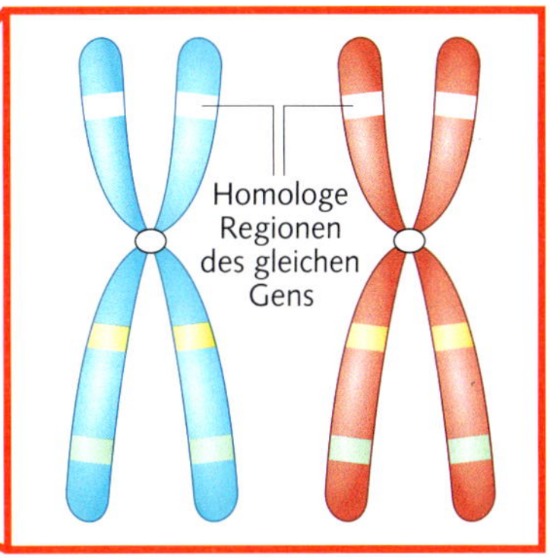

3 **Homologes Chromosomenpaar; je ein Chromosom stammt von einem Elternteil**

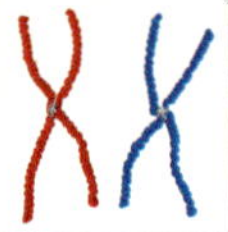

Keimzellbildung und Befruchtung

1. a) Baue aus verschiedenfarbigen „Pfeifenputzern" und Druckknöpfen zwei Chromosomenmodelle. Rolle die Enden des Pfeifenputzers über eine Kugelschreibermine zu Spiralen auf. Baue in gleicher Weise ein zweites Modell in einer anderen Farbe.
b) Vergleiche die Teile deines Modells mit den Bestandteilen eines Chromosoms.
c) Vollziehe mit den beiden Chromosomenmodellen den Ablauf der Meiose nach und beschreibe die Vorgänge. Benutze dabei die Fachbegriffe.

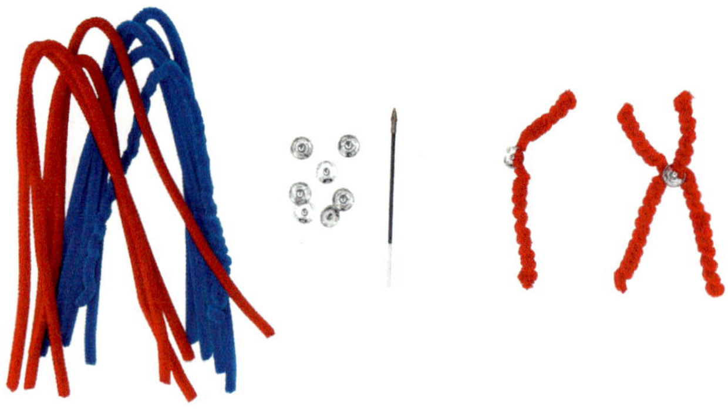

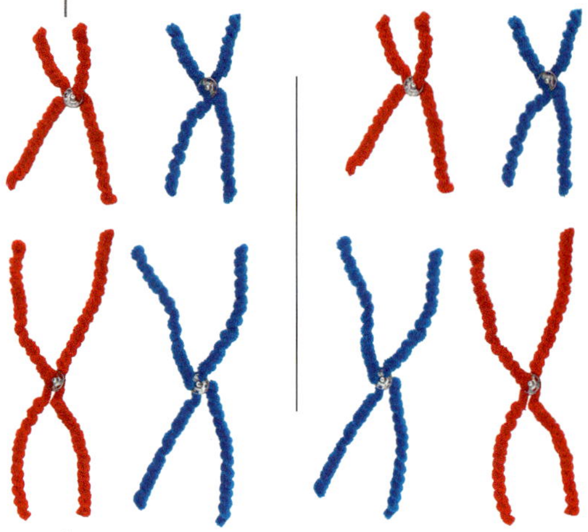

2. a) Baue entsprechend der Anleitung aus Aufgabe 1 und der Abbildung vier Chromosomenmodelle unterschiedlicher Größe und Farbe. Verdeutliche mithilfe der Modelle die Rekombination von Chromosomen und ermittle die Zahl möglicher Kombinationen.
b) Gib die Zahl möglicher Kombinationen mit drei, vier und 23 Chromosomenpaaren an.

3. Die Abbildung zeigt schematisch einen Vorgang, der bei der Meiose stattfinden kann. Man nennt ihn Crossing-over.
a) Beschreibe den Vorgang anhand der Abbildungen.
b) Erläutere die Auswirkungen des Crossing-overs.

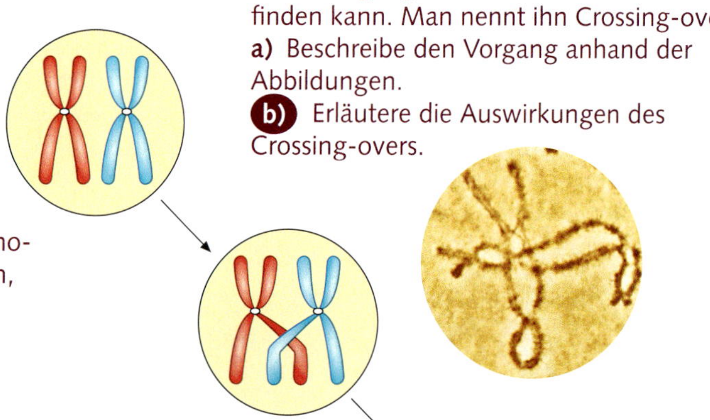

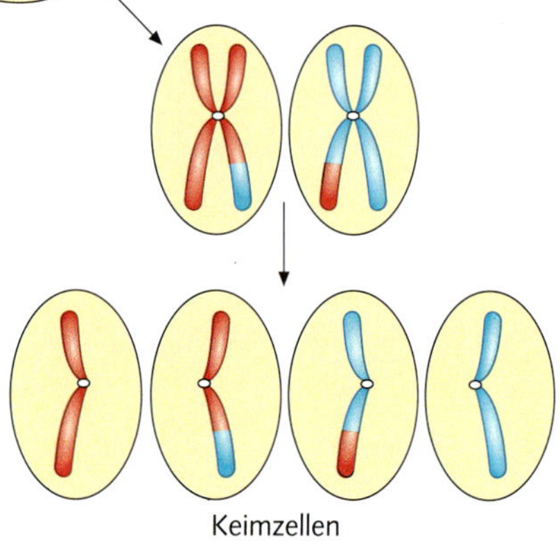

4. Erkläre die Bedeutung folgender Begriffe: haploid, diploid, homologe Chromosomen, Keimzellen, Zygote, Rekombination, Befruchtung.

5. a) Benenne die in der lichtmikroskopischen Aufnahme gezeigte Phase der Meiose.
b) Erläutere mithilfe der Fachbegriffe, was hier passiert.

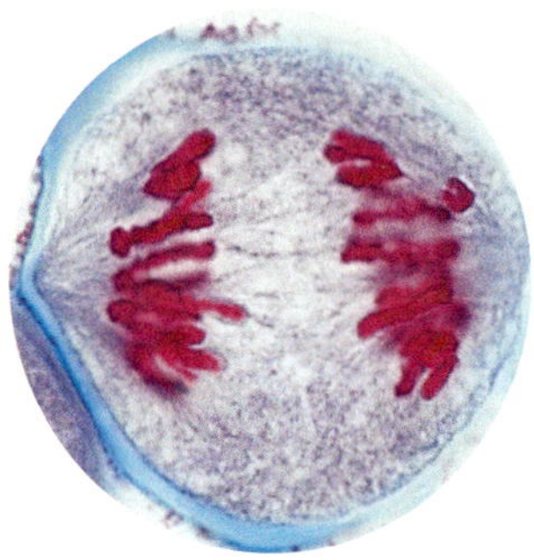

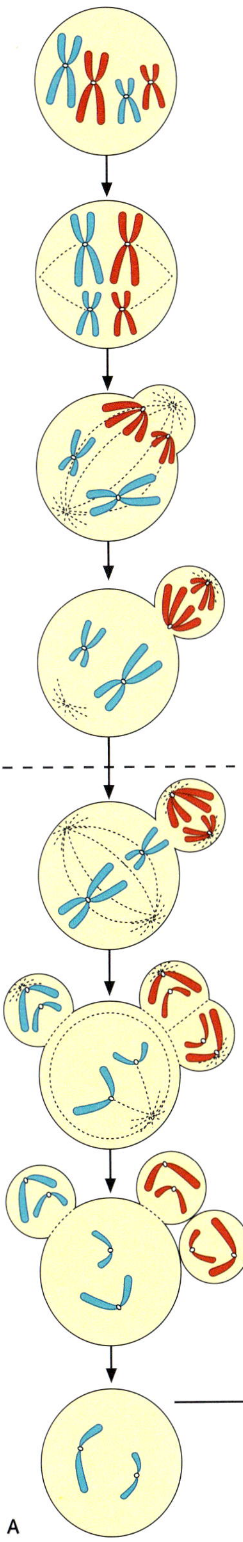

Die zur geschlechtlichen Fortpflanzung notwendigen ▸**Keimzellen** werden aus spezialisierten Zellen der Eierstöcke und Hoden gebildet. Der ▸diploide Chromosomensatz dieser Zellen muss dabei zum ▸haploiden Satz der Eizellen und Spermien vermindert werden. So wird sichergestellt, dass es von einer Generation zur nächsten Generation nicht zu einer Verdopplung der Chromosomenzahl kommt.

Meiose – Kernteilung bei der Keimzellbildung

Bei der Bildung der Keimzellen findet eine besondere Kernteilung statt, die Meiose. Sie lässt sich in zwei Abschnitte unterteilen:
Im Verlauf der **Meiose I** lagern sich die homologen Chromosomen in der Prophase I paarweise nebeneinander. Man spricht von der Paarung der homologen Chromosomen. In den sich anschließenden Phasen, der Metaphase I und Anaphase I, werden die homologen Chromosomen dann getrennt und auf die Tochterzellen verteilt. Dabei ist es zufällig, in welche der beiden Zellen das ursprünglich von der Mutter oder das vom Vater stammende Chromosom gelangt. Da hierbei auch die Gene vermischt und neu kombiniert werden, spricht man auch von Neu- oder **Rekombination.** Am Ende der Telophase I liegen zwei Zellen mit jeweils haploidem Chromosomensatz vor.
Die sich anschließende **Meiose II** gleicht in ihrem Verlauf einer ▸Mitose. Die Chromatiden der Zwei-Chromatid-Chromosomen werden getrennt, sodass anschließend vier haploide Keimzellen entstehen, die jeweils Ein-Chromatid-Chromosomen enthalten.
Bei der folgenden **Befruchtung** verschmilzt ein Spermium mit der Eizelle. Die befruchtete Eizelle ist dann diploid.
Durch die zufällige Verteilung homologer Chromosomen während der Meiose und das zufällige Zusammentreffen von Ei- und Spermienzelle bei der Befruchtung werden Gene neu kombiniert. So entsteht eine große Vielfalt, die man als **genetische ▸Variabilität** bezeichnet.

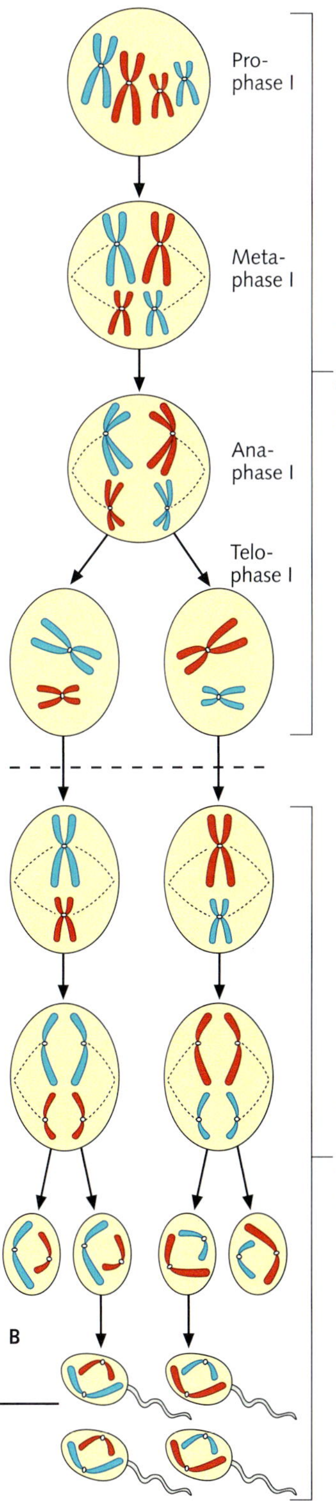

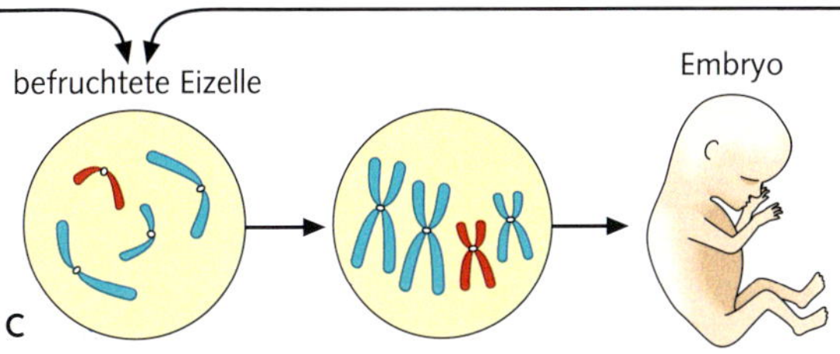

1 **Keimzellbildung. A** *bei der Frau;* **B** *beim Mann;* **C** *Befruchtung und Entwicklung*

Struktur und Funktion → S. 182

Ein Mönch entdeckt die Regeln der Vererbung

In der Mitte des 19. Jahrhunderts führte der Augustinermönch Johann Gregor MENDEL in seinem Klostergarten Kreuzungsexperimente mit der Gartenerbse durch. Er entdeckte dabei die grundlegenden Prinzipien der Vererbung und stellte allgemein gültige Vererbungsregeln auf. Dass MENDEL seine Entdeckungen machen konnte, bevor man die Meiose kannte, lag nicht zuletzt an seiner experimentellen Vorgehensweise: MENDEL plante seine Versuche sorgfältig, führte sie exakt durch und deutete die Beobachtungen auf geniale Weise. Bei der Wahl des Versuchsobjektes besaß MENDEL zudem eine glückliche Hand: Die Gartenerbse lässt sich einfach in großen Mengen anbauen und erzeugt innerhalb kurzer Zeit zahlreiche Samen als Nachkommen. Sie hat erbliche **Merkmale,** die stets in zwei klar zu unterscheidenden **Merkmalsformen** vorkommen. Beispielsweise tritt das Merkmal Blütenfarbe nur in den beiden Merkmalsformen einer weißen oder einer purpurfarbenen Blüte auf. Mischformen, wie etwa eine rosafarbene Blüte, treten bei der Erbsenpflanze nicht auf.

1 Johann Gregor MENDEL

2 Erbsenblüte und Früchte mit Samen

Die Blüten von Erbsenpflanzen enthalten männliche und weibliche Geschlechtsorgane. Gelangt Pollen von den Staubblättern auf den Fruchtknoten derselben Blüte, so findet **Selbstbestäubung** statt.

MENDEL sorgte wiederholt für Selbstbestäubung bei den Erbsenpflanzen mit einer bestimmten Merkmalsform und sortierte dabei solche mit unerwünschten Merkmalsformen aus. Auf diese Weise erhielt er Pflanzen, die für diese Merkmalsform **reinerbig** waren. Die beobachtete Form musste für viele Generationen die einzige auftretende Form sein. Eine Pflanze mit weißen Blüten ist beispielsweise reinerbig, wenn ihre Samen immer wieder Pflanzen mit weißer Blüte hervorbringen.

3 Merkmale und Merkmalsformen, die von MENDEL untersucht wurden

Mit den erhaltenen reinerbigen Pflanzen führte MENDEL dann Kreuzungsexperimente durch. Zum Beispiel kreuzte er eine Pflanze mit purpurfarbenen Blüten mit einer, die weiße Blüten besaß. Zuvor entfernte er die Staubgefäße der purpurfarbenen Blüte, um eine Selbstbestäubung zu verhindern. Bei der anschließenden **Fremdbestäubung** übertrug er mithilfe eines Pinsels den Pollen der weißen Blüte auf die Narbe der purpurfarbenen Blüte. Im Fruchtknoten entwickelten sich dann die Samen, aus denen sich nach dem Aussäen neue Erbsenpflanzen bildeten. Die Samen und die entstehenden neuen Pflanzen sind **mischerbige** Individuen oder **Hybriden.** Sie bildeten die erste Tochtergeneration, die man erste Filialgeneration **(F_1-Generation)** nennt. Die Pflanzen, die den Pollen lieferten und empfingen, waren die Eltern- oder Parentalgeneration **(P-Generation).** In weiteren Experimenten ließ MENDEL die F_1-Pflanzen sich selbst bestäuben und erhielt so die zweite Tochtergeneration **(F_2-Generation).**

MENDEL wiederholte seine Versuche viele Male und notierte exakt, welche Merkmalsform wie häufig in jeder Generation auftrat. Über einen Zeitraum von sieben Jahren kultivierte er etwa 28 000 Erbsenpflanzen. Aus 355 Fremdbestäubungen mit unterschiedlichen Merkmalen zog er 12 980 Pflanzenhybriden. Auf diese Weise erhielt er umfangreiches und gesichertes Zahlenmaterial. Zufällige Ergebnisse einzelner Kreuzungen, etwa infolge einer gestörten Fruchtbarkeit einzelner Pflanzen, konnten so das Gesamtergebnis nicht nachhaltig beeinflussen.
Die Kreuzungen und die dabei erhaltenen Zahlenwerte protokollierte er sorgfältig. Seine Experimente konnten so jederzeit von anderen Forschern wiederholt und überprüft werden.

4 **MENDELs ehemalige Wirkungsstätte, das Kloster Brünn**

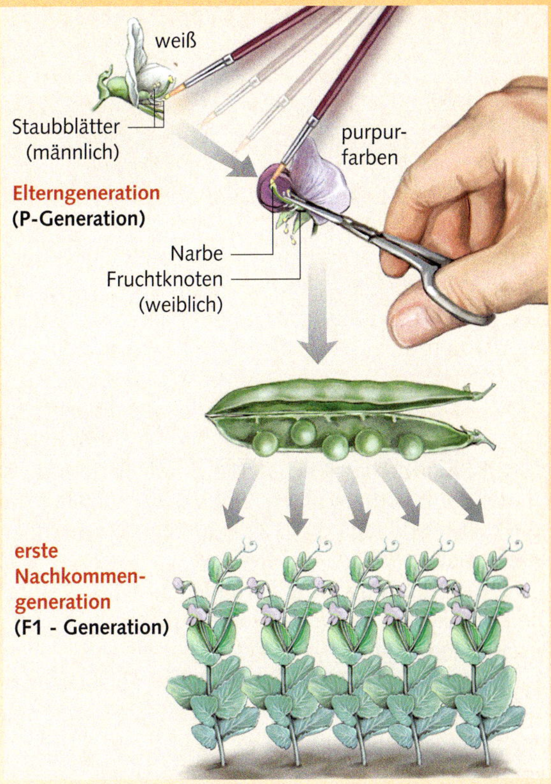

5 **Fremdbestäubung bei der Erbse und anschließende Aussaat der Samen**

1865 veröffentlichte MENDEL sein Werk: „Versuche über Pflanzenhybriden", in dem er seine Beobachtungen und Deutungen beschrieb. Bei der mathematischen Auswertung seiner Experimente waren ihm bestimmte Gesetzmäßigkeiten aufgefallen, die später als **MENDELsche Erbregeln** bezeichnet wurden.
Diese Regeln wurden früher auch Gesetze genannt. Es stellte sich jedoch heraus, dass es Ausnahmen und Erweiterungen gibt, von denen MENDEL noch nichts wusste. Es handelt sich also nicht um unabänderliche **Gesetze,** sondern um **Regeln,** die auch Ausnahmen zulassen.

1. Erkläre den Unterschied zwischen einem Merkmal und einer Merkmalsform.

2. Erläutere, warum Erbsenpflanzen für Kreuzungsexperimente sehr gut geeignet sind.

3. Erkläre, warum MENDEL so viel Mühe auf die Züchtung reinerbiger Parentalgenerationen verwandte.

MENDELsche Erbregeln

1. a) Mische zwei Sätze von Spielkarten, die unterschiedliche Farben besitzen. Ziehe dann zufällig jeweils zwei Spielkarten und lege diese zu Paaren nebeneinander, bis alle Karten verteilt sind.
b) Notiere die Anzahl der verschiedenen Farbkombinationen. Die Kombinationen rot-blau und blau-rot werden dabei zusammengefasst.
c) Erkläre, wofür in diesem Modell die Spielkarten und die Kartenpaare stehen. Welche MENDELsche Regel soll hier veranschaulicht werden?

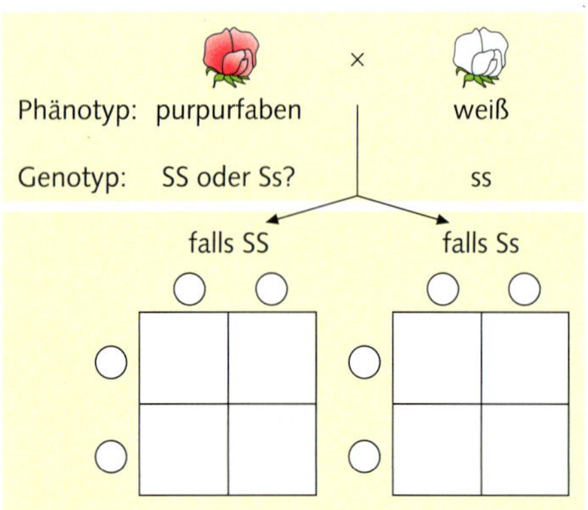

2. Der Genotyp einer Pflanze mit purpurfarbenen Blüten soll ermittelt werden. Dazu wird sie mit einer weiß blühenden Pflanze (Genotyp ss) gekreuzt.
a) Zeichne das oben stehende Schema in dein Biologieheft.
b) Vervollständige das Schema, indem du die Keimzellen der P-Generation und die Genotypen und Phänotypen der F_1-Generation für beide Möglichkeiten einträgst.
c) Erläutere, wie anhand der Kreuzungsergebnisse der unbekannte Genotyp ermittelt werden kann.

3. Erkläre die Bedeutung folgender Begriffe: Allel, Genotyp, Phänotyp, reinerbig, mischerbig, dominant, rezessiv.

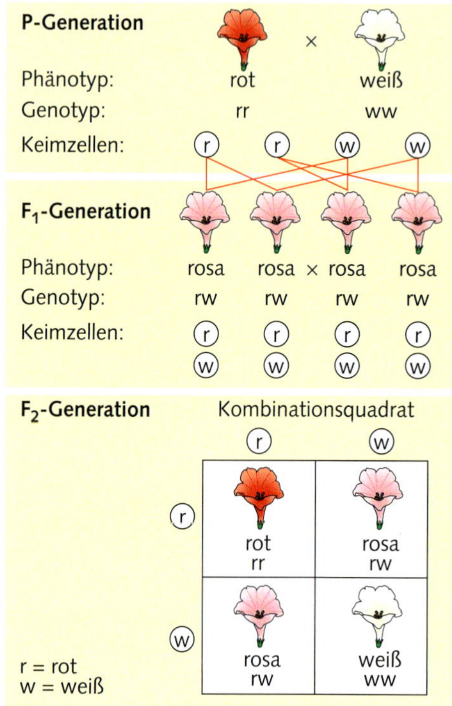

4. Die Abbildungen oben zeigen einen besonderen Erbgang der Blütenfarbe bei der Wunderblume.
a) Erläutere die Unterschiede zu einem dominant-rezessiven Erbgang.
b) Prüfe, ob die MENDELschen Regeln auch bei diesem Erbgang gelten.

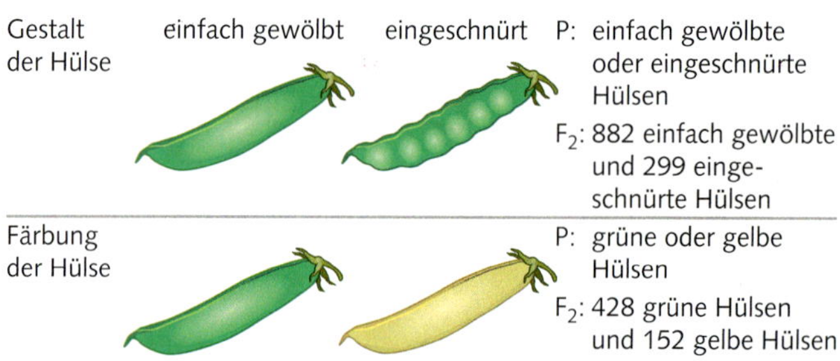

5. Ermittle anhand der oben stehenden Kreuzungsergebnisse für jede Merkmalsform, ob sie dominant oder rezessiv vererbt wird.

MENDELsche Erbregeln

MENDEL kreuzte reinerbige Elternpflanzen, die sich nur in dem Merkmal Blütenfarbe unterschieden. Dazu brachte er beispielsweise Pollen einer purpurfarbenen Blüte auf die Narben einer Pflanze mit weißen Blüten. Die daraus hervorgegangenen ▸Hybriden der F_1-Generation besaßen ausschließlich purpurfarbene Blüten. Sie sahen also alle gleich aus. Aus den Ergebnissen dieser und ähnlicher Kreuzungen leitete er die **1. MENDELsche Erbregel** ab:
Kreuzt man die Individuen einer Art, die sich in einer Merkmalsform reinerbig unterscheiden, so sind die Nachkommen in der F_1-Generation untereinander gleich (Uniformitätsregel).

MENDEL kreuzte anschließend mischerbige Pflanzen der F_1-Generation miteinander. Die daraus hervorgehenden Samen säte er erneut aus, brachte sie zum Blühen und protokollierte folgendes Ergebnis: In der F_2-Generation traten 705 Pflanzen mit purpurfarbenen Blüten und 224 Pflanzen mit weißen Blüten auf. Dies entspricht ungefähr einem Zahlenverhältnis von 3:1. Aus diesen und ähnlichen Versuchen leitete er die **2. MENDELsche Erbregel** ab:
Kreuzt man die Hybriden der F_1-Generation untereinander, so treten in der F_2-Generation beide Merkmalsformen im Zahlenverhältnis 3 : 1 auf (Spaltungsregel).

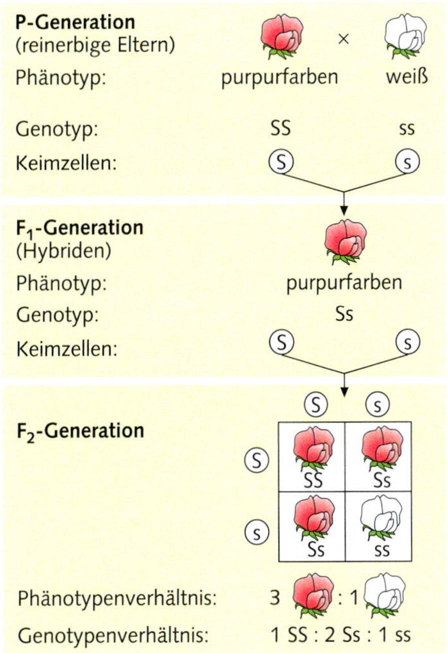

1 **MENDELs Erbregeln und ihre Erklärung**

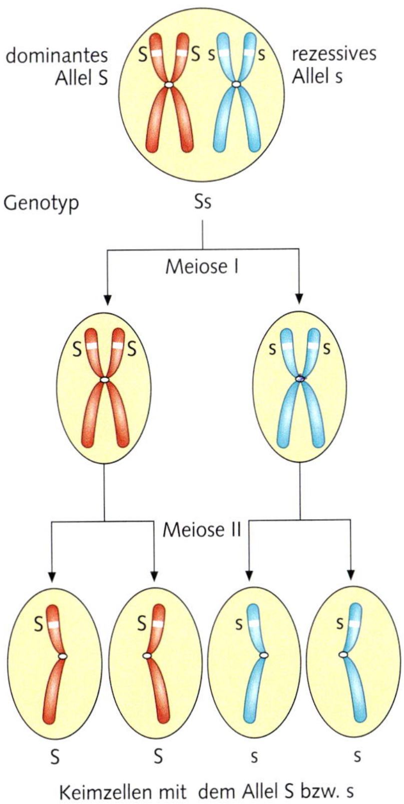

2 **Allele werden im Verlauf der Meiose getrennt**

Erklärung der MENDELschen Erbregeln

MENDEL nahm an, dass Pflanzen zwei Anlagen für die Bildung eines Merkmals besitzen. Wie wir heute wissen, handelt es sich hierbei um ▸Gene, die auf homologen Chromosomen liegen. Das Gen, das für die Bildung der Blütenfarbe bei Erbsen verantwortlich ist, kommt in zwei unterschiedlichen Formen vor, einer für purpurfarbene Blüten und einer anderen für weiße Blüten. Diese unterschiedlichen Formen oder Versionen eines Gens nennt man **Allele.** Die reinerbigen Eltern der P-Generation besitzen jeweils zwei identische Allele: SS bzw. ss. Sie bilden das Erbbild oder den **Genotyp** der Eltern. Der Genotyp führt zu einer bestimmten Merkmalsform und ergibt das äußere Erscheinungsbild, den **Phänotyp,** wie beispielsweise purpurfarbene Blüten.
Elterliche Allele werden im Verlauf der Keimzellenbildung getrennt und bei der Befruchtung neu zusammengeführt. Es entstehen mischerbige F_1-Pflanzen mit dem Genotyp Ss und dem Phänotyp purpurfarbener Blüten. Das Allel für purpurfarbene Blüten überdeckt also das Allel für weiße Blüten in seiner Wirkung, es ist **dominant.** Das Allel für weiße Blüten zeigt keine Wirkung, man nennt es **rezessiv.** Dominante Allele kennzeichnet man allgemein durch Großbuchstaben (hier: S), rezessive Allele durch den entsprechenden Kleinbuchstaben (s).
Aus den mischerbigen F_1-Pflanzen mit dem Genotyp Ss können Keimzellen mit dominanten S-Allelen oder rezessiven s-Allelen entstehen. Bei der Befruchtung sind nun unterschiedliche Kombinationen möglich: SS, sS, Ss oder ss. Das Genotypenverhältnis in der F_2-Generation ist also 1:2:1. Die drei Genotypen SS, Ss und sS führen zum Phänotyp der purpurfarbenen Blüten. Nur der Genotyp ss bringt weißblühende Pflanzen hervor. Auf diese Weise entsteht das beobachtete Phänotypenverhältnis von 3 : 1.

Erbanlagen können neu kombiniert werden

1. Die Gefiederfärbung von Wellensittichen ergibt sich durch das Zusammenspiel zweier Gene: Ein Gen bestimmt die Färbung der äußeren Teile der Feder, ein zweites die Färbung des Federkerns.
Im äußeren Bereich der Feder bewirkt das dominante Allel Y des ersten Gens Gelbfärbung, das rezessive Allel y bedingt Farblosigkeit.
Im Federkern führt das dominante Allel B des zweiten Gens zur Ausbildung des dunklen Farbstoffs Melanin, beim rezessiven Allel b unterbleibt die Melaninbildung.
a) Erkläre, wie die grüne Gefiederfärbung beim Wellensittich entsteht.
b) Bestimme den Genotyp und den Phänotyp der F_1- und der F_2-Generation einer Kreuzung zwischen reinerbig grünen und weißen Vögeln. Erstelle dazu Kombinationsquadrate.

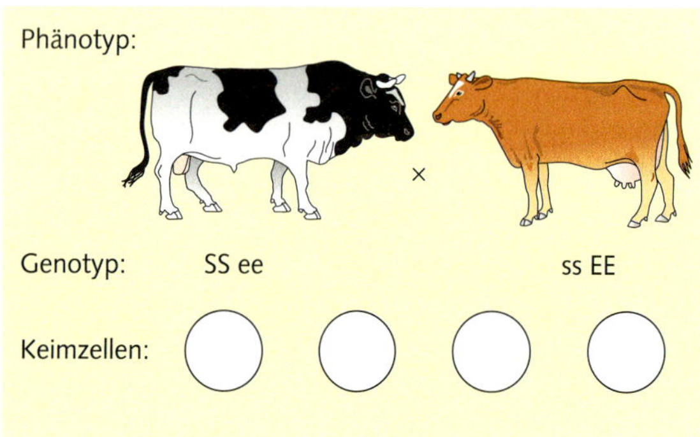

3. a) In einem Kreuzungsexperiment wurde die Vererbung der Fellfarbe (schwarz/ rotbraun, Symbole S bzw. s) und die der Fellmusterung (einfarbig/gescheckt, Symbole E bzw. e) bei Rindern untersucht. Erläutere, welches Allel des jeweiligen Gens dominant und welches rezessiv ist.
b) Ermittle mithilfe von Kombinationsquadraten die Genotypen und die Phänotypen der F_1- und der F_2-Generation.

2. Für ein Simulationsspiel der 3. MENDELschen Regel werden vier Münzen benötigt, z. B. zwei 1-Euro-Münzen und zwei 50-Cent-Münzen. Die Münzen werden jeweils aus niedriger Höhe auf den Tisch geworfen. Dabei soll die Zahl jeweils für ein dominantes Allel (A bzw. B) und das Wappen der Münze für das rezessive Allel (a bzw. b) stehen.

Insgesamt werden 48 Würfe durchgeführt und die Ergebnisse nach folgendem Muster notiert. Beispiel:

	Genotyp	Phänotyp
1. Wurf	Aa BB	A B
2. Wurf	aA bb	A b
...		

a) Erläutere, warum es sich bei diesem Spiel um einen Modellversuch zur 3. MENDELschen Regel handelt.
b) Ermittele, in welchem Zahlenverhältnis die vier möglichen Phänotypen in eurem Spiel auftreten. Vergleiche dieses Zahlenverhältnis mit dem erwarteten Zahlenverhältnis von 9 : 3 : 3 : 1. Begründe mögliche Abweichungen.
c) Tragt die Ergebnisse der Klasse zusammen und vergleicht erneut das erwartete Zahlenverhältnis mit dem ermittelten Ergebnis.

MENDEL untersuchte auch die Vererbung bei Erbsenpflanzen, die sich in zwei Merkmalen unterschieden. Als Merkmale wählte er die Samenfarbe und die Samenform, die jeweils in zwei Merkmalsformen vorkommen. Bei der Farbe sind dies gelbe oder grüne Samen, bei der Form runde oder runzlige Samen.
MENDEL wählte als Elterngeneration reinerbige Erbsenpflanzen mit gelben und runden Samen sowie Pflanzen mit runzligen und grünen Samen. Entsprechend der ▸Uniformitätsregel sahen die Hybriden der F_1-Generation gleichartig aus. Ihre Samen waren gelb und rund. Die Merkmalsformen runde Samen und gelbe Samen mussten also dominant sein.

Als MENDEL die Pflanzen der F_1-Generation untereinander kreuzte, erhielt er in der F_2-Generation 315 gelb-runde, 101 gelb-runzlige, 108 grün-runde und 32 grün-runzlige Samen. Es entstanden also Samen vier verschiedener Phänotypen, die ungefähr im Zahlenverhältnis 9 : 3 : 3 :1 aufspalteten. Neben den Merkmalskombinationen, die schon in der P- und F_1-Generation zu beobachten waren, traten jetzt aber auch zwei völlig neue Phänotypen auf: gelb-runzelige und grün-runde Samen. Offensichtlich konnten die Merkmalsformen unabhängig voneinander neu kombiniert werden. Diese und ähnliche Kreuzungsexperimente führten zur
3. MENDELschen Erbregel:
Kreuzt man Individuen, die sich in mehreren Merkmalen reinerbig unterscheiden, so werden die einzelnen Merkmalsformen unabhängig voneinander vererbt (Unabhängigkeitsregel).

Die **Neukombination** von Merkmalsformen erklärt sich dadurch, dass die Gene beider Merkmale auf unterschiedlichen, nicht homologen Chromosomen liegen. Das heißt, befinden sich die Gene für die Samenfarbe auf einem Chromosomenpaar und die Gene für die Samenform auf einem anderen Chromosomenpaar, so werden sie im Verlauf der ▸Meiose neu kombiniert. Auf diese Weise können aus den F_1-Pflanzen mit dem Genotyp GgRr vier verschiedene Keimzellen gebildet werden: GR, gR, Gr und gr. Sie führen nach der Befruchtung zu 16 Genotypen, die die vier Phänotypen gelb-rund, gelb-runzlig, grün-rund und grün-runzlig im Zahlenverhältnis 9 : 3 : 3 :1 hervorbringen.

In der Tier- und Pflanzenzucht spielt die Neukombination von Merkmalsformen eine wichtige Rolle. Entsprechend den Züchtungszielen lassen sich so durch ▸Kombinationszüchtung Eigenschaften neu zusammenführen.

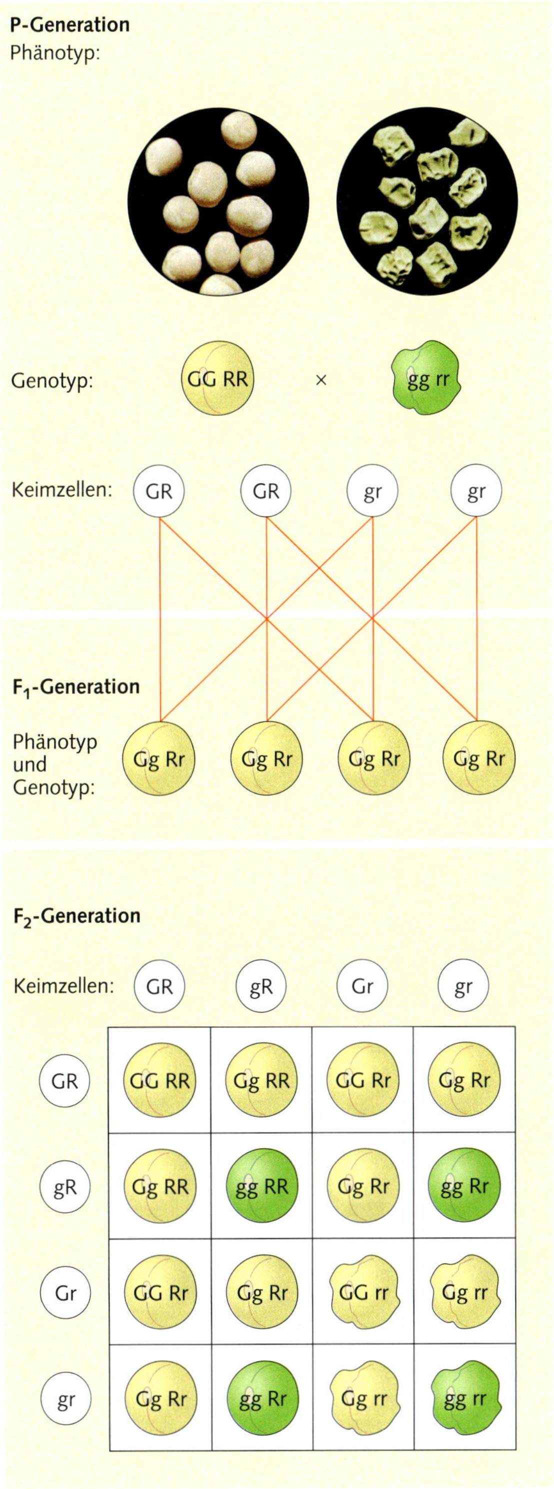

1 Erbgang mit zwei unterschiedlichen Merkmalen (R = rund, r = runzlig; G = gelb, g = grün)

Erbregeln gelten auch für den Menschen

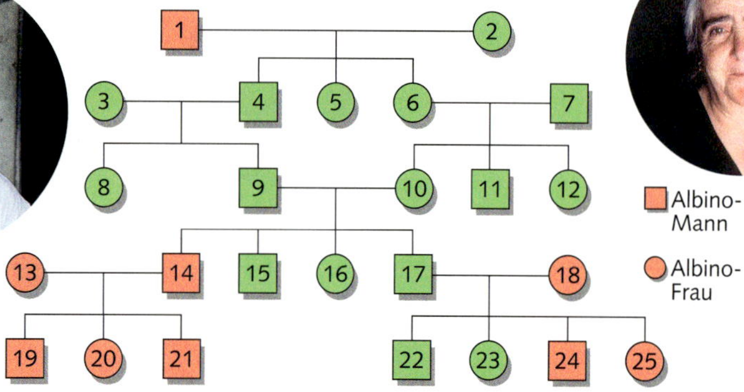

1. Beim Albinismus wird aufgrund eines Gendefekts der dunkle Farbstoff Melanin nicht gebildet. Albinos besitzen daher weiße Haare, eine sehr helle Haut und rötliche Augen. Sie sind sehr lichtempfindlich und müssen sich vor UV-Strahlung schützen.

a) Ermittle anhand des Stammbaums, ob Albinismus dominant oder rezessiv vererbt wird.

b) Ordne den Allelen die entsprechenden Groß- bzw. Kleinbuchstaben zu und gib die Genotypen sämtlicher Personen an.

2. In einer Familie mit zwei Kindern besitzen die Eltern die Blutgruppe A bzw. B. Gib die möglichen Genotypen der Eltern und die möglichen Genotypen und Phänotypen der Kinder an.

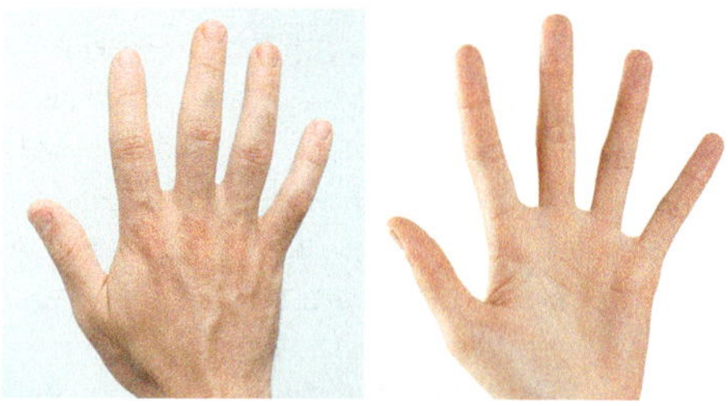

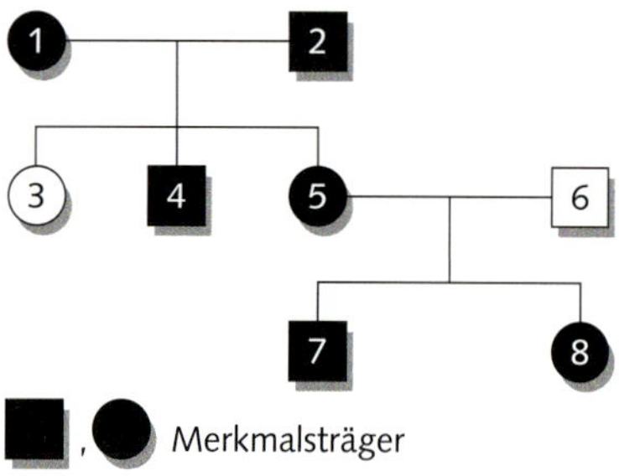

3. Auf einer Säuglingsstation wurden vier Kinder mit den Blutgruppen A, B, AB und 0 geboren. Die Blutgruppen der Eltern sind:
1. 0/0, 2. AB/0, 3. A/B, 4.B/B. Gib die möglichen Genotypen aller Personen an und ordne die vier Kinder begründet den jeweiligen Eltern zu.

4. a) Manche Menschen besitzen erblich bedingt verkürzte Finger. Ermittle anhand des Stammbaums, ob Kurzfingrigkeit dominant oder rezessiv vererbt wird.
b) Ordne den verschiedenen Allelen entsprechend Groß- bzw. Kleinbuchstaben zu und gib für alle Personen des Stammbaumes die Genotypen an.

1 **Haaransatz. A** *Witwenspitz;* **B** *kein Witwenspitz*

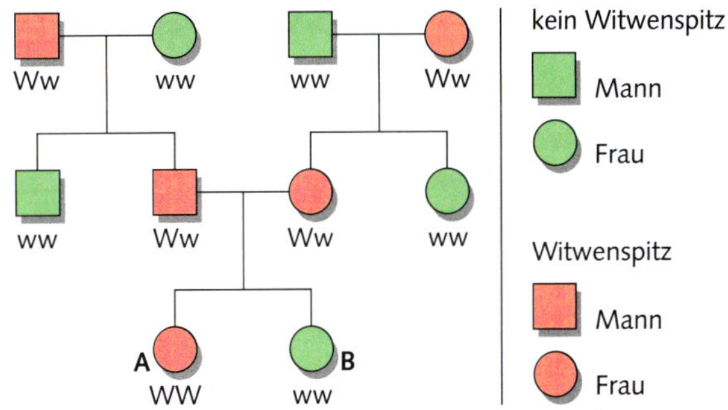

2 **Stammbaum zur Vererbung des Witwenspitzes**

Stammbaumanalyse

Viele Merkmale des Menschen wie die Haut- oder Haarfarbe werden nicht durch ein Gen bestimmt, sondern mehrere Gene sind gemeinsam für die Merkmalsform verantwortlich. In diesen Fällen lassen sich keine einfachen Erbgänge darstellen. Anders ist es bei Merkmalen, deren Ausprägung nur von einem Gen bestimmt wird. Ein Beispiel ist die Form des Haaransatzes. Dieser kann glatt oder dreieckig sein. Der dreieckige Haaransatz wird Witwenspitz genannt. Wie wird das Gen, das für die Ausprägung des Haaransatzes verantwortlich ist, vererbt? Beim Menschen können zur Klärung dieser Frage natürlich keine Kreuzungsversuche durchgeführt werden. Stattdessen kann man hier eine **Stammbaumanalyse** durchführen: Dabei verfolgt man das Auftreten einer Merkmalsform über mehrere Generationen und schließt dann vom Phänotyp zurück auf den Genotyp.

In dem Stammbaum zur Vererbung des Witwenspitzes erkennt man im unteren Abschnitt, dass die Eltern und deren Tochter A einen Witwenspitz haben, Tochter B jedoch nicht. Nimmt man an, dass das Allel für Witwenspitz dominant vererbt wird (Symbol W), lassen sich sämtlichen Personen des Stammbaumes bestimmte Genotypen zuordnen, ohne dass dabei Widersprüche auftreten. Bei rezessiver Vererbung wäre dies nicht möglich: Die Eltern mit Witwenspitz müssten dann den Genotyp ww besitzen und könnten nur Kinder mit Witwenspitz zeugen. Das Ergebnis der Stammbaumanalyse ist eindeutig: Der Witwenspitz wird dominant vererbt.

Blutgruppen

Auch die Blutgruppen des Menschen werden vererbt. Man unterscheidet hier vier verschiedene Phänotypen, die Blutgruppen A, AB, B und 0. Bei ihrer Vererbung zeigt sich eine Besonderheit:

Das entsprechende Gen liegt nicht in zwei, sondern in drei verschiedenen Allelen vor, die man als A, B und 0 bezeichnet. Jeder Mensch besitzt stets zwei dieser drei Allele. Die Allelkombination AA führt beispielsweise zur Blutgruppe A. Da die Allele A und B dominant über das rezessive Allel 0 sind, ergeben die Kombinationen A0 oder B0 die Blutgruppen A bzw. B. Bei der Allelkombination AB entsteht die Blutgruppe AB. In diesem Fall wirken beide Allele dominant, man spricht von **Kodominanz.**

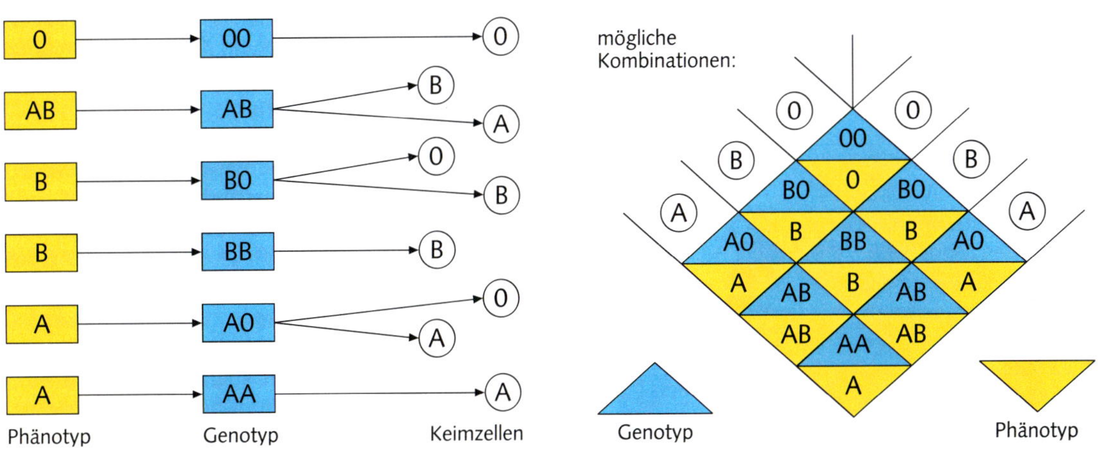

3 **Vererbung der Blutgruppen**

Die Erbinformationen liegen im Zellkern

1. a) Beschreibe schrittweise, wie im abgebildeten Versuch vorgegangen wurde und welches Ergebnis man erhielt.
b) Ziehe aus dem Versuchsergebnis Rückschlüsse auf die Rolle des Zellkerns.

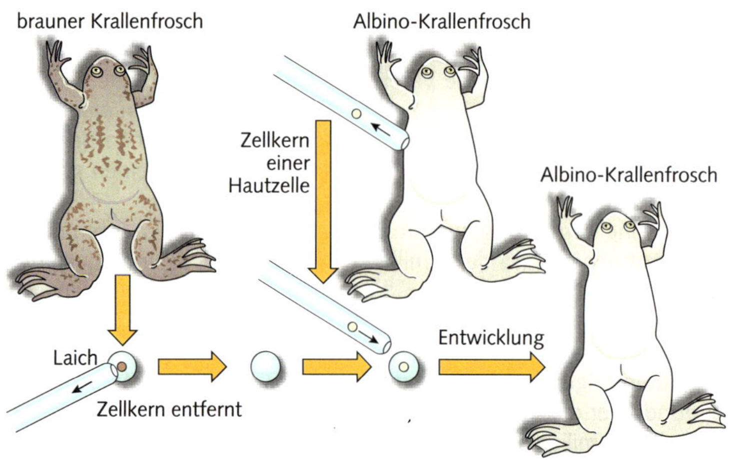

2. DNA lässt sich aus verschiedenen pflanzlichen oder tierischen Geweben gewinnen. So könnt ihr vorgehen, um DNA aus Paprika zu isolieren.

Besorgt die auf dem Foto abgebildeten Materialien. Stellt zunächst etwas Spiritus in den Kühlschrank oder auf Eis. Bereitet dann 20 ml Extraktionslösung vor, indem ihr 2 ml Spülmittel mit Wasser auf 20 ml auffüllt, etwa 0,5 g Kochsalz dazugebt und umrührt.

Schneidet etwa 1/8 Paprika in kleine Würfel. Gebt sie in den Mörser zusammen mit etwa 10 ml der Extraktionslösung. Zerreibt nun das Pflanzenmaterial etwa 10 min lang gründlich. Durch das Reiben brechen die Zellen mechanisch auf und das Spülmittel löst die fetthaltigen Zell- und Kernmembranen auf.
Schneidet aus Kaffeefilterpapier einen passenden Rundfilter und faltet ihn zum Filtrieren. Hinweis: Laborfilter haben oft zu feine Poren. Filtriert das Material aus dem Mörser in ein Reagenzglas.
Füllt in ein zweites Reagenzglas etwa 2 cm hoch eiskalten Spiritus. Lasst nun langsam 1 bis 2 ml des Filtrats in den Spiritus laufen.

Beobachtet das Ausfallen der DNA. Versucht, DNA-Fäden mit dem Holzstab hochzuziehen.
Beschreibt eure Beobachtungen und erklärt sie im Zusammenhang mit dem Bau der DNA.

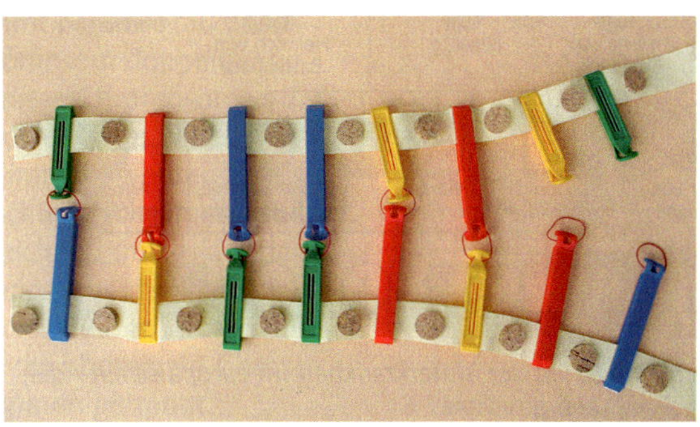

3. Entwerft und baut ▸ Modelle der DNA-Doppelhelix. Präsentiert und erklärt eure Modelle. Geht dabei auf folgende Fragen ein.
a) Wie sind die Zucker-Phosphat-Ketten der Einzelstränge und wie sind die vier Basen im Modell dargestellt?
b) Wie wird die Paarung der zusammenpassenden Basen gezeigt?
c) Lässt sich die Doppelhelixstruktur erkennen?
d) Lässt sich mit dem Modell auch die ▸ DNA-Replikation zeigen?

1 **Haaransatz. A** *Witwenspitz;* **B** *kein Witwenspitz*

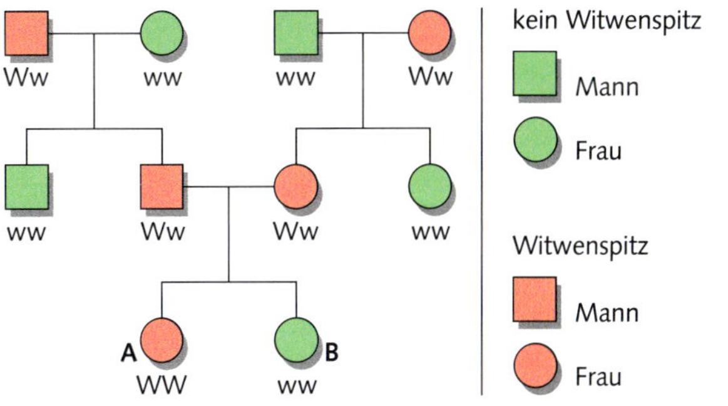

2 Stammbaum zur Vererbung des Witwenspitzes

Stammbaumanalyse

Viele Merkmale des Menschen wie die Haut- oder Haarfarbe werden nicht durch ein Gen bestimmt, sondern mehrere Gene sind gemeinsam für die Merkmalsform verantwortlich. In diesen Fällen lassen sich keine einfachen Erbgänge darstellen. Anders ist es bei Merkmalen, deren Ausprägung nur von einem Gen bestimmt wird. Ein Beispiel ist die Form des Haaransatzes. Dieser kann glatt oder dreieckig sein. Der dreieckige Haaransatz wird Witwenspitz genannt. Wie wird das Gen, das für die Ausprägung des Haaransatzes verantwortlich ist, vererbt? Beim Menschen können zur Klärung dieser Frage natürlich keine Kreuzungsversuche durchgeführt werden. Stattdessen kann man hier eine **Stammbaumanalyse** durchführen: Dabei verfolgt man das Auftreten einer Merkmalsform über mehrere Generationen und schließt dann vom Phänotyp zurück auf den Genotyp.
In dem Stammbaum zur Vererbung des Witwenspitzes erkennt man im unteren Abschnitt, dass die Eltern und deren Tochter A einen Witwenspitz haben, Tochter B jedoch nicht. Nimmt man an, dass das Allel für Witwenspitz dominant vererbt wird (Symbol W), lassen sich sämtlichen Personen des Stammbaumes bestimmte Genotypen zuordnen, ohne dass dabei Widersprüche auftreten. Bei rezessiver Vererbung wäre dies nicht möglich: Die Eltern mit Witwenspitz müssten dann den Genotyp ww besitzen und könnten nur Kinder mit Witwenspitz zeugen. Das Ergebnis der Stammbaumanalyse ist eindeutig: Der Witwenspitz wird dominant vererbt.

Blutgruppen

Auch die Blutgruppen des Menschen werden vererbt. Man unterscheidet hier vier verschiedene Phänotypen, die Blutgruppen A, AB, B und 0. Bei ihrer Vererbung zeigt sich eine Besonderheit:
Das entsprechende Gen liegt nicht in zwei, sondern in drei verschiedenen Allelen vor, die man als A, B und 0 bezeichnet. Jeder Mensch besitzt stets zwei dieser drei Allele. Die Allelkombination AA führt beispielsweise zur Blutgruppe A. Da die Allele A und B dominant über das rezessive Allel 0 sind, ergeben die Kombinationen A0 oder B0 die Blutgruppen A bzw. B. Bei der Allelkombination AB entsteht die Blutgruppe AB. In diesem Fall wirken beide Allele dominant, man spricht von **Kodominanz.**

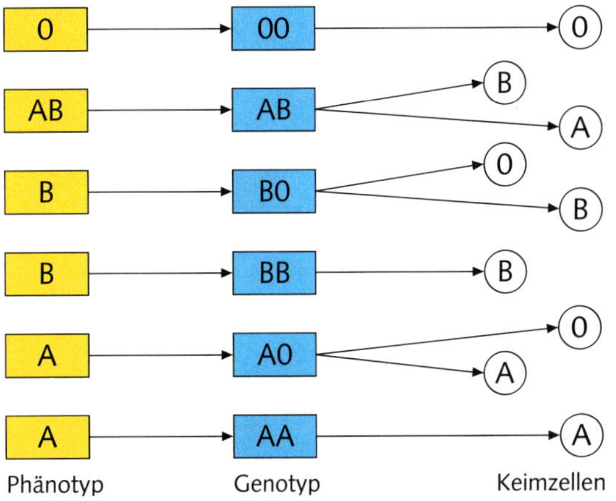

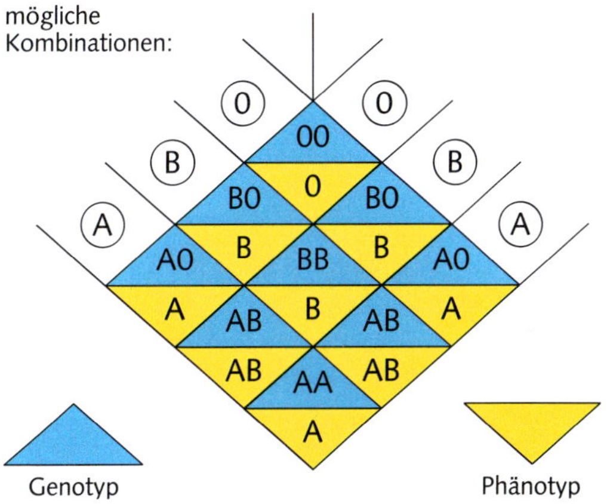

3 Vererbung der Blutgruppen

Vererbung des Geschlechts

1. a) Erläutere das Schema in Abbildung 3 und begründe, warum man bei Geburten ein Geschlechterverhältnis von 1 : 1 erwarten kann.
b) Berechne das Geschlechterverhältnis für jedes in der Tabelle angegebene Jahr.
c) Vergleiche die Ergebnisse von a) und b) miteinander und versuche, mögliche Abweichungen zu erklären.

Jahr	Zahl der Geburten	Mädchen	Jungen
1965	1044328	507398	536930
1979	581984	283809	298175
1980	620657	302177	318480
1981	624557	303924	320633
1982	612179	301880	319293
1990	905675	440296	465379
1991	830019	403921	426098
1992	809114	394307	414807

Zahl der zwischen 1965 und 1992 in Deutschland geborenen Mädchen und Jungen

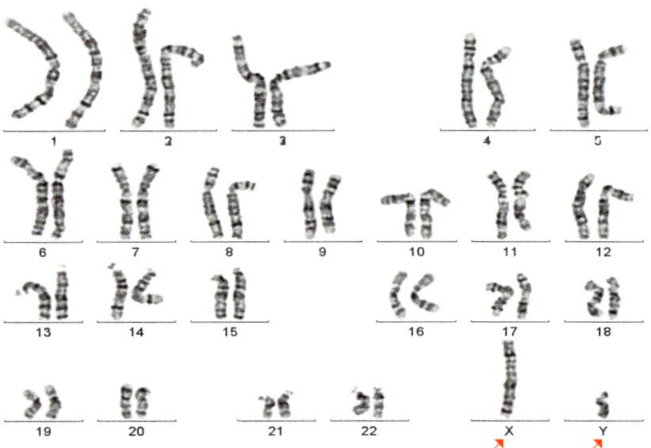

1 Karyogramm eines Mannes

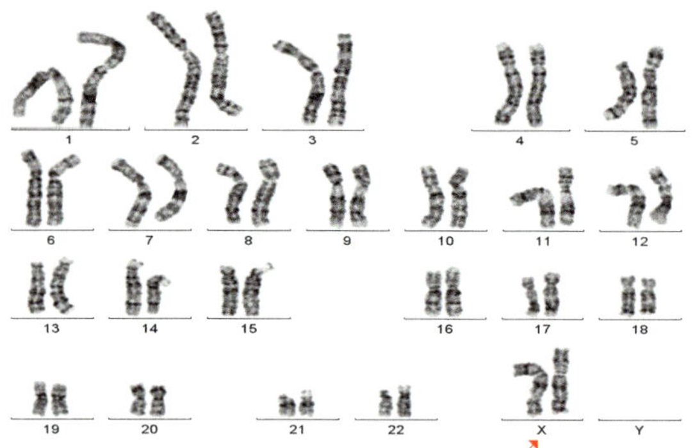

2 Karyogramm einer Frau

Vergleicht man das Karyogramm eines Mannes mit dem einer Frau, so fällt ein wesentlicher Unterschied auf: Der Mann besitzt ein ungleiches Chromosomenpaar mit einem kleineren, so genannten Y-Chromosom und einem größeren Chromosom, dem X-Chromosom. Im Gegensatz dazu kommt bei der Frau das X-Chromosom doppelt vor. Da diese Chromosomen das Geschlecht des Menschen bestimmen, werden sie als **Geschlechtschromosomen** bezeichnet. Im Verlauf der ▸Meiose werden beide Geschlechtschromosomen und die übrigen 44 Chromosomen getrennt.

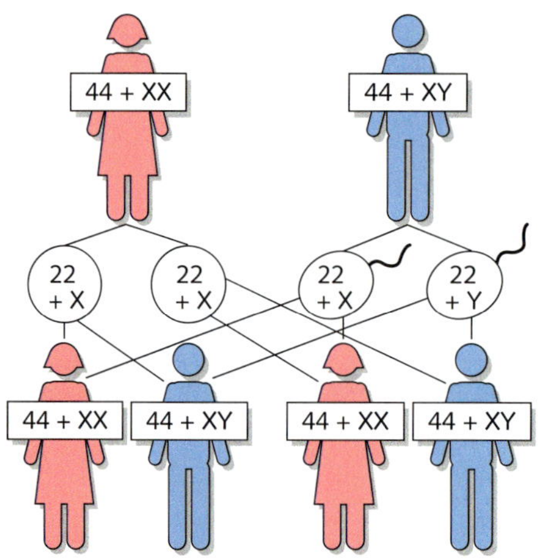

3 Vererbung des Geschlechts

Bei der Frau entstehen so Eizellen mit einem X-Chromosom und den anderen 22 Chromosomen. Beim Mann bilden sich Spermien, die neben den 22 Chromosomen entweder ein X-Chromosom oder ein Y-Chromosom enthalten.

Die Entscheidung über das Geschlecht des Kindes hängt dann vom Zufall ab: Gelingt es einem Spermium mit X-Chromosom, die Eizelle zu befruchten, entsteht ein Mädchen. Ein Spermium mit Y-Chromosom führt nach der Befruchtung zu einem Jungen.

Geschlechtsgebundene Vererbung

1. a) Welche Hinweise liefert der Stammbaum in Abbildung 1 für eine rezessive, geschlechtsgebundene Vererbung der Bluterkrankheit?
b) Erkläre den Begriff Überträgerin.
c) Überlege, ob es auch bluterkranke Frauen geben kann.
d) Entwickle eine Vermutung, warum die Bluterkrankheit gehäuft in Adelsfamilien auftrat.

2. Die Rot-Grün-Sehschwäche ist erblich. Betroffene erkennen beispielsweise an einer Ampel statt der Farben Rot und Grün nur einen grauen Farbton.
Recherchiert im Internet Farbsehtests und überprüft euer Farbsehvermögen.

3. In dem folgenden Text aus dem Jahr 1777 berichtet Mr. Scott einem Freund über die Rot-Grün-Sehschwäche in seiner Familie:
„Es ist ein altes Familienleiden: mein Vater hat genau dieselbe Anomalie; meine Mutter und eine meiner Schwestern konnten alle Farben fehlerfrei sehen, meine andere Schwester und ich sind in der gleichen Weise unvollkommen; diese letzte Schwester hat zwei Söhne, beide betroffen, aber sie hat eine Tochter, die ganz normal ist; ich habe einen Sohn und eine Tochter, und beide sehen alle Farben ohne Ausnahme; so ging es auch meiner Frau; meiner Mutter Bruder hatte denselben Fehler wie ich, obgleich meine Mutter, wie schon erwähnt, alle Farben gut erkannte."

a) Erstelle einen Stammbaum für Mr. Scotts Familie.
b) Ermittle den Erbgang der Rot-Grün-Sehschwäche.
c) Bestimme sämtliche Genotypen des Stammbaums.

Bluterkrankheit
In europäischen Adelshäusern findet man gehäuft eine sonst recht seltene ▸ Erbkrankheit, die **Bluterkrankheit.** Bei Betroffenen ist die Blutgerinnung gestört, sodass bereits harmlose Verletzungen lebensbedrohend sein können. Von der Bluterkrankheit sind im nebenstehenden Stammbaum ausschließlich Männer betroffen. Dies lässt einen Zusammenhang zwischen der Krankheit und den Geschlechtschromosomen vermuten. Tatsächlich weiß man heute, dass ein Gen auf dem X-Chromosom für die Blutgerinnung verantwortlich ist und dass die Bluterkrankheit rezessiv vererbt wird (Symbol X^a). Männer besitzen nur ein X-Chromosom. Das wesentlich kleinere Y-Chromosom hat den Bereich, auf dem bei X-Chromosomen das Gen für Blutgerinnung liegt, nicht. Das rezessive Allel a führt folglich bei ihnen stets zur Bluterkrankheit.

Bei Männern kann man daher nur zwischen Blutern (Genotyp X^aY) und Gesunden (Genotyp X^AY) unterscheiden. Bei Frauen findet man auch mischerbige Genotypen X^AX^a. Diese Frauen sind gesund, können aber das Allel a auf ihre Kinder übertragen. Man bezeichnet sie daher als Überträgerinnen. Die Bluterkrankheit ist ein Beispiel für einen geschlechtsgebundenen oder **X-chromosomalen** Erbgang.
Ebenfalls X-chromosomal wird die **Rot-Grün-Sehschwäche** vererbt.

B

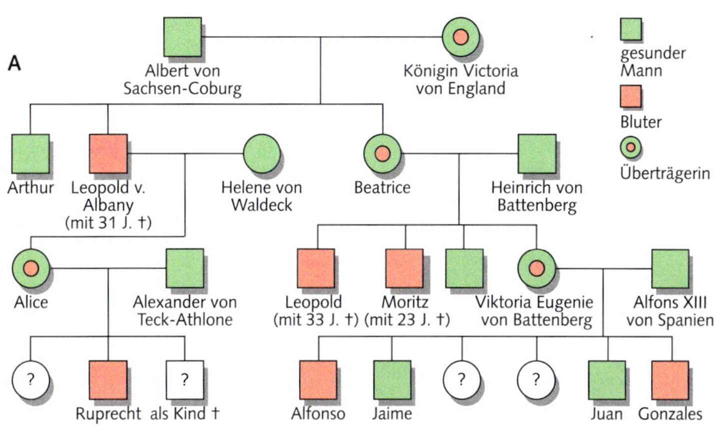

1 Bluterkrankheit. A *Stammbaum der Bluterkrankheit im europäischen Adel;* **B** *Königin VICTORIA von England*

Die Erbinformationen liegen im Zellkern

1. a) Beschreibe schrittweise, wie im abgebildeten Versuch vorgegangen wurde und welches Ergebnis man erhielt.
b) Ziehe aus dem Versuchsergebnis Rückschlüsse auf die Rolle des Zellkerns.

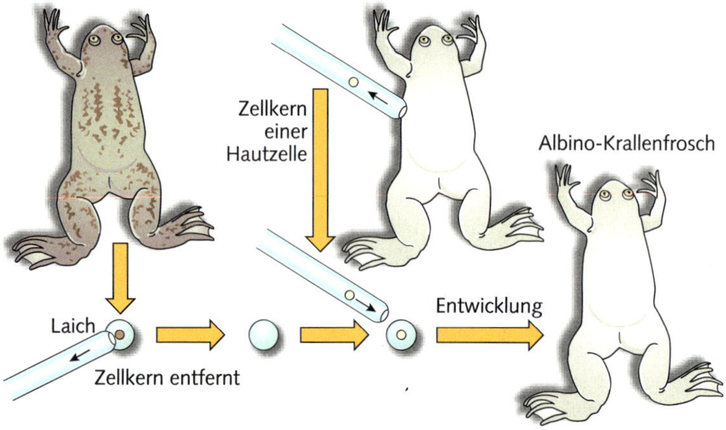

2. DNA lässt sich aus verschiedenen pflanzlichen oder tierischen Geweben gewinnen. So könnt ihr vorgehen, um DNA aus Paprika zu isolieren.

Besorgt die auf dem Foto abgebildeten Materialien. Stellt zunächst etwas Spiritus in den Kühlschrank oder auf Eis. Bereitet dann 20 ml Extraktionslösung vor, indem ihr 2 ml Spülmittel mit Wasser auf 20 ml auffüllt, etwa 0,5 g Kochsalz dazugebt und umrührt.

Schneidet etwa 1/8 Paprika in kleine Würfel. Gebt sie in den Mörser zusammen mit etwa 10 ml der Extraktionslösung. Zerreibt nun das Pflanzenmaterial etwa 10 min lang gründlich. Durch das Reiben brechen die Zellen mechanisch auf und das Spülmittel löst die fetthaltigen Zell- und Kernmembranen auf.
Schneidet aus Kaffeefilterpapier einen passenden Rundfilter und faltet ihn zum Filtrieren. Hinweis: Laborfilter haben oft zu feine Poren. Filtriert das Material aus dem Mörser in ein Reagenzglas.
Füllt in ein zweites Reagenzglas etwa 2 cm hoch eiskalten Spiritus. Lasst nun langsam 1 bis 2 ml des Filtrats in den Spiritus laufen.

Beobachtet das Ausfallen der DNA. Versucht, DNA-Fäden mit dem Holzstab hochzuziehen.
Beschreibt eure Beobachtungen und erklärt sie im Zusammenhang mit dem Bau der DNA.

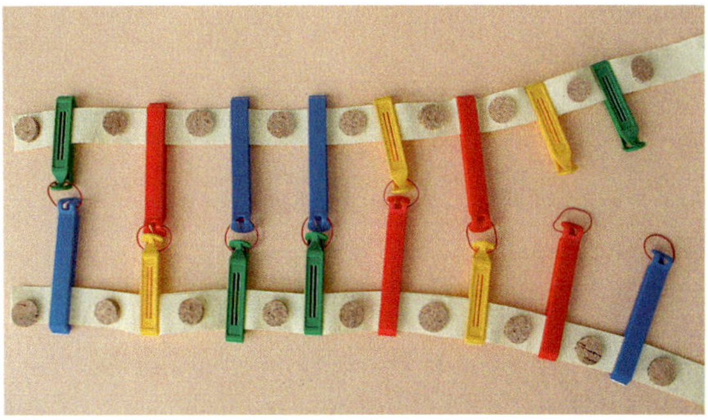

3. Entwerft und baut ▸ Modelle der DNA-Doppelhelix. Präsentiert und erklärt eure Modelle. Geht dabei auf folgende Fragen ein.
a) Wie sind die Zucker-Phosphat-Ketten der Einzelstränge und wie sind die vier Basen im Modell dargestellt?
b) Wie wird die Paarung der zusammenpassenden Basen gezeigt?
c) Lässt sich die Doppelhelixstruktur erkennen?
d) Lässt sich mit dem Modell auch die ▸ DNA-Replikation zeigen?

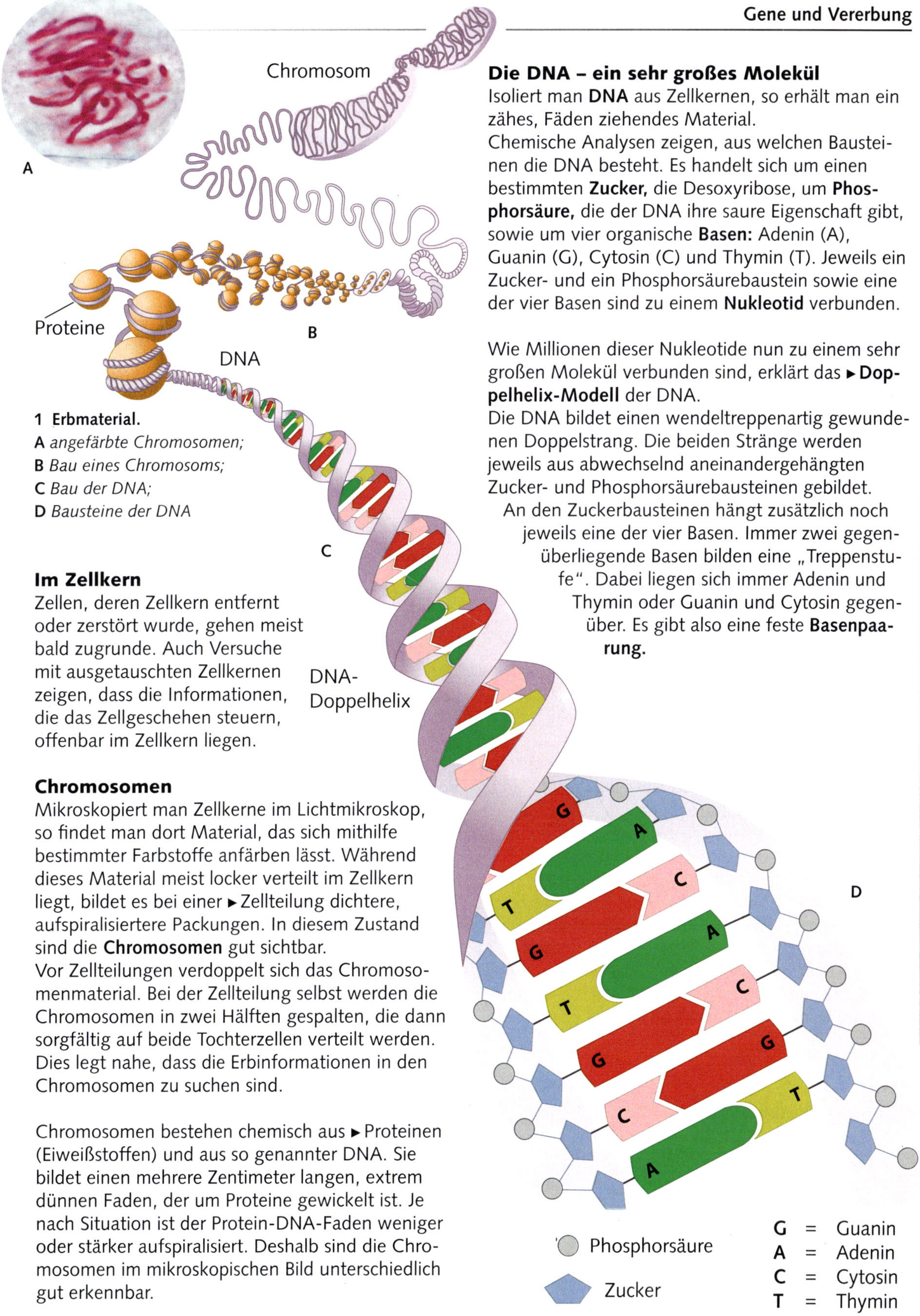

1 Erbmaterial.
A *angefärbte Chromosomen;*
B *Bau eines Chromosoms;*
C *Bau der DNA;*
D *Bausteine der DNA*

Im Zellkern

Zellen, deren Zellkern entfernt oder zerstört wurde, gehen meist bald zugrunde. Auch Versuche mit ausgetauschten Zellkernen zeigen, dass die Informationen, die das Zellgeschehen steuern, offenbar im Zellkern liegen.

Chromosomen

Mikroskopiert man Zellkerne im Lichtmikroskop, so findet man dort Material, das sich mithilfe bestimmter Farbstoffe anfärben lässt. Während dieses Material meist locker verteilt im Zellkern liegt, bildet es bei einer ▸ Zellteilung dichtere, aufspiralisiertere Packungen. In diesem Zustand sind die **Chromosomen** gut sichtbar.
Vor Zellteilungen verdoppelt sich das Chromosomenmaterial. Bei der Zellteilung selbst werden die Chromosomen in zwei Hälften gespalten, die dann sorgfältig auf beide Tochterzellen verteilt werden. Dies legt nahe, dass die Erbinformationen in den Chromosomen zu suchen sind.

Chromosomen bestehen chemisch aus ▸ Proteinen (Eiweißstoffen) und aus so genannter DNA. Sie bildet einen mehrere Zentimeter langen, extrem dünnen Faden, der um Proteine gewickelt ist. Je nach Situation ist der Protein-DNA-Faden weniger oder stärker aufspiralisiert. Deshalb sind die Chromosomen im mikroskopischen Bild unterschiedlich gut erkennbar.

Die DNA – ein sehr großes Molekül

Isoliert man **DNA** aus Zellkernen, so erhält man ein zähes, Fäden ziehendes Material.
Chemische Analysen zeigen, aus welchen Bausteinen die DNA besteht. Es handelt sich um einen bestimmten **Zucker,** die Desoxyribose, um **Phosphorsäure,** die der DNA ihre saure Eigenschaft gibt, sowie um vier organische **Basen:** Adenin (A), Guanin (G), Cytosin (C) und Thymin (T). Jeweils ein Zucker- und ein Phosphorsäurebaustein sowie eine der vier Basen sind zu einem **Nukleotid** verbunden.

Wie Millionen dieser Nukleotide nun zu einem sehr großen Molekül verbunden sind, erklärt das ▸ **Doppelhelix-Modell** der DNA.
Die DNA bildet einen wendeltreppenartig gewundenen Doppelstrang. Die beiden Stränge werden jeweils aus abwechselnd aneinandergehängten Zucker- und Phosphorsäurebausteinen gebildet. An den Zuckerbausteinen hängt zusätzlich noch jeweils eine der vier Basen. Immer zwei gegenüberliegende Basen bilden eine „Treppenstufe". Dabei liegen sich immer Adenin und Thymin oder Guanin und Cytosin gegenüber. Es gibt also eine feste **Basenpaarung.**

Struktur und Funktion → S. 182

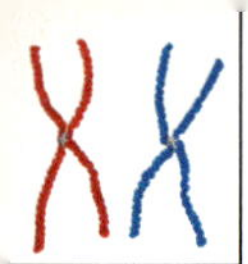

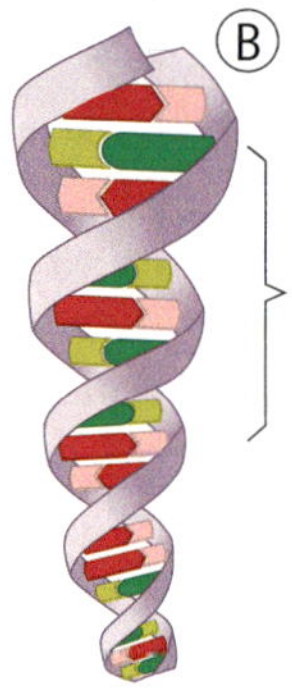

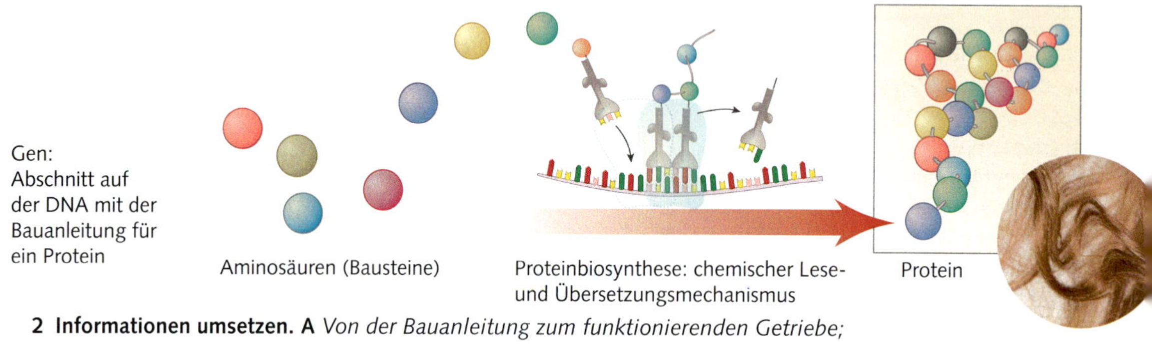

2 Informationen umsetzen. A *Von der Bauanleitung zum funktionierenden Getriebe;* **B** *Vom Gen zum Merkmal (lockiges Haar)*

Die DNA als Informationsträger

Die DNA lässt sich als Bau- und Betriebsanleitung für die Zelle und letztlich für den Körper auffassen. Die Anleitung ist als stabile DNA-Doppelhelix im Zellkern gespeichert.
Wie kann die DNA Informationen speichern und weitergeben, und wie können diese umgesetzt werden?
Bevor sich Zellen teilen, wird durch eine identische ▸ DNA-Verdoppelung die Anleitung kopiert und die Information an die Tochterzellen weitergegeben. Nützlich wird die Anleitung aber erst, wenn sie gelesen und umgesetzt wird. Ähnlich wie ein Text mit 26 Buchstaben in einer Fachsprache geschrieben und vom Fachmann gelesen und umgesetzt werden kann, ist die Information auf der DNA in der **Reihenfolge** der vier **Basen** verschlüsselt.
In den Zellen sorgt nun ein chemischer Lese- und Übersetzungsmechanismus dafür, dass anhand der Reihenfolge der Basen die entsprechenden **Proteine** gebildet werden. Dies bezeichnet man als ▸ Proteinbiosynthese.

Vom Gen zum Merkmal

Einen Abschnitt auf der DNA, der die Information zum Aufbau eines bestimmten Proteins enthält, nennt man **Gen.**
Manche Proteine dienen direkt zum Aufbau des Körpers, andere wirken als ▸ Enzyme. Dort ermöglichen sie chemische Reaktionen, bei denen beispielsweise Blütenfarbstoffe gebildet werden. Letztlich werden alle **Merkmale** eines Organismus auf der Grundlage der Gene ausgebildet. Diese Ausbildung wird aber durch Umwelteinflüsse mitgesteuert.

Kleines Wörterbuch der Molekulargenetik

Acid: englisch für Säure
Chromosom: anfärbbares Körperchen (griechisch chroma: „Farbe"; und soma: „Körper")
DNA/DNS: Abkürzung für die englische oder deutsche Bezeichnung desoxyribonucleic acid bzw. Desoxyribonukleinsäure
Helix: griechisch für Windung, Spirale
Nukleus: Zellkern (lateinisch nucleus: „Kern")
Nukleinsäuren: im Zellkern zu findende Säuren wie DNA und RNA
Nukleotid: Baustein der DNA oder RNA aus Zucker, Phosphorsäure und einer der vier Basen
Makromolekül: Riesenmolekül (griechisch makros: „groß"; Gegenteil zu mikros: „klein")
RNA/RNS: Abkürzung für englisch ribonucleic acid bzw. Ribonukleinsäure
Ribose und **Desoxyribose:** zwei ähnliche Zucker, Bestandteile der RNA bzw. DNA

Die Entschlüsselung der DNA – eine Erfolgsgeschichte

Die DNA-Doppelhelix – ein tragfähiges Modell

Nachdem man die chemischen Bestandteile der DNA bereits gefunden hatte, konnte man sich nicht vorstellen, wie aus doch recht einfachen Bausteinen ein so komplexes Molekül entstehen kann, das Informationen zum Aufbau eines ganzen Organismus trägt.

Francis CRICK und der junge James WATSON machten sich 1951 daran, die DNA-Struktur zu entschlüsseln. Um sich genauere Vorstellungen von der möglichen Molekülstruktur machen zu können, bauten sie Modelle der DNA-Bausteine und probierten verschiedenste Zusammensetzungen aus.
Dabei nutzten sie die Erkenntnisse von Rosalind FRANKLIN. Die Forscherin hatte Röntgenstrahlen durch Kristalle isolierter DNA geschickt und aus den Röntgenmustern geschlossen, dass das DNA-Molekül kreis- oder schraubenförmige Strukturen aufweisen muss. Auch die Ergebnisse von Erwin CHARGAFF flossen in die Arbeiten ein: er hatte festgestellt, dass Adenin immer in der gleichen Menge wie Thymin in der DNA vorkommt und dass dasselbe auch für Guanin und Cytosin gilt. Dies brachte WATSON und CRICK auf die Idee der Basenpaarung.
1953 war es dann so weit: WATSON und CRICK präsentierten ihr Modell der DNA-Doppelhelix. Es erklärt alle bekannten Eigenschaften der DNA und ist bis heute gültig. 1962 erhielten die Forscher den Nobelpreis für ihre Entdeckung.

1 James WATSON und Francis CRICK an ihrem Modell der DNA

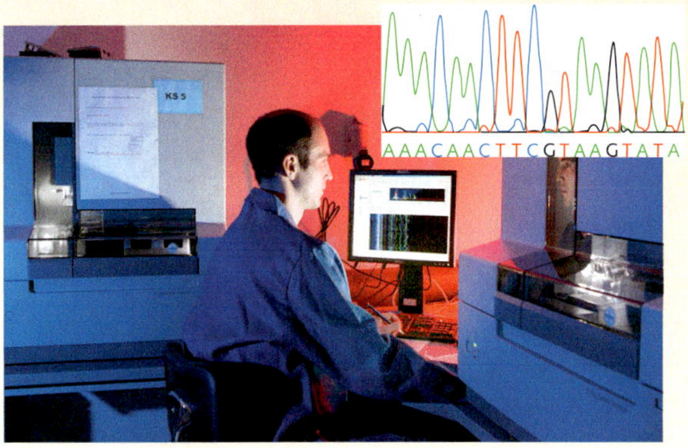

2 Automatisierte DNA-Analyse und Ausgabe der Basenabfolge am Computer

Auch heute veranschaulicht man sich den Aufbau der DNA mit Modellen, seien es die DNA-Modelle an Schulen, die Grafiken in Büchern, Animationen am Computer oder selbst gebastelte Modelle.

Das Human-Genom-Projekt

Forschergruppen aus zahlreichen Ländern schlossen sich 1990 – anfangs unter der Leitung von James WATSON – zum Human-Genom-Projekt zusammen. Ziel war es, innerhalb von etwa zwanzig Jahren die Reihenfolge der Basen in der menschlichen DNA zu entschlüsseln. Es kam anders. Rasante Fortschritte in der biochemischen Technik ermöglichten eine ungeahnte Automatisierung der DNA-Analyse. So konnte bereits 2001 die Abfolge der 3 Milliarden Basenpaare des Menschen vorgestellt werden.

Nun kennt man zwar die Buchstabenfolge des Lebens und kann auf etwa 25 000 menschliche Gene schließen, aber in weiten Bereichen der DNA ist der Sinn der dort gespeicherten Information noch unbekannt. Um sie zu entschlüsseln, arbeiten mehr als 1000 Forschergruppen aus über 50 Ländern in der Human-Genom-Organisation (HUGO) heute weltweit zusammen.

1. Erläutere, wie die Vorarbeiten anderer Forscher in die Entwicklung des DNA-Modells von WATSON und CRICK einflossen.

2. Begründe mithilfe eines geeigneten Vergleichs, warum die Kenntnis der Basenfolge der DNA noch nicht die dort niedergelegte Information liefert.

Die DNA wird identisch verdoppelt

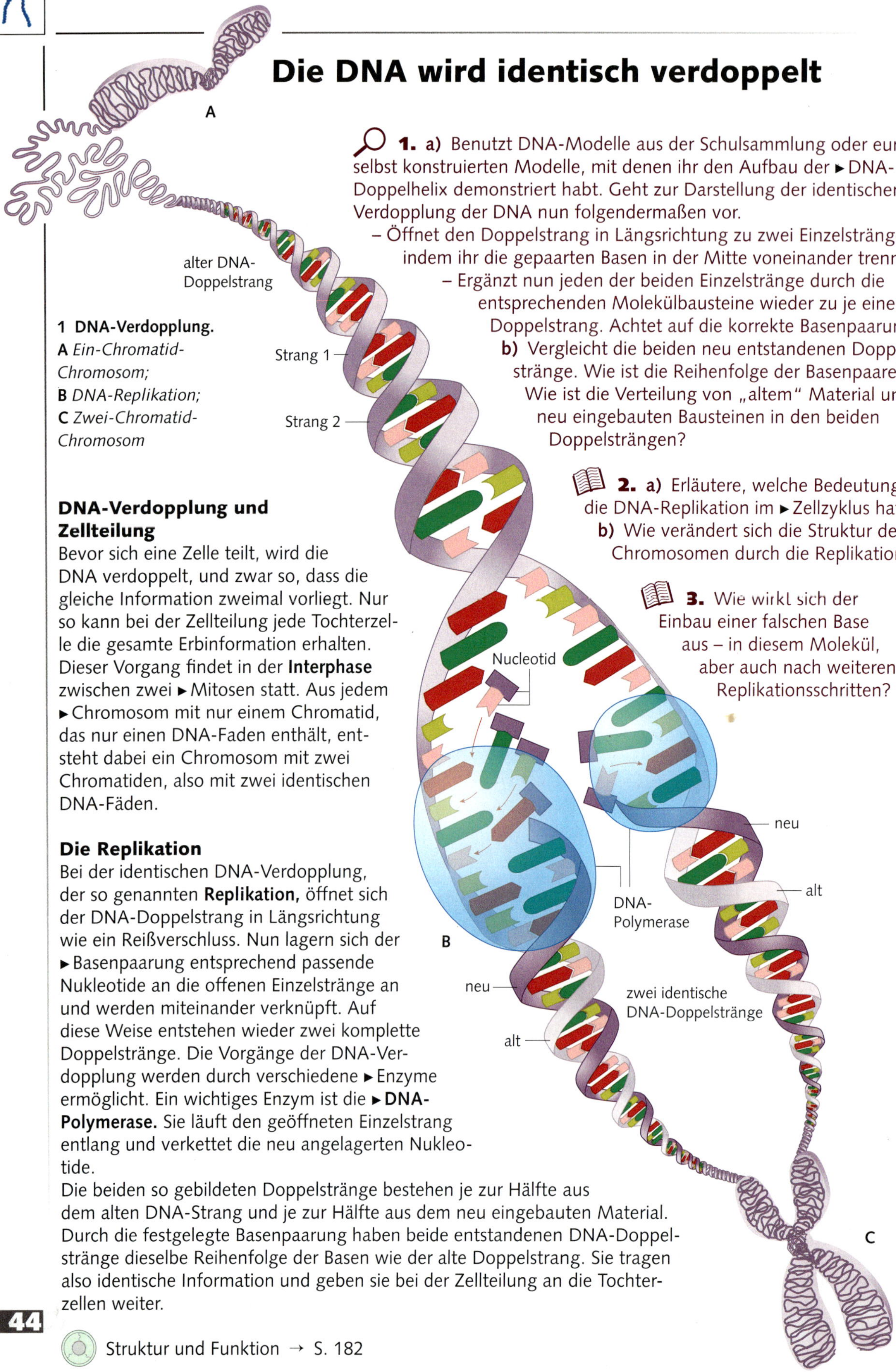

1 DNA-Verdopplung.
A *Ein-Chromatid-Chromosom;*
B *DNA-Replikation;*
C *Zwei-Chromatid-Chromosom*

1. a) Benutzt DNA-Modelle aus der Schulsammlung oder eure selbst konstruierten Modelle, mit denen ihr den Aufbau der ▸ DNA-Doppelhelix demonstriert habt. Geht zur Darstellung der identischen Verdopplung der DNA nun folgendermaßen vor.
– Öffnet den Doppelstrang in Längsrichtung zu zwei Einzelsträngen, indem ihr die gepaarten Basen in der Mitte voneinander trennt.
– Ergänzt nun jeden der beiden Einzelstränge durch die entsprechenden Molekülbausteine wieder zu je einem Doppelstrang. Achtet auf die korrekte Basenpaarung.
b) Vergleicht die beiden neu entstandenen Doppelstränge. Wie ist die Reihenfolge der Basenpaare? Wie ist die Verteilung von „altem" Material und neu eingebauten Bausteinen in den beiden Doppelsträngen?

2. a) Erläutere, welche Bedeutung die DNA-Replikation im ▸ Zellzyklus hat.
b) Wie verändert sich die Struktur der Chromosomen durch die Replikation?

3. Wie wirkt sich der Einbau einer falschen Base aus – in diesem Molekül, aber auch nach weiteren Replikationsschritten?

DNA-Verdopplung und Zellteilung

Bevor sich eine Zelle teilt, wird die DNA verdoppelt, und zwar so, dass die gleiche Information zweimal vorliegt. Nur so kann bei der Zellteilung jede Tochterzelle die gesamte Erbinformation erhalten. Dieser Vorgang findet in der **Interphase** zwischen zwei ▸ Mitosen statt. Aus jedem ▸ Chromosom mit nur einem Chromatid, das nur einen DNA-Faden enthält, entsteht dabei ein Chromosom mit zwei Chromatiden, also mit zwei identischen DNA-Fäden.

Die Replikation

Bei der identischen DNA-Verdopplung, der so genannten **Replikation,** öffnet sich der DNA-Doppelstrang in Längsrichtung wie ein Reißverschluss. Nun lagern sich der ▸ Basenpaarung entsprechend passende Nukleotide an die offenen Einzelstränge an und werden miteinander verknüpft. Auf diese Weise entstehen wieder zwei komplette Doppelstränge. Die Vorgänge der DNA-Verdopplung werden durch verschiedene ▸ Enzyme ermöglicht. Ein wichtiges Enzym ist die ▸ **DNA-Polymerase.** Sie läuft den geöffneten Einzelstrang entlang und verkettet die neu angelagerten Nukleotide.
Die beiden so gebildeten Doppelstränge bestehen je zur Hälfte aus dem alten DNA-Strang und je zur Hälfte aus dem neu eingebauten Material. Durch die festgelegte Basenpaarung haben beide entstandenen DNA-Doppelstränge dieselbe Reihenfolge der Basen wie der alte Doppelstrang. Sie tragen also identische Information und geben sie bei der Zellteilung an die Tochterzellen weiter.

Struktur und Funktion → S. 182

Der genetische Fingerabdruck

Ein Tropfen Blut überführte den Täter

Klauheim. Der Raub in der Fabrikantenvilla vom vergangenen Sonntag konnte jetzt aufgeklärt werden. Einer der Täter hatte sich offenbar beim Einstieg durch das zerschlagene Fenster verletzt. Aus den Blutspuren konnte die Polizei einen genetischen Fingerabdruck erstellen und einen der bereits Verdächtigen überführen.

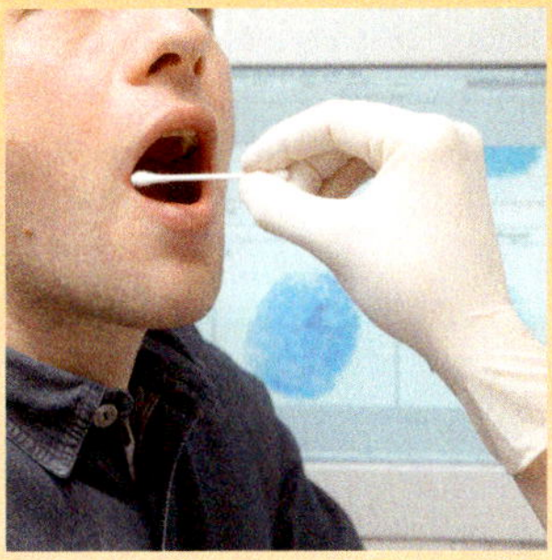

Speichelprobe

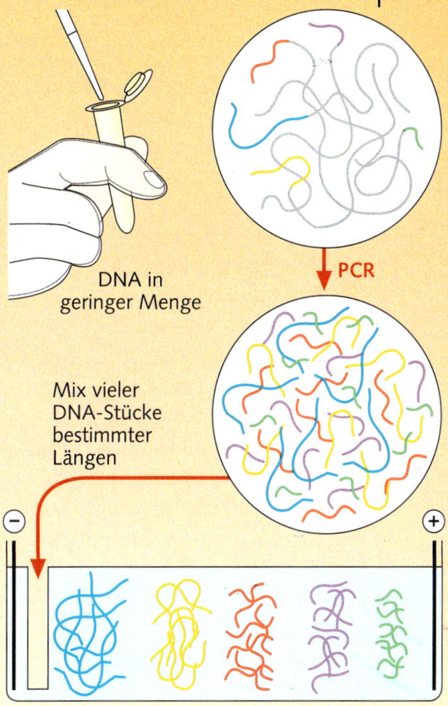

Auftrennung der DNA-Stücke in der Gelelektrophorese

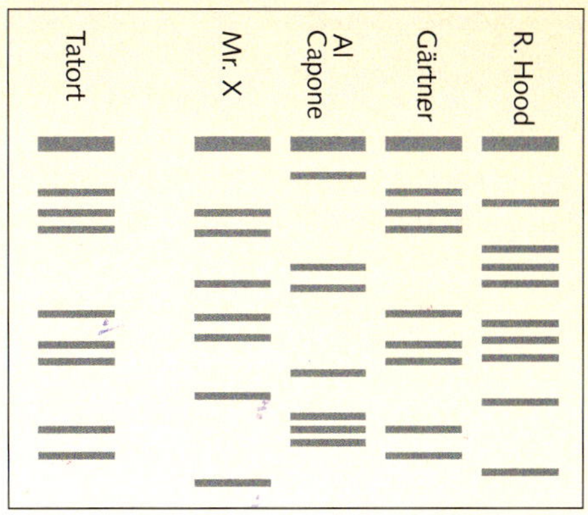

Bandenmuster genetischer Fingerabdrücke

Solche oder ähnliche Geschichten erfahren wir immer wieder aus den Medien. Eine winzige Menge Blut, Sperma- oder Speichelspuren, ein Haar oder eine Hautschuppe reichen, um einen **genetischen Fingerabdruck** zu erstellen. Darüber lassen sich Personen mit fast hundertprozentiger Sicherheit identifizieren. Verbrecher können so überführt werden, aber auch Unfallopfer kann man identifizieren oder einen Vaterschaftstest durchführen.

Wie funktioniert der Test? Voraussetzung ist die **Polymerase-Ketten-Reaktion,** kurz **PCR** (polymerase chain reaction). Sie ahmt die natürliche Verdopplung der DNA mithilfe des Enzyms DNA-Polymerase im Reagenzglas nach. Zur Erstellung eines genetischen Fingerabdrucks vervielfältigt man gezielt nur wenige Bereiche der DNA und zwar solche, in denen sich die Menschen unterscheiden. Diese Bereiche liegen zwischen den eigentlichen Genen und sind unterschiedlich lang. Bei der Vervielfältigung entsteht so ein Mix aus DNA-Stücken unterschiedlicher, aber bestimmter Längen. Vielfach hintereinander durchgeführt, erhält man in der PCR genügend Material für die weitere Untersuchung.
Man führt nun eine **Gelelektrophorese** durch, um die DNA-Stücke aus dem Mix voneinander zu trennen und die verschiedenen Längen herauszufinden. Dazu gibt man die Probe in eine Vertiefung in einem Gel. Wenn nun elektrische Spannung angeschlossen wird, wandern die leicht negativ geladenen DNA-Stücke in Richtung Pluspol. Die kleineren Stücke wandern schneller durch die Poren des Gels als die größeren. So kommt es zu einer Auftrennung der verschieden langen DNA-Stücke, die nach dem Anfärben als Banden in dem Gel sichtbar werden. Das Bandenmuster ist für jeden Menschen etwa so charakteristisch wie sein Fingerabdruck.

Die eigentlichen Gene, also die Bereiche mit den Erbinformationen für die Proteinsynthese, dürfen für einen genetischen Fingerabdruck nicht untersucht werden. In diesen Bereichen unterscheiden sich die Menschen ohnehin nur minimal.
Nicht zu verwechseln ist der genetische Fingerabdruck daher mit einem **Gentest.** Bei einer solchen ▸ **Gendiagnose** wird mit ähnlichen Methoden für medizinische Zwecke ein Gen genauer untersucht, z. B. wenn der Verdacht auf eine Erbkrankheit vorliegt.

1. Ermittele aus dem oben gezeigten Bandenmuster den wahrscheinlichen Täter.

2. Kann man aus einem genetischen Fingerabdruck Erbeigenschaften wie Haarfarbe oder Krankheitsrisiken ablesen? Begründe deine Ansicht.

Proteinbiosynthese – die Information wird lebendig

1. a) Benenne die zwei Hauptschritte der Proteinbiosynthese und die Produkte, die dabei jeweils entstehen.
b) Benenne die RNA-Typen, die bei der Proteinbiosynthese eine Rolle spielen und beschreibe jeweils ihre Funktion.

2. Erläutere, wie bei der Translation die Reihenfolge der Basen auf der mRNA in die Reihenfolge der Aminosäuren des Proteins übersetzt wird.

3. a) Erläutere den Begriff Triplettcode.
b) Erkläre, warum eine Kombination aus zwei Basen nicht ausreichen würde, um 20 Aminosäuren eindeutig zu codieren.
c) Ermittele, wie viele verschiedene Aminosäuren mit der Kombination aus drei Basen theoretisch codiert werden könnten.

4. Der Triplettcode wird häufig als Codesonne dargestellt. Die Buchstaben stehen für die Basen der mRNA und eine Kombination aus drei Basen, ein Triplett, ist von innen nach außen zu lesen. Dann gelangt man zu einer Abkürzung für eine der Aminosäuren. So liest man beispielsweise für CCA die Abkürzung Pro ab, die für die Aminosäure Prolin steht. Daneben lässt der Triplettcode noch Raum für Start- und Stopp-Tripletts und manche Aminosäuren sind mehrfach codiert.
Ermittele mithilfe der Codesonne,
- welche Aminosäure durch AAA codiert wird.
- welche Aminosäure durch UGC codiert wird.
- welche Tripletts für die Aminosäure Alanin (Ala) codieren können.
- bei welchen Tripletts die Translation beendet wird (Stopp-Signal).

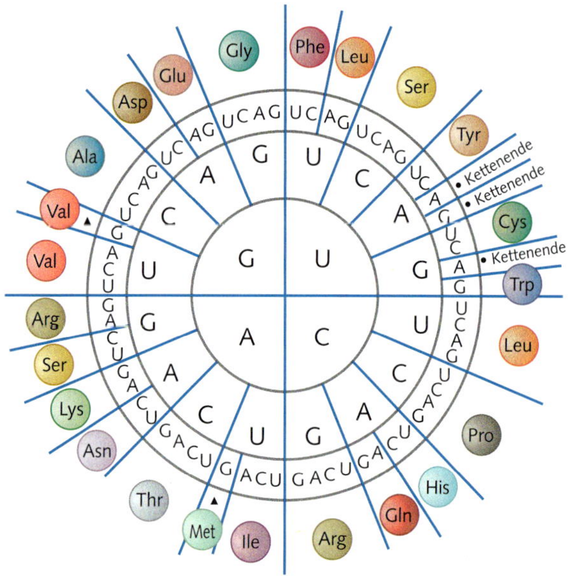

▲ Start - Codons: hier beginnt die Translation
• Stopp - Codons: hier endet die Translation

5. Stelle die Proteinbiosynthese in Form eines Flussdiagramms dar.

6. a) Konstruiert in Gruppen ▸ Modelle, mit denen ihr die Vorgänge der Transkription und der Translation veranschaulichen könnt.
b) Präsentiert die Proteinbiosynthese mithilfe eures Modells.
c) Diskutiert im Anschluss die Aussagekraft des Modells mit seinen Vor- und Nachteilen.

7. ▸ Genmutationen sind Veränderungen der DNA. Erläutert die Auswirkungen einer veränderten Reihenfolge der DNA-Basen auf die Reihenfolge der mRNA-Basen und auf das gebildete Protein.

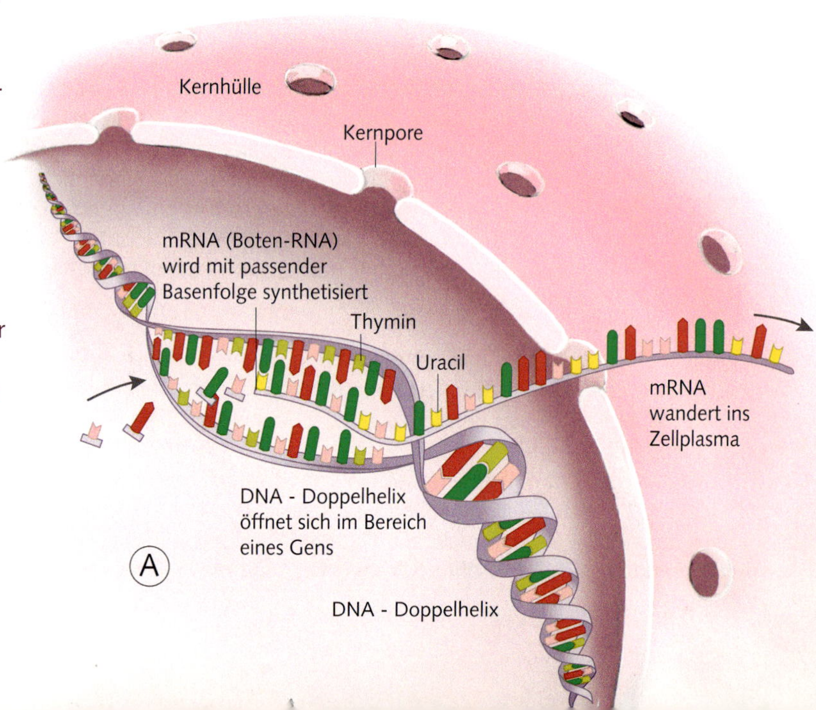

Proteinbiosynthese in zwei Schritten
Proteine sind lange, räumlich aufgeknäulte Ketten aus oft Hunderten von Aminosäurebausteinen. Es gibt 20 verschiedene Aminosäuren. Die Reihenfolge, in der sie in der Kette vorliegen, bestimmt die Funktion eines jeden Proteins.
Die Herstellung von Proteinen in der Zelle läuft in zwei Schritten ab. Zuerst wird bei der **Transkription** im Zellkern eine Abschrift der auf der DNA gespeicherten Erbinformation angefertigt und in Form einer Boten-RNA ins Zellplasma geschickt. Dort wird im zweiten Schritt, der **Translation,** das Protein gebildet.

Die Transkription
Soll ein bestimmtes Protein gebildet werden, öffnet sich die DNA-Doppelhelix im Bereich des Gens, das die Bauanleitung für dieses Protein enthält. Entlang dieser DNA-Vorlage wird nun aus Nukleotiden eine entsprechende Boten-RNA (**mRNA** von engl. messenger RNA) mit passender Basenfolge synthetisiert. Im Unterschied zur DNA enthält RNA als Zucker Ribose anstatt Desoxyribose und die Base Uracil anstatt Thymin. Die einzelsträngige mRNA transportiert nun die so kopierte Information der DNA ins Zellplasma zu den Ribosomen.

Die Translation
Im Zellplasma lagern sich ▸**Ribosomen** an die mRNA an. Anschließend wird die Reihenfolge der Basen auf der mRNA schrittweise in die Reihenfolge der Aminosäuren des sich bildenden Proteins übersetzt. Welche Aminosäure als nächstes in eine wachsende Proteinkette eingebaut werden soll, wird jeweils durch die Kombination von drei Basen, einem so genannten **Triplett,** auf der mRNA bestimmt. So bedeutet das Triplett GGU den Einbau der Aminosäure Glycin, das Triplett UCA den Einbau von Serin. Diese Zuordnung zwischen einem Basentriplett und einer Aminosäure bezeichnet man als **genetischen Code.** Interessanterweise ist er bei allen Lebewesen derselbe, bei Bakterien ebenso wie beim Gänseblümchen oder dem Menschen. Der Code ist **universell.**
Für den Transport zu den Ribosomen werden die Aminosäuren an so genannten tRNAs **(transfer RNAs)** gebunden. Da es 20 verschiedene Aminosäuren gibt, sind auch 20 verschiedene tRNAs nötig. Jede tRNA besitzt auf der einen Seite eine Kombination von drei Basen, die bestimmt, welche Aminosäure auf der anderen Seite der tRNA angekoppelt wird. Wenn eine mit einer Aminosäure beladene tRNA eine Basenkombination besitzt, die zum Basentriplett auf der mRNA passt, dann kann sie sich in ein Ribosom einlagern. So werden die Aminosäuren in der richtigen Reihenfolge miteinander verbunden. Die tRNA, die ihre Aminosäure abgegeben hat, löst sich vom Ribosom. Dieses „rutscht“ auf der mRNA ein Triplett weiter und die nächste beladene tRNA lagert sich an. So wächst die Proteinkette, bis ein Stopp-Signal kommt, das die Translation beendet. Das Protein faltet sich schon während seiner Bildung auf und nimmt schließlich die für seine Funktion entscheidende Form ein.

Proteine bestimmen Merkmale
Proteine sind entweder direkt am Aufbau der Zellen beteiligt oder sie wirken als ▸**Enzyme** im Stoffwechsel. Dann ermöglichen sie bestimmte Reaktionen, die zu bestimmten **Merkmalen** führen wie der Farbe einer Blüte oder der Fähigkeit vieler, aber nicht aller Menschen, ▸Milchzucker zu verdauen.

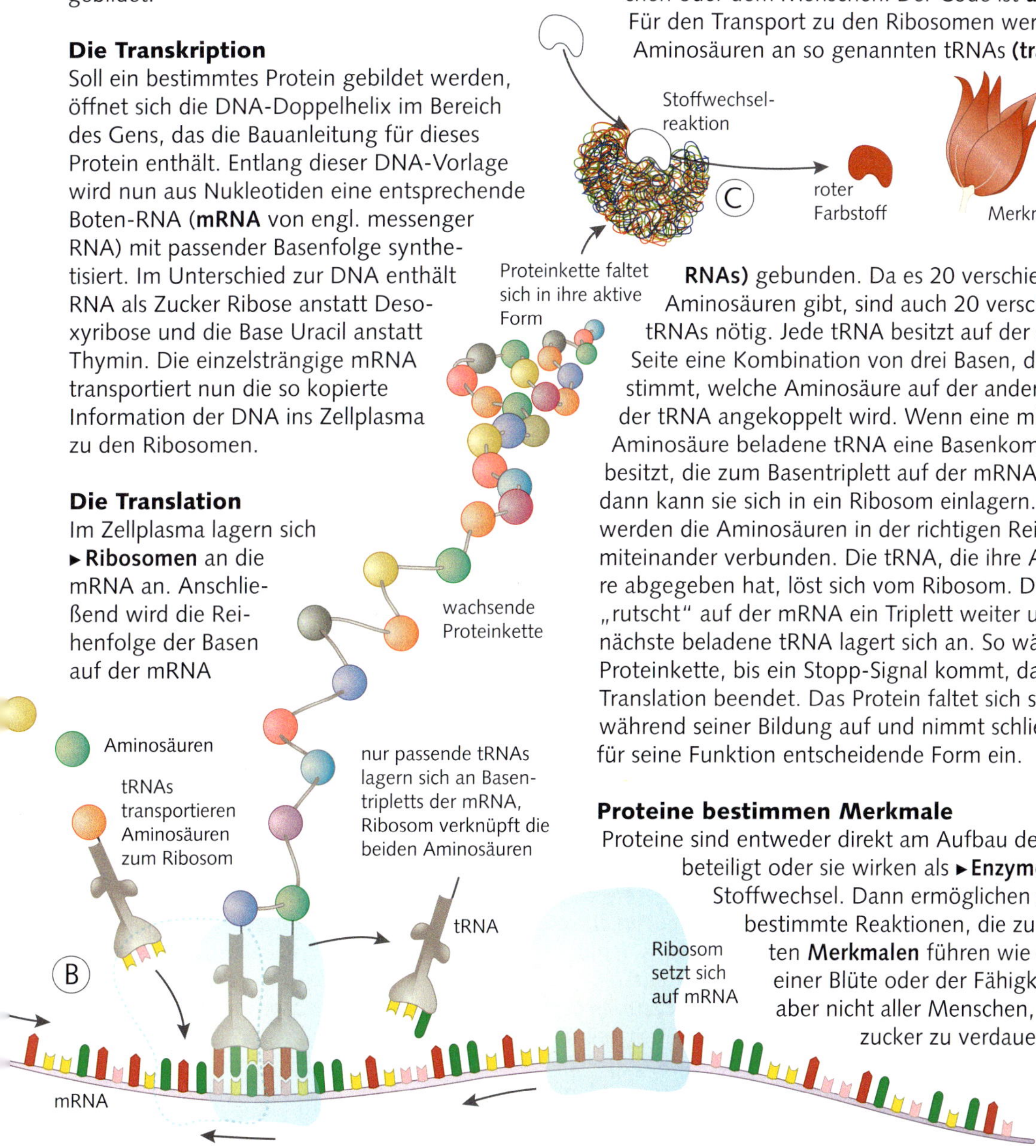

1 Proteinbiosynthese. A *Transkription;* **B** *Translation;* **C** *Protein und Merkmalsentstehung*

Struktur und Funktion → S. 182

Enzyme regulieren den Stoffwechsel

1. Bei manchen Stoffwechselvorgängen entsteht in den Zellen Wasserstoffperoxid (H_2O_2). Wenn es zerfällt, kann der frei werdende Sauerstoff zu Zellschäden führen. Daher haben viele Zellen ein Enzym, die Katalase, das entstehendes H_2O_2 sofort zerlegt, damit es sich nicht ansammelt.
Reaktion: $2\ H_2O_2 \longrightarrow 2H_2O + O_2$
Im folgenden Versuch könnt ihr die Wirkung von Katalase nachweisen.

a) Gib etwa 1 ml H_2O_2 in einen kleinen Erlenmeyerkolben. **Achtung:** H_2O_2 wirkt ätzend, also nicht berühren und Schutzbrille tragen!
Reibe etwas rohe Kartoffel und gib eine Spatelspitze davon in den Erlenmeyerkolben. Beobachte und beschreibe, was passiert. Teste mit der Hand von außen die Temperatur des Kolbens.
b) Weise mit der Glimmspanprobe den Sauerstoff nach. Zünde dazu einen längeren Holzspan an, lasse ihn etwas brennen, puste die Flamme aus und führe den noch glimmenden Span in den Erlenmeyerkolben ein. Wenn der Span wieder aufflammt, ist dies ein Nachweis für einen erhöhten Sauerstoffanteil.
c) Führe den Versuch noch einmal durch. Koche aber zuvor die Kartoffelstücke kurz auf.
d) Schreibe ein ausführliches Versuchsprotokoll.

2. a) Erkläre die Wirkungsweise von Enzymen mithilfe des Schlüssel-Schloss-Prinzips.
b) Erkläre auch, was beim Erhitzen von Enzymen passiert.

3. Forme aus Knetmasse Enzymmodelle und dazu passende Ausgangsstoffe. Erläutere, warum für jede Stoffwechselreaktion ein anderes Enzym gebraucht wird.

4. Waschmittel enthalten häufig Enzyme. Versuche herauszufinden, wozu die Enzyme in dem Produkt dienen.

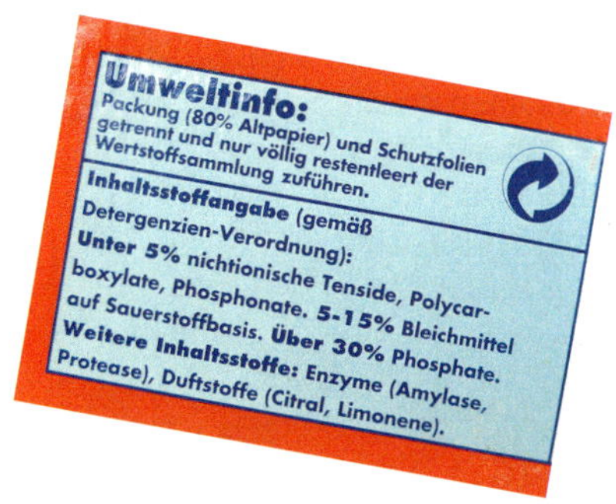

5. Betrachte Abbildung 1 und wende die dort vorgestellten Formen für Glucose und Enzyme auf folgendes Beispiel an.
a) Maltose ist ein Zweifachzucker aus zwei Glucose-Bausteinen. Skizziere ein Maltose-Molekül.
b) Erkläre mithilfe des Schlüssel-Schloss-Modells, warum das Enzym Saccharase den Zucker Maltose nicht spaltet.
c) Entwirf eine Skizze für das Enzym Maltase, das Maltose zu zwei Glucose-Molekülen spaltet.

6. Hefezellen können mithilfe von Enzymen verschiedene Zuckerarten als Nährstoffe verwenden. Dabei entsteht Kohlenstoffdioxid, das als Gas aufsteigt.
a) Plant einen Versuch, mit dem ihr untersuchen könnt, ob Bäckerhefe Haushaltszucker (Saccharose), Traubenzucker (Glucose), Fruchtzucker (Fructose), Milchzucker (Lactose), Malzzucker (Maltose) verwerten können. Testet auch Speisestärke.
b) Führt den Versuch durch. Zieht aus dem Ergebnis Rückschlüsse auf die Enzyme, die die Hefezellen bilden können (Amylase, Saccharase, Maltase, Lactase).

Enzyme sind Biokatalysatoren

Du kennst Enzyme vielleicht als Verdauungsenzyme, die Nährstoffe in ihre Bestandteile zerlegen. Amylase zerlegt Stärke bereits im Mund zu Malzzucker (Maltose). Pepsin zerlegt im Magen Proteine, und Lipasen im Darm zerlegen Fette. Aber auch für den Stoffwechsel jeder Zelle sind Enzyme unentbehrlich. Sie beschleunigen als **biologische Katalysatoren** Stoffwechselreaktionen, die von alleine nicht mit der nötigen Geschwindigkeit ablaufen würden. Wie chemische Katalysatoren gehen auch die Enzyme aus der Reaktion unverändert hervor.
Die Namensendung **„-ase"** bezeichnet typischerweise ein Enzym. Saccharase ist zum Beispiel das Enzym, das den Haushaltszucker Saccharose spaltet. DNA-Polymerase ist ein Enzym der ▸DNA-Replikation.

Ohne Gen kein Enzym

Was kann passieren, wenn ein Enzym im Organismus fehlt? Manche Menschen haben ▸Albinismus. Ihre Haare sind weiß und ihre Haut ist ganz hell und lichtempfindlich. Ihnen fehlt ein Enzym, das für die Synthese des dunklen Hautfarbstoffs Melanin gebraucht wird. Das Enzym kann im Zuge der ▸Proteinbiosynthese nicht gebildet werden, weil das Gen dafür fehlt. Albinismus ist daher auch erblich. Aber die Gene müssen nicht nur vorhanden sein, sie müssen auch aktiv sein, das heißt, es muss ▸Transkription stattfinden. Und auch das ist nicht immer der Fall, wie folgendes Beispiel zeigt. Manche Menschen vertragen keine Milch, weil sie den darin enthaltenen **Milchzucker,** die Lactose, nicht verdauen können. Sie haben eine so genannte Lactose-Unverträglichkeit. Bei ihnen ist im Erwachsenenalter das Gen für das Enzym Lactase dauerhaft abgeschaltet. Jogurt hingegen können viele dieser Menschen essen, da die Milchsäure-Bakterien im Jogurt den Milchzucker mit ihrer Lactase bereits gespalten haben.

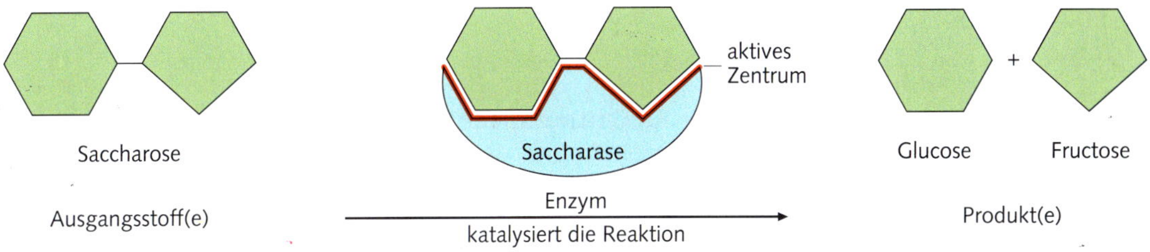

1 Schlüssel-Schloss-Prinzip der Enzymwirkung

Das Schlüssel-Schloss-Prinzip

Enzyme sind Proteine mit einer ganz bestimmten räumlichen Form. Der Stoff, der in der Reaktion umgesetzt wird, passt in einen besonders geformten Bereich des Enzyms, das so genannte **aktive Zentrum.** Stoff und Enzym passen zusammen wie ein Schlüssel ins Schloss. Der Ausgangsstoff lagert sich an das aktive Zentrum und wird durch dieses etwas beeinflusst, sodass die Reaktion zum Produkt leichter stattfinden kann. Das Produkt löst sich dann vom aktiven Zentrum, sodass dieses wieder für die nächste Reaktion frei wird.

Enzyme sind sensible Spezialisten

Dieses Prinzip der Enzymwirkung erklärt auch weitere Eigenschaften der Enzyme: Jedes Enzym ist nur auf eine bestimmte Reaktion spezialisiert. Andere Reaktionen mit anderen Ausgangsstoffen benötigen andere passende Enzyme. In den meisten Zellen sind daher über 2000 verschiedene Enzyme gleichzeitig aktiv. Und wenn durch Hitze, Säure oder andere Einflüsse die Proteinstruktur eines Enzyms verändert wird, funktioniert es nicht mehr.

2 Milchprodukte

Enzyme – vielfältige Helfer im Alltag

Die speziellen Wirkungen der Enzyme werden vielfach genutzt. In Waschmitteln helfen Proteasen, Eiweißflecken zu entfernen, Lipasen wirken gegen Fettflecken. Auch die Lebensmittelindustrie verwendet Enzyme, zum Beispiel Amylasen in Backmischungen. Alle Enzyme werden durch Organismen produziert. Manchmal kommt dabei die ▸Gentechnik zum Einsatz.

Struktur und Funktion → S. 182

Mutationen verändern die DNA

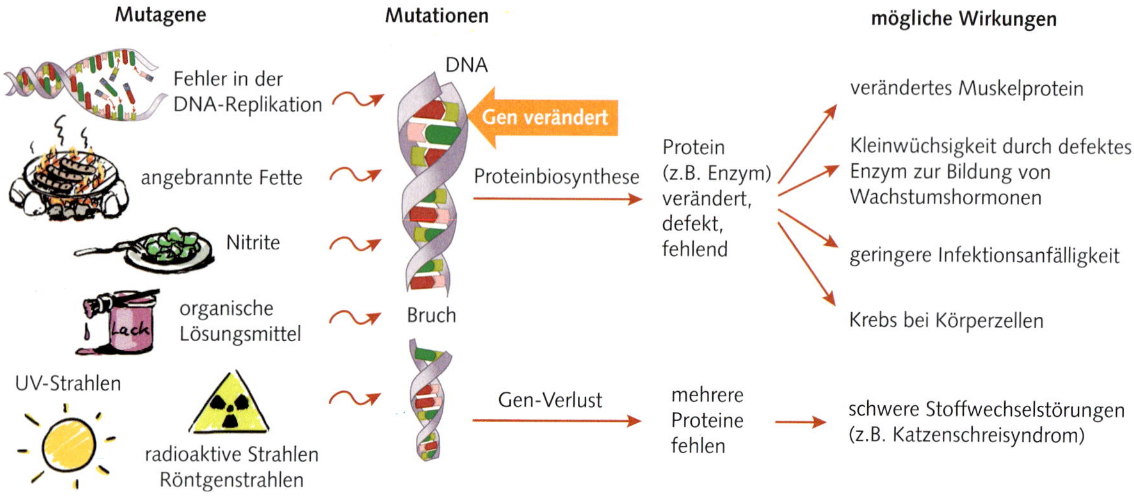

1. a) Mutationen können das Erbgut von Körperzellen oder von ▸Keimzellen betreffen. Erläutere die unterschiedlichen Konsequenzen.

2. Schreibe einen kleinen Praxisratgeber „Mutagene – wie lassen sich unnötige Belastungen vermeiden?".

Mutationen

Ungerichtete Veränderungen des Erbgutes bezeichnet man als **Mutationen.** Sie kommen natürlicherweise zwar selten, aber doch immer mal wieder vor. Man unterscheidet drei Typen von Mutationen.
▸**Genmutationen** verändern ein einzelnes Gen. Hierbei können in der DNA Basen ausgetauscht werden, verloren gehen oder ergänzt werden. Dies kann sich auf den Organismus auswirken, muss es aber nicht.
Bei ▸**Chromosomenmutationen** sind größere Bereiche eines Chromosoms betroffen. Ganze Stücke mit mehreren Genen können zum Beispiel verloren gehen.
Bei ▸**Genommutationen** wird die Zahl der Chromosomen verändert.
Anders als bei Genmutationen haben Chromosomen- und Genommutationen meist schwerwiegendere Folgen.

Unbemerkt, schädlich oder nützlich

Viele Mutationen haben so geringe Auswirkungen, dass sie sich nicht oder nur unwesentlich auf die Merkmale des Organismus auswirken. Da die Organismen aber bereits sehr gut an ihre Lebensbedingungen angepasst sind und die Mutationen zufällig und ungerichtet erfolgen, führen sie oft auch zu schädlichen Effekten. Beim Menschen sind solche Mutationen beispielsweise die Ursache von ▸Erbkrankheiten.
Nur selten findet eine Mutation statt, die für ihren Träger zufällig von Vorteil ist. Aber gerade solche kleinen Veränderungen, die durch Mutationen entstehen, bilden eine wesentliche Grundlage für die ▸**Evolution** der Lebewesen und für den Erfolg von ▸**Züchtungen** bei Nutzpflanzen und Nutztieren.

Mutationen betreffen Keimzellen oder Körperzellen

Finden Mutationen bei der Bildung von **Keimzellen** statt, ist der gesamte Organismus betroffen, der sich nach der Befruchtung daraus entwickelt. Auch kann diese Veränderung an nachfolgende Generationen weitervererbt werden. Mutationen, die in **Körperzellen** stattfinden, werden hingegen nicht weitervererbt, können dem Körper aber durchaus Probleme bereiten, beispielsweise ▸Krebs auslösen.

Mutagene erhöhen die Mutationsrate

Energiereiche Strahlen, bestimmte Chemikalien und andere äußere Einflüsse, die die Häufigkeit von Mutationen erhöhen, nennt man **Mutagene.** Um zusätzliche Mutationen zu vermeiden, sollten die Belastungen mit Mutagenen möglichst gering gehalten werden. Dazu dienen Maßnahmen am Arbeitsplatz, in der Medizin, aber auch in der Freizeit.

Entwicklung → S. 184

Präsentieren mit Modellen

Wenn ihr komplizierte Vorgänge oder Sachverhalte aus dem Bereich der Molekularbiologie darstellen wollt, könnt ihr gut mit Modellen arbeiten. Auf diese Weise wird eure Präsentation anschaulich und eure Aussagen sind leichter verständlich. Leitfragen können euch bei der Erarbeitung geeigneter Modelle helfen. Zudem solltet ihr einige Regeln beim Präsentieren beachten.

1 **Modell der Proteinbiosynthese**

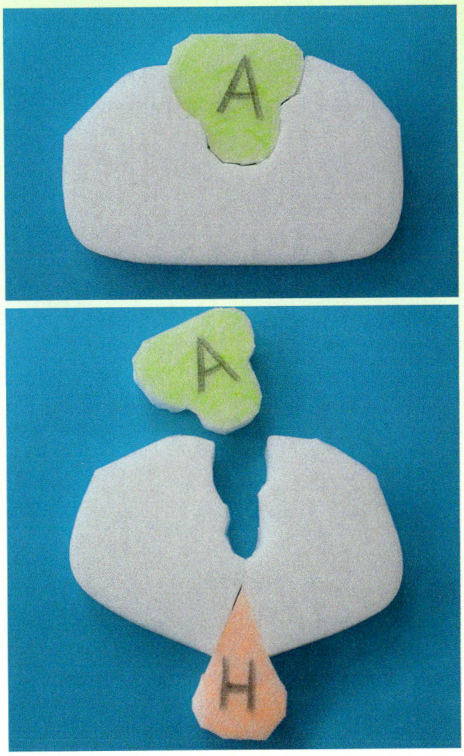

2 **Modell zur Hemmung eines Enzyms**

Leitfragen zur Erstellung von Modellen

1. Was will ich mit dem Modell zeigen?
   - *den Ablauf der Proteinbiosynthese*
   - *das Schlüssel-Schloss-Prinzip der Enzymwirkung*
   - *Wirkung eines Enzym-Hemmstoffs*
2. Welche Materialien eignen sich? Wie kann ich sie beschaffen und bearbeiten? Wie groß ist der Zeitaufwand und wie teuer wird es?
   - *Pappe, Moosgummi, Farbfolien, Magnetstreifen, Knetmasse, Schaumstoff, Spiel- oder Bastelwaren, Holz, Metall*
3. Was lässt sich mit dem Modell gut zeigen und was zeigt es nicht, ungenau oder sogar falsch?
   - *zweidimensional oder räumlich*
   - *stark vereinfachend oder sehr genau*
   - *Abänderungen leicht oder schwer durchführbar*
4. Wie lässt sich das Modell präsentieren?
   - *groß genug, um es direkt zu zeigen*
   - *an der Tafel mit Magnetstreifen befestigen*
   - *Projektion mit Overhead-Projektor*
   - *Computerpräsentation*

Regeln zum Präsentieren

- Achtet darauf, dass das Modell für alle Zuschauer gut sichtbar ist und dass ihr bei Erklärungen nicht im Wege steht.
- Erklärt die Sachverhalte so, dass sie für eure Zuhörer verständlich sind. Verwendet dabei die Fachbegriffe und zeigt die Sachverhalte gleichzeitig am Modell. Zum Beispiel:
  „Diese Vertiefung stellt das aktive Zentrum dar. Der Ausgangsstoff A passt dort hinein wie ein Schlüssel ins Schloss."
- Weist auf Grenzen des Modells hin.
  „In Wirklichkeit ist das DNA-Molekül Tausende von Basenpaaren lang."

1. Stellt in Gruppen Enzymmodelle aus verschiedenen Materialien her. Präsentiert damit die Enzymwirkung und stellt die Vorteile eurer Modelle heraus. Erläutert aber auch, was die Modelle jeweils nicht zeigen.

2. Erkläre, wie sich DNA-Modelle unterscheiden können, je nachdem, ob man den Aufbau als Doppelhelix zeigen möchte oder den Replikationsvorgang vorführen möchte.

3. In diesem Buch werden Pfeifenputzer als Chromosomenmodelle vorgeschlagen. Stelle Vorzüge und Grenzen dieses Modells heraus.

4. Entwickelt in Gruppen andere Chromosomenmodelle und präsentiert sie.

Mutationen als Ursache für Krankheiten

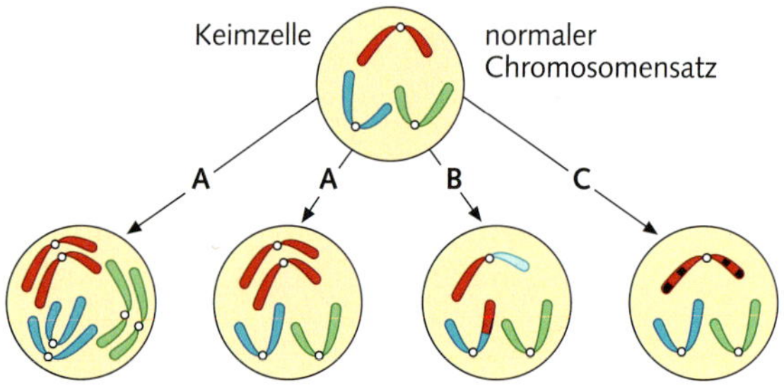

1. Die Abbildung zeigt verschiedene Mutationstypen. Ordne den Buchstaben A bis C den jeweiligen Mutationstyp zu und begründe.

2. a) Erkläre, wie es zur Sichelzellenanämie kommt, und begründe, warum diese Krankheit gehäuft in Afrika auftritt.
b) Nimm Stellung zu der Aussage: „Mutationen sind stets schädlich".

3. a) Verdeutliche, wie bei Genmutationen die Erbinformation verändert wird. Streiche dazu beispielsweise aus der Basenabfolge ... GAC GAC GAC ... eine Base. Ordne dann neu zu ▸ Tripletts an.
b) Verfahre ähnlich mit dem Text:
WAS HAT DIE DNA MIT MIR VOR?
c) Welche Folgen kann das Fehlen einer Base in der DNA haben?

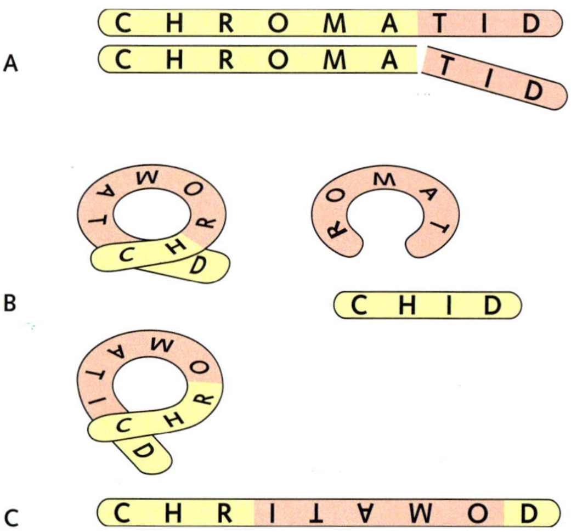

4. Die Abbildungen A bis C zeigen schematisch mögliche Chromosomenmutationen. Beschreibe die Abbildungen und erläutere, wie sich die Information der DNA dabei ändert.

5. a) In seltenen Fällen werden in der Meiose I die Chromosomen des Paares 21 nicht getrennt. Beschreibe die in der Abbildung gezeigten Vorgänge und erläutere die Konsequenzen dieser Nichttrennung.
b) Zeichne ein vergleichbares Schema, bei dem in der Meiose II die Schwesterchromatiden von Chromosom 21 nicht getrennt werden und erläutere auch hier die Konsequenzen.

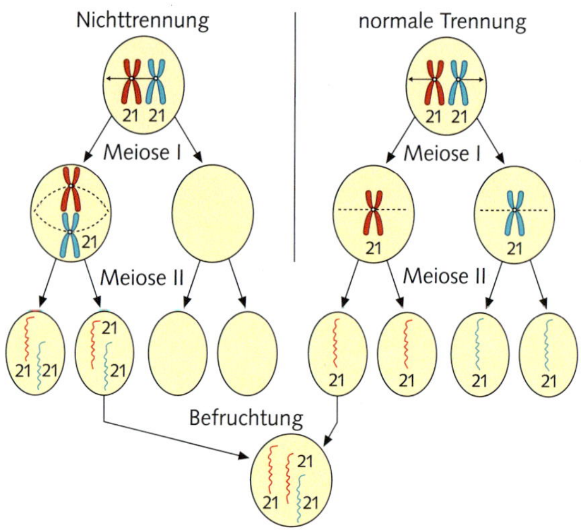

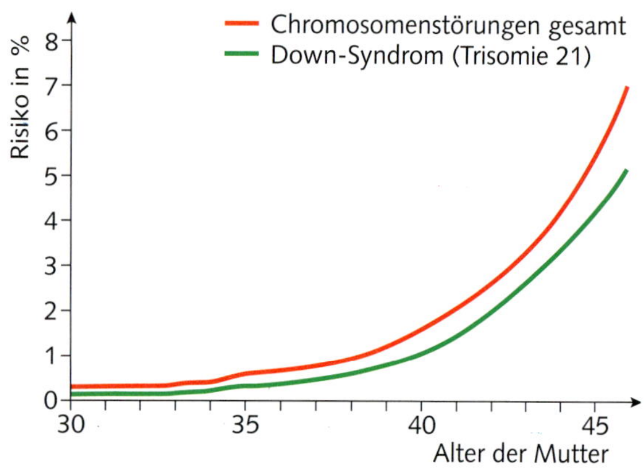

6. 1990 waren nur 5 Prozent der gebärenden Mütter älter als 35 Jahre, 2005 waren es bereits 16 Prozent. Erläutere mithilfe der Grafik die Problematik, die sich daraus ergibt.

Sichelzellenanämie – Folge einer Genmutation

Eine besonders in Afrika häufig auftretende Erbkrankheit ist die **Sichelzellenanämie.** Der Name dieser Krankheit rührt von der Sichelform der roten Blutkörperchen her, die im Blut Erkrankter auftreten.
Ursache der Sichelzellenanämie ist der Austausch einer Base in dem Gen, das die Information für die Bildung des roten Blutfarbstoffes Hämoglobin enthält. Hämoglobin ist Bestandteil der roten Blutkörperchen und dort für den Sauerstofftransport verantwortlich. Als Folge der ▸Genmutation wird ein verändertes Hämoglobin-Protein gebildet, das dann zu den sichelförmigen Blutkörperchen führt.
Die Schwere der Erkrankung hängt vom jeweiligen Genotyp ab: Bei reinerbigen Merkmalsträgern sind sämtliche roten Blutkörperchen verändert. Diese Blutkörperchen können Sauerstoff schlechter transportieren. Betroffene zeigen daher eine geringere körperliche Leistungsfähigkeit. Da die Zellen zudem häufiger zerbrechen, leiden Erkrankte auch an Blutarmut. Die Lebenserwartung ist deshalb deutlich vermindert. Mischerbige zeigen fast keine Symptome, da hier nur wenige der Blutkörperchen deformiert sind. Die Genmutation verleiht jedoch reinerbigen und mischerbigen Menschen eine besondere Eigenschaft: sie sind resistent gegen Malaria, was in vielen Gebieten Afrikas von Vorteil ist.

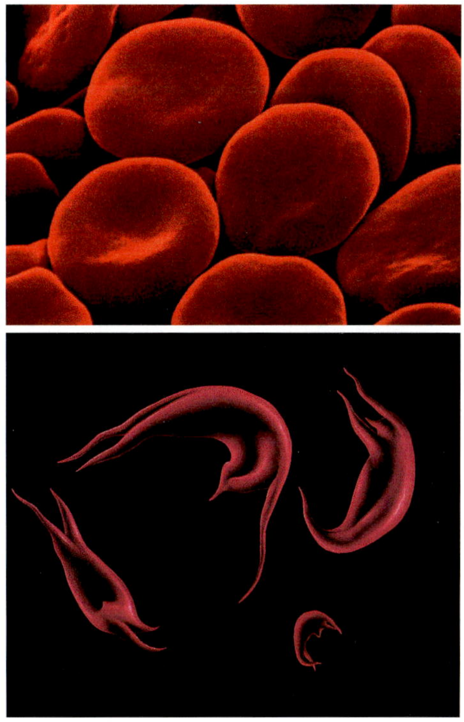

1 Rote Blutkörperchen. A *normal entwickelt;* **B** *bei Sichelzellenanämie*

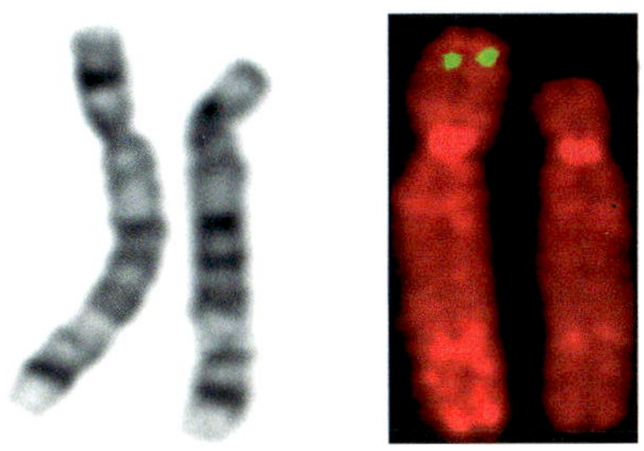

2 Verändertes Chromosom (rechts) beim Katzenschrei-Syndrom

Katzenschrei-Syndrom – Folge einer Chromosomenmutation

Eine menschliche Erbkrankheit ist das **Katzenschrei-Syndrom.** Die betroffenen Säuglinge schreien wie junge Katzen. Verantwortlich hierfür ist eine Missbildung des Kehlkopfes. Weitere Symptome des Katzenschrei-Syndroms sind Wachstumsstörungen und eine verringerte geistige Entwicklung. Ursache ist der Verlust eines aus mehreren Genen bestehenden Abschnittes von Chromosom 5. Beim Katzenschrei-Syndrom liegt demnach eine Chromosomenmutation vor. Die Mutation ist sehr selten und tritt einmal bei 50 000 Geburten auf.

Trisomie 21 – Folge einer Genommutation

Die bei Neugeborenen häufigste Chromosomenveränderung ist die **Trisomie 21.** Das Chromosom 21 liegt in diesem Fall nicht wie üblich doppelt, sondern dreifach vor. Bei der Trisomie 21 handelt es sich folglich um eine ▸Genommutation. Nach seinem Entdecker wird das Krankheitsbild auch als **DOWN-Syndrom** bezeichnet. Äußere Merkmale dieses Syndroms sind eine geringe Körpergröße, die rundliche Kopfform sowie eine schmale Lidfalte der Augen. Daneben kommt es auch zur Fehlentwicklung innerer Organe. Die mit der Krankheit verbundene Verringerung geistiger Fähigkeiten kann durch frühe und intensive pädagogische Betreuung abgeschwächt werden.
Das Risiko, ein Kind mit DOWN-Syndrom zu gebären, wächst mit steigendem Alter der Mutter deutlich an.

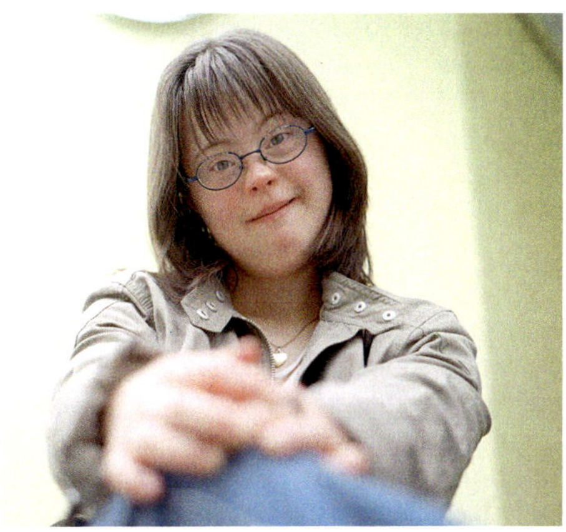

3 Mädchen mit DOWN-Syndrom

Entwicklung → S. 184

Genetische Beratung

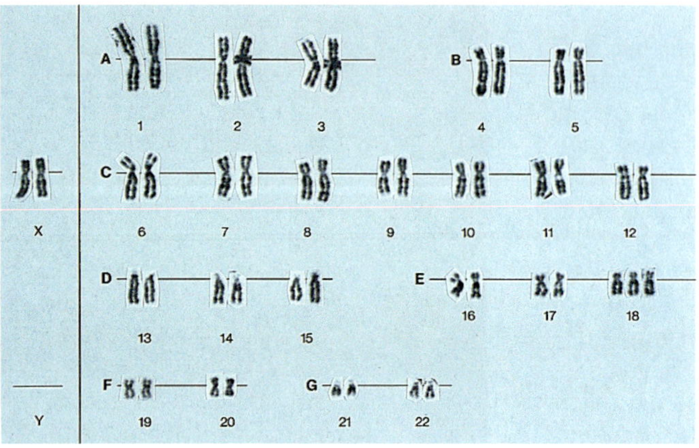

1. a) In einer genetischen Beratungsstelle wird das links stehende Karyogramm erstellt. Ermittle das Geschlecht und die hier vorliegende Mutation.
b) Erkläre, wie die Mutation entstanden sein kann.

2. Recherchiere im Internet, welche Erbkrankheit in Aufgabe 1 vorliegt und welche typischen Symptome auftreten.

3. Ein junges Paar mit zwei Kindern sucht eine genetische Beratungsstelle auf. Bei Verwandten des Mannes ist die unheilbare Nervenkrankheit Chorea Huntington aufgetreten. Erste Anzeichen dieser Krankheit treten mit 35 bis 40 Jahren auf. Chorea Huntington nimmt immer einen schweren Verlauf und führt im Durchschnitt 15 Jahre nach den ersten Anzeichen zum Tod. Durch einen Gentest kann die dominant vererbte Krankheit nachgewiesen werden.

a) Erläutere, in welchem ▸ Dilemma sich der Mann vor einem möglichen Gentest befindet.
b) Angenommen, der Gentest hätte erbracht, dass der Mann mischerbig für Chorea Huntington ist. Wie groß ist dann die Wahrscheinlichkeit, dass auch die Kinder erkranken?

4. Personen, die reinerbig für die Erbkrankheit Phenylketonurie (PKU) sind, können ein bestimmtes ▸ Enzym nicht bilden. Dadurch kann Phenylalanin nicht mehr zu Tyrosin umgewandelt werden. Phenylalanin reichert sich im Blut an und führt so zu schweren geistigen Entwicklungsstörungen. Personen, die mischerbig für PKU sind, bilden die Hälfte der Enzyme und zeigen keine Krankheitssymptome. Mithilfe eines biochemischen Tests lassen sich die unterschiedlichen Genotypen der PKU ermitteln. Dazu wird verschiedenen Personengruppen eine gleiche Menge an Phenylalanin verabreicht und später die Tyrosinmenge im Blut bestimmt.

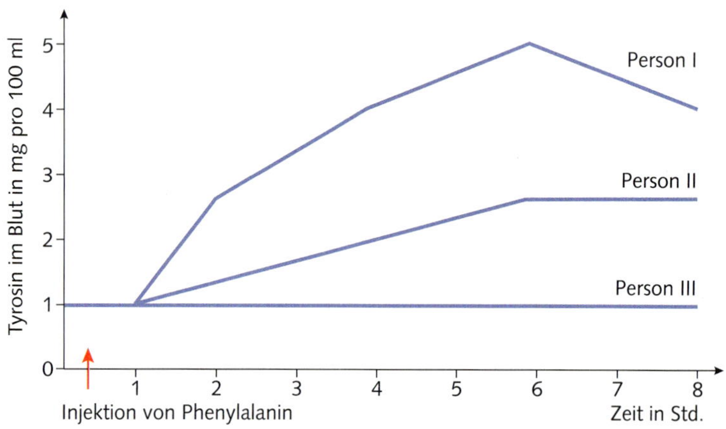

a) Ordne die Kurvenverläufe der Personen I-III folgenden Genotypen zu: reinerbig gesund, mischerbig, reinerbig erkrankt. Begründe deine Entscheidung.
b) Welchen Rat würdest du einem Paar geben, bei dem ein Partner das Testergebnis von Person I und der andere das von Person II hätte?

Paare mit Kinderwunsch können eine **genetische Beratungsstelle** aufsuchen, um sich hier über das Risiko einer genetischen Erkrankung des Kindes zu informieren. Dies ist beispielsweise dann sinnvoll, wenn innerhalb der Verwandtschaft eines Partners bestimmte Krankheiten gehäuft auftreten oder wenn gesunde Eltern bereits ein Kind mit einer genetisch bedingten Behinderung haben. Ein höheres Alter des Paares oder schädigende Umwelteinflüsse während einer bestehenden Schwangerschaft sind weitere Gründe für ein Beratungsgespräch.
Die Ratsuchenden werden zunächst eingehend über die Krankheit informiert. Es folgen verschiedene Untersuchungsmethoden: Zunächst wird ein Familienstammbaum erstellt. Mithilfe der ▸**Stammbaumanalyse** kann dann das Wiederholungsrisiko für eine Erbkrankheit berechnet werden. In manchen Fällen lassen sich erblich bedingte Stoffwechselstörungen der künftigen Eltern auch

1 Beratungsgespräch

mithilfe **biochemischer Methoden** nachweisen. Daneben erlauben ▸**Karyogramme** der Eltern Aussagen zu möglichen Chromosomen- oder Genommutationen.

Mit ▸**Gendiagnosen** lassen sich einige Gendefekte direkt nachweisen. Das Ergebnis der Untersuchungen kann die Ratsuchenden in bestimmten Fällen vor große Probleme stellen: Sollen sie sich beispielsweise für oder gegen ein Kind aussprechen, wenn die Wahrscheinlichkeit für eine schwere Behinderung bei 25 % liegt?
Traut sich das Paar ein Leben mit einem behinderten Kind zu, oder fühlen sie sich dieser Aufgabe nicht gewachsen? Bei den Antworten auf diese Fragen kann eine genetische Beratung nur Informationen liefern, beispielsweise wie sich eine genetische Erkrankung entwickeln könnte. Sie kann daneben über die Möglichkeiten und Risiken der ▸Pränataldiagnostik informieren. Die letztliche Entscheidung muss aber allein von den Ratsuchenden getroffen werden.

Streifzug

„Erbgesundheitspflege" im Nationalsozialismus

Am 14.7.1933 beschloss die Reichsregierung unter Adolf HITLER das „Gesetz zur Verhütung erbkranken Nachwuchses". Es zielte darauf ab, durch Unfruchtbarmachung (Sterilisation) erbkranker Menschen der Zunahme „ungünstiger" Erbanlagen entgegenzuwirken. Als „erbkrank" im Sinne des Gesetzes wurden u. a. angesehen: angeborener Schwachsinn, Schizophrenie, manisch-depressives Irresein, erbliche Fallsucht (Epilepsie), erbliche Blindheit und Taubheit, schwere körperliche Missbildungen.
Nach dem Gesetz konnte die Sterilisation gegen den Willen der Betroffenen durchgeführt werden. Ab 1933 begann man mit der Zwangsverwahrung, Zwangsarbeit und Zwangssterilisation. Allein zwischen 1934 und 1936 wurden rund 167 000 Menschen sterilisiert. Mit Erlass vom 1. 9. 1939 ermächtigte HITLER die Ärzte, unheilbar Kranken den „Gnadentod" zu gewähren. Daraufhin wurden mehrere tausend Kranke, viele davon Kinder, in Tötungsanstalten ermordet.

1. Erläutere, was mit dem abgebildeten Plakat bezweckt werden sollte. Nimm Stellung.

2. Vergleiche die „Erbgesundheitspflege" im Nationalsozialismus mit der genetischen Beratung heute.

2 Nationalsozialistisches Propagandaplakat

Heile Welt durch Gentherapie?

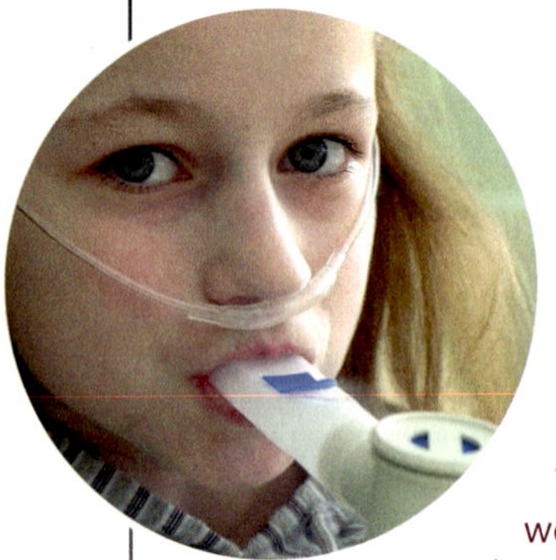

1. a) Recherchiere die Therapien, die normalerweise bei Mukoviszidose angewendet werden.
b) Welche der Therapien hilft gegen welches der Symptome, die in der Abbildung rechts beschrieben sind?

2. Wie unterscheidet sich die somatische Gentherapie von den gängigen Therapien?

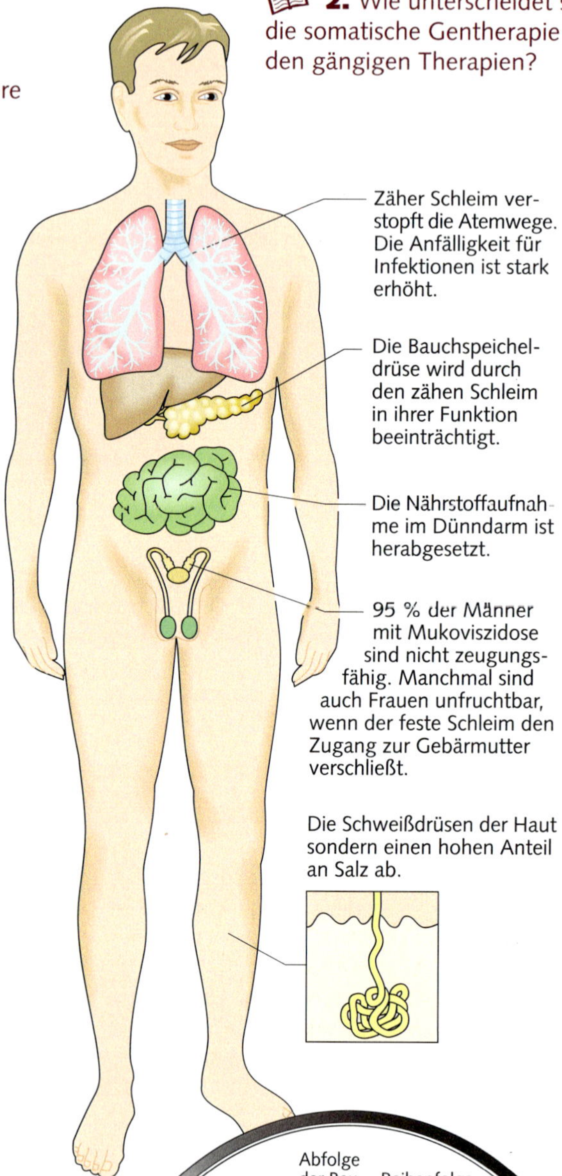

3. Die Lebenserwartung und die Erwartungen an das Leben von Mukoviszidosekranken haben sich verändert. Recherchiere im Internet z. B. unter www. muko.info/index.html oder gib die Suchbegriffe „Mukoviszidose" und „Erfahrungsberichte" in eine Internet-Suchmaschine ein.

4. Manche Forscher glauben, dass man in Zukunft Krankheiten wie Mukoviszidose mit einer so genannten Keimbahntherapie behandeln kann.
a) Finde mithilfe des Internets heraus, was man unter einer Keimbahntherapie versteht.
b) Welche ethischen Bedenken und rechtliche Vorschriften gibt es gegenüber der Keimbahntherapie?

5. Die mit 70 % häufigste Ursache für Mukoviszidose ist in der rechten Abbildung dargestellt.
a) Um welche Mutationsart handelt es sich? Begründe.
b) Notiere den verbleibenden DNA-Ausschnitt und nenne die Veränderungen, die sich im Rahmen der ▸Proteinbiosynthese daraus ergeben.

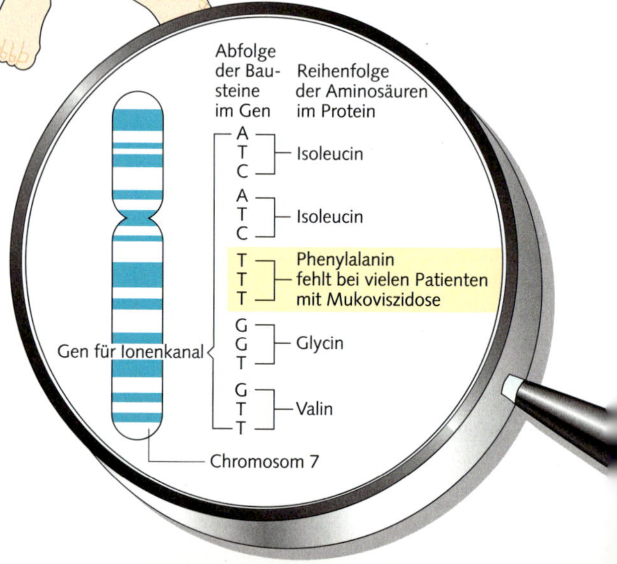

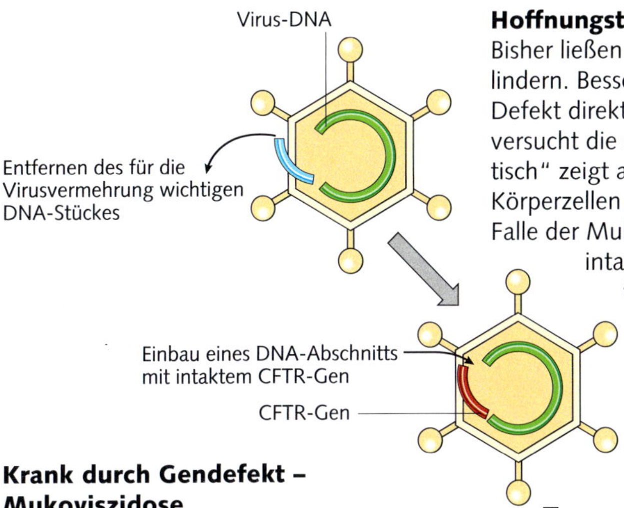

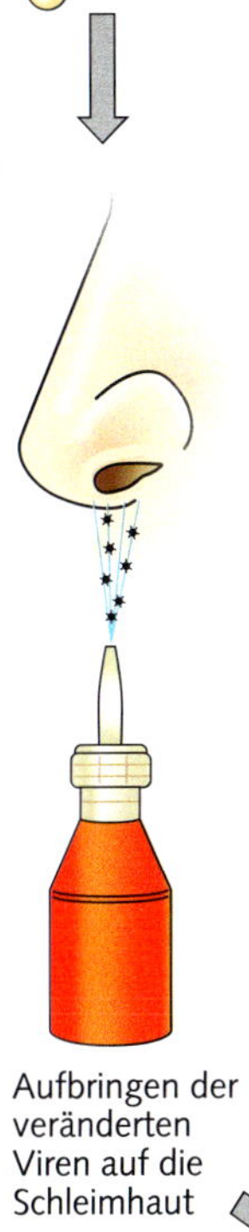

Krank durch Gendefekt – Mukoviszidose

Mukoviszidose ist die häufigste erblich bedingte Krankheit in Westeuropa. Eines von 2500 Neugeborenen erkrankt daran und noch viel mehr Menschen sind Träger eines verursachenden ▸Allels. Wer an Mukoviszidose erkrankt, leidet an einem dauernd zähen Schleim, der die Atemwege und viele andere Organgänge, besonders aber die Bauchspeicheldrüse, verstopft.

Im Laufe der Zeit verschlimmern sich die Symptome und die Krankheit führt oft zu einem viel zu frühen Tod.

Die mit 70 % häufigste Ursache der Mukoviszidose ist eine ▸Mutation im CFTR-Gen auf Chromosom Sieben.

Bei gesunden Menschen enthält dieses Gen die Informationen für das CFTR-Protein. In Schleimhautzellen der Bronchien und anderer Organe wird dieses CFTR-Protein gebildet und dann in die Zellmembran eingebaut. In der Membran verankert, sorgt das Protein dafür, dass Chloridionen die Membran passieren können. Damit gewährleistet es indirekt die Verflüssigung von Schleim.

Ein Mensch erkrankt nur an Mukoviszidose, wenn bei ihm beide betreffende Chromosomen den Defekt tragen, er also ▸reinerbig ist. Ist er ▸mischerbig, reicht die Information des intakten Allels aus, das Protein ausreichend zu bilden. Da der Mensch nicht erkrankt, bemerkt er den Gendefekt gar nicht. Trotzdem kann er ihn aber an seine Nachkommen weitervererben. Wenn der zweite Elternteil auch Allelträger ist, kann das Kind von beiden Eltern das defekte Allel bekommen und ist dann in Bezug auf das defekte Allel reinerbig. Keines der beiden Allele kann dann den Defekt ausgleichen und das Kind erkrankt an Mukoviszidose.

Hoffnungsträger somatische Gentherapie

Bisher ließen sich nur die Symptome der Mukoviszidose lindern. Besser wäre es aber, wenn man den genetischen Defekt direkt in den Zellkernen beheben könnte. Dies versucht die **somatische Gentherapie.** Der Begriff „somatisch" zeigt an, dass bei dieser Form der Gentherapie die Körperzellen verändert werden und nicht die ▸Keimzellen. Im Falle der Mukoviszidose werden dabei DNA-Stücke, die das intakte CFTR-Gen enthalten, mithilfe von ▸ **„Gentaxis"** in die betroffenen Zellen transportiert. Die Taxis sind **Adenoviren.** Mit ▸Restriktionsenzymen werden die DNA-Bereiche, die für die Virusvermehrung zuständig sind, zuvor entfernt. So können die Viren keine Erkrankungen mehr auslösen. Mit einem Nasenspray werden Millionen dieser Viren dann in den Körper des Mukoviszidosepatienten eingebracht. Die Viren dringen in die Schleimhautzellen ein und setzen dort ihre DNA mit dem CFTR-Gen frei. Mithilfe der zelleigenen ▸Proteinbiosynthese stellen die Schleimhautzellen dann das CFTR-Protein her und bauen es in die Zellmembran ein.

Tatsächlich traten nach einer solchen Behandlung bei einigen Patienten erhebliche Verbesserungen ein.

Dennoch gibt es Probleme. Es müssen sehr viele Viren aufgenommen werden, damit überhaupt ein Effekt erzielt wird. Zudem muss die Behandlung oft wiederholt werden, da die Virus-DNA nicht in die Zellkern-DNA eingebaut wird. Außerdem reagiert das Immunsystem auf die Viren und macht viele unschädlich, bevor sie aktiv werden können. Es wird also noch etwas Zeit vergehen, bis ein solcher Therapieansatz problemlos und wirkungsvoll angewendet werden kann.

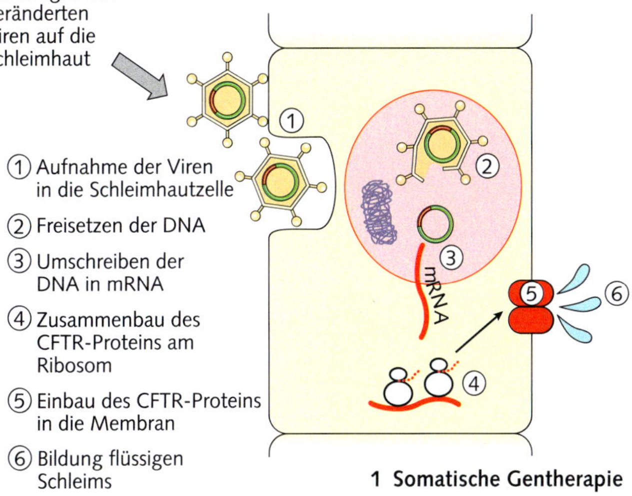

1 Somatische Gentherapie bei Mukoviszidose

Erbe und Umwelt ergänzen sich

1. a) Säe in zwei gleiche Schalen auf etwa gleich großen Portionen Watte etwa die gleichen Mengen Kressesamen aus. Verwende dazu Samen aus derselben Samentüte. Gieße mit den gleichen Wassermengen an. Stelle eine Schale in einen dunklen Schrank, die andere an einen hellen Ort. Die Temperaturen sollten in etwa gleich sein. Beide Schalen werden möglichst gleich feucht gehalten und etwa eine Woche stehen gelassen.
b) Notiere nun alle Unterschiede, die du zwischen den Pflanzen der beiden Schalen feststellen kannst. Mache auch eine „Kostprobe".
c) Werte das Versuchsergebnis aus. Worauf lassen sich die Unterschiede zurückführen, worauf lassen sie sich nicht zurückführen? Warum wurde bei der Anleitung unter a) so oft das Wort „gleich" verwendet?
d) Übertrage die Ergebnisse des Versuchs auf Lebensbedingungen von Pflanzen in der Natur. Welche Vorteile für das Überleben der Keimpflanzen ergeben sich aus den unterschiedlichen Wuchsformen?

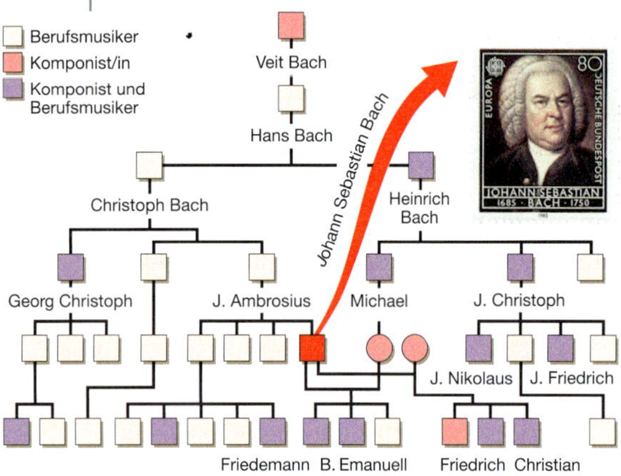

2. a) Begründe, warum der Stammbaum der Familie Bach manchmal als Beleg für die Erblichkeit der Musikbegabung angesehen wird.
b) Finde eine weitere mögliche Ursache für das gehäufte Auftreten von Musikern in einer Familie.
c) Nimm Stellung zu der Frage:
Ist Musikalität erblich oder erlernt?

3. Untersuchungen zeigen: Kinder, die ein Musikinstrument lernen, haben besondere Eigenschaften. Formuliere, welche besonderen Eigenschaften du vermutest. Versuche auch eine Erklärung dafür zu geben.

4. Im Museum wird es deutlich: weder in Rüstungen noch in Betten aus dem Mittelalter würden wir hineinpassen. Warum sind Menschen heute größer? Warum sind sogar die Jugendlichen in spanischen Städten viel größer als ihre Großeltern vom Lande?

5. CopyCat CC, das erste geklonte Kätzchen, und seine genetisch identische Klonmutter. Beschreibe und erkläre das Aussehen der Tiere.

1 Modifikation beim Löwenzahn. A *auf einer Wiese;* **B** *in einer Pflasterritze*

Modifikationen

Jeder hat schon beobachtet, dass Pflanzen wie der Löwenzahn je nach Standort unterschiedlich wachsen. Unterschiedliche Wasser- und Mineralsalzversorgung, Temperaturunterschiede sowie mehr oder weniger Fußtritte zeigen ihre Wirkung. Die Veränderung von Merkmalsausprägungen durch Umwelteinflüsse bezeichnet man als **Modifikationen.** Modifikationen werden nicht vererbt und müssen von den ▸Mutationen, den Veränderungen des Erbgutes, unterschieden werden.

Erbe und Umwelt ergänzen sich

Natürlich gibt es Salatsorten, die schöne, dicke Köpfe bilden, und andere, wie Pflücksalat, die nur kleine Blättchen bilden. Sie unterscheiden sich genetisch und aus Pflücksalat-Samen lässt sich auch bei bester Pflege kein Salatkopf ziehen.
Aber auch mit den Kopfsalatpflanzen ist es vielen Hobbygärtnern schon passiert, dass sie auf der Fensterbank Pflanzen vorgezogen haben, die keine Köpfe mehr bilden. Ist es nicht hell genug, „vergeilen" die Pflanzen: sie bilden kaum Blattgrün, werden lang und bleiben schwach. Diese natürliche Reaktion der Pflanzen auf **Lichtmangel** führt dazu, dass sie nicht unnötig Material und Energie in die Synthese von Chlorophyll stecken, das im Dunkeln doch nicht gebraucht wird. Der Lichtmangel schaltet dagegen Gene für ein schnelleres Längenwachstum an. Da in der natürlichen Vegetation Licht meist von oben kommt, hat die Pflanze durch den längeren Stängel bessere Überlebenschancen, denn vielleicht trifft sie so auf mehr Licht. Allerdings wird die Pflanze den Entwicklungsrückstand gegenüber gut belichteten Pflanzen kaum mehr aufholen können. Aus einmal vergeilten Salatsetzlingen ist es fast unmöglich, noch kräftige Köpfe zu ziehen, obwohl sie die genetische Ausstattung dafür gehabt hätten.

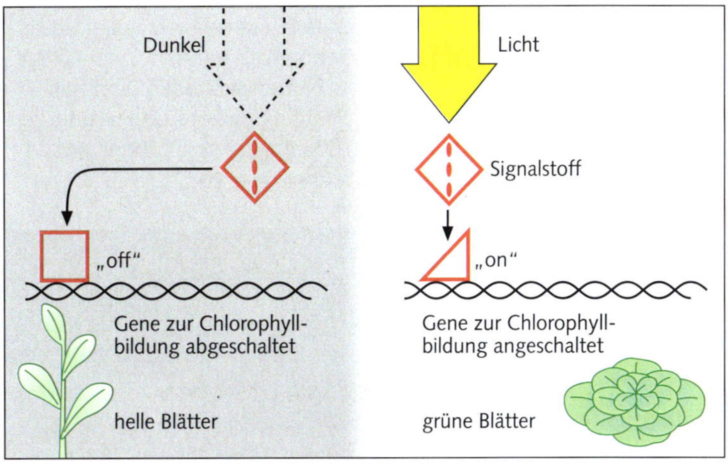

2 Genregulation durch Umwelteinflüsse

Auch **Menschen** können sich auf der Grundlage ihrer Gene sehr unterschiedlich entwickeln. Die Gene geben eine gewisse **Variationsbreite** vor. Aber sowohl körperliche Eigenschaften als auch die geistigen, handwerklichen oder künstlerischen Fähigkeiten entwickeln sich in einem engen Zusammenspiel zwischen **genetischer Veranlagung** und **Umwelteinflüssen.** So kann jemand eine erbliche Veranlagung für Diabetes haben, aber seine Ernährung wird das Auftreten der Zuckerkrankheit stark beeinflussen. Ähnliches gilt für viele andere genetisch bedingte Erkrankungen. Umgekehrt ist die Leistung eines Spitzensportlers nicht ohne gewisse genetische Voraussetzungen möglich, aber eben auch nicht ohne hartes Training zu erreichen.

3 Frühkindliche Förderung

Bei Kindern und Jugendlichen sollten weder erkannte **„Begabungen"** brach liegen und sich nicht entwickeln, noch sollte man eine einmal diagnostizierte **„Schwäche"** in Mathematik, Sport oder Rechtschreibung als Ausrede dafür nutzen, daran nicht ernsthaft zu arbeiten.

Methoden der Tier- und Pflanzenzüchtung

1. Grenze die Begriffe Auslesezüchtung, Kombinationszüchtung, Mutationszüchtung und Inzucht voneinander ab. Nenne jeweils ein Beispiel für die entsprechende Züchtungsmethode.

2. a) Recherchiere nach den Stammformen von Rindern, Ziegen und Schweinen.
b) Recherchiere für eine Nutztierart verschiedene Rassen. Stelle einige Rassen mit ihren jeweiligen Besonderheiten vor. Welche Züchtungsziele standen im Vordergrund? Zeige Anpassungen an ein bestimmtes Klima oder eine besondere Umwelt.

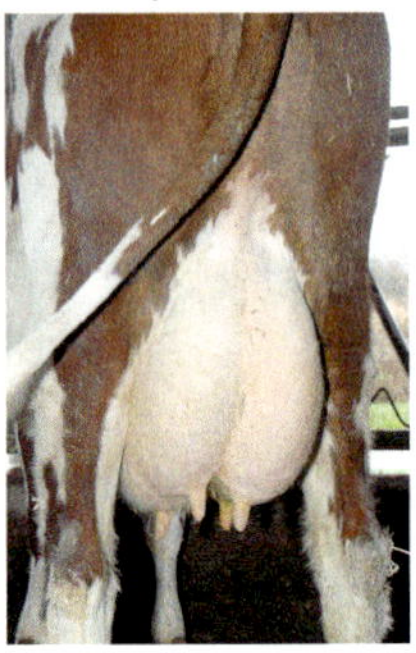

3. Tierfreunde beklagen: „Die heutige Milchkuh ist eine Qualzucht. Ihre Milchleistung wurde von 1500 Liter pro Jahr (1950) auf 6000 Liter pro Jahr (1990), mittlerweile auf 10000 Liter pro Jahr gesteigert. Für das Tier bedeutet das ständige Schmerzen durch ein viel zu großes, zum Bersten gefülltes Euter, das zehnmal mehr Milch enthält als ein Kalb benötigen würde."
a) In obiger Aussage wird eine Züchtungsleistung wertend dargestellt. Welche Wertung wird hier vorgenommen und welche Argumente werden angeführt?
b) Stelle andere Argumente vor, die zu einer anderen Wertung führen könnten.
c) Hole weitere Informationen zu dem Thema ein, zum Beispiel durch Befragung eines Milchbauern oder aus dem Internet. Finde mithilfe der Zusatzinformationen eine eigene Beurteilung der Sachlage.
Welche Kompromisse zwischen den verschiedenen Interessen sind denkbar?

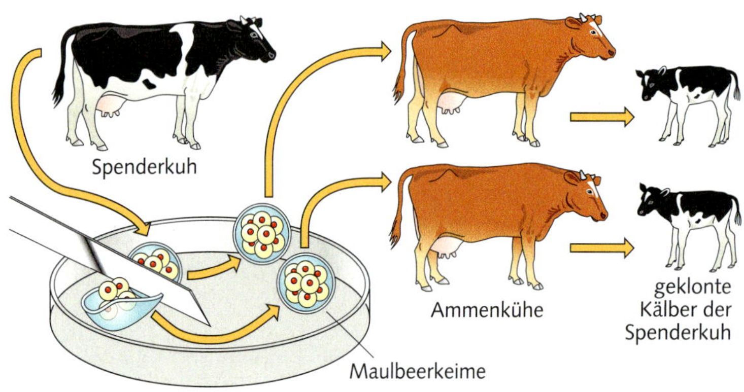

7. Benenne und beschreibe das oben dargestellte Verfahren der Tierzucht. Welches Ziel verfolgt man mit dieser Methode?

8. a) Beschreibe anhand des Informationstextes und der Abbildung 3, wie das Klonschaf „Dolly" erzeugt wurde.
b) Erläutere Unterschiede zu dem Verfahren in Aufgabe 7.

4. Stell dir vor, du solltest gelbe, tennisballgroße Tomaten züchten. Wie gehst du vor?

5. Bringt verschiedene Samentüten mit und vergleicht die Angaben auf den Tüten.
a) Bei welchen Samen handelt es sich um „Sorten" und bei welchen um F_1-Hybriden? Erkläre den Unterschied.
b) Beschreibe Vor- und Nachteile von F_1-Hybriden.

6. Die Menschheit hat durch Züchtung Tausende von Kulturpflanzensorten und eine noch viel höhere Zahl lokaler Unterarten hervorgebracht.
a) Warum ist die genetische Vielfalt vieler Kulturpflanzen heute gefährdet?
b) Wozu wird die genetische Vielfalt weiterhin benötigt?
c) Recherchiert, was man unter Genbanken versteht und welche Aufgaben sie haben. Stellt die Genbank in Gatersleben und die 2008 eröffnete Genbank auf Spitzbergen vor.

Klassische Züchtungsmethoden

Als der Mensch vor Tausenden von Jahren sesshaft wurde, baute er zunächst Wildpflanzen an und zog Wildtiere auf. Um besonders ertragreiche Pflanzen und kräftige Tiere zu gewinnen, wählte er gezielt Lebewesen mit erwünschten Merkmalen zur Fortpflanzung aus. Man bezeichnet diese Form der Züchtung als **Auslesezüchtung.**

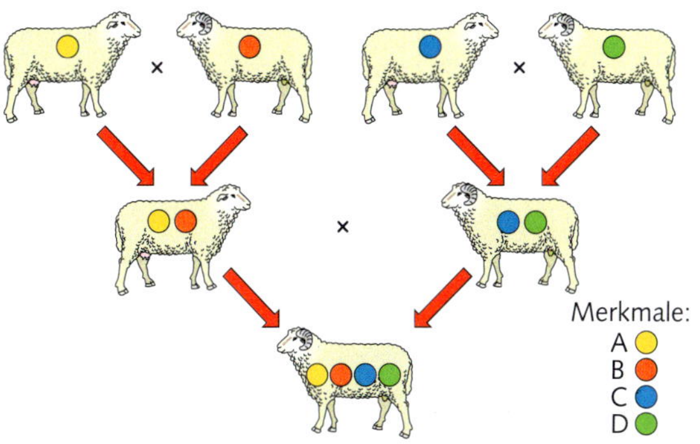

1 Kombinationszüchtung

Daneben kreuzte man Individuen, die unterschiedliche wünschenswerte Eigenschaften hatten. So gelang es, Rassen zu züchten, die mehrere nützliche Eigenschaften in sich vereinten, wie zum Beispiel eine hohe Milchleistung und eine gute Wollqualität bei Schafen. Die Methoden der **Kombinationszüchtung** konnten seit Entdeckung der ▸MENDELschen Regeln noch gezielter angewandt werden.

Veränderte Gene als Grundlage für die Züchtung entstehen natürlicherweise durch ▸Mutationen. So entsteht eine natürliche genetische Variabilität. Man kann sie verstärken, indem man ▸Mutagene wie Röntgenstrahlen oder bestimmten Chemikalien auf Pflanzen einwirken lässt und so die Mutationsrate erhöht. Eine solche **Mutationszüchtung** führt oft schneller zu gewünschten neuen Merkmalen.

Eine besondere Art der Mutation ist die **Polyploidie.** Hierbei ist der gesamte Chromosomensatz einer Pflanze verdoppelt oder vervielfacht. Solche Pflanzen sind zwar oft weniger gut fortpflanzungsfähig, aber zumeist kräftiger und ertragreicher als ihre ▸diploide Wildform. Viele Kulturpflanzen wie Erdbeeren, Himbeeren oder auch der Weizen sind polyploid.

Polyploidie kann spontan entstehen oder durch das Mitosegift Colchizin künstlich herbeigeführt werden. Dieses Gift, das in der Herbstzeitlose vorkommt, verhindert in der ▸Mitose die Trennung der Chromatiden und führt so zur Verdopplung der Chromosomenzahl.

Ziel der Züchtung ist es normalerweise, eine **Tierrasse** oder eine **Pflanzensorte** zu erhalten, die für die gewünschten Merkmale ▸reinerbig ist, sodass diese Merkmale auch in den Folgegenerationen immer wieder zuverlässig auftreten. Diese reinerbigen Tiere oder Pflanzen erreicht man am schnellsten durch **Inzucht,** das heißt durch Kreuzung nah verwandter Individuen. Da aber auch unerwünschte Gene reinerbig weitergegeben werden, sind Inzuchtlinien oft weniger vital und fortpflanzungsfähig.

Anders als bei der Züchtung von Rassen oder Sorten, die in vielen Genen reinerbig sind, nutzt man bei Gebrauchskreuzungen gezielt die Vorteile mischerbiger Hybriden. Dazu züchtet man zunächst geeignete reinerbige Inzuchtlinien. Zwei verschiedene Linien werden dann gekreuzt und die **F_1-Hybriden** als Nutztiere beziehungsweise als Saatgut verkauft. Die Erscheinung, dass diese in vielen Genen mischerbigen F_1-Hybriden häufig deutlich leistungsfähiger sind als ihre reinerbigen Eltern, bezeichnet man als **Heterosiseffekt.**

Allerdings erhält sich dieser Effekt nicht in den nachfolgenden Generationen, da die Allele durch Neukombination kaum jemals wieder in dieser günstigen Kombination vorliegen. Die F_1-Hybriden müssen daher immer wieder neu durch Kreuzung aus den Inzuchtlinien gewonnen werden. So haben die Landwirte nicht die Möglichkeit, durch eigene Nachzucht Tiere oder Saatgut zu gewinnen, sondern sind auf ständigen Zukauf angewiesen.

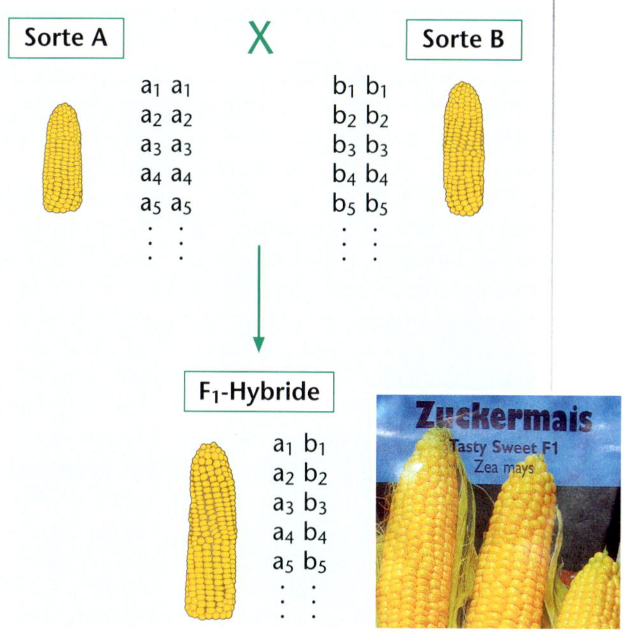

2 Hybridzüchtung

Entwicklung → S. 184

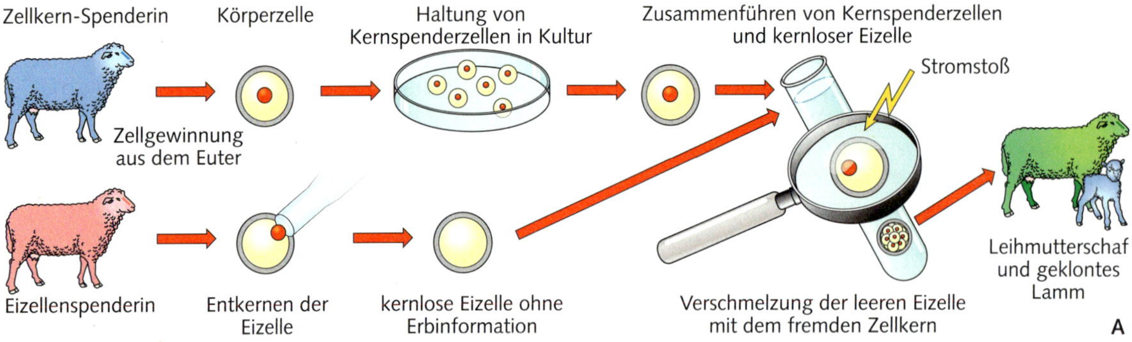

3 Klonen eines ausgewachsenen Schafes. A *Schema;*
B *Ian WILMUT mit dem von ihm geklonten Schaf „Dolly"*

Moderne Züchtungsmethoden

Um die wertvollen Eigenschaften von besonders leistungsstarken Lebewesen ganz gezielt und schnell weiterzuvererben, entwickelten Forscher neue biotechnische Verfahren. Ziel ist dabei, das Risiko einer unerwünschten Neukombination von Genen zu verringern oder ganz auszuschalten.

In der **Tierzucht** kontrolliert man die Vererbung durch **künstliche Befruchtung.** Die männlichen Tiere werden als Samenspender in Besamungsstationen gehalten. Das Sperma ausgewählter Tiere wird verschickt und mithilfe der künstlichen Besamung auf viele weibliche Tiere übertragen. Insbesondere in der Rinder- und Pferdezucht werden heute ca. 95 % der Tiere künstlich besamt.

Auch die künstliche Übertragung von Embryonen in die Gebärmutter eines weiblichen Tieres, der so genannte **Embryotransfer,** wird in der Tierzucht erfolgreich eingesetzt. Durch eine Hormonbehandlung löst man bei weiblichen Hochleistungszuchttieren die Reifung von mehreren Eizellen aus. Nach Besamung und Befruchtung entstehen mehrere Embryonen, die nach etwa 7 Tagen aus der Gebärmutter ausgespült werden. Diese Embryonen werden in andere, weniger leistungsstarke Leihmutterkühe eingesetzt. So erhält man viele Nachkommen des leistungsstarken Muttertieres, die jedoch nicht genetisch identisch sind.

Genetisch identische Tiere, so genannte **Klone,** kann man durch verschiedene Methoden erhalten. Eine ist die **Embryonenteilung.** Hierbei wird der Embryo in einem frühen Entwicklungsstadium entnommen und geteilt. Jedes Teilstück entwickelt sich danach weiter und kann – eingepflanzt in die Gebärmutter eines Ammentieres – zu einem kompletten Individuum heranwachsen.

Heute ist es sogar möglich, **Klone erwachsener Tiere** zu erzeugen. 1996 gelang es Wissenschaftlern, einem Schaf eine unbefruchtete Eizelle zu entnehmen. Sie entfernten den Zellkern aus dieser Eizelle und fügten stattdessen den Zellkern einer Körperzelle eines anderen, erwachsenen Schafes ein. Die so entstandene Zelle entwickelte sich zu einem Embryo, der dann in die Gebärmutter eines Leihmutterschafes eingepflanzt wurde. Die weitere Entwicklung verlief wie bei anderen Embryonen auch. Das geborene Schaf „Dolly" sorgte weltweit als erstes Klonschaf für Aufsehen. Obwohl das Klonen im Prinzip funktioniert, findet es keine breite Anwendung. Viele erfolglose Versuche sind nötig und oft sind die Klontiere schwer behindert oder nicht lebensfähig.

Bei **Pflanzen** ist das Klonen leichter möglich. Durch ungeschlechtliche Vermehrung, zum Beispiel durch Stecklinge oder Ableger, lassen sich immer wieder erbgleiche Individuen gewinnen. Pflanzen lassen sich auch in **Zellkulturen** aus einzelnen Zellen wieder heranziehen. Es bildet sich dann zunächst ein Zellhaufen, Kallus genannt, der sich dann zu einer ganzen Pflanze ausdifferenzieren kann.

4 Kalluskultur

Die Grüne Revolution

Höhere Erträge durch moderne Landwirtschaft
Seit den 1960iger Jahren ermöglichte eine weit reichende Modernisierung der Landwirtschaft erhebliche Ertragssteigerungen, insbesondere auch in den Entwicklungsländern. Dies gelang durch die Verwendung von Hochleistungssorten oder ▸F_1-Hybriden sowie durch chemische Düngung, Pflanzenschutz und Bewässerung. Auf großen Flächen wurden Monokulturen angebaut und maschinell bearbeitet. Man machte sich Hoffnungen, so den Hunger in der Welt besiegen zu können, und sprach daher auch von einer „Grünen Revolution". Tatsächlich ist die weltweite Nahrungsmittelproduktion pro Kopf heute höher als 1960. Und das, obwohl sich die Weltbevölkerung mehr als verdoppelt hat und die Größe der durch ▸Landwirtschaft genutzten Nutzfläche nicht zunahm.

1 Traditionelle und moderne Landwirtschaft

2 Pestizidausbringung und Winderosion

Schattenseiten
Bald wurden jedoch die Probleme der modernen Agrarproduktion deutlich. Um die hohen Erträge zu erzielen, werden große Düngemittel- und Pestizidmengen eingesetzt. Sie belasten zunehmend die ▸Böden, Flüsse und Seen, das Grundwasser und teilweise sogar die Produkte selbst. Der Einsatz schwerer Maschinen führt zu verstärkter ▸Erosion durch Wasser und Wind, wodurch wertvoller Boden verloren geht. Umfangreiche Bewässerungssysteme lassen an vielen Orten den Grundwasserspiegel sinken, trocknen Flüsse und Seen aus und führen bei nicht sachgerechter Anwendung zur Versalzung der Böden. Alle genannten Maßnahmen zur Ertragssteigerung kosten viel und verursachen außerdem einen hohen Verbrauch an Energie.
Kleinbauern in den Entwicklungsländern können sich das oft nicht leisten. Viele müssen daher aufgeben und ziehen auf der Suche nach Arbeit in die Städte.
Nicht zuletzt führt der Anbau von nur noch wenigen Hochleistungssorten zu einer genetischen Verarmung, da die von den Kleinbauern ehemals gezüchteten Landsorten aussterben.

Landwirtschaft der Zukunft
Als „zweite Grüne Revolution" wird von manchen der Einsatz der ▸Gentechnik in der Landwirtschaft begrüßt, andere fürchten die sich dadurch noch verschärfenden Probleme.
Wenn Böden, Gewässer und letztlich auch genetische Ressourcen für die Nahrungsmittelproduktion auch in Zukunft zur Verfügung stehen sollen, muss sich die heutige Landwirtschaft an Prinzipien der ▸Nachhaltigkeit orientieren.
Und: weltweit hungern immer noch fast eine Milliarde Menschen, obwohl genügend Nahrungsmittel produziert werden. Neben den Produktionsproblemen müssen daher vor allem auch die Armuts- und Verteilungsprobleme gelöst werden.

1. Liste Maßnahmen zur Ertragssteigerung in der Agrarproduktion auf und stelle jeweils kurz dar, wie die Maßnahmen wirken und welche schädlichen Nebeneffekte sie haben können.

2. Landwirtschaft wird zum Beispiel als konventionell, biologisch, ökologisch, integriert oder nachhaltig bezeichnet. Suche Informationen zu diesen Begriffen und charakterisiere sie.

3. Informiere dich, zum Beispiel im Internet, über Gebiete im Mittelmeerraum mit Bewässerungssystemen und stelle sie der Klasse vor.

Gentechnik – Übertragung von Genen in einen anderen Organismus

1. a) Entwickelt in Gruppenarbeit ein ▸ Modell, mit dem ihr den Einbau eines Gens in einen Plasmidring vorführen könnt.
b) Präsentiert euer Modell der Klasse. Erläutert dabei die einzelnen Schritte und verwendet die Fachbegriffe.

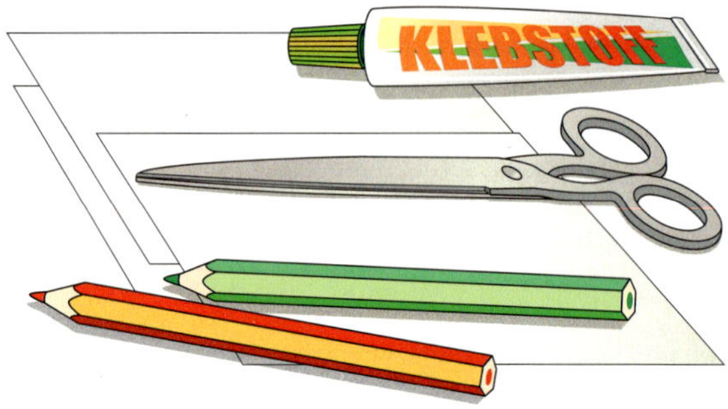

2. Gibt es noch andere Möglichkeiten außer durch Plasmide, Gene in einen anderen Organismus einzuschleusen? Recherchiere und stelle deine Ergebnisse an Hand geeigneter Abbildungen vor.

3. a) Leite aus dem Text die Definition für den Begriff „Gentechnik" ab.
b) Seit Jahrtausenden verändert der Mensch durch Züchtung Pflanzen und Tiere. Heute verändert der Mensch Pflanzen und Tiere durch Gentechnik. Erläutere die Unterschiede.

Was ist Gentechnik?

Wie mit jeder neuen Technik sind mit der Gentechnik sowohl Hoffnungen als auch Ängste verbunden. Einerseits hofft man, viele Krankheiten besser behandeln und den Hunger in der Welt bekämpfen zu können. Andererseits hat man Angst davor, dass unabsehbare Folgen eintreten. Wichtig ist also, dass man weiß, wie diese neue Technik funktioniert und welche Möglichkeiten, Chancen und Risiken damit verbunden sind.

Alle Lebewesen besitzen in ihren Zellen ▸**DNA,** das ist sozusagen das Buch, in dem die komplette Bauanleitung eines Lebewesens mit den Buchstaben A, T, G und C geschrieben ist. Ein ▸**Gen** ist wie ein Satz in diesem Buch.
Mithilfe der Gentechnik kann man in einem Lebewesen die Bauanleitung gezielt verändern. Man kann beispielsweise ganze Sätze entfernen oder nur einzelne Wörter ändern. Das Ergebnis ist ein **gentechnisch veränderter Organismus (GVO).**
Um DNA verändern zu können, brauchen Gentechniker bestimmte „Werkzeuge". Dazu zählen ▸Enzyme, die DNA an bestimmten Stellen zerschneiden oder verbinden können. Diese nennt man **Restriktionsenzyme.** Zum Transport von Genen in einen anderen Organismus verwendet man so genannte „Gentaxis". Diese Funktion übernehmen häufig **Plasmide,** kleine ringförmige DNA-Moleküle, die in Bakterien vorkommen.

Was kann Gentechnik?

Bei den Methoden der klassischen ▸Züchtung werden Individuen derselben Art miteinander gekreuzt. Bis das gewünschte Zuchtziel erreicht ist, vergehen jedoch manchmal viele Jahre. Mithilfe der Gentechnik ist es hingegen möglich, innerhalb kurzer Zeit ausgewählte Gene gezielt von einem Organismus auf einen anderen zu übertragen. Dabei ist es im Gegensatz zur Züchtung sogar möglich, Gene über die Grenzen einer Art hinweg zu übertragen. Mit Gentechnik kann man beispielsweise das Gen eines Menschen in ein Bakterium übertragen. Da der ▸genetische Code in allen Organismen universell ist, kann das artfremde Gen innerhalb des Bakteriums als Bauanleitung für ein menschliches Protein dienen.

Entwicklung → S. 184

Die gentechnische Herstellung von Insulin

Viele Menschen sind an ▸Diabetes mellitus erkrankt. Sie können Insulin nicht, oder nur in zu geringen Mengen herstellen. Viele von ihnen müssen sich deshalb Insulin spritzen. Früher verwendete man das Insulin von Schweinen, dies führte oft zu schweren Unverträglichkeiten. Heute kann man mithilfe von Bakterien menschliches Insulin herstellen. In der Abbildung siehst du, wie der **Gentransfer** des menschlichen Insulin-Gens in ein Bakterium gentechnisch bewerkstelligt wird.

Die Werkzeuge der Gentechniker
Plasmid: ringförmiges DNA-Stück in Bakterien, das man als „Gentaxi" verwendet. Das gewünschte Gen wird damit in die Zelle eingeschleust
Restriktionsenzym: molekulare „Schere", die DNA an einer ganz bestimmten Stelle aufschneidet
Ligase: ein Enzym, das als „Kleber" die DNA wieder an einer ganz bestimmten Stelle verbindet

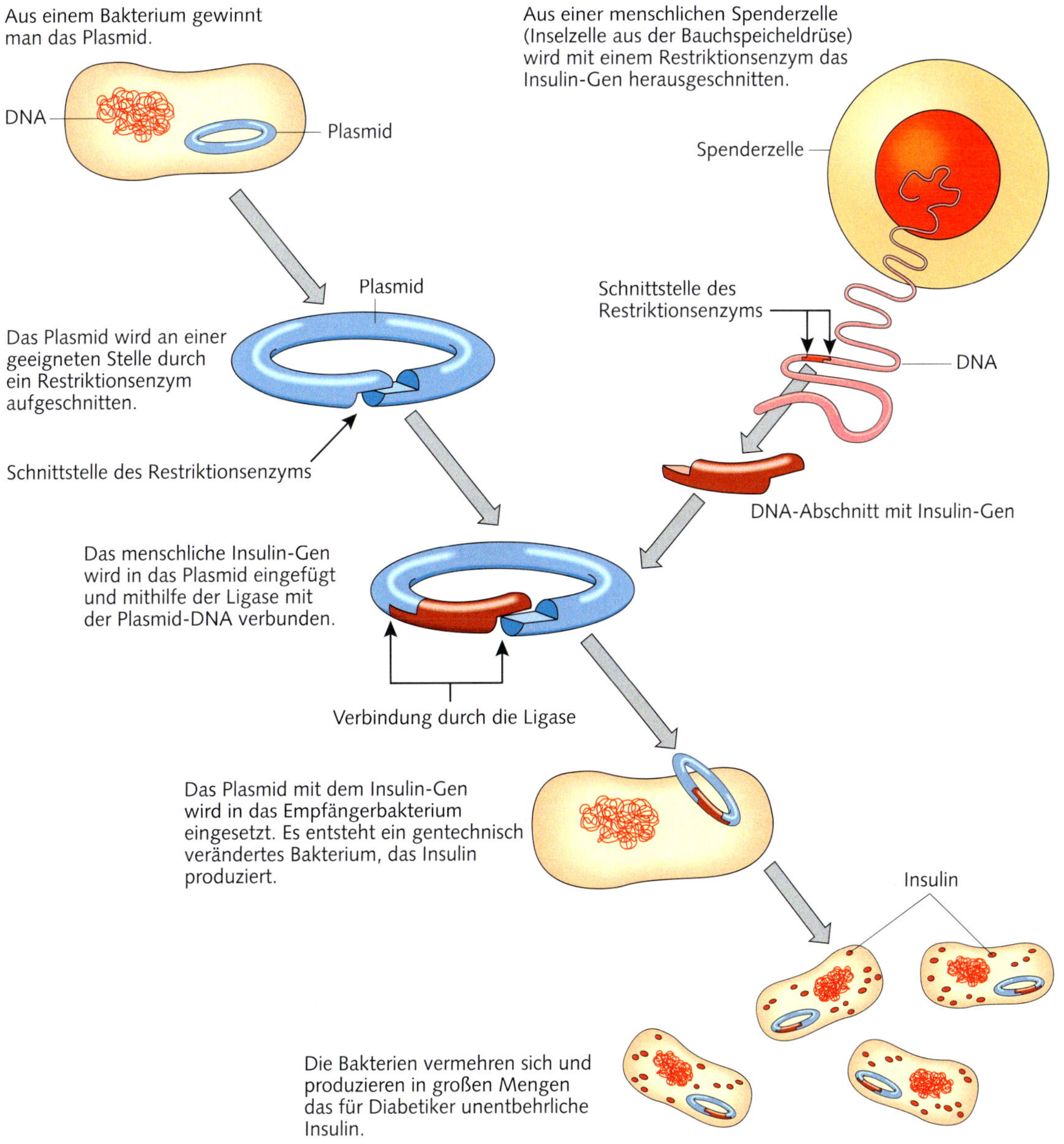

1 Gentechnische Herstellung von Insulin

System und Entwicklung → S. 182

Gentechnik in der Landwirtschaft

1. Schreibe mindestens drei verschiedene Eigenschaften auf, die durch Gentechnik in unterschiedliche Nutzpflanzen eingebracht wurden.

3. Durch Anwendung gentechnischer Verfahren wurde eine neue Reissorte, der „Golden Rice", entwickelt.
a) Was wurde in dieser neuen Reissorte verändert?
b) Wozu hat man diese Veränderungen vorgenommen?
c) Ist das angestrebte Ziel realisiert worden? Nimm Stellung zu der Frage.

2. Die Tabelle zeigt die Anbauflächen in Hektar von Bt-Mais in verschiedenen Ländern.
a) Erstelle aus den Daten ein geeignetes Diagramm.
b) Beschreibe, wie sich der Anbau in den Jahren verändert hat.
c) Stellt Vermutungen auf, warum es in Frankreich seit 2008 (und in Deutschland seit 2009) ein Anbauverbot gibt.

	1999	2006	2007	2008
Spanien	18 000	53 667	75 148	79 269
Frankreich	100	5 000	21 147	Anbauverbot
Deutschland	350	947	2 685	3 179
USA	12 500 000	19 600 000	27 400 000	28 200 000
weltweit	7 800 000	24 000 000	35 200 000	35 200 000

4. Der Maiszünsler verursacht im Maisanbau bis zu 30 % Ertragsverluste.
a) Informiert euch, wie das Insekt lebt, und stellt es in der Klasse vor.
b) Nenne verschiedene Möglichkeiten der Schädlingsbekämpfung beim Maiszünsler.

Chancen und Risiken der „grünen Gentechnik"

- Das Erbgut wurde schon immer verändert.
- Der Anbau von GVO leistet einen unverzichtbaren Beitrag zur Lösung des Welternährungsproblems.
- Die GVO produzieren Proteine, die es in den Organismen vorher nicht gab. Diese Proteine können Allergien auslösen.
- Es werden weniger Spritzmittel ausgebracht.
- Die Veränderung der Erbinformation kann zu völlig unerwünschten Folgen führen.
- Die Landwirte sind abhängig von den Saatgutherstellern, die auch die entsprechenden Spritzmittel verkaufen.
- Die Fremdgene können unkontrolliert auf verwandte Nutzpflanzen und Wildpflanzen übertragen werden.

5. a) Suche nach Beispielen, die die Aussagen zu den Chancen und Risiken der „grünen Gentechnik" belegen oder widerlegen.
b) Nimm Stellung zu den Aussagen und begründe deine Meinung.

Die „Grüne Gentechnik"

Unter „Grüner Gentechnik" versteht man die gezielte gentechnische Veränderung von Pflanzen. Dabei werden unterschiedliche Ziele verfolgt, zum Beispiel gesteigerter Ertrag, erhöhter Vitamin- oder Eiweißgehalt, Verbesserung der Haltbarkeit. Ein weiteres Ziel ist es, Pflanzen zu gewinnen, die widerstandsfähig gegen Krankheiten und Schädlingsbefall sind. Diese **GVO** sind dann **resistent,** also unempfindlich gegen bestimmte Schadinsekten, Viren, Pilze oder Bakterien. Auch werden Pflanzen genetisch so verändert, dass sie resistent gegen spezielle Pflanzengifte (Herbizide) sind, sodass auf Anbauflächen dieses Gift eingesetzt werden kann, ohne die angebauten Pflanzen zu schädigen. Es werden also nur noch die unerwünschten Pflanzen abgetötet.

2 **Mais – gentechnisch verändert oder nicht?**

Gentechnisch veränderter Mais

Ein Beispiel dafür, wie man eine Pflanze gentechnisch so verändert hat, dass sie gegen einen Schädling resistent wird, ist der **Bt-Mais.** Mais gehört mit Weizen und Reis zu den wichtigsten Nahrungs- und Futterpflanzen der Welt. Durch Ernteausfälle entstehen weltweit Schäden von mehreren 100 Millionen Euro. Grund für die Ernteausfälle beim Mais ist unter anderem der Befall durch einen Schädling, den **Maiszünsler.** Um diese Ausfälle zu verringern, wurde in Maispflanzen ein Gen eines Bodenbakteriums eingeschleust. Dieses Bakterium (Bacillus thuringiensis, Abkürzung: Bt) produziert ein Gift gegen Insektenlarven. Durch das eingeschleuste Gen stellen die Maispflanzen das Gift selbst her. Insektenlarven wie die des Maiszünslers, die von diesem gentechnisch veränderten Bt-Mais fressen, sterben.

Kritiker weisen auf mögliche Risiken hin: So könnten durch den Giftstoff andere Insektenlarven getötet werden. Außerdem muss sichergestellt werden, dass der Bt-Giftstoff nicht in den menschlichen Körper gelangt und Allergien auslöst. Im Übrigen ist es schwer zu verhindern, dass gentechnisch veränderter Pollen auch das Erbgut herkömmlicher Maissorten verändert.

1 **Maiszünsler.** **A** *Schmetterling;* **B** *Raupe;* **C** *Schadbild*

Gentechnik in Lebensmitteln – Genfood ja oder nein?

Die Diskussion um gentechnisch veränderte Lebensmittel wird in der Öffentlichkeit strittig geführt. Viele Verbraucher sind verunsichert und wollen wissen, ob „da Gentechnik drin ist" und woran man dies erkennt. Sie möchten selbst entscheiden, ob sie gentechnisch veränderte Lebensmittel kaufen. Aus diesem Grund müssen in der EU gentechnisch veränderte Tomaten, Kartoffeln oder Äpfel im Handel gekennzeichnet werden. Doch was ist mit anderen Lebensmitteln oder mit Fleisch von Tieren, die mit Bt-Mais gefüttert wurden? In der EU gibt es eine gesetzliche Regelung, wonach Lebensmittel hinsichtlich gentechnischer Veränderungen kennzeichnungspflichtig sind, wenn sie:

- ein GVO ist, z. B. Bt-Mais, GV-Kartoffeln
- GVO enthalten, z. B. Jogurt mit GV-Bakterien
- aus GVO hergestellt werden, z. B. Öl aus GV-Sojabohnen.

Nicht kennzeichnungspflichtig in Bezug auf Gentechnik sind Produkte, wenn sie:

- mithilfe von GVO produziert wurden, z. B. Fleisch, Eier und Milch von Tieren, die mit GV-Pflanzen gefüttert wurden
- wenn sie Zusatzstoffe, Enzyme und andere Hilfsstoffe enthalten, die von GV-Bakterien produziert wurden
- zufällig und nicht beabsichtigt GVO enthalten (Anteil < 0,9 %).

Gentechnik überall

1. Stelle für die abgebildeten Produkte dar, in welcher Weise die Gentechnik eine Rolle spielt.

2. a) Zahlreiche Lebensmittel werden mithilfe von rekombinanten Enzymen produziert. Nenne Gründe, warum es auf den Verpackungen selten Hinweise dafür gibt.

b) Begründe, weshalb der Anteil von Lebensmitteln, die gentechnisch hergestellte Enzyme enthalten, heute so hoch ist.

3. Informiere dich beispielsweise in einer Apotheke, welche rekombinanten Arzneimittel es gibt. Gegen welche Krankheiten werden sie eingesetzt?

4. a) Informiere dich über das so genannte „Gene-Pharming". Erläutere das Verfahren an einem geeigneten Beispiel.

b) Nenne Argumente für und gegen dieses gentechnische Verfahren zur Produktion von Arzneimitteln.

Gentechnik in der Lebensmittelindustrie

Die Verwendung von ▸Enzymen ist in der Lebensmittelindustrie von großer Bedeutung. Bei der Käseherstellung aus Kuhmilch werden beispielsweise Enzyme benötigt, die traditionell aus dem Labmagen von Kälbern gewonnen werden.
Natürlicherweise werden Enzyme in Organismen jedoch nur in sehr geringen Mengen hergestellt. Daher war ihre Gewinnung und industrielle Anwendung in Massenprodukten lange Zeit begrenzt und viel zu teuer. Auch eine chemische Synthese ist auf Grund der komplizierten Molekülstruktur der Enzyme kaum möglich.

Heute können Enzyme von gentechnisch veränderten Mikroorganismen kostengünstig in größeren Mengen hergestellt werden. Man spricht von **rekombinanten Enzymen.** In Deutschland werden etwa 70 % aller Lebensmittel unter Verwendung rekombinanter Enzyme produziert. Auch in der chemischen Industrie werden rekombinante Enzyme eingesetzt. Sie sind beispielsweise in fast allen Waschmitteln enthalten und werden auch für die Herstellung von Textilien, Leder, Papier und Kosmetika verwendet. Neben den Enzymen können Produkte der Lebensmittelindustrie auch gentechnisch hergestellte Zusatzstoffe wie zum Beispiel Geschmacksverstärker oder Vitamine enthalten.

Gentechnik in der Medizin

Viele Wirkstoffe in Medikamenten werden inzwischen gentechnisch hergestellt. Bei diesen so genannten **rekombinanten Arzneimitteln** handelt es sich meist um „körpereigene" Proteine wie beispielsweise die Hormone ▸Insulin oder Erythropoetin (EPO). Das EPO fördert als Medikament die Blutbildung, kann aber auch als Dopingmittel missbraucht werden.

Das **Gene-Pharming** ist hingegen ein Verfahren, um Arzneimittelwirkstoffe, aber auch andere artfremde Proteine in Tieren wie Schafen, Ziegen, Kühen oder Mäusen zu produzieren. So konnten beispielsweise transgene Ziegen erzeugt werden, die mit der Milch einen menschlichen Blutgerinnungsfaktor ausscheiden. Das Protein kann dann aus der Milch isoliert und zu einem Arzneimittel weiterverarbeitet werden.

Informationsquellen im Internet kritisch nutzen

Im Internet gibt es neben vielen brauchbaren Informationen auch falsche oder sehr einseitige Darstellungen von Sachverhalten. Weil jeder innerhalb gesetzlicher Regeln schreiben kann, was er möchte, musst du also vorsichtig sein, wenn du dir Informationen aus dem Internet beschaffst. Mithilfe der folgenden Fragen kannst du Internetangebote überprüfen und bewerten, wie seriös und objektiv die Inhalte sind und ob die Seite damit letztlich brauchbar ist.

1. a) Suche im Internet Argumente für und gegen den Anbau von ▸Bt-Mais. Stelle die Argumente in einer Tabelle gegenüber.
b) Charakterisiere die Anbieter der Websites. Handelt es sich um eine Privatperson, eine Firma, eine wissenschaftliche Institution, eine Umweltorganisation oder eine andere öffentliche Organisation?
c) Belege anhand von Beispielen, wie die Meinungen der Anbieter die Auswahl der Informationen und die Darstellungen beeinflussen.

„copyright“: Verwendest du Texte und Abbildungen einer Internetseite für eigene Aufsätze oder Präsentationen, so musst du immer den ursprünglichen Verfasser zitieren.

Gene und Vererbung

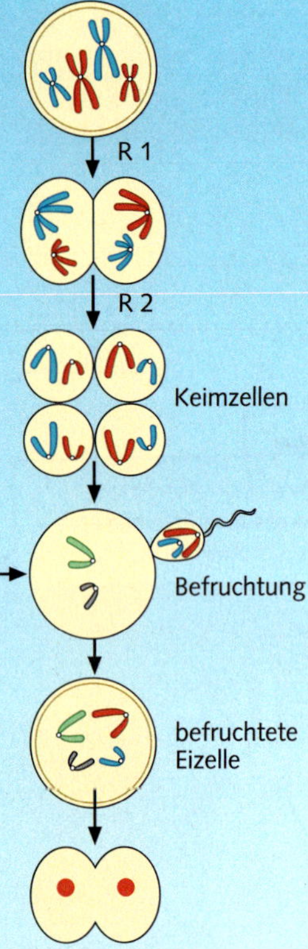

Keimzelle - Embryo
Zur Bildung von Keimzellen findet eine spezielle Kernteilung statt, die Meiose. Die Zahl der Chromosomen halbiert sich dabei. Bei der Befruchtung kommen die Chromosomen einer Eizelle und einer Spermazelle zufällig zusammen. Der Embryo entwickelt sich entsprechend der Erbinformation. Daneben spielen Umwelteinflüsse eine Rolle.

Klone
Klone sind genetisch identische Organismen. Heute kann man Tiere künstlich klonen, indem man den Zellkern einer embryonalen Zelle gegen einen Zellkern eines anderen Tieres austauscht.

Gentechnik
Mithilfe der Gentechnik lassen sich Gene von einem Organismus in einen anderen übertragen. Es entstehen gentechnisch veränderte Organismen (GVO). Nutzen und Risiken müssen kritisch geprüft werden.

DNA und genetischer Code
Die DNA ist ein gewundener Doppelstrang aus Zucker- und Phosphorsäurebausteinen sowie aus vier verschiedenen Basen. In der Reihenfolge der Basen ist die Erbinformation verschlüsselt.

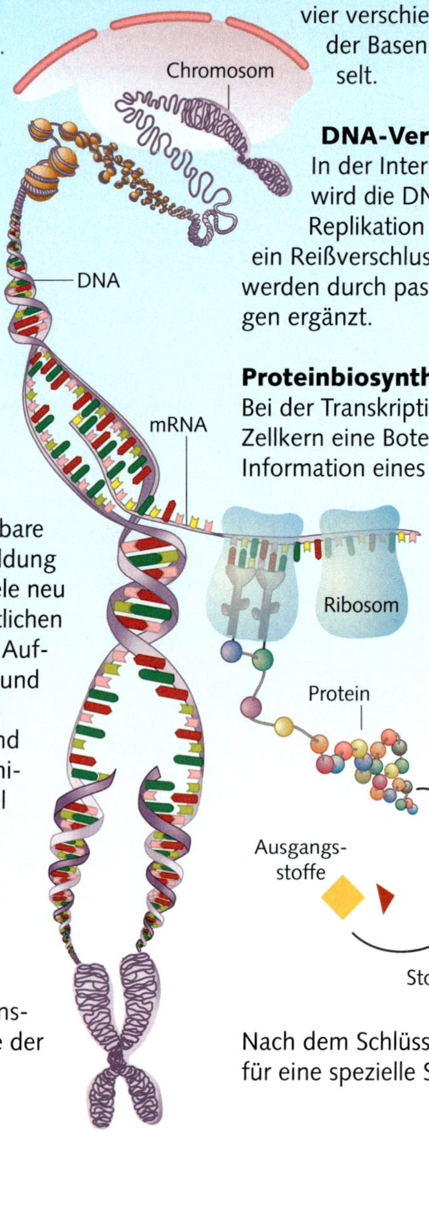

DNA-Verdoppelung
In der Interphase zwischen zwei Zellteilungen wird die DNA identisch verdoppelt. Bei dieser Replikation wird die DNA-Doppelhelix wie ein Reißverschluss geöffnet und die Einzelstränge werden durch passende Nukleotide zu Doppelsträngen ergänzt.

Erbregeln
Zu jedem Gen gibt es zwei Allele in den diploiden Körperzellen. Eine vorliegende Kombination von Allelen bezeichnet man als Genotyp. Sie wirkt sich auf den Phänotyp, also auf das beobachtbare Merkmal, aus. Bei der Keimzellbildung und Befruchtung werden die Allele neu kombiniert. Erbschemata verdeutlichen die Wahrscheinlichkeiten für das Auftreten verschiedener Genotypen und Phänotypen. GREGOR MENDEL entdeckte diese Zusammenhänge und formulierte drei Erbregeln: die Uniformitätsregel, die Spaltungsregel und die Unabhängigkeitsregel.

Züchtung
Für die Tier- und Pflanzenzucht nutzt man die Erkenntnisse der Genetik in der Auslesezüchtung, Kombinationszüchtung, Mutationszüchtung, Hybridzüchtung sowie der Polyploidisierung.

Proteinbiosynthese
Bei der Transkription wird entlang der DNA im Zellkern eine Boten-RNA (mRNA) mit der kopierten Information eines Gens erstellt. Danach findet im Zellplasma die Translation statt. Dabei werden an den Ribosomen entsprechend dem Triplett-Code die Aminosäuren zu einem Protein verbunden.

Enzyme
Viele Proteine in der Zelle sind Enzyme.

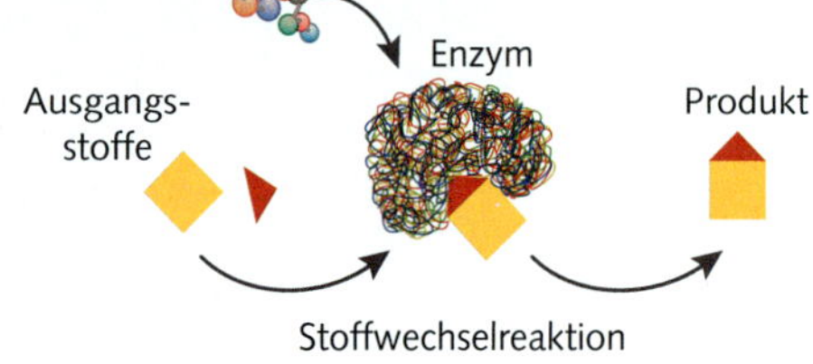

Nach dem Schlüssel-Schloss-Prinzip ist jedes Enzym für eine spezielle Stoffwechselreaktion zuständig.

Gene und Vererbung

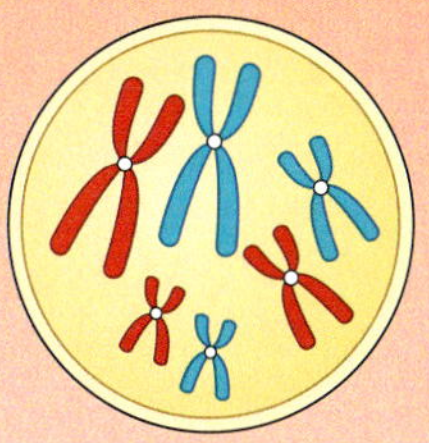

1. Oben ist eine Urkeimzelle mit 2n = 6 Chromosomen dargestellt.

a) Zeichne alle Möglichkeiten, wie in der Meiose I die homologen Chromosomen verteilt werden können.

b) Zeichne auch die Meiose II. Wie viele verschiedene Keimzelltypen ergeben sich?

2. Ein reinerbig weißes Meerschweinchen (Genotyp ww) wird mit einem reinerbig schwarzen Meerschweinchen (Genotyp WW) gekreuzt. Schwarz (W) ist dominant gegenüber weiß (w).

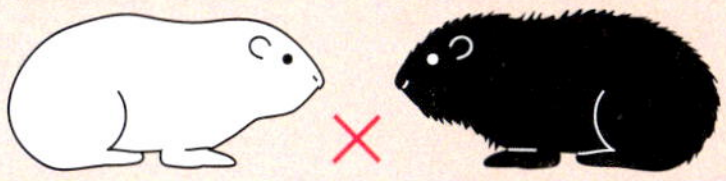

a) Welche Genotypen und welche Phänotypen treten in der 1. Tochtergeneration F_1 auf? Welche MENDELsche Erbregel wird deutlich?

b) Kreuze nun zwei Tiere der F_1-Generation untereinander. Ermittele die Wahrscheinlichkeiten für die Genotypen und die Phänotypen in der 2. Tochtergeneration F_2. Übertrage dazu folgendes Kreuzungsschema in dein Heft und ergänze es.

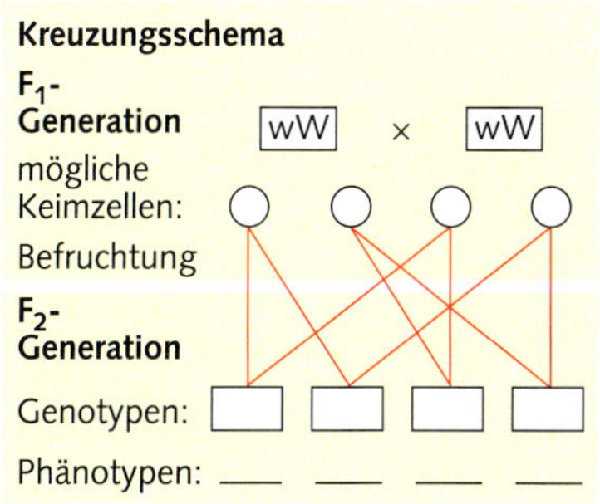

c) Führe dieselbe Kreuzung mithilfe eines Kombinationsquadrates aus.

Kombinationsquadrat
Eltern: wW X wW
Keimzellen und F_1:

Keimzellen		

d) Welche MENDELsche Erbregel wird hier deutlich?

3. Die Meerschweinchen aus Aufgabe 2 unterscheiden sich nicht nur in der Fellfarbe, sondern zusätzlich in der Fellform. Die reinerbig weißen Meerschweinchen sind auch reinerbig glatthaarig, die reinerbig schwarzen sind reinerbig rauhaarig. Rauhaarig ist dominant gegenüber glatthaarig.

a) Bezeichne die Allele für „rauhaarig" und „glatthaarig" sinnvoll mit Buchstaben.

b) Schreibe die Genotypen der Elterntiere auf und erstelle Kombinationsquadrate für die F_1- und F_2-Generation. Welche Phänotypen treten in der F_2-Generation auf und mit welchen Wahrscheinlichkeiten?

c) Welche neuen Phänotypen sind durch diese Kombinationskreuzung entstanden?

4. Gesunde Eltern haben ein an Mukoviszidose erkranktes Kind.

a) Mit welcher Wahrscheinlichkeit wird ein weiteres Kind diese Erkrankung haben? Begründe mithilfe der Erbregeln.

b) Welche Möglichkeiten der Familienberatung und vorgeburtlichen Diagnostik gibt es in diesem Fall und welche Probleme sind damit verbunden?

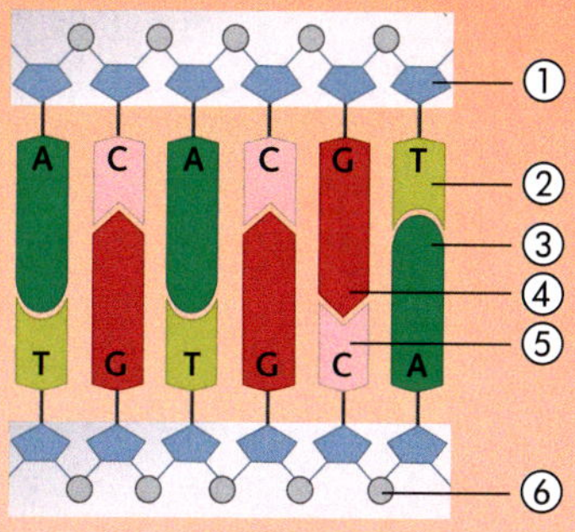

5. a) Beschrifte die markierten Bausteine der DNA.

b) In welcher Form ist auf der DNA Information gespeichert?

c) Erläutere das Prinzip der Basenpaarung.

d) Beschreibe den Vorgang der identischen Verdoppelung der Erbinformation.

e) Welche Rolle spielt die Basenpaarung dabei?

6. Erläutere die beiden folgenden Aussagen.

a) Der genetische Code ist universell.

b) Der genetische Code ist ein Triplettcode.

7. Benenne die drei Haupttypen von Mutationen und erläutere jeweils, was man darunter versteht.

8. Bluterkranke benötigen oft ein Medikament, das einen Blutgerinnungsfaktor enthält. Dieses menschliche Protein wird heute gentechnisch produziert. Erkläre anhand selbst erstellter Folien, wie dies geschieht.

9. Stelle eine Nutzpflanze vor, die gentechnisch verändert wurde. Welches Gen wurde eingebracht? Welcher Vorteil ergibt sich und welche Risiken sind damit verbunden?

Evolution – Vielfalt und Veränderung

Wer war Charles DARWIN? Welche Erkenntnisse verdanken wir ihm?

Wann und wie hat alles Leben angefangen?

Wie könnte die Entwicklung der Menschheit weitergehen?

Sind Neandertaler unsere direkten Vorfahren oder nur entfernte Verwandte?

Welche Gründe gibt es für das Aussterben von Arten?

Woher wissen wir etwas über die Evolution der Lebewesen?

Fossilien – Zeugen der Vorzeit

1. Informiere dich über den Beruf des Paläontologen. Halte einen kurzen Vortrag vor der Klasse.

2. a) Erkläre den Prozess der Versteinerung eines Lebewesens.
b) Beschreibe weitere Formen der Fossilisation. Benutze dazu den Informationstext und die Pinnwand.

3. Begründe, weshalb man Fossilien von Tieren, die in oder am Wasser lebten, häufiger findet als die von Landtieren.

4. Informiert euch über Naturkundemuseen in eurer Umgebung und deren Angebote. Präsentiert eure Ergebnisse auf einem Plakat.

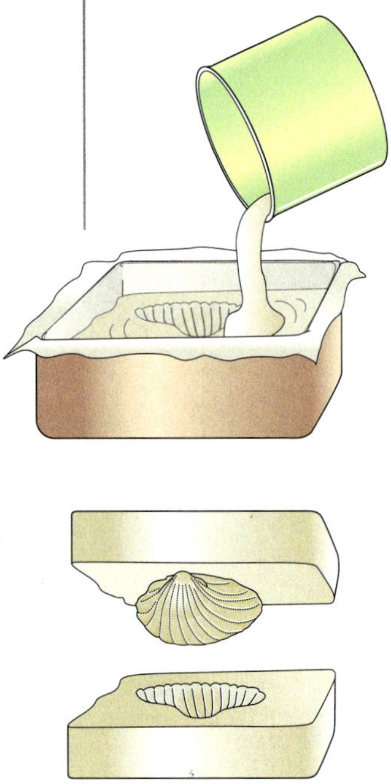

5. a) Überlegt euch, wie ihr mithilfe von Muscheln oder Schneckengehäusen und Gips selbst „Fossilienmodelle" herstellen könnt.
Tipp: In eurer Materialkiste könnten sich folgende Dinge befinden: Herzmuschel (beide Schalenhälften); Klebstoff; 1 Gipsbecher; 1 Getränkekarton; Schnellgips; Seidenpapier; gelbe Kreide; Wasser; Handcreme; Löffel; Messer; Hammer; Gummibänder
b) Plant eure Vorgehensweise, stellt Fossilienmodelle her, präsentiert sie der Klasse und erläutert eure Vorgehensweise. Wo gab es Schwierigkeiten?
c) Welche der auf der Pinnwand beschriebenen Vorgänge der Fossilienentstehung habt ihr bei der Herstellung eurer Modelle nachvollzogen?
d) Welche Umstände und Prozesse ermöglichen unter natürlichen Bedingungen die Fossilbildung?

6. In einem Steinbruch im niedersächsischen Obernkirchen haben Paläontologen 2008 spektakuläre Funde von Saurierfußspuren (Foto) gemacht.
a) Informiere dich im Internet über die Funde sowie über die Entstehung der Fußspuren.
b) Erstelle einen Steckbrief zu den Sauriern, die dort gelebt haben.

A

B

C

D

Dinosaurierfunde – auch in Deutschland

1932 stießen Paläontologen – Wissenschaftler, die Lebewesen vergangener Erdzeitalter erforschen – in Trossingen in Baden-Württemberg bei einer groß angelegten Ausgrabung auf eine Vielzahl von Dinosaurierknochen. Vor 210 Millionen Jahren lebten dort Saurier. Es herrschte tropisches Klima, in dem diese Reptilien ideale Lebensbedingungen vorfanden. Nach wochenlangen Ausgrabungsarbeiten hatten die Paläontologen die Überreste von vier vollständigen und 17 nahezu vollständigen Skeletten des Pflanzenfressers Plateosaurus freigelegt.

So entstanden Fossilien

Vermutlich waren die in Trossingen gefundenen Tiere in ein großes Schlammloch geraten und dort verendet. Sand und Schlick bedeckten die toten Körper schnell, und die Weichteile verfaulten. Unter dem Sauerstoffabschluss wurden die Körper aber nicht vollständig zersetzt wie dies normalerweise nach dem Tod geschieht. Hartteile wie Knochen oder Zähne blieben erhalten. Immer neue Sand- und Schlammschichten, das **Sediment,** lagerten sich über den toten Sauriern ab. Dabei wurde durch Sickerwässer die ursprünglich mineralische Substanz der Hartteile in ihrer Struktur verändert. So entstanden naturgetreue Versteinerungen der Skelette. Bewegungen in der Erdkruste brachten die versteinerten Reste später wieder an die Erdoberfläche, wo sie durch die Einwirkungen von Regen und Wind freigelegt wurden. Derartige Überreste vergangener Lebewesen nennt man **Fossilien.** Dies können Abdrücke von Muscheln im Gestein, versteinerte Hartteile wie Panzer, Schalen oder Knochen, aber auch im Schlamm zu Stein gewordene Fußspuren sein. Die Veränderungen vom toten Lebewesen bis zum Fossil bezeichnet man als **Fossilisation.** Je feiner dabei das umliegende Sediment ist, desto mehr Einzelheiten sind an den Fossilien erkennbar. Derartige Funde wurden auf allen Erdteilen gemacht. Allerdings herrschten nur selten günstige Bedingungen für eine Fossilisation.

So entstehen Rekonstruktionen

Um sich Tiere, die vor vielen Millionen Jahren ausgestorben sind, als Lebewesen vorstellen zu können, versuchen Wissenschaftler versteinerte Tiere zu rekonstruieren. Vollständig erhaltene Organismen, so genannte **Körperfossilen,** sind dazu am besten geeignet. Allerdings stehen häufig nur Bruchstücke zur Verfügung und die Knochen befinden sich in einer unnatürlichen Lage. Durch den Vergleich mit ähnlichen Funden oder heute noch lebenden Arten ist die Rekonstruktion des Skeletts und sogar ganzer Tiere und Pflanzen möglich. Dabei müssen fehlende Knochen durch Nachbildungen ersetzt werden. Über die Struktur und Farbe der Haut oder die Funktion der Sinnesorgane liegen meist keine gesicherten Erkenntnisse vor. Je mehr man jedoch über die Ernährungsweise, das Fortpflanzungsverhalten, den Lebensraum, das Klima und das Erdzeitalter weiß, desto genauer kann man die Art rekonstruieren.

G

1 Fossilisation und Rekonstruktion. A–D *Entstehung eines Fossils;* **E** *Fund eines Saurierskeletts;* **F** *Rekonstruktion des Skeletts eines Plateosaurus;* **G** *vollständige Rekonstruktion eines Plateosaurus*

F

E

Fossilien

Inkohlung eines Farnwedels
Vor ca. 330 Millionen Jahren wuchsen auf der Erde riesige Sumpfwälder. Abgestorbene Pflanzenteile versanken im Sumpfboden und wurden unter Sauerstoffabschluss zu Torf. Durch ständige Ablagerung weiterer abgestorbener Pflanzen und Erde entstand unter zunehmendem Druck und hohen Temperaturen Braun- und schließlich Steinkohle. Teile von Schachtelhalmen oder Baumfarnen sind bis heute in den Kohleschichten erhalten.

Steinkern eines Ammoniten
Die mit den Tintenfischen verwandten Ammoniten lebten vor 360–100 Millionen Jahren. Sie besaßen ein schneckenähnliches Gehäuse. Nach dem Tod der Tiere verfaulten die Weichteile, das Gehäuse löste sich auf und der so entstandene Hohlraum füllte sich mit mineralischen Sedimenten. Durch den Druck der darüber liegenden Sedimentschichten entstand ein sogenannter Steinkern. Auf seiner Oberfläche können Merkmale der Innenseite sowie der Außenseite des ehemaligen Gehäuses sichtbar sein.

Abdruck eines Trilobiten
Trilobiten hatten vor 600–500 Millionen Jahren ihre größte Verbreitung in den urzeitlichen Meeren. Die Körper toter Tiere hinterließen im weichen Sediment Abdrücke. Während sich die Körper zersetzten, blieb die äußere Form der Lebewesen im durch zunehmenden Druck verfestigten Sedimentgestein erhalten. Trilobiten zählen zu den häufigsten Fossilien.

1. a) Beschreibe die Entstehung von Steinkohle.
b) Erstelle Steckbriefe von Pflanzen, die vor 330 Mio. Jahren gelebt haben.

2. In bestimmten Gesteinsschichten findet man versteinerte Baumstämme. Woraus besteht versteinertes Holz? Berichte.

Mumifizierung eines Lebewesens

Bei der Mumifizierung wird die Ver-wesung eines toten Körpers verhindert. Dies kann durch große Kälte, beispielsweise den Einschluss in Eis und Schnee, durch hohe Temperaturen oder Austrocknung, zum Beispiel in Wüsten oder aufgrund chemischer Prozesse in Mooren unter Sauerstoffabschluss stattfinden. Das Gewebe und die inneren Organe bleiben so für lange Zeiträume erhalten. Bekannte Beispiele solcher Körperfossilien sind das Mammutbaby „Dima" aus dem Dauerfrostboden Sibiriens, die Gletschermumie „Ötzi" aus den Ötztaler Alpen und der „Tollundmann" aus einem Moor in Dänemark.

Einschluss in Bernstein
Bernstein ist das gehärtete Harz von Nadelbäumen. Blieb ein Kleintier, z. B. eine Fliege, am frischen Harz eines Baumes kleben, wurde es von nachfließendem Harz luftdicht eingeschlossen. Bernsteinfunde liefern ein Bild von der Kleintierwelt von vor 40–30 Millionen Jahren.

Wie kann man das Alter von Fossilien bestimmen?

1. Weshalb ist die Altersbestimmung von Fossilien für Paläontologen von großer Bedeutung?

2. a) Beschreibe den Unterschied zwischen der relativen und der absoluten Datierung von Fossilien.
b) Was versteht man unter der ^{14}C-Methode? Erkläre mithilfe der Abbildung.

3. Informiert euch über Möglichkeiten der Altersbestimmung von Fossilien, die viel älter als 40 000 Jahre sind.

4. Informiert euch über Leitfossilien der unterschiedlichen Erdzeitalter und stellt sie vor.

5. Informiere dich über die Pollenanalyse und Dendrochronologie als Methoden der Altersbestimmung. Berichte.

Die relative Datierung
Der Verlauf der Evolution konnte durch die zeitliche Einordnung einer Vielzahl von gefundenen Fossilien erforscht werden. Die geologische Forschung bedient sich dabei der relativen Datierung mittels Schichtfolge. Liegen Sedimentgesteine in den Schichtfolgen horizontal vor, dann sind die weiter oben liegenden Schichten jünger als die darunter liegenden. In manchen Schichten findet man weltweit die gleichen Fossilien. Diese bezeichnet man als **Leitfossilien**. Entdeckt man solche Fossilien aus einer bekannten Schicht in Australien ebenfalls in China, wird daraus das ungefähre Alter der Gesteinsschicht und der darin entdeckten Fossilien abgeleitet. Diese Methode liefert aber nur ungefähre Angaben.

1 Fossil im Gestein

Die ^{14}C-Methode
Für eine exaktere Datierung nutzen Wissenschaftler physikalisch-chemische Gesetzmäßigkeiten bei der ^{14}C-Methode. In der Luft kommt neben dem Kohlenstoffisotop ^{12}C in geringer Menge das radioaktive ^{14}C vor. Beide werden bei der Fotosynthese in Pflanzen eingebaut und gelangen so über die Nahrungskette in alle Lebewesen. Der Anteil an ^{14}C ist Zeit ihres Lebens konstant. Nach dem Tod verändert der Zerfall von ^{14}C das Verhältnis zum konstant bleibenden ^{12}C. Nach 5730 Jahren ist nur noch die Hälfte der ursprünglichen ^{14}C-Menge im Fossil enthalten. Man spricht deshalb von einer **Halbwertszeit** von 5730 Jahren. Nach 11 460 Jahren sind es dann nur noch 25 % der Ausgangsmenge. Stoßen Wissenschaftler auf einen fossilen Knochen, messen sie den verbliebenen ^{14}C-Gehalt und berechnen aus der Abnahme dann das Alter. Mit dieser Methode lassen sich bis zu 40 000 Jahre alte Fossilien bestimmen. Für die Datierung älterer Fossilien benötigt man radioaktive Elemente mit einer längeren Halbwertszeit.

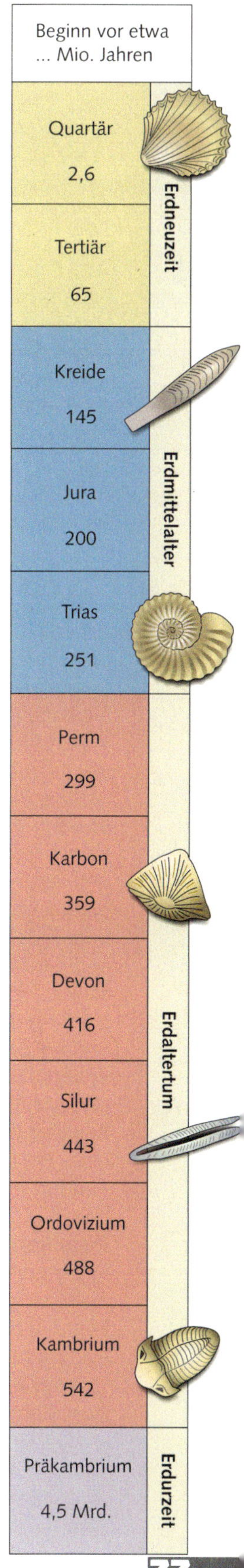

Den Fossilien auf der Spur

Wenn ihr mit eurer Klasse einen Steinbruch besucht, könnt ihr dort interessante Funde von Lebewesen aus der Vergangenheit machen. Versteinerungen unterschiedlichster Tiere und Pflanzen ermöglichen euch dabei einen direkten Einblick in die Lebenswelt vergangener Erdzeitalter.

Auf Fossilienjagd
Für eine Exkursion in einen Steinbruch müsst ihr eine Erlaubnis vom Betreiber einholen. Dieser ermöglicht meist auch eine Führung und zeigt euch Orte, an denen ihr gefahrlos suchen könnt. Bildet im Vorfeld Teams und geht mit eurer Gruppe auf Fossilienjagd. Neben Hammer und Meißel sollte eure Ausrüstung aus Arbeitshandschuhen, festen Schuhen, Plastiktüten, Schreibzeug, einer Lupe, einer Schutzbrille und einem Fotoapparat bestehen. Denkt immer an eure Sicherheit. Seid vorsichtig bei wackelnden und rutschenden Steinen! Achtet beim Losschlagen von Funden darauf, dass ihr vom Fossil wegarbeitet und euch selbst und andere nicht durch Hammerschläge oder Steinsplitter verletzt. Schlagt mit Hammer und Meißel Steine auseinander. Bewahrt eure Fundstücke jeweils in einer Plastiktüte auf und legt ein Kärtchen mit Fundort, Datum und Name des Finders bei.

Fossilien präparieren
Sucht gemeinsam eure besten Funde aus. Um die Fossilien in einer Ausstellung präsentieren zu können, solltet ihr sie dafür präparieren. Entfernt im Werkraum eurer Schule vorsichtig störende Gesteinsteile. Pinselt den Staub weg und klebt lose oder zerbrochene Teile mit Alleskleber sorgfältig wieder zusammen. Mit Klarlack schützt ihr eure Fossilien vor Beschädigungen. Nutzt Nachschlagewerke zur genaueren Bestimmung der Fossilien und ergänzt die Informationen auf den Fundkärtchen.

Fossilien im Museum
Vielleicht gibt es in eurer Nähe Naturkundemuseen mit Fossiliensammlungen. Informiert euch im Internet über deren Angebote und stellt sie in der Klasse vor. Organisiert mit einer Lehrerin oder einem Lehrer einen Besuch. Besprecht in euren Teams, über welche Fossilien ihr Informationen sammeln wollt und ob ihr ein Führungsangebot nutzen möchtet. Einige Museen bieten auch Projekte für Schulklassen an. Notiert im Vorfeld einige Fragen, die ihr im Museum stellen wollt. Denkt für die Dokumentation an Schreibmaterial und einen Fotoapparat. Achtet auch darauf, wie die Fossilien im Museum präsentiert werden.

Gestaltung einer Fossilienausstellung
Überlegt in euren Teams, wie ihr die ausgewählten und präparierten Fossilien aus dem Steinbruch ansprechend präsentieren könnt. Nutzt dabei auch eure Eindrücke und Informationen vom Museumsbesuch. Für die Präsentation benötigt ihr Stellwände für eure Plakate und Tische für die Fundstücke. Beschriftet alle Fossilien und gebt deren ungefähres Alter an. Fügt Fotos, Skizzen und Bildmaterial aus dem Steinbruch und vom Museum hinzu. Sucht in Büchern und im Internet Informationen über die Umweltbedingungen, die eure Fossilien zu deren Lebzeiten vorfanden. Ihr könnt auch einige aufgeschlagene Bücher auslegen. Wenn nötig, ergänzt eure Funde mit Fossilien aus der biologischen Sammlung eurer Schule.

Wie alles anfing

1 Entstehung der Erde

Die Entstehung der Erde

Die Entstehung unserer Erde liegt etwa 4,5 Milliarden Jahre zurück. Zu Beginn war sie ein glühender Gasball, der über viele hundert Millionen Jahre abkühlte. Ihre Entstehungszeit war geprägt durch Meteoriteneinschläge, extreme Regenfälle, gewaltige Gewitter, Vulkanausbrüche, dampfende Lagunen und Erdspalten. Man nimmt an, dass die **„Uratmosphäre"** aus Stickstoff, Kohlenstoffdioxid, Wasserdampf, Schwefelwasserstoff, Methan, Spuren von Ammoniak und anfänglich auch freiem Wasserstoff bestand.

Die chemische Evolution

Dem amerikanischen Studenten Stanley MILLER gelang es 1953 in einem Versuch, die Bedingungen der „Uratmosphäre" nachzuahmen, indem er die Ausgangssubstanzen Methan (CH_4), Kohlenstoffmonooxid (CO), Wasserstoff (H_2), Ammoniak (NH_3) und Wasser (H_2O) mischte. Er erhitzte das Gemisch, erzeugte mit Elektroden künstliche Blitze und bestrahlte seine „Uratmosphäre" mit UV-Licht. Wenige Tage später machte er die sensationelle Entdeckung, dass seine **„Ursuppe"** organische Verbindungen wie Ameisensäure und einige Aminosäuren enthielt. Variationen der Versuchsbedingungen führten später auch zu Fetten, Kohlenhydraten und Bestandteilen von ▸Nukleinsäuren. Die Ergebnisse der Experimente lassen den Schluss zu, dass die Bildung einfacher organischer Substanzen bereits zur Zeit der Uratmosphäre möglich war. Niemand weiß, ob dies tatsächlich so geschehen ist, doch die Ergebnisse von Gesteinsuntersuchungen stützen diese Theorie. Die Entstehung von organischen Verbindungen aus anorganischen Stoffen bezeichnet man als chemische Evolution.

2 Schema einer Urlandschaft

Eine andere Theorie geht hingegen davon aus, dass die Entstehung des Lebens erst durch organische Moleküle von Meteoriten, die auf der Erde einschlugen, ermöglicht wurde. Gesicherte Erkenntnisse liegen allerdings bisher nicht vor.

Die biologische Evolution

Wie es weiterging und wie mit ▸Bakterien die biologische Evolution begann, ist noch unbekannt. Nach einem Modell des Nobelpreisträgers Manfred EIGEN organisieren Ketten von ▸RNA-Bausteinen die Herstellung bestimmter ▸Eiweiße. Über Millionen Jahre könnten sich auch einige davon zu kleinen Kügelchen zusammengeschlossen haben. Derartige Gebilde aus Eiweißhülle und RNA-Kern haben sich möglicherweise zur **„Urzelle"** weiterentwickelt. Inwieweit sich die Bausteine der Eiweiße und RNA bzw. DNA in der „Ursuppe" zusammenfügten, ist wissenschaftlich noch nicht geklärt.
Andere Wissenschaftler sehen in den „Schwarzen Rauchern" der Tiefsee die Quelle des Lebens. Untersuchungen an den „Black Smokern" ergaben, dass sich trotz Temperaturen von 350 °C und extremen Druckverhältnissen kleine zellähnliche Molekülverbindungen mit einer membranartigen Hülle, so genannte **Mikrosphären,** entwickeln. In ihnen vermuten einige Wissenschaftler Urformen erster Lebewesen.

1. Erläutere, was man unter der „chemischen" und der „biologischen" Evolution versteht.

2. Informiere dich im Internet über „Mikrosphären". Berichte.

Entwicklung → S. 184

Erdzeitalter und ihre Lebewesen

1. Beschreibe die Auswirkungen, die das Auftreten von Sauerstoff auf die Entwicklung der Lebewesen hatte.

2. Schachtelhalme aus dem Perm und Karbon wurden bis zu 30 Meter hoch. Erstelle einen Steckbrief von einer Schachtelhalmart, die es heute noch gibt.

3. a) Im Jura lebten die größten und schwersten Dinosaurier. Stelle einen „Giganten" deiner Wahl mithilfe eines Plakats vor.
b) Gegen Ende der Kreidezeit starben die Dinosaurier auf bisher ungeklärte Weise aus. Informiere dich über mögliche Gründe und stelle die Theorien in der Klasse vor.

4. Erkläre den Zusammenhang zwischen dem Aussterben der Dinosaurier und der nachfolgenden Artenfülle bei den Säugetieren.

5. Informiere dich über die Auswirkungen von Eiszeiten auf die Pflanzen und Tiere in der Erdneuzeit.

Nach der Abkühlung der Erde entstanden verschiedene Gesteinsarten. Sie verwitterten im Laufe von Jahrmillionen und lagerten sich abwechselnd mit neu gebildetem vulkanischen Gestein übereinander ab. In jeder Schicht stößt man auf andere Fossilien. Das bedeutet, dass eine Entwicklung der Lebewesen, die **Evolution,** abgelaufen sein muss.

Die Erdurzeit

Fossilien von Urbakterien fand man schon in 3,8 Milliarden Jahren alten Gesteinen. Die Urbakterien ernährten sich durch Gärung von organischen Substanzen. Etwa 600 Millionen Jahre später hatten Cyanobakterien die Fähigkeit entwickelt, mithilfe der Fotosynthese ihre Nährstoffe selbst zu bilden. Der dabei entstandene Sauerstoff war für damalige Lebewesen giftig. Nur Organismen, die sich davor schützen konnten, überlebten diese einschneidende Umweltveränderung. Vor 1,5 Milliarden Jahren nutzen Zellen erstmals Sauerstoff bei der Zellatmung und gewannen dabei mehr Energie als bei der Gärung. Die ersten ▸ Eukaroyten waren entstanden.

Das Erdaltertum

Ab dem **Kambrium** entwickelte sich eine Vielzahl mehrzelliger Organismen im Wasser wie Algen, Quallen und ▸ Trilobiten. Es entstanden Gliederfüßer, die über einen festen Panzer als Verdunstungsschutz verfügten. Dies war Voraussetzung für die Eroberung des Landes. Mit den kieferlosen Fischen tauchten im **Ordovizium** die ersten Wirbeltiere im Wasser auf. Als erste höhere Pflanzen besiedelten im **Silur** Nacktfarne das Land. Im **Devon** lebten Lungenfische, Vorfahren der ersten Landwirbeltiere. Urlurche wie Ichthyostega besaßen bereits ein Skelett, das ihnen eine Fortbewegung auf vier Beinen ermöglichte. Obwohl sie schon den Großteil ihres Lebens

1 Entwicklung der Lebewesen im Laufe der Erdgeschichte

an Land verbrachten, waren sie noch wie die heutigen Lurche auf Wasser angewiesen. Erst die Reptilien konnten aufgrund ihrer verhornten Haut vollständig an Land leben. Im **Karbon** gab es riesige Sumpfwälder aus Siegel- und Schuppenbäumen sowie Schachtelhalmen. Deren Überreste sind als Kohlelager bis heute erhalten.

Das Erdmittelalter

Es war die Blütezeit der Saurier. Laufende, schwimmende und fliegende Saurier beherrschten fast alle Lebensräume der Erde. Im **Jura** entwickelten sich unter den Dinosauriern die größten und schwersten Landlebewesen, beispielsweise der Apatosaurus. Gegen Ende der **Kreidezeit** starben die Saurier jedoch auf bisher noch ungeklärte Weise aus. Als ihre direkten Nachfahren gelten heute die Vögel. In dieser Zeit existierten auch schon Säugetiere. Neben Farnen und Bärlappgewächsen tauchten bereits erste Laubbäume und Blütenpflanzen auf.

Die Erdneuzeit

Die Entwicklung der Säugetiere zeigt, wie Wechselwirkungen die Evolution beeinflussen können. Solange die Saurier die Lebensräume beherrschten, blieben die Säugetiere klein und unscheinbar. Erst nach deren Verschwinden konnten sich Säugetiere in großer Artenvielfalt entwickeln und besiedelten auch Polargebiete. Ihre gleichbleibende Körpertemperatur war hierbei eine wesentliche Voraussetzung. Im **Tertiär** wuchsen in Zeiten mit tropischem Klima Nadel- und Laubwälder fast bis zum Nordpol. In trockeneren und kühleren Perioden breiteten sich Eichen- und Buchenwälder aus. Gegen Ende des Tertiärs traten erste menschenähnliche Lebewesen auf. Die Tiere und Pflanzen im **Quartär** wurden den heutigen Formen immer ähnlicher. Erst vor etwa zwei Millionen Jahren begannen die ersten Menschen wie ▸ Homo habilis die Erde zu besiedeln.

Vom Wasser auf das Land

1. a) Nenne mindestens vier Bedingungen, die Pflanzen zur Besiedlung des Landes erfüllen mussten.
b) Nenne Gründe, weshalb die Tiere erst nach den Pflanzen das Land erobern konnten.

2. Informiere dich, welche Bedeutung die Pflanzen des Erdzeitalters ▸Karbon heute noch für uns Menschen haben. Berichte.

3. Beschreibe, welche Entwicklungen von Organen notwendig waren, damit die ersten Wirbeltiere das Wasser verlassen konnten.

4. In der Geschichte der Evolution verlief die Entwicklung von Tieren nicht nur vom Wasser zum Land, sondern auch vom Land wieder zurück ins Wasser. Informiere dich über solche Tierarten und stelle Beispiele vor.

5. Informiere dich, in welchem Erdzeitalter Tiere die Luft als Lebensraum eroberten. Finde Beispiele und stelle sie in einem Kurzvortrag vor.

6. Fertigt von einer der abgebildeten Tierarten einen Steckbrief an. Einigt euch, wer welches Lebewesen übernimmt. Stellt damit eine Wandzeitung zur Entwicklung der Pflanzen und Tiere zusammen.

Ohne Wasser kein Leben

Die ersten pflanzlichen Lebensformen waren einzellige **Algen,** die in den Urmeeren lebten. Sie waren in der Lage, über ihre gesamte Oberfläche im Wasser gelöste Mineralsalze und Kohlenstoffdioxid aufzunehmen. Später entstanden faden- und kugelförmige pflanzliche Vielzeller und Algen mit großen, blattähnlichen Körpern. Sie konnten bereits mithilfe des Chlorophylls in ihren Zellen das Sonnenlicht zur Energiegewinnung nutzen. Durch ▸ Fotosynthese waren sie in der Lage, anorganische Stoffe in organische Verbindungen umzubauen. Der dabei entstandene Sauerstoff reicherte sich im Wasser an und ermöglichte die Entwicklung erster tierischer Lebensformen, die Sauerstoff für ihre Lebensvorgänge benötigten.
Fossile Funde belegen, dass im **Kambrium** eine Vielzahl von Tierarten die Meere bevölkerte. Es waren Vorfahren der meisten noch heute lebenden Tierstämme wie Schwämme, Nesseltiere, Gliederfüßer, Weichtiere und Stachelhäuter. Am Ende des Kambriums traten dann erste Wirbeltiere auf. Es waren kieferlose, fischähnliche Lebewesen. Sie bewegten sich schlängelnd fort und filterten mit ihren Kiemen Schwebteilchen aus dem Wasser. Auch der Formen- und Artenreichtum bei den Algen, der vorherrschenden Pflanzengruppe, nahm in dieser Zeit zu. Die Landflächen waren aber nach wie vor unbesiedelt.

1 Pflanzen und Tiere erobern das Land

Pflanzen erobern das Land

Im **Silur** bestimmten Sumpflandschaften das Bild der Erde. Deren feuchte Festlandbereiche boten zusammen mit der veränderten Zusammensetzung der Atmosphäre gute Bedingungen für den Übergang der Pflanzen zum Landleben. Allerdings waren dafür Veränderungen in Bau und Funktion der Pflanzen nötig. Ein Leben außerhalb des Wassers erforderte die Entwicklung von Wurzeln und Leitbündeln zur Wasser- und Mineralsalzversorgung aus dem Boden. Zusätzlich waren ein Stützgewebe und Schutzeinrichtungen gegen das Austrocknen notwendig. Für die Fortpflanzung mussten sich Mechanismen entwickeln, die den Transport von männlichen und weiblichen Keimzellen ohne Wasser ermöglichten. Die ersten Pflanzen, die alle diese Bedingungen erfüllten, waren einfach gebaute Nacktfarne wie Rhynia, mit gegabeltem Stamm und noch ohne Blätter.

Im **Devon** und im **Karbon** entwickelten sich daraus höhere Sporenpflanzen. In den Sumpfwäldern wuchsen Riesenschachtelhalme, Baumfarne, Schuppen- und Siegelbäume. Daneben entstanden auch Nadelhölzer und Pflanzen, die mit dem Ginkgo verwandt sind.

Tiere erobern das Land

Spinnentiere und Insekten waren die ersten Tiere, die den Pflanzen auf das Festland folgten. Damit die ersten Wirbeltiere das Land betreten konnten, mussten sich neue Organe entwickeln, die die Aufnahme von Sauerstoff aus der Luft ermöglichten, wie bei den Lungenfischen. Sie leben im Wasser und atmen mit Kiemen. Zusätzlich haben sie einfach gebaute Lungen, mit denen sie Trockenzeiten überstehen. Außerdem mussten sich über mehrere Entwicklungsstufen Gliedmaßen entwickeln, die eine Fortbewegung an Land ermöglichten.

Als eines der ersten Landtiere gilt der amphibisch lebende Ichthyostega. Er besaß kräftige Gliedmaßen, die seitlich vom Körper abstanden und eine Wirbelsäule, die das Gewicht des Tieres an Land tragen konnte. Der Schwanz hatte eine Form, wie man sie bei den Kaulquappen der heutigen Lurche findet. Damit die Haut nicht austrocknete, musste er sich immer wieder ins Wasser begeben. Man vermutet, dass Ichthyostega mithilfe von Lungen, aber auch über die Haut atmete.

Hylonomus gilt als eines der ersten Wirbeltiere, das vollständig außerhalb des Wassers lebte. Bei diesem Reptil hatte sich eine trockene, schuppige Haut entwickelt und es atmete mithilfe von Lungen. Nach einer inneren Befruchtung legte es Eier mit einer vor Austrocknung schützenden Schale. Damit konnte sich Hylonomus weiter vom Ufer entfernen.Von den Reptilien stammen die Vögel ab.

Im **Perm** entwickelten sich dann erste säugetierähnliche Reptilformen. Aus ihnen gingen alle späteren Säugetierformen hervor.

Verwandt oder nur ähnlich?

1. Der Vergleich von Vordergliedmaßen verschiedener Wirbeltiere liefert ein anschauliches Beispiel für homologe Organe. Haltet einen Vortrag über die Gemeinsamkeiten und Unterschiede in Bau und Funktion.

2. Informiere dich, welche Tiere näher miteinander verwandt sind: Fledermäuse und Pferde oder Fledermäuse und Vögel. Begründe deine Entscheidung.

3. a) Informiere dich über homologe Organe bei Pflanzen. Halte einen kurzen Vortrag.
b) Erkläre, weshalb es sich bei Stacheln und Dornen um analoge Organe handelt.

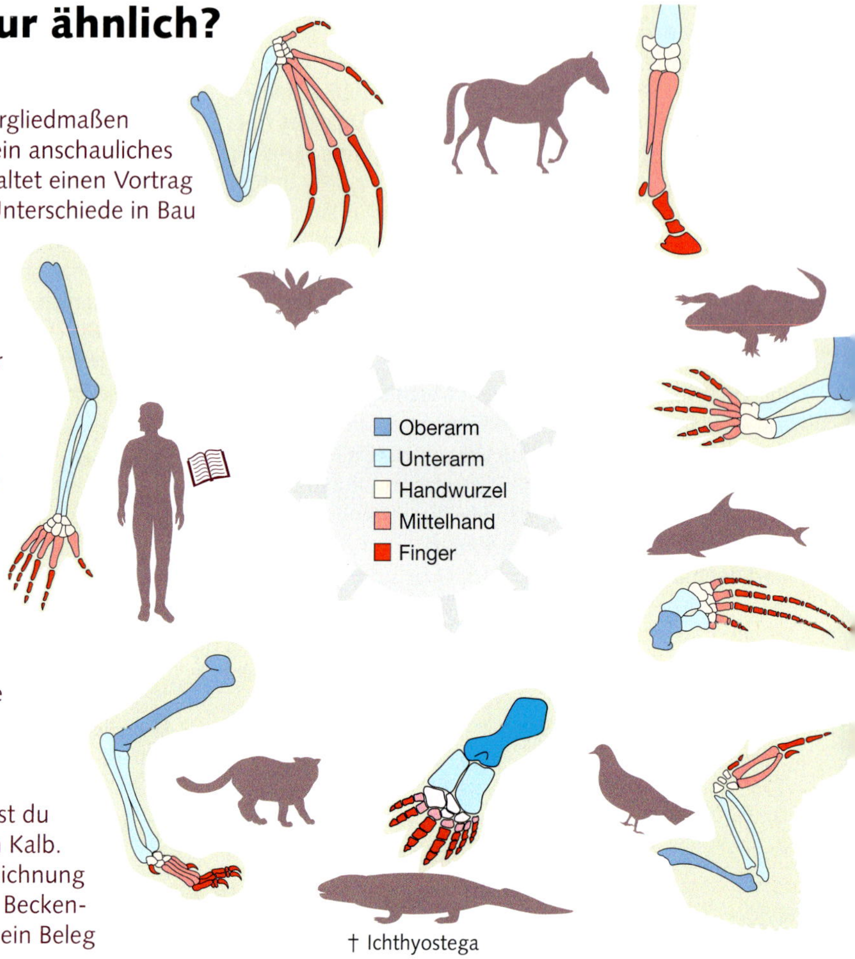

4. Auf dem Foto siehst du einen Buckelwal mit seinem Kalb. Inwieweit sind die in der Zeichnung abgebildeten rudimentären Becken- und Oberschenkelknochen ein Beleg für die Evolution?

5. Betrachte die Vorderflosse des Wals und vergleiche sie mit den Vordergliedmaßen anderer Wirbeltiere. Handelt es sich um ein homologes oder analoges Organ ? Begründe.

6. a) Seelöwen und Walrosse tragen auf den Flossen Reste von Fuß- bzw. Fingernägeln. Welche Schlüsse kann man daraus über die Entwicklungsgeschichte dieser Tierarten ziehen? Begründe deine Meinung.
b) Findet weitere Beispiele für rudimentäre Organe bei Tieren. Stellt eure Ergebnisse auf einem Plakat vor.

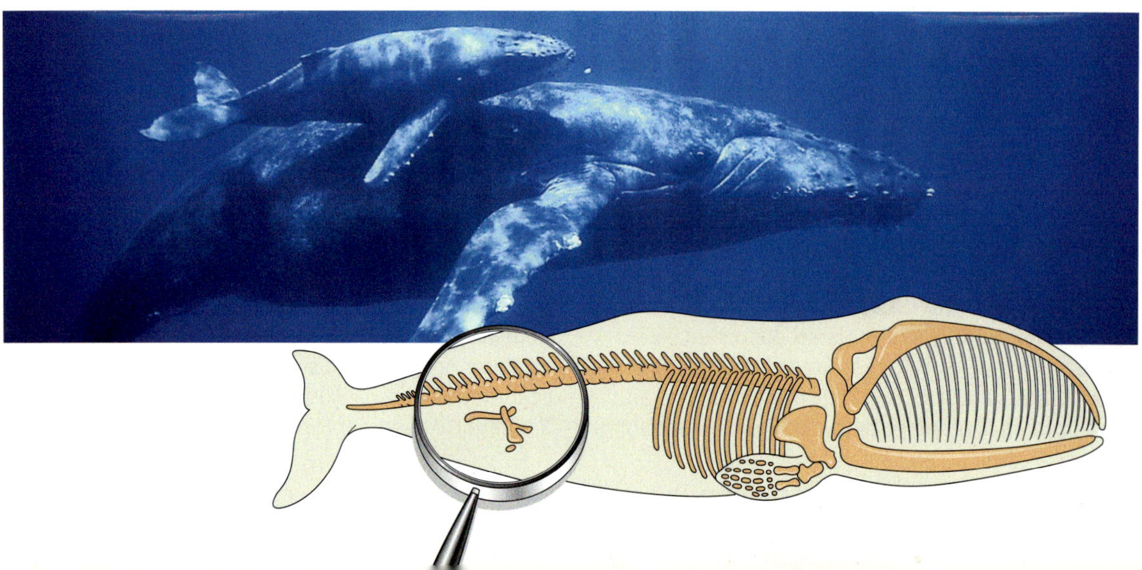

Methoden der Evolutionsforschung

Neben der Bestimmung und zeitlichen Einordnung von ▸ Fossilien beschäftigt sich die Evolutionsforschung mit möglichen Verwandtschaftsbeziehungen heutiger Lebewesen.

Homologe Organe

Vergleicht man den Flügel eines Vogels, die Flosse eines Delfins und das Bein einer Katze miteinander, erkennt man aufgrund der äußerlichen Verschiedenheit keine Gemeinsamkeiten. Dennoch weisen sie wie die Gliedmaßen aller Wirbeltiere den gleichen **Grundbauplan** auf. Alle besitzen Oberarm-, Unterarm- und Handknochen.
Obwohl die Gliedmaßen so unterschiedliche Funktionen erfüllen wie Fliegen, Schwimmen und Laufen, ist ihr Aufbau doch ähnlich. Solche Organe, die trotz unterschiedlicher Funktionen auf einen gemeinsamen Grundbauplan zurückzuführen sind, bezeichnet man als **homologe Organe.** Ein gemeinsamer Grundbauplan bei verschiedenen Wirbeltierklassen ist ein Hinweis auf die stammesgeschichtliche Verwandtschaft. Dieser wurde im Laufe der Evolution durch häufige geringe genetische Veränderungen abgewandelt. Wenn unterschiedliche Arten von Lebewesen homologe Organe aufweisen, lässt dies auf gemeinsame Vorfahren schließen. Je mehr homologe Organe bei ihnen auftreten, desto größer ist die verwandtschaftliche Nähe.

Rudimentäre Organe

Bei einigen Arten findet man weit zurückgebildete Organe, die keine Funktion mehr erfüllen. So verfügen Wale über Reste von Becken- und Oberschenkelknochen, obwohl sie keine hinteren Extremitäten mehr haben. Solche Organreste bezeichnet man als **rudimentäre Organe.** Sie sind ein Beleg dafür, dass die Vorfahren der Wale vierbeinige Landsäugetiere waren. Ihre hinteren Gliedmaßen bildeten sich im Laufe der stammesgeschichtlichen Entwicklung bei der Anpassung an das Leben im Wasser wieder zurück.

Analoge Organe

Gleiches Aussehen oder gleiche Funktion sind aber nicht immer ein Hinweis auf eine stammesgeschichtliche Verwandtschaft. Maulwurf und Maulwurfsgrille graben beide mit ihren Vorderextremitäten Gänge unter der Erde, in denen sie Würmer und Insekten erbeuten. Obwohl die Grabbeine beider Tierarten dem gleichen Zweck dienen, haben sie einen vollkommen unterschiedlichen Aufbau. Der Maulwurf hat typische Wirbeltiergliedmaßen, wogegen die Maulwurfsgrille ein abgewandeltes Insektenbein mit einem Außenskelett aus Chitin aufweist. Bei Organen, die die gleiche Funktion erfüllen, aber unterschiedlicher Herkunft in Bezug auf den Grundbauplan sind, spricht man von **analogen Organen.**
Der gleiche Lebensraum und seine spezifischen Bedingungen führen bei manchen Lebewesen zu deutlichen körperlichen Übereinstimmungen. So zeigen einige schnell schwimmende Beutegreifer wie Haie, Delfine und ein ausgestorbener Fischsaurier eine ähnliche Körperform, obwohl sie nicht eng miteinander verwandt sind. Solche Ähnlichkeiten, die sich bei unterschiedlicher Lebensweise als Anpassung an den gleichen Lebensraum entwickelt haben, nennt man **Konvergenz.** Sie stellt jedoch keinen Beleg für die Evolution dar.

1 Analoge Organe (Grabbeine). A *Maulwurf;* **B** *Maulwurfsgrille*

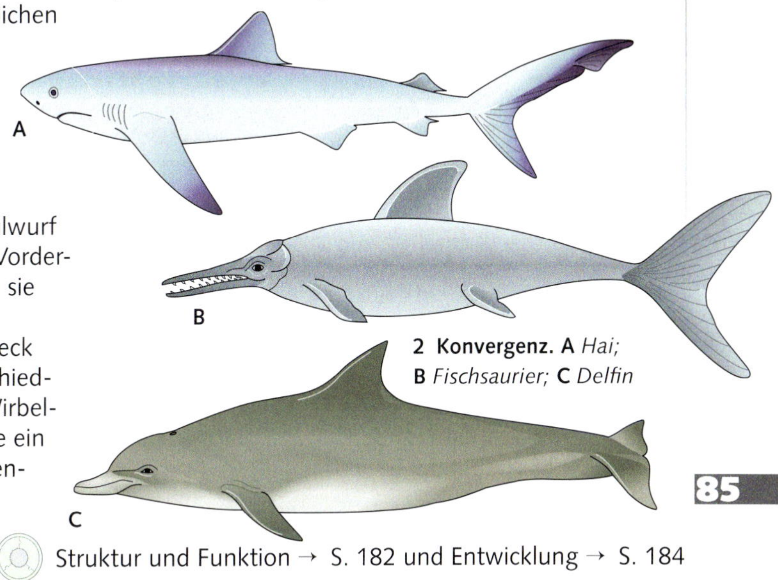

2 Konvergenz. A *Hai;* **B** *Fischsaurier;* **C** *Delfin*

Struktur und Funktion → S. 182 und Entwicklung → S. 184

Stammbaum der Wirbeltiere

1. Zu welcher Tiergruppe gehören die nächsten Verwandten der Vögel? Begründe deine Antwort anhand des Stammbaumes.

2. Über welche Angepasstheiten mussten Tiere im Verlauf der Evolution verfügen, um ständig an Land leben zu können?

3. Welches neu aufgetretene Merkmal steht am Anfang der Evolution von Kriechtieren, Vögeln und Säugetieren?

4. Informiere dich im Internet über Lungenfische. Berichte, welche Bedeutung die seit 200 Millionen Jahre bekannten Tiere für die Evolution besitzen.

Darstellung von Stammbäumen

Wie in der Ahnenforschung, bei der die verschiedenen Beziehungen der Verwandten in der Generationenfolge grafisch dargestellt werden, geht man auch in der **Evolutionsforschung** vor. Sie setzt sich zum Ziel, alle Organismen in ein natürliches System einzuordnen. Dabei werden der historische Prozess der Entwicklung der Organismen sowie ihre Abstammungsverhältnisse mithilfe von **Stammbäumen** veranschaulicht. Sie zeigen darüber hinaus die verwandtschaftlichen Beziehungen der jeweiligen Arten zueinander.

Ein Stammbaum veranschaulicht Gruppierungen, die auf eine Ausgangsart zurückzuführen sind. Er enthält alle bekannten Nachkommen, die aus einer solchen Ausgangsform hervorgegangen sind. Wie die Abbildung 5 zeigt, steht an einer Verzweigung des Stammbaumes jeweils eine Ausgangsart mit dort neu auftretenden Merkmalen.

1 Lanzettfischchen

Wie alles anfing

Der **Stammbaum der Wirbeltiere** geht auf einfach gebaute Meeresbewohner zurück. Sie besaßen im Rücken einen unsegmentierten, knorpelartigen und elastischen Stab – die **Chorda** – wonach sie auch als **Chordatiere** benannt werden.

Die Chorda dient den Chordatieren als Stütze. Das heute vorkommende fünf bis sieben Zentimeter lange Lanzettfischchen ist ein solches Chordatier. Funde von solchen Tieren kennt man aus einer Zeit von vor rund 500 Millionen Jahren.

Stammesgeschichte der Wirbeltiere

Alle Wirbeltiere besitzen im Unterschied zu ihren Vorfahren eine **Wirbelsäule,** die aus einzelnen Wirbeln zusammengesetzt ist.

Fische

Kieferlose sind die ursprüngliche Gruppe der Wirbeltiere, die erstmals im Ordovizium nachgewiesen wurden. Hierzu gehörten die Panzerfische, deren Skelett noch größtenteils knorpelig war. Heute sind die Neunaugen die letzten Vertreter dieser Gruppe.

2 Panzerfisch

Die Zeit der Kieferlosen endete mit dem Auftauchen der ersten Fische mit Kiefern. Die weiteste Verbreitung der Fische erfolgte im Devon. Erste Lungenfische entstanden. Sie markieren den Beginn des Übergangs vom Leben im Wasser zum Landleben.

3 Lungenfisch

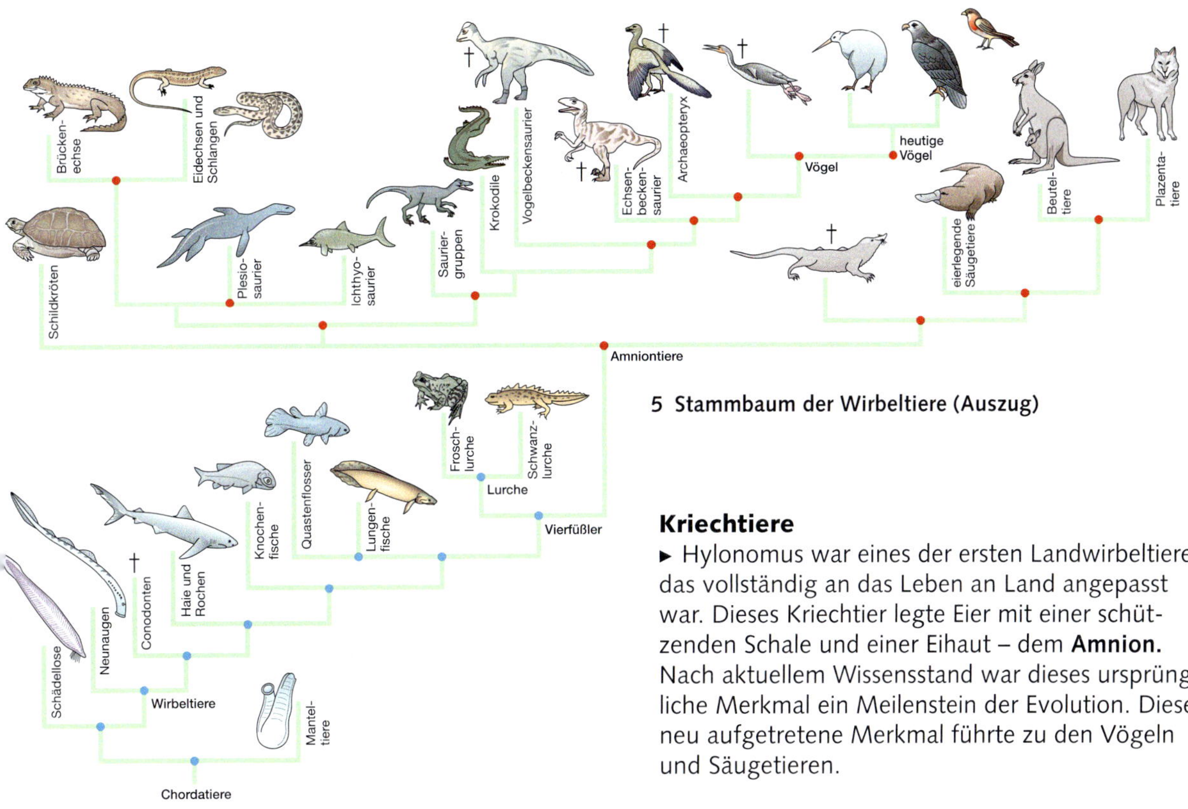

5 Stammbaum der Wirbeltiere (Auszug)

Lurche

Der Stammbaum der Lurche begann, als erste Wirbeltiere das Festland „eroberten". Hatten die Vorfahren noch Kiemenspalten, waren diese bei den Lurchen nun geschlossen.

An die Stelle der Kiemenatmung trat die Lungenatmung. Nur noch Larven haben in den ersten Wochen äußere Büschelkiemen, über die sie atmen. Zur Fortbewegung dienten statt der Flossen vier Beine mit dazu gehörendem Schulter- und Beckengürtel.

4 Ichthyostega

Als erstes Landtier gilt ▸ Ichthyostega, das sich zeitweise auf dem Land fortbewegte. Als ▸ Mosaikform besaß es sowohl Merkmale von Fischen als auch von Kriechtieren.

Kriechtiere

▸ Hylonomus war eines der ersten Landwirbeltiere, das vollständig an das Leben an Land angepasst war. Dieses Kriechtier legte Eier mit einer schützenden Schale und einer Eihaut – dem **Amnion.** Nach aktuellem Wissensstand war dieses ursprüngliche Merkmal ein Meilenstein der Evolution. Dieses neu aufgetretene Merkmal führte zu den Vögeln und Säugetieren.

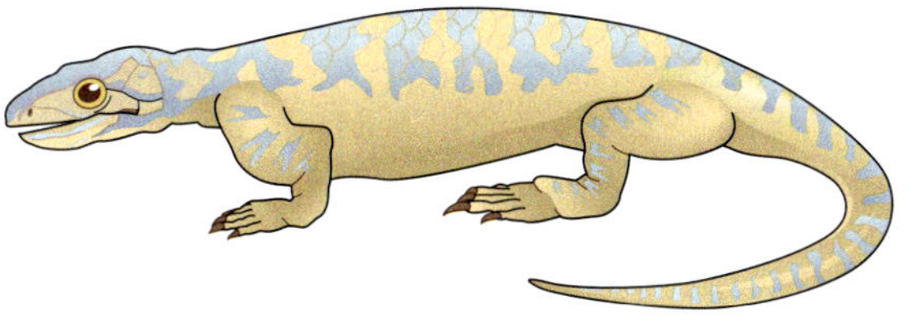

6 Hylonomus

Vögel

Es gilt als gesichert, dass Vögel aus Kriechtieren hervorgegangen sind. Als bekanntestes Beispiel für den Übergang von den Kriechtieren zu den Vögeln gilt der ▸ Archaeopteryx mit Merkmalen beider Tiergruppen. Die Vordergliedmaßen bildeten sich zu Flügeln aus. Den Körper bedeckte ein Federkleid. Er besaß eine konstante Körpertemperatur.

Säugetiere

Aus frühen Kriechtiergruppen entwickelten sich auch die gleichwarmen Säugetiere. Sie waren unabhängiger von den Lebensbedingen ihrer Umwelt. Als neue Merkmale bildeten sich ein Haarkleid sowie Milchdrüsen. Während der Entwicklung eines Embryos bildet das Amnion die innere Hülle der Fruchtblase.

Vom Urpferd zu heutigen Pferden

1. Das Hyracotherium war an das Leben im Unterholz des Waldes gut angepasst. Begründe diese Aussage.

2. Informiere dich, in welchen Ländern Fossilfunde vom Urpferd gemacht wurden. Stelle deine Ergebnisse auf einem Plakat vor.

3. Nenne mögliche Gründe, weshalb die Vorfahren der Pferde im Laufe ihrer Entwicklung immer größer wurden.

4. a) Ordne die Fußformen den jeweiligen Pferdearten zu.
b) Nenne Gründe dafür, wie und weshalb sich die Fußformen der Pferde im Laufe der Evolution stark veränderten.

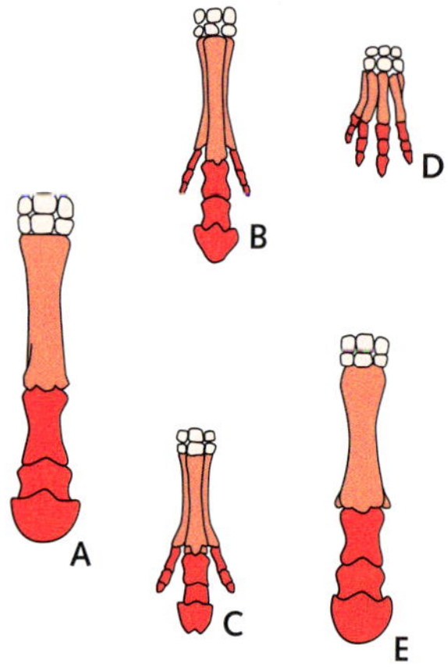

5. Sammle Informationen über den möglichen Urahn unseres heutigen Pferdes. Stelle die Ergebnisse in einem Kurzvortrag vor.

6. Informiere dich über die heute existierenden Pferdeartigen und stelle sie auf einem Plakat vor.

Entwicklung der Pferde

Die Entwicklungsgeschichte der Pferde ist aufgrund zahlreicher Fossilfunde gut bekannt. So fand man in der Grube Messel bei Darmstadt Fossilien von über 70 Exemplaren des Urpferds Hyracotherium. Darunter waren erwachsene Tiere, trächtige Stuten und Fohlen.

Urpferde waren Waldbewohner

Vor ca. 55 Millionen Jahren, als die Entwicklung der Pferde begann, waren große Teile Europas und Nordamerikas von dichten Urwäldern bedeckt.
Hier lebte das Urpferd **Hyracotherium,** das sich im Unterholz aufhielt. Es war fuchsgroß und hatte einen runden Rücken. Seine vier Zehen an den Vorderpfoten und drei Zehen an den Hinterpfoten waren für das Laufen auf weichem Waldboden bestens geeignet. Seine Nahrung bestand aus zarten Blättern und Früchten, die es mit spitzhöckrigen Zähnen zerkleinerte.

1 Urpferd Hyracotherium

Etwa 20 Millionen Jahre später hatte sich das größere **Mesohippus** mit 50 Zentimeter Schulterhöhe entwickelt. Es besaß nur drei Zehen,von denen der mittlere deutlich größer war. Zudem hatte es ein leistungsfähigeres Gebiss mit Ansätzen von Schneidezähnen, so dass es robustere Blätter fressen konnte.

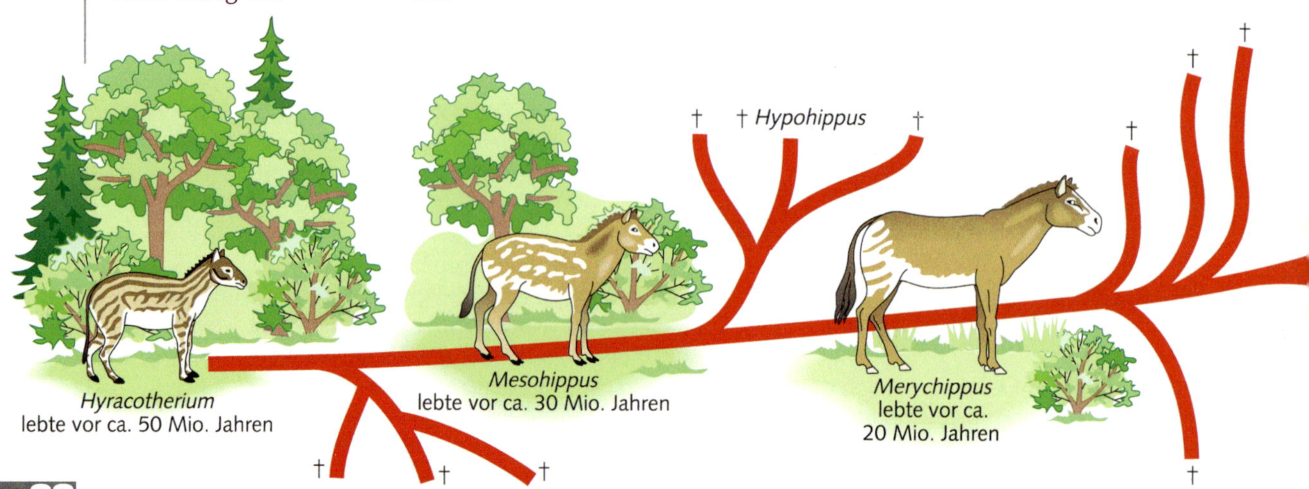

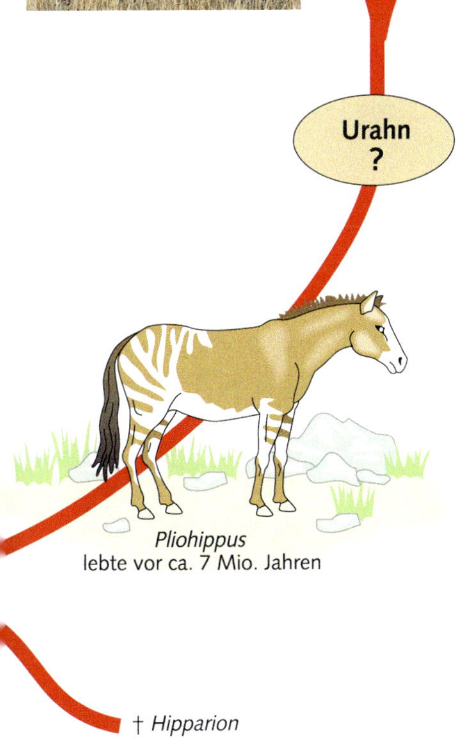

2 Entwicklung der Pferdeartigen

Vom Wald in die Steppe

Im Lauf der Zeit wurde das Klima immer kälter und trockener. Dadurch verschwanden große Waldflächen, und Grassteppen breiteten sich aus. Fossilien aus dieser Zeit sehen heutigen Pferden schon ähnlicher. So besaß das ponygroße **Merychippus** längere Beine, und der Mittelzeh hatte bereits eine Hufform. Der Hals und Schnauzenteil waren länger. Die Zähne zeigten nun Schmelzfalten und waren zum Zermahlen von harten Gräsern gut geeignet.

Mit **Pliohippus** hatte sich vor etwa 7 Millionen Jahren das Pferd in Nord- und Südamerika zu einem schnellen Steppentier weiterentwickelt. Es lief auf einer großen Zehe, die von einem Huf geschützt war. Mit über einem Meter Körpergröße und lang ausgebildeten Beinen war es vor Angriffen von Beutegreifern durch seine Schnelligkeit relativ sicher. Es war im Aussehen den heutigen Pferden bereits sehr ähnlich.

Die Entwicklung des Pferdes verlief nicht gradlinig. Immer wieder entstanden Formen, die aufgrund von Umweltveränderungen später wieder ausstarben, wie etwa Hypohippus und Hipparion, die in Eurasien lebten. Die weitere Entwicklung der Pferde vollzog sich hauptsächlich in Nordamerika. Vor etwa 2,5 Millionen Jahren gelangten über eine damals existierende Landverbindung wieder einige Pferdearten von Nordamerika nach Asien, Europa und schließlich auf den afrikanischen Kontinent. Über die Landbrücke von Panama besiedelten die Pferde auch Südamerika. In Nord- und Südamerika verschwanden sie vor etwa einer Million Jahren aus bisher ungeklärten Gründen. Erst im 16. Jahrhundert gelangten Pferde durch die Spanier mit dem Schiff aus Europa wieder nach Nordamerika zurück. Verwilderte Exemplare bildeten die Vorfahren der Mustangs.

Die heutigen Pferde

Ein Großteil der in Eurasien und Afrika vorkommenden Pferdearten starben in Folge der letzten Eiszeit vor ca. 12000 Jahren aus. Nur wenige Vorfahren der heutigen Pferdartigen überlebten in den südlichen Steppen Eurasiens. Vor ca. 10000 Jahren wurden Wildpferde von den damals lebenden Menschen gezähmt und gezielt weitergezüchtet. Welche Wildpferdart als Urahn unserer heutigen Pferderassen angesehen werden kann, ist wissenschaftlich noch umstritten. Zur Familie der Pferdeartigen zählt man ebenfalls Esel und Zebras, wobei die Abgrenzung der Arten noch nicht geklärt ist.

Struktur und Funktion → S. 182

Belege für die Evolution

1. Archaeopteryx (B) weist Merkmale von Vögeln (C) und Reptilien (Dinosaurier A) auf. Erstelle eine Tabelle.

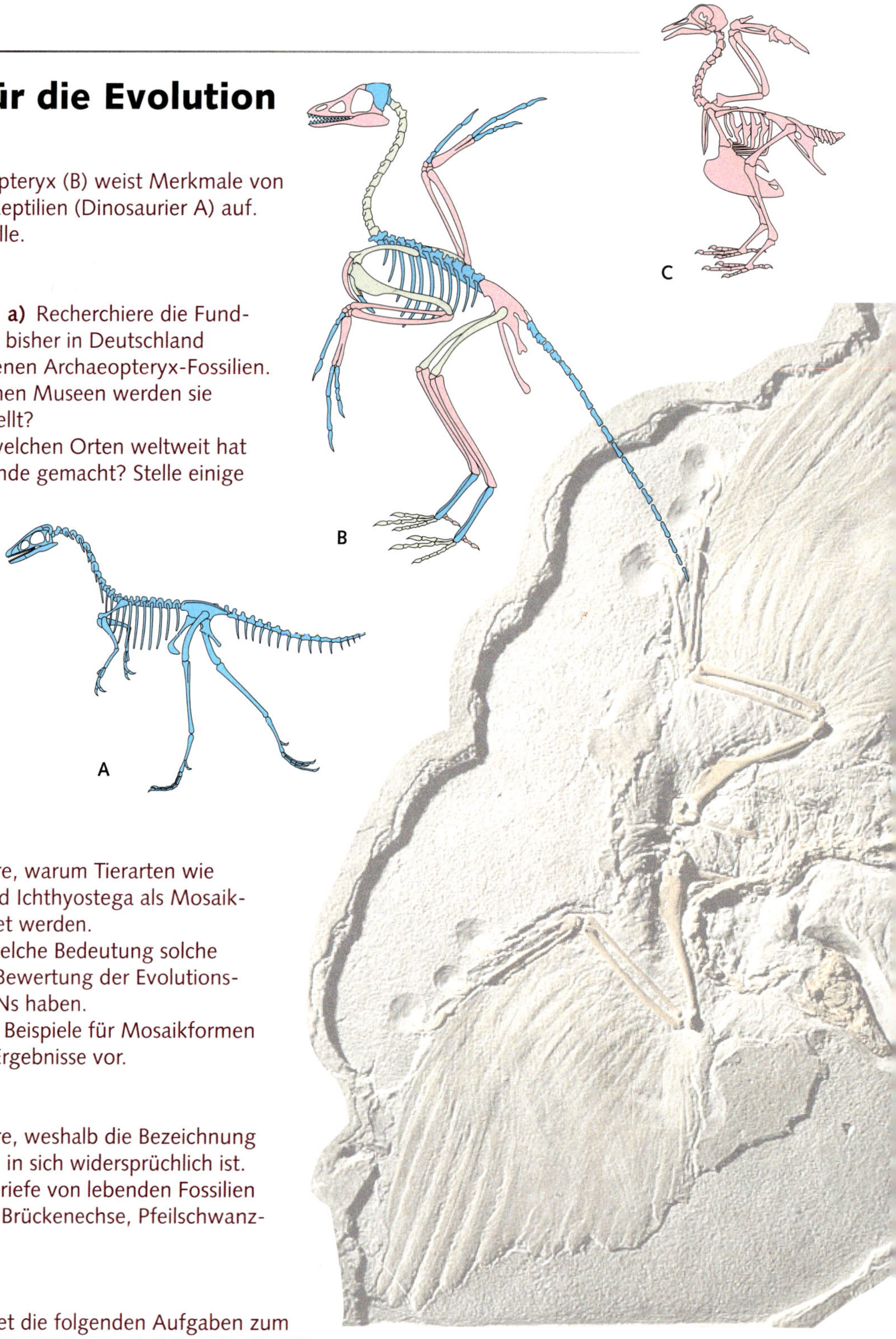

C

B

2. a) Recherchiere die Fundorte der bisher in Deutschland gefundenen Archaeopteryx-Fossilien. In welchen Museen werden sie ausgestellt?
b) An welchen Orten weltweit hat man Funde gemacht? Stelle einige vor.

A

3. a) Erkläre, warum Tierarten wie Achaeopteryx und Ichthyostega als Mosaikformen bezeichnet werden.
b) Erläutere, welche Bedeutung solche Tierarten für die Bewertung der Evolutionstheorie ▸DARWINs haben.
c) Suche weitere Beispiele für Mosaikformen und stelle deine Ergebnisse vor.

4. a) Erkläre, weshalb die Bezeichnung „lebendes Fossil" in sich widersprüchlich ist.
b) Erstelle Steckbriefe von lebenden Fossilien wie Schnabeltier, Brückenechse, Pfeilschwanzkrebs.

5. Bearbeitet die folgenden Aufgaben zum Rahmenthema: „Der Ginkgo – ein lebendes Fossil" mit der Methode ▸Gruppenpuzzle.
a) Vergleicht das Blatt des Ginkgo mit dem Blatt eines Laubbaums. Nennt Unterschiede.
b) Informiert euch über die medizinische Nutzung des Ginkgo-Baums. Nennt Beispiele.
c) Für den Ginkgo gibt es in vielen Ländern unterschiedliche Namen. Sammelt Informationen über deren Bedeutung und stellt sie in der Klasse vor.

Der Archaeopteryx – eine Mosaikform

Fossiliensammler machten 1861 im bayerischen Solnhofen einen für die Evolutionstheorie wichtigen Fund. Sie stießen in Gesteinsschichten des Jura auf das versteinerte Skelett eines rabengroßen Tieres. Neben Federn, Flügeln und einem vogelartigen Kopf besaß es aber auch Zähne im Schnabel, Krallen an den Flügeln und einen langen, knöchernen Reptilienschwanz. Weitere Untersuchungen zeigten zudem einen vogeltypischen Schultergürtel und die zu einem Gabelbein verwachsenen Schlüsselbeine. Diese Merkmale findet man heute nur bei Vögeln. Außerdem besaß das Tier eine Wirbelsäule mit nicht verwachsenen Wirbeln und Bauchrippen. Dies sind typische Reptilienmerkmale. Das ungewöhnliche Tier, das wie ein Fantasietier aus Einzelteilen eines Vogels und eines Reptils zusammengesetzt schien, war das erste entdeckte Bindeglied zwischen zwei Wirbeltierklassen. Diese **Mosaikform** erhielt den Namen Archaeopteryx, was so viel bedeutet wie uralte Feder. Die Tierart lebte vor etwa 150 Millionen Jahren. Über die Lebensweise weiß man bisher nur wenig. So fehlen genaue Belege, ob Archaeopteryx bereits aktiv fliegen konnte oder lediglich zum Gleitflug fähig war. Gegen eine längere Fortbewegung in der Luft sprechen die schweren, massiven Knochen und die wenig entwickelte Brustmuskulatur, die man bei Vögeln in ausgeprägter Form findet.

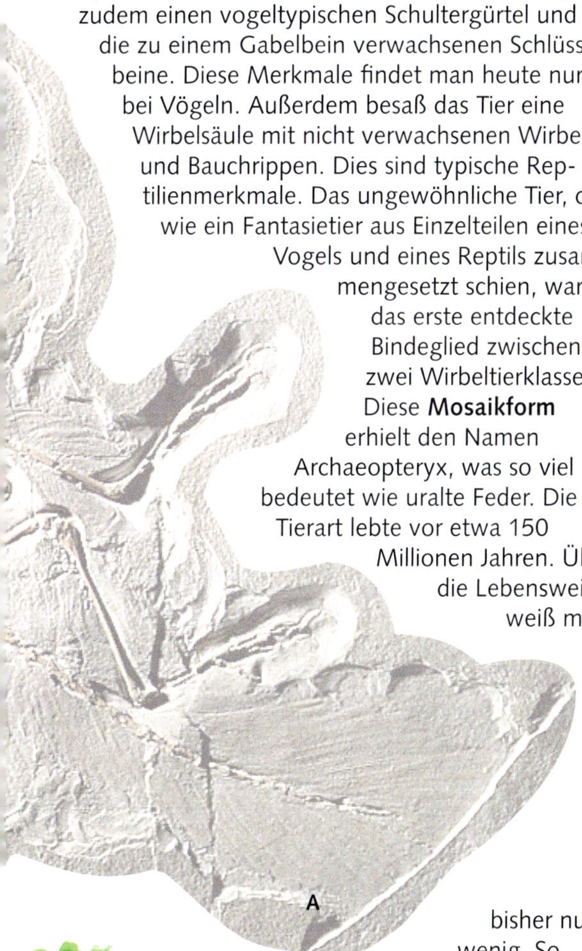

1 Archaeopteryx.
A *versteinertes Skelett;*
B *Rekonstruktion*

Die Funde von Archaeopteryx waren wissenschaftlich deshalb von großer Bedeutung, weil sie Merkmale von zwei benachbarten Klassen aufweisen: den Reptilien und den Vögeln.

Der Ginkgo – ein lebendes Fossil

Die bis zu 40 Meter hohen Ginkgobäume wachsen häufig in Parks und am Straßenrand. ▸Paläontologen gehen davon aus, dass die Vorfahren dieser Bäume schon vor etwa 250 Millionen Jahren, also vor dem Auftauchen der Saurier, auf der Erde vorkamen. Bis zur ▸ Kreidezeit existierten sie weltweit in vielfältigen Arten. Klimatische Veränderungen während der Eiszeit verdrängten den Ginkgo jedoch vor rund 2,5 Millionen Jahren aus Europa, aber er überlebte in Südostasien. Erst 1730 brachten ihn holländische Seefahrer aus Japan nach Europa zurück. Neben seiner hohen Widerstandsfähigkeit gegenüber Schadstoffen wird den Blättern und Samen eine gesundheitsfördernde Wirkung nachgesagt. Die einzige heute noch lebende Art „Ginkgo biloba" gilt als **lebendes Fossil** aus der Pflanzenwelt, da sie Merkmale aus der langen Entwicklungsgeschichte beibehalten hat, die bei anderen Arten verloren gegangen sind.

2 Ginkgoblatt

Das Schnabeltier

Schon zu Lebzeiten der Dinosaurier gab es vor 100 Millionen Jahre die ersten Schnabeltiere. Seit der Entdeckung des australischen Schnabeltiers vor etwa 200 Jahren war seine zoologische Zuordnung immer wieder umstritten. Bei genaueren Untersuchungen stellte man fest, dass dieses Tier Merkmale von Reptilien und Säugetieren aufweist. Reptilienmerkmale sind die Eier mit ihrer weichen und ledrigen Schale sowie der Giftsporn an den Hinterfüßen der Männchen. Zudem haben Schnabeltiere nur eine hintere Körperöffnung, die Kloake, die gleichzeitig Ausscheidung- und Geschlechtsöffnung ist. Merkmale von Säugetieren sind der fellüberzogene Körper, die annähernd konstante Körpertemperatur sowie Drüsen an Brust und Bauch, die eine milchartige Flüssigkeit produzieren. Wegen dieser Kombination von Merkmalen ist auch das Schnabeltier ein **lebendes Fossil.**

3 Schnabeltier

Das Geheimnis der Entstehung neuer Arten

1. Stelle in Grundzügen dar, wie sich im Laufe von Milliarden Jahren während der frühen Evolution ▸Eukaryoten entwickelt haben.

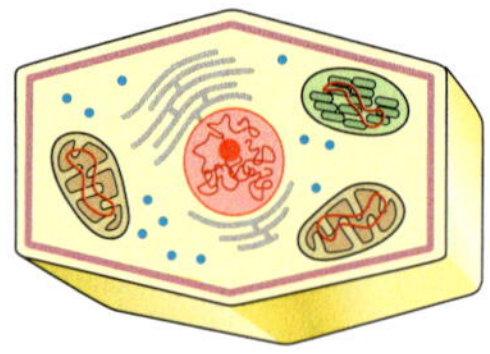

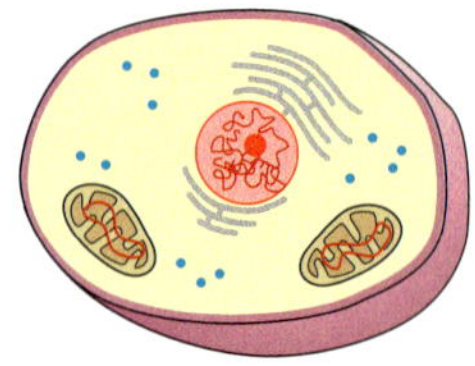

2. Informiere dich über Charles DARWIN.

a) Wofür ist er bekannt?

b) Wie ist er bei der Entwicklung seiner Theorie vorgegangen?

c) Welche Entdeckung ▸MENDELs hat dazu beigetragen, DARWINs Theorie zu stützen?

3. Die Theorie der Evolution durch natürliche Selektion kann man gut am abgebildeten Beispiel der Birkenspanner darstellen.

a) Erläutere Darwins Theorie der natürlichen Selektion am Beispiel der Birkenspanner.

b) Das Prinzip der Selektion wird auch bei der ▸Züchtung von Nutzpflanzen oder Nutztieren angewandt. Wie gehen Züchter dabei vor?
Informiere dich auch im Internet und halte einen Kurzvortrag.

4. Beispiele für Mutanten bei Tieren sind oftmals weiße Exemplare einer bestimmten Tierart.

a) Erklärt an diesem Phänomen, wie sich ▸Mutationen negativ auswirken können.

b) Wann könnte eine solche Mutation erwünscht sein?

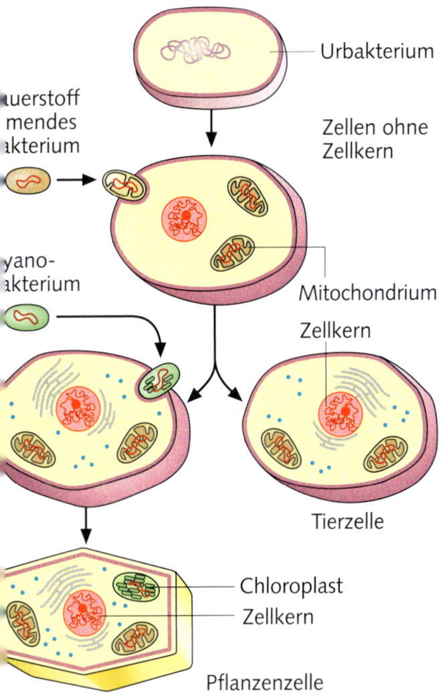

Endosymbiontentheorie

Entstehung von Lebewesen

Vor etwa 3,8 Milliarden Jahren entstanden auf der Erde aus einfachen chemischen Verbindungen komplexe Moleküle und schließlich erste Zellen. Leben war entstanden. Die ersten Lebewesen waren ▸Urbakterien. Es waren von der Außenwelt durch Zellmembranen abgegrenzte Organismen. Sie nahmen energiereiche Stoffe auf und wandelten die darin gespeicherte Energie in andere Energieformen um. Damit betrieben sie Stoffwechsel. Sie vermehrten sich ungeschlechtlich durch ▸Zellteilung.

Die Entwicklung vielzelliger Lebewesen

Die Urbakterien besaßen weder einen Zellkern noch andere Zellorganellen. Sie waren ▸Prokaryoten. Die Entstehung von „echten" Zellen, wie sie Pflanzen und Tiere besitzen, erklären Wissenschaftler mit der **Endosymbiontentheorie.** Sie beschreibt den Zusammenschluss von verschiedenen urtümlichen Bakterien, die eine **Symbiose,** eine Gemeinschaft zum beiderseitigen Vorteil, miteinander eingingen. Sauerstoff atmende Bakterien schlossen sich mit Urbakterien zusammen und entwickelten sich zu ▸Mitochondrien. Die neuen Zellen bildeten einen abgegrenzten Zellkern, und es entstanden so genannte ▸Eukaryoten. Als weitere „Untermieter" wurden Fotosynthese betreibende Cyanobakterien aufgenommen. Sie entwickelten sich zu Chloroplasten in den Pflanzenzellen. Im Laufe der Evolution entstanden aus eukaryotischen Zellen alle vielzelligen Lebewesen.

Darwins Entdeckung

Alles dies war Charles DARWIN unbekannt, als er sich zu Beginn des 19. Jahrhunderts anlässlich einer Forschungsreise auf den Galapagosinseln aufhielt. Hier beobachtete er unter anderem Finkenarten, die trotz ihrer unterschiedlichen Lebensweisen viele gemeinsame Merkmale aufwiesen. Sie ähnelten sich äußerlich und auch in ihrem Verhalten, unterschieden sich jedoch vor allem in Form und Größe der Schnäbel. DARWIN erkannte, dass die verschiedenen Finkenarten Nachkommen einer gemeinsamen Urform sein mussten. Diese Urform gelangte vermutlich vor langer Zeit vom amerikanischen Festland auf die 1000 Kilometer entfernten Inseln. Die Vögel vermehrten sich stark. Da die Nahrungsmenge begrenzt war, machten sich die Vögel bald untereinander Konkurrenz. DARWIN nahm an, dass günstige Schnabelformen dazu führten, dass manche Vögel neue Nahrungsquellen erschließen und sich so zahlreicher fortpflanzen konnten. Auf diese Weise entwickelten sich unterschiedliche Arten.

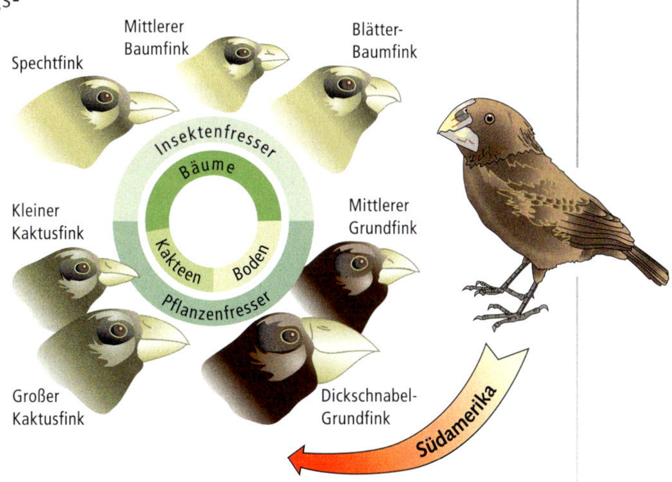

2 **Darwin-Finken**

Mechanismen der Evolution – Mutation und Selektion

Aufgrund seiner Beobachtungen und Veröffentlichungen anderer Wissenschaftler entwickelte DARWIN eine Theorie zur Entstehung von Arten durch natürliche Selektion.
Erst als zu Beginn des 20. Jahrhunderts die ▸MENDELschen Regeln bekannt wurden, konnte man die Theorie von DARWIN mit der ▸Genetik in Verbindung bringen. ▸ Mutationen wurden als die Auslöser von erblichen Veränderungen bei Individuen einer Art erkannt.
Nach der heute noch gültigen Theorie der Evolution liefern damit Zufallsereignisse wie Mutationen und ▸Rekombinationen das Ausgangsmaterial für die natürliche Selektion.

Entwicklung → S. 184

Selektionsfaktoren und ihre Wirkungen

Wind als Selektionsvorteil

Auf den Kerguelen-Inseln im südlichen Indischen Ozean findet man Fliegen- und Schmetterlingsarten, deren Flügel stark zurückgebildet sind. Sie sind flugunfähig. Da die Inseln starken Stürmen ausgesetzt sind, haben die flugunfähigen Tiere einen Selektionsvorteil gegenüber den flugfähigen Insekten, da diese häufig auf das Meer hinausgetrieben werden. Der **Wind** beeinflusst also den Fortpflanzungserfolg der flügellosen Insekten.

Selektionsfaktoren Beispiele

abiotische	biotische
Wind	Tarntracht
Temperatur	Warntracht
Wasser	innerartliche
Licht	zwischenartliche
Salzgehalt	sexuelle

Salzgehalt als Selektionsfaktor

Der **Queller** ist eine der wenigen Pflanzen in der Wattlandschaft der Nordseeküste, die dem hohen Salzgehalt ausgesetzt sind. Um die Salzlösung in den Zellen zu verdünnen, nimmt der Queller zusätzlich Wasser auf. Sein Spross ist verdickt und die Blätter sind zu Schuppen zurückgebildet. Dadurch verdunstet bei Ebbe wenig Wasser und die Salzkonzentration steigt kaum. Im Verlauf des Jahres nimmt der Salzgehalt jedoch zu. Der Spross ist jetzt aufgequollen, stark salzhaltig und kann nicht wie andere Salz ausscheiden. Zum Herbst hin stirbt er ab. Dabei werden Samen frei. Diese werden mit der Flut verteilt, keimen und besiedeln im folgenden Jahre neue Standorte.

Innerartliche Selektion

Hirschkäfer kämpfen mit männlichen Konkurrenten, indem sie ihre geweihartig vergrößerten Mundwerkzeuge einsetzen. Die stärksten und fittesten unter den Konkurrenten haben größere Fortpflanzungschancen als schwächere. Dies führt zu einer innerartlichen Selektion.

Warntracht als Selektionsfaktor

Bei einigen Insektenarten haben sich im Verlauf der zurückliegenden Jahrmillionen vielfältige Formen entwickelt, um sich vor Fressfeinden zu schützen. Durch die auffallend gelb-schwarze Bänderung des Hinterleibs und die durchsichtigen Flügel imitiert der **Hornissenschwärmer** – ein Schmetterling – eine Hornisse als wehrhaftes Insekt und schreckt Fressfeinde ab. Eine solche Nachahmung eines anderen Tieres zur Täuschung oder Abschreckung bezeichnet man als **Mimikry.**

Tarntracht als Selektionsvorteil

Der **Große Fetzenfisch** in australischen Gewässern ahmt schwimmende großflächige Tangarten nach, zwischen denen er von Feinden schwer zu entdecken ist. So besitzt er einen Selektionsvorteil gegenüber anderen Fischen. Eine solche Nachahmung zur Täuschung bezeichnet man als **Mimese.**

Mimikry auch bei Vögeln?

Eine besondere Form von Mimikry findet man beim **Kuckuck.** Er legt seine Eier in die Nester bestimmter Insekten fressender Singvogelarten. Seine Eier sind in Form und Farbe denen der Wirtsvögel angepasst. Die Aufzucht überlässt er den Pflegeeltern. Da sich jeder Kuckuck und dessen Nachkommen auf eine bestimmte Vogelart spezialisieren, haben sich regelrechte Kuckucksstämme herausgebildet, zum Beispiel Sumpfrohrsänger-Kuckucke.

1. Beschreibe die besonderen Angepasstheiten der Kakteen an die abiotischen Faktoren ihres Lebensraumes.

2. Suche zwei weitere Beispiele zu „Selektionsfaktoren und ihre Wirkungen“ und gestalte entsprechende Pinnzettel.

Vielfalt der Lebewesen

1. Ein Beispiel für die Entstehung neuer Arten durch geographische Isolation sind die Grün- und Grauspechte.
a) Wie haben sich die beiden Arten entwickelt? Recherchiere und berichte.
b) Nenne weitere Arten, die sich durch Isolationsmechanismen entwickelt haben.

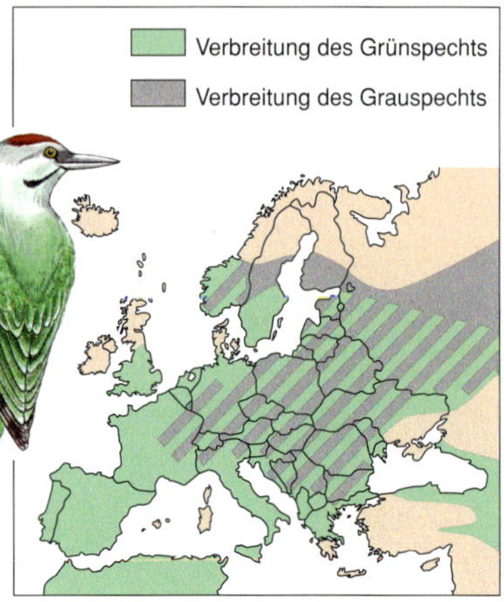

2. Nenne Beispiele, wie verschiedene Arten durch Kooperation Vorteile für das Überleben beider Arten erreichen. Die Abbildung zeigt ein Beispiel.

3. Blattläuse vermehren sich durch ungeschlechtliche Fortpflanzung. Nenne weitere Beispiele für ungeschlechtliche Fortpflanzung. Welche Vorteile bietet diese Art der Fortpflanzung?
b) Welche Vorteile haben Arten, die sich sexuell fortpflanzen, gegenüber solchen, die sich ungeschlechtlich fortpflanzen?
c) Welche Bedeutung hat die sexuelle Fortpflanzung für die Veränderung der Arten? Verdeutliche deine Überlegungen an Beispielen.

Die Rolle der Isolation

▸ Mutationen und ▸ Rekombination der ▸ Gene sind Voraussetzungen für die Bildung neuer Arten. Neue Arten entwickeln sich jedoch nur, wenn unterschiedliche Selektionsfaktoren wirken. Die Mutationen bei den ▸ Darwin-Finken führten dazu, dass die Vögel neue Nahrungsquellen erschließen und so unterschiedliche ökologische Nischen besetzen konnten. Die dadurch erlangte Anpassung wurde durch Fortpflanzung an die Nachkommen weitergegeben. Schließlich sind die Finkenarten durch diese **ökologische Isolation** so unterschiedlich geworden, dass sie sich untereinander nicht mehr fortpflanzen.

1 Schildkröte auf Santa Cruz

Auch der unterschiedliche Körperbau der Riesenschildkröten auf einzelnen Inseln des Galapagos-Archipels fiel DARWIN auf. Die Arten sind durch ihre Panzerform ideal an ihre Futterpflanzen angepasst: hohe Kakteenzweige auf Española und Bodenpflanzen auf Santa Cruz. Die **geografische Isolation** der Inseln – getrennt durch das Meer – verhindert eine Paarung von Schildkröten verschiedener Inseln, so dass sich die unterschiedlichen Merkmale immer deutlicher ausprägten.
Tiere einer Art können auch durch Gebirge, Wüsten und Eismassen voneinander isoliert werden und so neue Arten bilden. Der Unterschied zwischen den neu gebildeten Arten wird umso größer, je länger die Isolation andauert.

2 Schildkröte auf Española

Die Rolle der Sexualität

3 Wölfe kämpfen um die Rangordnung

Viele Pflanzenarten und auch einige Tierarten können durch ungeschlechtliche Vermehrung Nachkommen bilden. Dabei werden die eigenen Gene zu 100 % an die Nachkommen weitergegeben. Die geschlechtliche oder sexuelle Fortpflanzung hat demgegenüber einen großen Vorteil: Schon bei der ▸Meiose werden die Chromosomen zufällig neu verteilt. Bei der ▸Befruchtung kommt es zur Vermischung der mütterlichen und väterlichen Gene. So entstehen zahlreiche Neukombinationen. Dadurch können Nachkommen mit neuen Eigenschaften auftreten. Die damit verbundene Vielfalt, die **Variabilität,** innerhalb einer Art führt dazu, dass einzelne Individuen an die vorhandenen Umweltbedingungen besser angepasst sind als andere und deshalb auch mehr Nachkommen hervorbringen. Man sagt, sie haben eine höhere **biologische Fitness.** Dadurch wird das Überleben der Art als Ganzes gesichert. Außerdem führte die sexuelle Fortpflanzung zu einer explosionsartigen Vielfalt bei der Entstehung neuer Arten. Es gibt unendlich viele Strategien bei Pflanzen und Tieren, die sexuelle Fortpflanzung sicherzustellen. Dazu gehört auch, dass sich zum Beispiel innerhalb eines Rudels nur die stärksten und überlebensfähigsten Tiere paaren. Kämpfe um die ▸Rangordnung innerhalb eines Wolfsrudels sind eine solche Strategie, die Gene der überlebensfähigsten Tiere zu vermehren.

4 Koevolution. Orchidee und Schwärmer auf Madagaskar

Koevolution und Kooperation

Konkurrenz um Nahrung, Lebensraum und Fortpflanzung führte im Laufe der Evolution zu erstaunlichen Entwicklungen. Manche Pflanzen locken Insekten zur Bestäubung mit besonderen Düften, täuschenden Blütenformen oder mit Lockstoffen, die den Sexuallockstoffen der Insekten nachempfunden sind.
Bei der **Koevolution** von zwei Arten übt jede Art einen Selektionsdruck auf die andere Art aus. So besitzt beispielsweise eine bestimmte Orchideenart auf Madagaskar einen über 30 cm langen Nektarsporn und kann nur von einer ganz bestimmten Nachtschwärmerart bestäubt werden, die einen über 30 cm langen Rüssel besitzt. Rüssel und Sporn sind schrittweise durch Mutation und natürliche Selektion entstanden.

Für zahlreiche Lebewesen ist **Kooperation** ein Mittel, um in der Konkurrenz mit anderen zu überleben. Ein Beispiel ist die **Symbiose** zwischen Seeanemonen und Clownfischen. Diese Fische leben im Schutze der giftigen Tentakeln der Anemone. Im Gegenzug säubern die Clownfische die Seeanemone von Schmutzpartikeln und verteidigen sie gegen Schmetterlingsfische, die sich von Seeanemonen ernähren. Andere Arten leben noch enger zusammen. Kühe könnten Gras nicht verdauen, wenn nicht in ihrem Pansen Millionen von ▸Bakterien und Wimperntierchen die aus Zellulose bestehenden Zellwände der pflanzlichen ▸Zellen aufspalten würden. Dafür haben die Mikroorganismen bei einer konstanten Temperatur von 37° – 39 °C optimale Bedingungen für das eigene Überleben.

5 Kooperation. Clownfisch und Seeanemone

Entwicklung → S. 184

Ausgestorbene Tiere

Brachiosaurus
- Pflanzenfresser
- war etwa 23 m lang, 13 m hoch und wog 38 t
- lebte etwa vor 150 Millionen Jahren
- verschwand vor etwa 65 Millionen Jahren

Mammut
- Grasfresser
- Kältespezialist
- lebte etwa 1,8 Millionen Jahre in Afrika, Eurasien und Nordamerika
- eine letzte Population auf der Wrangel-Insel im Eismeer verschwand vor etwa 4 000 Jahren

Wandertaube
- Pflanzenfresser
- war um 1810 der am weitesten verbreitete Vogel der Welt
- starb 1914 aus

Säbelzahnkatze
- aktiver Räuber
- lebte etwa 20 bis 30 Millionen Jahre lang in Eurasien, Afrika und Amerika
- verschwand vor rund 30 000 Jahren

1. Recherchiere, warum die einzelnen Arten ausgestorben sind.

2. Berichte am Beispiel der Dinosaurier, welche anderen Arten die Lebensräume der Dinosaurier besetzten.

3. Nenne Tier- und Pflanzenarten, die heute vom Aussterben bedroht sind und stelle die Gründe dar.

4. Welche Gründe gibt es, bedrohten Arten zu helfen?

Gruppenpuzzle

Eine Form des Gruppenunterrichts ist das Gruppenpuzzle. Dabei erarbeitet jede Schülerin und jeder Schüler ein Teilthema eines Rahmenthemas in Stillarbeit im Selbststudium. Anschließend unterrichten sie ihre Mitschülerinnen und Mitschüler darüber in kleinen Gruppen. Ein derartiger Gruppenunterricht verläuft in vier Schritten:

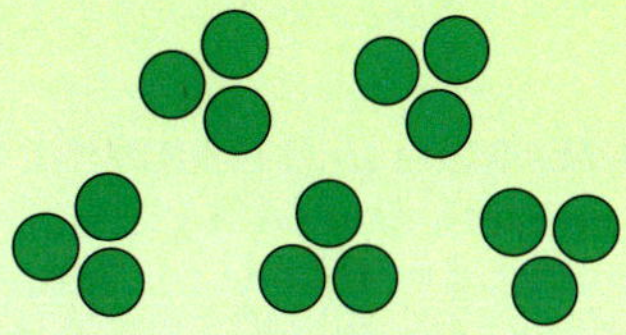

1. Gruppen bilden

Bildet Gruppen mit mindestens drei Schülerinnen und Schülern. Die Anzahl ist abhängig von der Zahl der Teilthemen eines Rahmenthemas.

2. Teilthemen übernehmen und bearbeiten

Ein Rahmenthema im Bereich der Evolution könnte lauten: „Ausgestorbene Tierarten und Gründe für das Aussterben". Mögliche Teilthemen findet ihr in der nebenstehenden Abbildung. In den Gruppen formuliert ihr Inhalte, die in den Teilthemen bearbeitet werden sollen. Für unsere Teilthemen könnten die Überschriften lauten:

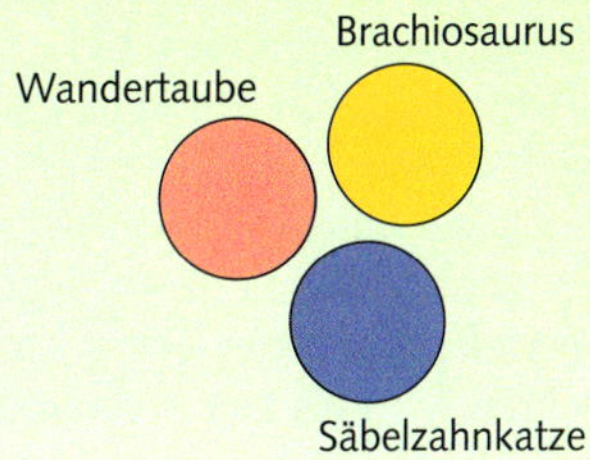

Wie sahen die Tiere aus? (Körperbau)
Wie lebten sie? (Verhalten, Nahrung)
Welchen Lebensraum beanspruchten die Tiere? (Anpassung an die Umwelt)
Wann lebten sie?
Warum sind sie ausgestorben?

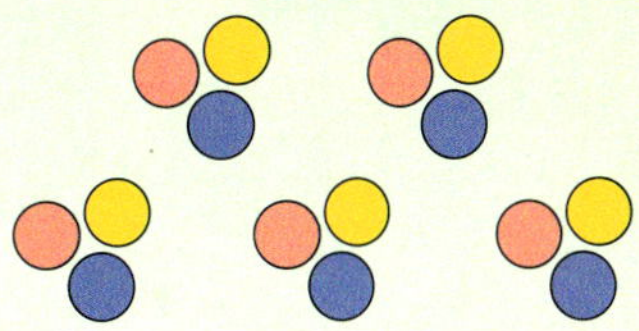

Jedes Gruppenmitglied wählt sich eines der drei Teilthemen und bearbeitet es in Einzelarbeit. Informationsmaterial zum Thema findet sich im Internet, in Büchern oder in bereitgestellten Arbeitsblättern.

3. Vertiefen und Sichern in der Expertenrunde

Alle Schülerinnen und Schüler, die dasselbe Teilthema bearbeitet haben, setzten sich jetzt zu einer Expertenrunde zusammen.
In dieser Runde besprecht ihr das zuvor Erarbeitete, beantwortet euch gegenseitig offene Fragen und helft einander, euch zu Experten zu machen. Am Ende steht eine Lernkontrolle.

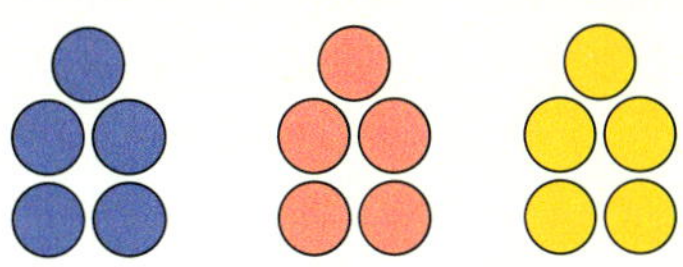

Danach plant ihr gemeinsam, wie ihr euer Wissen am wirkungsvollsten vermittelt, welche Hilfsmittel ihr einsetzt und wie ihr die Zeit einteilt. Die Lernziele für eure Mitschülerinnen und Mitschüler sind die gleichen, die ihr euch gesetzt habt. Schließlich überlegt ihr gemeinsam einige Kontrollfragen und die dazu gehörigen Antworten, mit denen ihr den Erfolg der Mitschülerinnen und Mitschüler überpüfen wollt.

4. Unterrichtsrunde

Nun geht ihr zurück in eure Gruppen, die ihr zu Beginn gebildet hattet. Jede Schülerin und jeder Schüler hat einen unterschiedlichen Unterrichtsteil ausgearbeitet.
Jetzt kommt die Umsetzung. Alle dürfen abwechselnd ihre Rollen tauschen und sind für ihr Teilthema Lehrerin oder Lehrer. Reihum unterrichtet nun jede Schülerin und jeder Schüler als „Lehrperson" das vorbereitete Teilthema. Die anderen Gruppenmitglieder sind dann die „Schüler". Zum Schluss können alle in einem Test überprüfen, ob sie die gesetzten Lernziele erreicht haben.

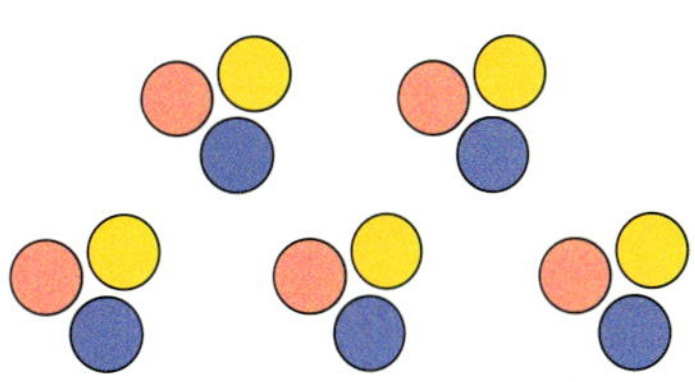

Entstehung von Arten

1. Welche Erklärungen zur Entstehung der Arten beruhen auf naturwissenschaftlichen Beobachtungen? Welche sind religiös begründet?

2. Auf einigen sturmumtosten Inseln in der Nähe der Antarktis, den Kerguelen, gibt es viele flügellose Insektenarten. Erkläre ihre Entstehung nach den Theorien von LAMARCK und DARWIN.

LAMARCKs und DARWINs Theorien zur Entstehung von Arten

Jean-Baptiste de LAMARCK (1744–1829) beschrieb 1809 als einer der ersten Forscher eine Theorie zur Entstehung von Arten. Danach erfordern sich ändernde Umweltbedingungen neue Angepasstheiten. Dadurch verändert sich die Lebensweise von Individuen. Durch Gebrauch oder Nichtgebrauch verändern sich so im Laufe des Lebens die Organe und Eigenschaften eines Individuums. Die im Laufe des Lebens erworbenen Eigenschaften eines Tieres werden dann an die Nachkommen vererbt.
So soll der lange Giraffenhals dadurch entstanden sein, dass die Vorfahren der heutigen Giraffen die Hälse zum Fressen nach oben reckten und diese dadurch immer länger wurden. LAMARCK erkannte zwar den Artenwandel, konnte ihn jedoch nicht richtig erklären. Nach seiner Ansicht führte der Artenwandel nicht zur Vervielfachung der Arten, sondern zu ihrer Vervollkommnung. Seine Theorie bezeichnet man als **Lamarckismus** und gilt heute als überholt.

1 Jean-Baptiste de LAMARCK

2 LAMARCKs Theorie zur Entstehung der Arten

3 DARWINs Theorie zur Entstehung der Arten

4 Charles DARWIN

Charles DARWIN (1809–1882) vertrat wie LAMARCK die Ansicht, dass sich alle Arten aus früheren Formen entwickelt haben. Er ging aber von der Entstehung der Arten durch natürliche ▸Selektion aus. In seinem 1859 veröffentlichten Buch „Über die Entstehung der Lebewesen" stellte er seine Theorie vor. So erzeugt jede Art mehr Nachkommen, als zu ihrer Erhaltung notwendig wäre. Nicht alle Nachkommen eines Elternpaares sind immer völlig gleich, sondern weisen kaum merkliche Unterschiede in ihren Eigenschaften auf. Diese Unterschiede, die durch ▸Mutation entstanden sind, können für den Träger von Vor- oder Nachteil in der Auseinandersetzung mit der Umwelt sein. Es überleben nur diejenigen, die den jeweiligen Lebensbedingungen am besten angepasst sind. Sie pflanzen sich vermehrt fort und vererben ihre Merkmale. Durch diese natürliche Auslese verändern sich Arten langsam über viele Generationen hinweg.
Für die Giraffen bedeutet dies nach DARWIN: Diejenigen mit nachteiligen Eigenschaften wie den kürzeren Hälsen haben geringere Chancen zu überleben und sich zu vermehren. Von den Giraffen mit längeren Hälsen dagegen überleben mehr Tiere und vererben ihre Eigenschaften auf die Nachkommen. Seine als **Darwinismus** bezeichnete Theorie ist in weiten Teilen bis heute gültig und wurde durch die Erkenntnisse der ▸Genetik weiterentwickelt.

Entwicklung → S. 184

Schöpfungsmythen

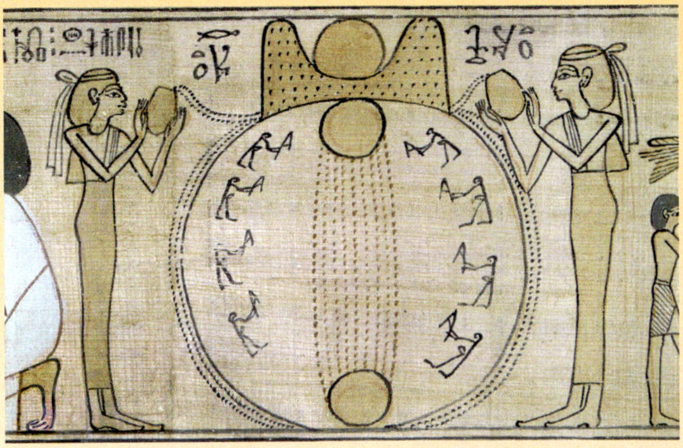

1 Schöpfungsmythos in Ägypten

Alte Mythen

Die Überlegungen und Theorien über die Entstehung des Lebens sind schon sehr alt. In fast allen Kulturen gibt es Vorstellungen über ein **schöpferisches Wesen.** So hatten die Menschen der Antike in Ägypten, im römischen Reich, in Griechenland und Germanien recht genaue Vorstellungen von der Erschaffung der Welt. Ihren Schöpfungsmythen liegt zugrunde, dass eine Gottheit die lebendige Welt aus dem Chaos geschaffen hat. Ähnliche Schöpfungsmythen finden sich auch bei den Mayas und Atzteken sowie bei den Völkern Ostasiens.

Naturreligionen

Bei den Aborigines ist die Regenbogenschlange der Quell allen Lebens. Im Zentrum ihres Schöpfungsglaubens stehen die „Creative Ancestors", die schöpferischen Ahnen, die alle Lebewesen erschufen. Sie sind die eigentlichen Schöpfer der Welt. Die Aborigines behandeln die Erde mit Respekt und Verantwortung, um sie im Urzustand der Schöpfung zu erhalten und so auch an ihre Nachkommen weiterzugeben. Auch in den Traditionen der Indianer Nordamerikas ist alles Erschaffene beseelt. Von den Menschen wird erwartet, dass sie alles Geschaffene respektvoll behandeln.

2 Uluru (Ayers Rock) in Australien: Der heilige Berg der Aborigines, an dem sie die schöpferischen Ahnen verehren

Christliche Schöpfungsmythen

Für den christlichen Kulturkreis ist die Schöpfungsgeschichte der jüdischen Religion von Bedeutung. Danach schuf Gott die Welt mit allen Lebewesen. Jedes Lebewesen, das wir heute kennen, hat Vorfahren, die in gleicher Gestalt seit Anbeginn der Welt vorhanden sind. Aus diesem Glauben leiten manche Anhänger die Auffassung ab, dass sich die Arten seit dem Beginn des Lebens auf der Erde nicht mehr verändert haben. Auf dieser Grundlage beruht die Theorie von der **Konstanz der Arten.**

3 MICHELANGELO: Erschaffung des Adam

Seit Beginn des 20. Jahrhunderts gibt es eine Bewegung, die das Ziel verfolgt, anstelle der Evolutionstheorie den Schöpfungsbericht der Bibel als Grundlage eines Weltbildes wieder einzusetzen. Man nennt diese Richtung **Kreationismus.**

Die Kreationisten sind sich darin einig, dass die heute bekannten Organismen nicht auf einen gemeinsamen Vorfahren zurückgehen, sondern als so genannte Grundtypen von einem Schöpfer oder Designer geschaffen wurden.

Mensch und Menschenaffen – miteinander verwandt?

1 Jane GOODALL bei Verhaltensforschungen

1. Sucht in Tierlexika, Zeitschriften und Büchern Abbildungen und Beschreibungen von Primatenarten. Stellt auf einem großen Plakat die Abstammung der Primaten dar.

Bonobo *(Große Menschenaffen)*

2. Erstelle eine Tabelle und vergleiche Mensch und Bonobo, eine Zwergschimpansenart. Berücksichtige dabei Körperhaltung, Schädel, Kiefer, Hände und Füße, Becken sowie Chromosomen und auch das Sozialverhalten.

Gibbon *(Kleine Menschenaffen)*

Kapuzineraffe *(Neuweltaffen)*

3. Die Abbildung zeigt die Verwandtschaftsbeziehungen zwischen Menschenaffen und Menschen, die auf einem Vergleich der DNA beruhen. Werte das Diagramm aus.
Tipp: Schimpanse und Bonobo unterscheiden sich in 0,7 % der DNA. Sie entwickelten sich vor etwa drei Millionen Jahren auseinander. Der Punkt zeigt den Zeitpunkt des letzten gemeinsamen Vorfahren an (Ablesebeispiel).

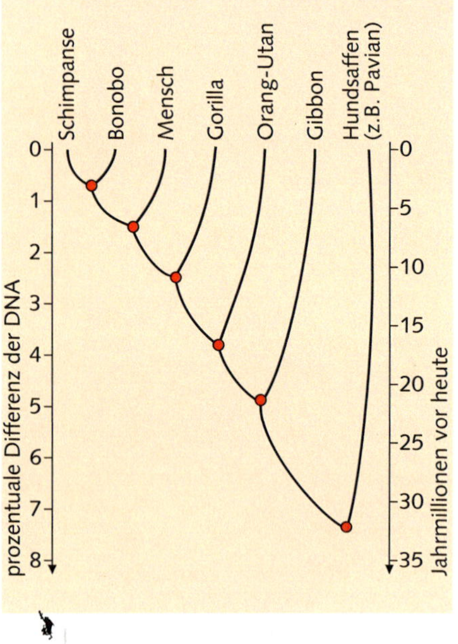

Katta *(Lemuren)*

Die Primaten ...

Die Art Homo sapiens, zu der wir zählen, bildet zusammen mit den Menschenaffen und den übrigen Affen die Säugetierordnung der Primaten. Die Mitglieder dieser Ordnung zeichnen sich durch gemeinsame Merkmale wie Greifhände und -füße, nach vorne gerichtete Augen, relativ große Gehirne, langsames Wachstum, späte Geschlechtsreife und komplexe Sozialstrukturen aus.
Über einen gemeinsamen Vorfahren von Gorilla, Schimpanse, Bonobo und Mensch wissen wir noch nicht viel. Bekannt ist, dass sich die Entwicklungslinien von Schimpanse und Mensch vor etwa sechs Millionen Jahren trennten, die von Schimpanse und Gorilla vor mehr als zehn Millionen Jahren.

... miteinander verwandt?

Wir haben mit den Menschenaffen und den übrigen Affen viele Merkmale gemeinsam. Die moderne Primatenforschung, die auch die ▸DNA-Analyse einsetzt, sieht Verwandtschaftsbeziehungen zwischen Menschenaffen und Menschen. Am deutlichsten wird dies, wenn man Menschen und Bonobos miteinander vergleicht. Sie sind wohl unsere nächsten Verwandten im Tierreich.

Pavian *(Hundsaffen)*

Gemeinsamkeiten

Der Bonobo hat wie der Mensch **Greifhände.** Auch seine Fingerspitzen sind tastempfindlich. Sie können selbst kleine Gegenstände mit Daumen und Zeigefinger greifen. Allerdings geht der Bonobo mit seinen Fingern nicht so geschickt um wie der Mensch. Seine Daumen sind zu kurz und können den vier Fingern nicht gegenübergestellt werden.
Das **Gebiss** des Bonobo besteht wie beim Menschen aus 32 Zähnen. Die Anzahl der **Skelettknochen** ist ebenfalls gleich. Das **Gesicht** ist fast unbehaart. Die **Augen** sind nach vorn gerichtet und ermöglichen so das räumliche Sehen. Der Gesichtsausdruck kann unterschiedliche Stimmungen wie Freude, Angst oder Ärger wiedergeben. Untersuchungen des Erbgutes von Menschen und Bonobos ergaben eine Übereinstimmung von mehr als 98 Prozent.

Unterschiede

Zwischen Mensch und Bonobo gibt es allerdings auch gewichtige Unterschiede.

Skelett

Einige dieser Unterschiede hängen mit unserem aufrechten Gang zusammen. Dieser führte zu einer Umformung des gesamten Skeletts. So ist der Fuß des Menschen ein Standfuß, bei dem die große Zehe anliegt und der ein ausgeprägtes Fußgewölbe besitzt. Bei den Menschenaffen kann die große Zehe abgespreizt werden und dient auch zum Greifen. Die Beine des Menschen sind etwas verlängert und stärker als die Arme. Das Becken ist breiter und schüsselförmig. Die Wirbelsäule ist doppelt S-förmig gekrümmt, sodass der Körperschwerpunkt über dem Becken liegt.
Mit dem aufrechten Gang brauchte der Mensch die Hände nicht mehr zur Fortbewegung. Sie entwickelten sich zu Greifhänden, deren Daumen den anderen Fingern gegenübergestellt ist.

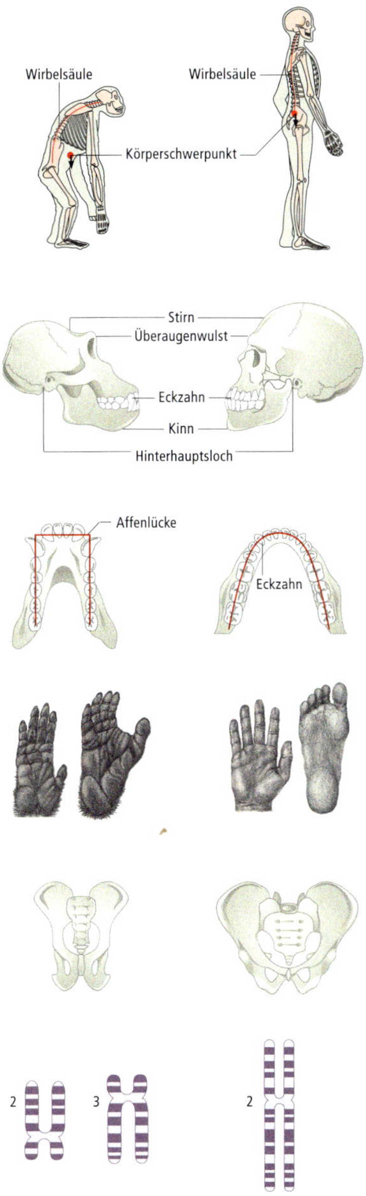

2 Bonobo und Mensch im Vergleich

Schädel

Auch die Schädelform ist unterschiedlich. Während der Bonobo eine vorgezogene Schnauze hat, fehlt diese beim Menschen. Der Gesichtsschädel des Menschen ist kleiner, der Hirnschädel jedoch größer. Er bietet Platz für ein großes, gut entwickeltes Gehirn. Die Überaugenwülste fehlen und die Stirn ist hoch und nicht fliehend wie beim Bonobo. Das Gebiss des Bonobo ist durch kräftige Eckzähne gekennzeichnet. Deshalb sieht man im U-förmigen Gebiss die so genannte Affenlücke. Der Mensch verfügt über ein nur wenig differenziertes Allesfressergebiss mit kleinen Eckzähnen. Die „Affenlücke" fehlt.

Sprache

Der Zahnbogen im Kiefer des Menschen ist halbrund. Er ermöglicht gemeinsam mit der Gaumenwölbung, der guten Beweglichkeit der Zunge und der Stellung und Ausbildung des Kehlkopfes die differenzierte Lautsprache des Menschen.

Chromosomen

Auch bei den ▸Chromosomen bestehen Unterschiede. Das Chromosom Nr. 2 des Menschen entspricht den Chromosomen 2 und 3 des Bonobo. Dies konnte durch die Bandenmuster belegt werden.

Sozialverhalten

Im Sozialverhalten gibt es ebenfalls Unterschiede. Das Bonobojunge ist bei seiner Geburt sehr weit entwickelt. Es kann sich aktiv im Fell der Mutter festhalten. Der menschliche Säugling wird getragen. Die Kindheit und die Lernphase dauern beim Menschen viel länger als beim Bonobo. Dabei werden auch Informationen und Traditionen ausgetauscht, die aus ganz anderen Menschengruppen stammen. Seine differenzierte Sprache, die kulturellen Leistungen und der ständig weiterentwickelte Werkzeuggebrauch haben den Menschen zu dem gemacht, was er heute ist.

Struktur und Funktion → S. 182

Woher kommt der Mensch?

1. Die Vormenschen nennt man mit wissenschaftlichem Namen Australopithecinen. Ihre fossilen Reste fand man ausschließlich in Afrika.
a) Durch welche Merkmale zeichnen sie sich aus? Erstellt Steckbriefe ausgewählter Arten der Australopithecinen.
b) Wodurch unterscheiden sich Australopithecinen von den Menschenaffen und dem modernen Menschen?

2. Warum kann man die Entdeckung von „Lucy“ als seltenen Glücksfall betrachten? Welchen wissenschaftlichen Namen trägt Lucy? Wie kam „Lucy“ zu ihrem Namen?

3. Erläutere die Aussage: „Die Wiege der Menschheit liegt in Afrika“.

4. Informiere dich über einzelne Grabungsstätten und berichte, was dort jeweils gefunden wurde.

Spuren des Vormenschen in Ostafrika

Fossilienfundorte:
(1) Afar, (2) Omo, (3) Samburu, (4) Olduvai, (5) Laetoli

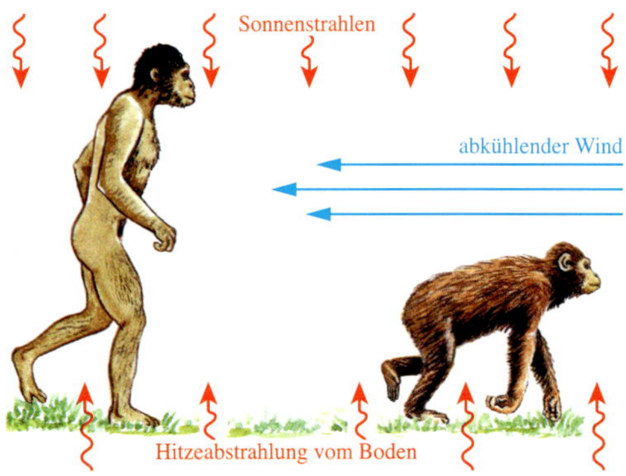

5. Wissenschaftler sehen einen Selektionsvorteil im aufrechten Gang. Die nebenstehende Abbildung stellt einen von mehreren Erklärungsversuchen dar. Beschreibe.

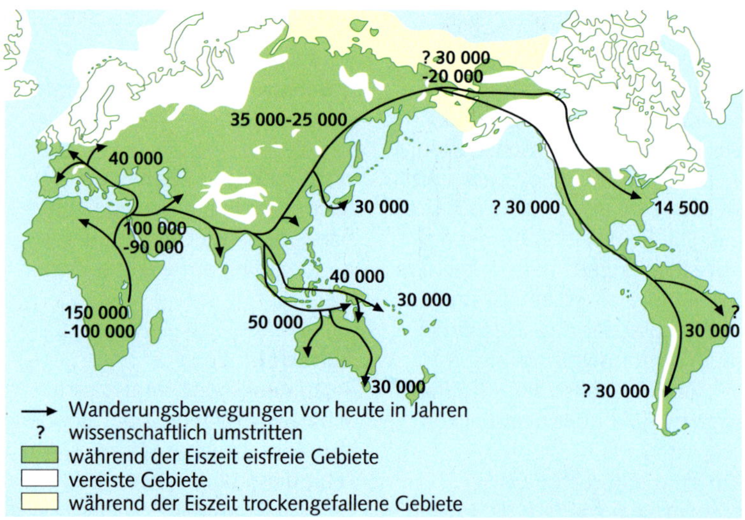

6. Präsentiert mit dem PC Eigenschaften und Leistungen der Neandertaler. Berücksichtigt dabei Werkzeugbau und -gebrauch, Jagdtechniken, Wohnkultur, künstlerisches Schaffen, Totenkult und Verständigungsmöglichkeiten durch Sprache.

7. Nach dem Homo erectus verließ auch Homo sapiens in einer großen Auswanderungswelle Afrika. Beschreibt die Wanderrouten. Welche Gründe sprechen für bestimmte Wanderrouten?

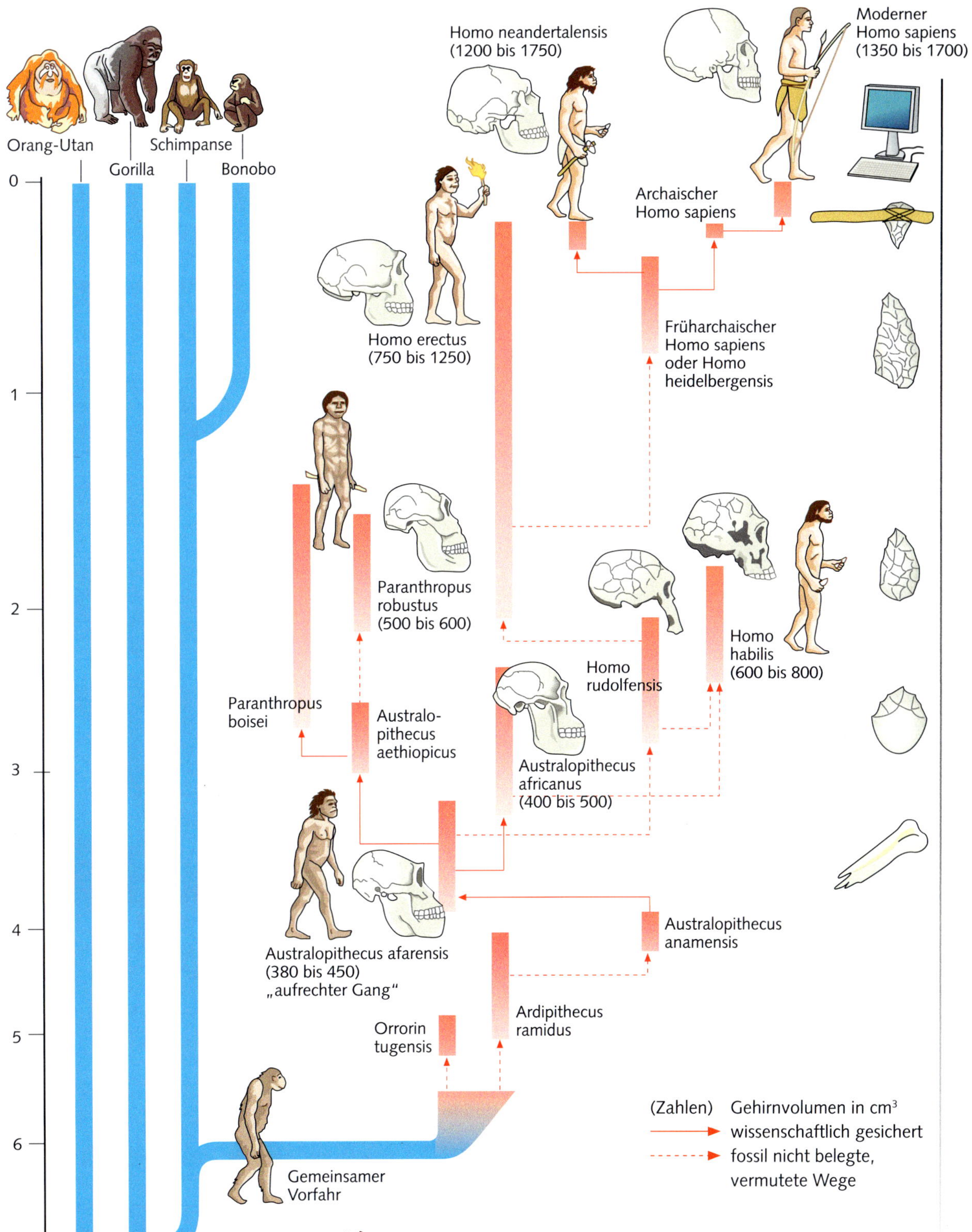

8. Die Abbildung ist eine mögliche Darstellung des Stammbaumes des Menschen. Sie ist eine Momentaufnahme des Forschungsstandes im Jahr 2012. Mit jedem neuen Fund kann der Stammbaum eine Veränderung erfahren.
Erstellt Steckbriefe von ausgewählten Frühmenschenarten. Berücksichtigt dabei Aussehen, Lebensweise und Fundorte. Ordnet sie in der richtigen zeitlichen Abfolge.

9. Beschreibe anhand der Schädel sowie der Waffen und Werkzeuge die Entwicklung zum heutigen Menschen.

Herkunft des Menschen

Unser Wissen um die Herkunft des Menschen ist immer noch lückenhaft. Mithilfe von ▸Fossilien versucht man zu klären, wer die Vorfahren des Menschen waren und wie die Evolution des Menschen verlief. Aufgrund immer neuer Funde stellt sich die Ahnengalerie des Menschen wie ein vielfältig verzweigter Stammbaum dar.

1 Ahnengalerie der Menschen

Proconsul – Vorfahre von Affe und Mensch?

An den Ufern des Victoria-Sees in Ostafrika wurden 1948 Fossilien gefunden, die etwa 20 Millionen Jahre alt waren. Forscher vermuteten in den Skelettresten ein Wesen, das Merkmale von Affen und Menschen in sich vereinte. Sie nannten es **Proconsul.** Diese Lebewesen waren etwa paviangroße Baumbewohner. Sie könnten die gemeinsamen Vorfahren der Menschenaffen und Menschen gewesen sein.

Die Australopithecinen

Als das Klima in Afrika trockener wurde, lichteten sich die Wälder, und Grassteppen breiteten sich aus. Einige Formen von Proconsul verließen die Bäume und lebten an den Waldrändern auch auf dem Boden. Aus ihnen entwickelten sich die Urahnen des heutigen Menschen. Es waren Vormenschen. Mit wissenschaftlichem Namen nennt man sie **Australopithecinen** („Südaffen"). Die Australopithecinen bewohnten sowohl Urwaldränder als auch die Baumsavannen Afrikas. Aufgrund ihres veränderten Körperbaus konnten sie sich bereits längere Zeit aufrecht halten. Arme und Hände wurden kaum noch zur Fortbewegung am Boden gebraucht. Als Werkzeuge nutzten sie Stöcke und Knochen.1974 fand eine Forschergruppe um Donald JOHANSON in der Region Afar in Äthiopien ein etwa drei Millionen Jahre altes, erstaunlich menschenähnliches Skelett. Man gab ihm den Namen „Lucy". Mit wissenschaftlichem Namen heißt es **Australopithecus afarensis** („Südaffe aus Afar"). Diese Vormenschenart wurde nur etwa 1,2 bis 1,5 m groß und ernährte sich ausschließlich von Pflanzen.

Man nimmt an, dass Lucys Art zu den Vorfahren der heutigen Menschen zählt. Über lange Zeiträume lebte sie gemeinsam mit anderen Australopithecinenarten.

3 Australopithecus afarensis

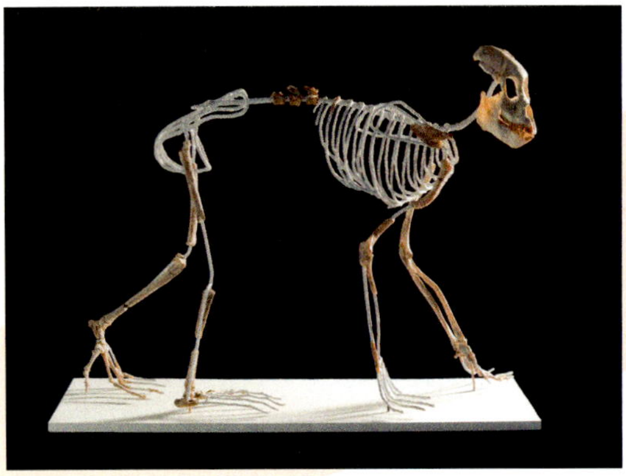

2 Proconsul

Die Frühmenschen

Als erste Frühmenschenarten entwickelten sich **Homo rudolfensis** („Mensch vom Rudolfsee") und **Homo habilis** („Geschickter Mensch"). Sie stellten Hammer- und Schneidwerkzeuge aus Stein her und ernährten sich sowohl von Pflanzen als auch von Fleisch. Obwohl sie noch viele Gemeinsamkeiten mit den Vormenschen aufwiesen, zeichneten sie sich durch einen entscheidenden Vorteil aus: Sie hatten bereits ein größeres und leistungsfähigeres Gehirn als ihre Vorfahren. Bedingt durch ein vorteilhaftes Klima und eine gesteigerte Anpassungsfähigkeit entstand in Afrika auch **Homo erectus** („Aufrecht gehender Mensch"). Diese Frühmenschen waren größer und kräftiger als ihre Vorgänger. Aus Holz und Stein fertigten sie Waffen und Werkzeuge, mit denen sie Wildtiere töten und zerlegen konnten. Neue Waffen wie hölzerne Speere erlaubten ihnen, Tiere aus größerer Entfernung zu erlegen. Auch nutzten sie als erste Frühmenschen das Feuer. Das veränderte ihre Lebensweise grundlegend. Sie wurden vom Aasfresser zum Jäger. Das Feuer ermöglichte eine bessere Nutzung der Nährstoffe, spendete Wärme und gab Schutz vor wilden Tieren. Dadurch war es möglich, den afrikanischen Kontinent zu verlassen und in die kälteren Regionen in Europa und Asien einzuwandern.

4 Homo erectus

Der Neandertaler

Mit dem **Homo neandertalensis** („Mensch aus dem Neandertal") begann vor etwa 200 000 Jahren eine neue Epoche in der Entwicklung der Menschheit. Die Neandertaler wurden etwa so groß wie die heutigen Menschen, besaßen aber ein kräftigeres Skelett und einen größeren Schädel mit starken Überaugenwülsten, fliehender Stirn und flachem Kinn. Über ihre Lebensweise und ihre geistigen Fähigkeiten wurde viel gestritten.
Früher galten sie als primitive Vorfahren der heutigen Menschen. Inzwischen weiß man jedoch, dass sie über erstaunliche geistige Eigenschaften verfügten und beachtliche technische und kulturelle Leistungen vollbrachten. Vor etwa 30 000 Jahren starben sie aus.

5 Homo sapiens

Der moderne Mensch

Die Neandertaler waren nicht die Vorfahren des modernen Menschen **Homo sapiens** („Wissender Mensch"). In Europa lebten Angehörige dieser Art bereits vor etwa 40 000 Jahren, also vor dem Aussterben der Neandertaler. In ihrem gesamten Körperbau glichen sie eher dem heutigen Menschen. Sie hinterließen in Höhlen, in denen sie lebten, kunstvolle Malereien. Man fand auch Schmuck, Musikinstrumente und Waffen aus Knochen oder Elfenbein. Die ältesten Funde von Homo sapiens stammen aus Afrika. Sie sind etwa 130 000 Jahre alt. Daraus schließen Forscher, dass die Entstehung des modernen Menschen in Afrika liegt. Von dort aus hat er sich über die ganze Erde verbreitet.

6 Menschen im 21. Jahrhundert

Kulturelle Evolution des Menschen

1. Informiert euch über die Werkzeuge des Homo habilis. Aus welchen Materialien stellte er sie her? Wozu benutzte er Werkzeuge? Präsentiert eure Ergebnisse mithilfe von Folien.

2. a) Beschreibe, wie die Nutzung des Feuers die Lebensweise der damaligen Menschen veränderte.
b) Erkläre, warum die Nutzung des Feuers die Ausbreitung des Menschen über alle Erdteile ermöglichte.

3. In Spanien und Frankreich wurden in Höhlen Malereien von außerordentlicher Ausdruckskraft gefunden. Wer könnte sie gestaltet haben? Welche Maltechniken wurden angewendet? Versucht, einige Malereien nachzugestalten. Macht eine Ausstellung.

4. Erläutere, welche Auswirkung die Kommunikation mithilfe von Computern und weltweiten Nachrichtennetzen auf die Menschheit hat.

5. a) Tiere nutzen Formen der ▸Verständigung. Worin liegt der wesentliche Unterschied zur Sprache des Menschen?
b) Manche Staaten bildenden Insekten verfügen über ein kompliziertes Kommunikationssystem. Vergleicht es mit dem bei Wirbeltieren und Menschen. Präsentiert eure Ergebnisse.

Fortschritte

Vom Faustkeil zum Laserskalpell, von der Höhlenzeichnung zum Internet: Diese Fortschritte machen deutlich, dass die Menschen sich auch kulturell weiterentwickelten. Bedingt durch die besondere Ausprägung des ▸Großhirns entwickelten unsere Vorfahren besondere Fertigkeiten, die sie im Laufe der Zeit immer weiter verfeinerten.

Werkzeuge

1 Faustkeil

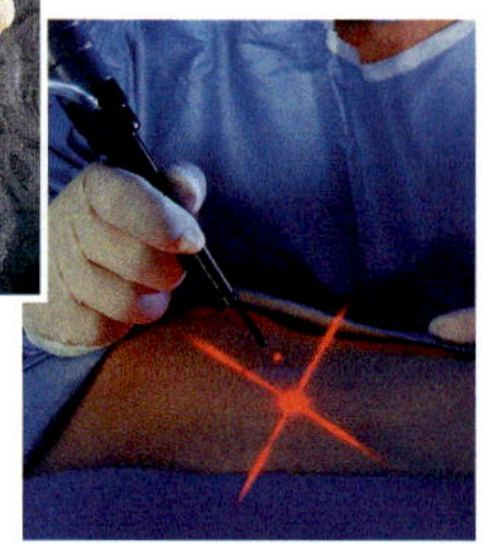

2 Laserskalpell

Vor über zwei Millionen Jahren machte ▸Homo habilis eine entscheidende Entdeckung: Steine ließen sich als Werkzeuge benutzen. Damit begann die kulturelle Evolution des Menschen.
Als erste Werkzeuge wurden Steine und auch Knochen so benutzt, wie sie gefunden wurden. Während einer Million Jahre änderte sich daran wenig. Dann lernten unsere Vorfahren Steine, Knochen und Stöcke so zu bearbeiten, dass neue Geräte daraus ent-standen. Mit **Steinwerkzeugen** konnten Menschen Tiere erlegen, Felle schneiden, Nahrung zerkleinern und weitere Werkzeuge herstellen. Ein Beispiel dafür ist der Faustkeil. Er war Werkzeug und Waffe zugleich.
Erst vor etwa zehntausend Jahren lernten unsere Vorfahren die Metallgewinnung und **Metallbearbeitung.** Nun entstanden leistungsfähigere Werkzeuge, die sich gegen die Steingeräte durchsetzten. Heute ermöglicht uns die Lasertechnologie, Licht zum Schneiden zu verwenden.

Feuer

Ein weiterer entscheidender Schritt in der kulturellen Entwicklungsgeschichte des Menschen war die Nutzung des Feuers. Schon ▸Homo erectus besorgte sich Feuer, bewahrte und nutzte es, weil es enorme Vorteile brachte.

Sprache und Schrift

Sprache ist eines der wesentlichen Kennzeichen des Menschen. Sie ermöglicht es, Informationen auszutauschen, Pläne zu schmieden und Erfahrungen an andere weiterzugeben.
Viele Wissenschaftler sind der Ansicht, dass **Sprache** in erster Linie eine soziale Funktion hatte. Sie gewährleistete den sozialen Zusammenhalt der Gruppe. Wahrscheinlich verfügte bereits Homo erectus über eine einfache Sprachfähigkeit.

3 Schriftzeichen auf Tontafel

4 Bücherstapel und weltweite Information

Nach der Sprache folgte die **Schrift.** Mit ihrer Hilfe werden Informationen langfristig festgehalten. Sie ermöglicht es jeder Generation, auf den Erfahrungen der vorherigen aufzubauen. Durch die Erfindung des Buchdrucks erhielten sehr viele Menschen dieselben Informationen und gaben sie weiter.
Dieser Prozess wird heute durch Computer und weltweite Nachrichtennetze beschleunigt. Über Kontinente hinweg werden so in wenigen Sekunden Informationen ausgetauscht. Nahezu das gesamte Wissen der Menschheit steht an beinahe jedem Ort der Welt fast allen Menschen zur Verfügung.

Kunst

Einen riesigen Sprung machte die kulturelle Evolution des Menschen vor 50 000 bis 30 000 Jahren. Neben Werkzeugen und Waffen wurden auch **Kunstgegenstände** und **Schmuck** aus dieser Zeit gefunden. In Höhlen und an Felswänden in Südeuropa stieß man auf viele farbige steinzeitliche Malereien von außerordentlicher Aussagekraft. Häufige Motive der steinzeitlichen Künstler waren Jagdtiere. In Höhlen der Schwäbischen Alb entdeckte man Kleinplastiken von Tieren und Menschen und sogar Musikinstrumente aus Knochen. Bis heute zeigt sich das künstlerische Schaffen des Menschen in vielfältiger Form.

5 Höhlenmalerei

6 Venusfigürchen

7 Moderne Kunst

Religion

Auch religiöse Vorstellungen entwickelten sich im Laufe der kulturellen Evolution. Die frühen Höhlenmalereien dienten wahrscheinlich dazu, Macht über Jagdbeute zu erlangen. Die weiblichen Figuren werden als Fruchtbarkeitsgöttinnnen gedeutet. **Religiöse Rituale** sind uns schon aus der Altsteinzeit bekannt. So pflegten etwa die Neandertaler einen Höhlenbärenkult. Grabbeigaben wie Nahrungsmittel, Waffen und Werkzeuge neben den Skeletten verstorbener Neandertaler weisen darauf hin, dass diese Menschen bereits Vorstellungen von einem Leben nach dem Tode hatten.

Aus vielen Regionen der Erde sind uns beeindruckende Steinzeitbauten bekannt, die häufig religiösen Zwecken dienten. Bis heute versuchen Menschen, ihren religiösen Vorstellungen durch beeindruckende Bauten wie Kathedralen, Tempel und Moscheen Ausdruck zu verleihen.

8 Stonehenge und Kölner Dom

Das Beil des Ötzi

1 Der Mann aus dem Eis. A *Fundstelle der Eismumie*, **B** *Kleidung des Mannes aus dem Eis (Rekonstruktion)*

Der Mann aus dem Eis

Am 19. September 1991 entdecken Bergsteiger in den Ötztaler Alpen eine leblose Gestalt, die im Gletschereis eingebettet ist. Die schnell verständigte Polizei prüft den Fund und lässt ihn durch Archäologen bergen. Die anfängliche Vermutung bestätigt sich rasch. Bei der Gestalt handelt es sich um die Mumie eines Mannes, deren Alter auf mindestens 5000 Jahre geschätzt wird. Der im Gletschereis konservierte Steinzeitmensch gibt uns einmalige Informationen über unsere Vorfahren aus dieser Epoche. Die ebenfalls erhaltene Ausrüstung sowie weitere Funde ermöglichen eine genaue Vorstellung vom Leben in dieser Zeit.

2 Beil mit Kupferklinge

Überraschung: Ein Beil mit einer Kupferklinge

Der Gletschermann war optimal ausgerüstet. Er trug zweckmäßige Lederkleidung und einen Regenumhang aus Grasgeflecht. Eine Gürteltasche enthielt viele nützliche Werkzeuge wie eine Knochenahle zum Bohren und Nähen, Zunder und Feuerstein sowie Feuersteingeräte zum Schneiden, Bohren und Schaben. Als Waffen dienten mit großer Präzision gefertigte Pfeile und ein Bogen. „Ötzi" besaß auch ein Beil mit einer Kupferklinge. Dieses Beil war für die Wissenschaftler eine Überraschung, hatten sie doch bislang angenommen, der Guss von Kupferklingen sei erst tausend Jahre später erfunden worden.

Wie starb der Mann aus dem Eis?

Lange haben Wissenschaftler gerätselt, wie „Ötzi" zu Tode kam. Wahrscheinlich starb er in einem Kampf. In seiner Schulter fand man eine Pfeilspitze. Der Pfeil tötete ihn nicht sofort, verletzte aber eine Arterie. Außerdem wies er schwere Kopfverletzungen durch einen Schlag mit einem Stein auf. Wahrscheinlich fiel er bewusstlos auf einen Felsbrocken und verblutete.

Leben in der Steinzeit

„Ötzi", so wurde der Gletschermann nach seinem Fundort benannt, war wahrscheinlich ein Hirte, der seine Schaf- und Ziegenherden auf die Hochweiden des Ötztals trieb. Die Menschen seines Dorfes ernährten sich durch den Anbau von Nutzpflanzen und die ▸Züchtung von Nutztieren. Auf den Äckern wurden Zugtiere und Pflüge eingesetzt. Das Rad war bereits bekannt. In den dicht bewaldeten Tälern jagten die Menschen Wildtiere. Sie wohnten in Häusern, die mit Stroh gedeckt waren und auf Steinsockeln standen.

3 Leben in der Steinzeit

Herausforderungen unserer Zeit

1. Erstellt eine Mindmap zum Thema „Herausforderungen unserer Zeit“.

2. Die Bevölkerung in Europa schrumpft. In Afrika, Asien und Südamerika steigt sie stark an. Nenne Gründe für diese Entwicklung.

Folgen der kulturellen Evolution

Neben der biologischen und kulturellen Evolution fand auch eine soziokulturelle Evolution statt. Sie veränderte neben der Nutzung von Technologien die sozialen Strukturen und Werte unserer Gesellschaft.

1 Smog, Dürre und Überflutung

Klimawandel durch Umweltbelastung

Eine Auswirkung der veränderten Nutzung von Technologien ist der Klimawandel.
Durch den Hunger nach Energie in der Industriegesellschaft werden die fossilen Brennstoffvorräte der Erde wie Kohle, Erdöl und Erdgas extrem ausgebeutet. Bei der Energienutzung für Verkehr, Heizung und Industrie werden große Mengen an Schadstoffen wie etwa CO_2 frei, die den Klimawandel begünstigen.
Der Anstieg des Meeresspiegels durch die globale Erwärmung wirkt sich vor allem auf die Küstenregionen der Welt aus. Katastrophale Überflutungen sind die Folge. Im Binnenland sorgen zunehmend sintflutartige Regenfälle für Überschwemmungen.

Dürre und Überflutungen

Der Klimawandel hat weit reichende Auswirkungen auf die Ökosysteme der Erde. Dürren und Überflutungen nehmen zu.
Die Wüstenbildung ist ein wachsendes Problem. Auch Teile Süd- und Mitteleuropas werden in der Zukunft von Dürre bedroht. Eine Verantwortung für den Kampf gegen die Ausdehnung von Wüsten haben auch die Bewohner der Industrieländer.

Armut und Flüchtlingsströme

Die Gründe für die ungleiche Verteilung der Güter auf der Welt sind vielfältig: zum Beispiel Wandel der sozialen Strukturen, Wandel der Werte, individuelle Verantwortlichkeit. In Entwicklungsländern herrschen Hunger und Armut. Hier haben die Menschen am stärksten unter Bevölkerungswachstum, Umweltverschmutzung und Klimawandel zu leiden. Umweltkatastrophen und Kriege zwingen viele Menschen, ihre Heimatländer zu verlassen.

2 Hunger

Menschen – frei und gleich an Rechten und Pflichten

1. Welche Faktoren haben zum Entstehen unterschiedlicher Menschengruppen beigetragen?

2. Die meisten Wissenschaftler lehnen heute den Begriff Rasse als Bezeichnung für verschiedene Menschengruppen ab. Suche in Berichten über das 3. Reich und im Internet nach Argumenten für diese Ablehnung. Begründe.

Menschenrechte

Die Generalversammlung der **Vereinten Nationen** verkündete 1948 die **Allgemeine Erklärung der Menschenrechte.** Die Würde aller Menschen soll durch Rechte gesichert werden, die in 30 Artikeln festgelegt sind.

Artikel 1
Alle Menschen sind frei und gleich an Würde und Rechten geboren. Sie sind mit Vernunft und Gewissen begabt und sollen einander im Geiste der Brüderlichkeit begegnen.

Artikel 3
Jeder Mensch hat das Recht auf Leben, Freiheit und Sicherheit der Person.

Artikel 5
Niemand darf der Folter oder grausamer, unmenschlicher oder erniedrigender Behandlung oder Strafe unterworfen werden.

Artikel 7
Alle Menschen sind vor dem Gesetz gleich und haben ohne Unterschied Anspruch auf gleichen Schutz durch das Gesetz.

Definitionen

Rassismus
Als Rassismus bezeichnen wir weltanschauliche Überzeugungen, nach denen Menschen anderer Völker oder ethnischer Gruppen gegenüber der eigenen als minderwertig eingestuft werden.

Völkermord
Das Verbrechen der Vernichtung einer nationalen, ethnischen oder religiösen Gruppe bezeichnet man im Völkerrecht als Völkermord.

Ethnozid
So bezeichnet man die gewollte organisierte Vernichtung der kulturellen Identität von Menschen einer bestimmten ethnischen Gruppe durch politische, soziale und kulturelle Umerziehung.

3. Lies die Definitionen. Schlage unbekannte Wörter im Lexikon nach. Nenne Beispiele für Rassismus und Völkermord.

4. Informiert euch über die religiös-kulturellen Konflikte im Nahen Osten sowie zwischen verschiedenen ethnischen Gruppen in den USA, Australien und in europäischen Ländern und berichtet.

5. Der Sozialdarwinismus ist eine Lehre, die DARWINs Erkenntnisse über die natürliche Selektion auf menschliche Gesellschaften überträgt.
a) Suche darüber im Internet nach Informationen und schreibe einen kurzen Text.
b) Nenne Auswirkungen des Sozialdarwinismus im 3. Reich.
c) Begründe, warum man die natürliche Selektion nicht ohne weiteres auf die Gesellschaft übertragen kann.

6. a) Sucht im Internet nach Beispielen kultureller Vielfalt und Bereicherung in Vielvölkerstaaten.
b) Welche Chancen ergeben sich für ein multikulturelles Europa?

Die Evolution der Hautfarben

Alle Menschen dieser Erde haben die gleiche Grundgestalt und können sich als Erwachsene untereinander fortpflanzen. Doch offensichtlich gibt es Unterschiede wie zum Beispiel in der Hautfarbe, der Form der Lippen und Augen und der Struktur der Haare. Wie kommt es zu solchen Unterschieden?
Die ersten hominiden Vorfahren des Menschen lebten als dunkelhäutige, haarige Primaten in Afrika. Später verließen die Menschen ihre Urheimat Afrika und besiedelten neue Lebensräume. Es entstanden Gruppen, die durch Meere, Wüsten, Gebirge oder Eis voneinander isoliert waren. Die Evolution der Hautfarben liegt begründet in der Isolation einzelner Gruppen sowie möglicherweise in der Unterschiedlichkeit der besiedelten Klimazonen im Hinblick auf die Intensität der UV-Strahlen.

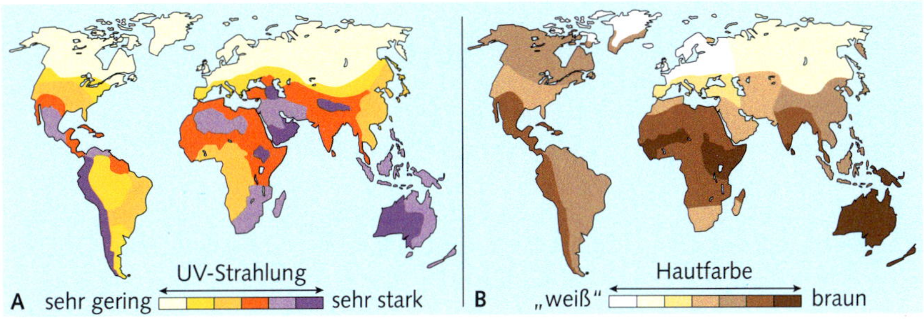

1 Mögliche Ursachen für die Evolution der Hautfarben. A *Intensität der UV-Stahlung;* **B** *Grad der Pigmentierung*

Vielfalt der Menschen

Die verschiedenen Menschengruppen blieben nicht dauerhaft voneinander getrennt. Schon früh gelangten Menschen verschiedener Regionen durch Handelsreisen und Erorberungszüge in Kontakt miteinander. Dabei kam es zu Beziehungen von Männern und Frauen unterschiedlicher Kulturen und verschiedenen Aussehens. Ihre Nachkommen waren den jeweiligen Volksgruppen nicht mehr eindeutig zuzuordnen. Da durch Tourismus und Flugverkehr heute die Kontakte zwischen den Völkern noch enger sind, leben in allen Kontinenten Menschen mit Merkmalen verschiedener Völker.
Viele Ausdrucksformen menschlichen ▸Verhaltens wie Trauer, Zorn, Ekel oder Freude sind in allen Kulturen ähnlich. Andererseits zeichnen sich Menschen neben ihrem Aussehen durch große kulturelle Vielfalt aus. Sie unterscheiden sich in Sprache, Religion, Kleidermoden, Wertvorstellungen und anderen Aspekten.

Menschen – gleich an Würde und Rechten

Obwohl es auch heute noch Unterschiede gibt, sind sie doch gering im Vergleich zu den Gemeinsamkeiten. Deshalb lehnen es die meisten Wissenschaftler ab, Menschen in verschiedene Rassen einzuteilen.
Die Unterschiede zwischen einzelnen Gruppen führen leider oft zu fremdenfeindlichen Vorurteilen und zu ethnischen und religiösen Konflikten oder Kriegen. Um das zu verhindern, muss man wissen, dass Menschen zwar Unterschiede aufweisen, aber alle gleich an Würde und Rechten sind. Die Menschenrechte sind ein wichtiges kulturelles Gut der gesamten Menschheit und werden von vielen als Meilenstein der soziokulturellen Evolution angesehen. Jeder Mensch besitzt unabhängig von seinen Eigenschaften, seinem körperlichen oder geistigen Zustand, seinen Leistungen oder sozialem Status aufgrund seiner bloßen Existenz einen Wert. Die Achtung vor der Würde jedes Menschen ist im deutschen Grundgesetz festgeschrieben: **„Die Würde des Menschen ist unantastbar."**

2 Variabilität beim Menschen. A *Norwegerin,* **B** *Peruaner,* **C** *Aborigine/Australien,* **D** *Chinesin,* **E** *Polynesierin,* **F** *Westafrikanerin*

Evolution – Vielfalt und Veränderung

Unter Evolution versteht man die Veränderung der von einer Generation auf die nächste übertragenen Eigenschaften. Sie verläuft meist sehr langsam, aber doch stetig. So haben sich im Laufe der Erdgeschichte aus den ersten einfachen Formen zahlreiche und teils hoch organisierte Lebensformen entwickelt.

Fossilien - Spuren des Lebens
Versteinerte Überreste ausgestorbener Lebewesen nennt man Fossilien. Sie geben Auskunft über das Leben in vorgeschichtlicher Zeit und die Entwicklung der Lebewesen.

Jedes Erdzeitalter ist durch bestimmte Pflanzen und Tiere gekennzeichnet. Weit verbreitete und nur in bestimmten Gesteinsschichten vorkommende Formen bezeichnet man als Leitfossilien.

Entwicklung der Pflanzen
Die ersten Pflanzen in der Erdurzeit waren im Wasser lebende einzellige Algen. Im Erdaltertum folgten als erste Landpflanzen sporenbildende Farnpflanzen, Bärlappgewächse und Schachtelhalme. Nacktsamer wie Nadelhölzer entstanden Ende des Erdaltertums. Am Ende der Kreidezeit im Erdmittelalter entwickelten sich die Bedecktsamer.

Entwicklung der Tiere
Die Entwicklung der Tiere begann in der Erdurzeit im Wasser mit Einzellern und einfachen Vielzellern. Es folgten zu Beginn des Erdaltertums Wirbellose wie Ammoniten, Trilobiten und Muscheln. Mitte des Erdaltertums erschienen erste Fische als Wirbeltiere in großer Vielfalt. Danach „eroberten" mit Ichthyostega die ersten Wirbeltiere das Land.

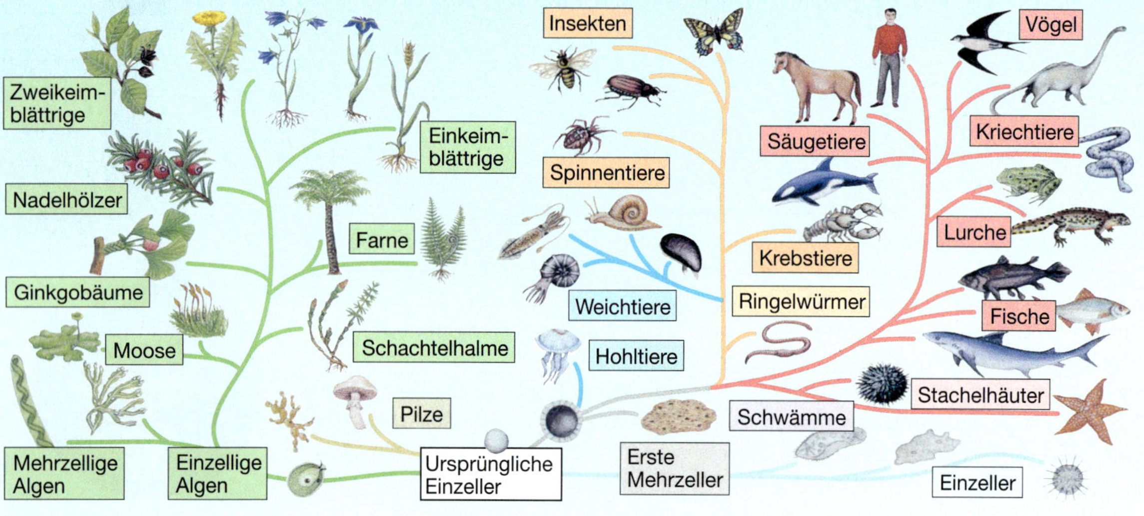

Ursachen der Evolution
DARWIN hat im vorletzten Jahrhundert eine Theorie zur Entstehung der Arten im Verlauf der Erdgeschichte entwickelt, die heute noch Bestand hat. Die heutigen Pflanzen- und Tierarten enststanden durch das Zusammenwirken von **Evolutionsfaktoren** wie Mutation, Rekombination der Gene, Selektion, geografische Isolation sowie durch die Umweltverhältnisse.

Entwicklung des Menschen
Die Entwicklung zum heutigen Menschen verlief nicht geradlinig. Aus **Vormenschen** vom Typ Australopithecus gingen die ersten Menschen hervor. Über **Frühmenschen** wie dem Homo rudolfensis und dem Homo erectus entstand der **Jetztmensch** Homo sapiens. Alle auf der Erde lebenden Menschen gehören zu einer Art.

Die **kulturelle Evolution** ist gekennzeichnet durch die Entwicklung von Werkzeugen und Waffen, den Gebrauch des Feuers, die Züchtung von Haustieren, Sprache, Schrift, Kunst sowie religiöse Vorstellungen.

Evolution – Vielfalt und Veränderung

1. Die chemische und biologische Evolution sind der Beginn des Lebens auf der Erde.
a) Erläutere diese von Wissenschaftlern formulierte Hypothese.
b) Welcher Zeitraum wird hierfür angenommen?

2. Die in und um Chemnitz geborgenen Reste eines „Versteinerten Waldes" werden auf ein Alter von etwa 290 Millionen Jahre geschätzt.
a) Welcher erdgeschichtlichen Epoche ist dieser Wald zuzurechnen?
b) Welche Baumarten gab es zur damaligen Zeit?
c) Wie mag es zur Fossilisation der Bäume gekommen sein?

3. a) Welche Bedeutung hatte der Fund des Archaeopteryx im Jahre 1861 für die Erforschung der Evolution? Berichte.
b) Nenne „lebende Fossilien" und erläutere, wie man zu dieser Bezeichnung kommt.

4. Durch welche Faktoren kommt es im Verlauf der Evolution zur Bildung neuer Pflanzen- und Tierarten? Erläutere diese Entwicklung anhand von Beispielen.

5. Was versteht man unter Koevolution? Erläutere dies anhand eines Beispiels.

6. Wie ist es wohl zum langen Hals, den langen Vorder- und kurzen Hinterbeinen bei der Giraffe gekommen? Beantworte diese Frage anhand der Theorien von LAMARCK und DARWIN.

7. Welche körperlichen Merkmale sind beim Menschen und beim Schimpansen
a) übereinstimmend,
b) voneinander abweichend?

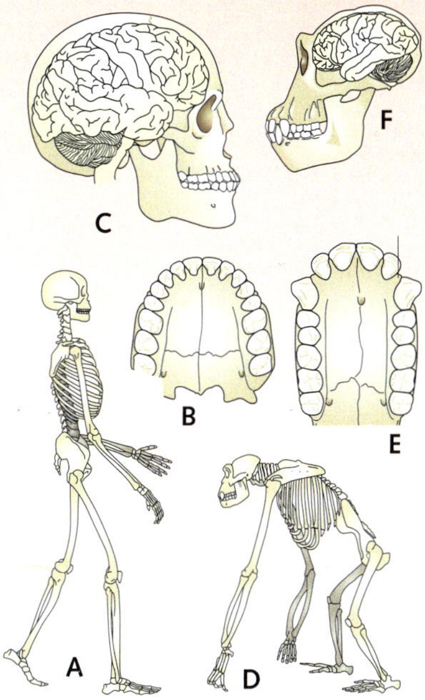

8. a) Zu welcher Zeit etwa lebte das Lebewesen, das gemeinsame Merkmale sowohl eines Affen als auch eines Menschen in sich vereinigte?
b) Welchen Namen hat man diesem Lebewesen gegeben?
c) Welche Bedeutung hat es für die Hominidenforschung?

9. Ein Ausschnitt aus dem Stammbaum des Menschen zeigt eine „Momentaufnahme" des Forschungsstandes.
a) Ordne die menschlichen Vorfahren den entsprechenden Ziffern im Stammbaum zu: H. erectus; H. heidelbergensis, H. rudolfensis, archaischer H. sapiens; H. neandertalensis; Australopithecus afarensis; moderner H. sapiens; H. habilis, Australopithecus africanus.
b) Man spricht bei der Evolution der Lebewesen von einer ungerichteten Entwicklung. Begründe dies anhand des Stammbaums vom Pferd und vom Menschen.

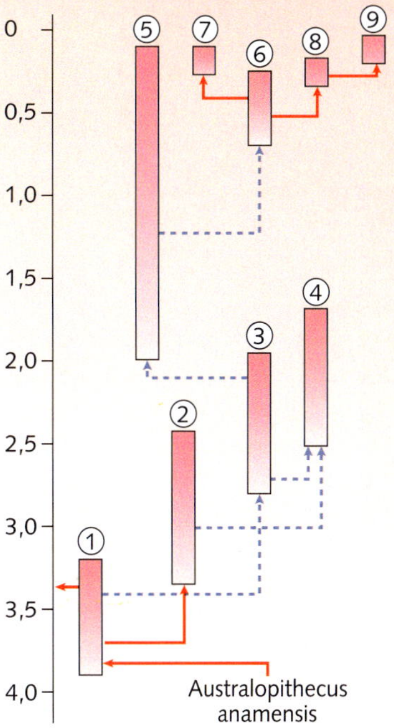

Steuern und Regeln

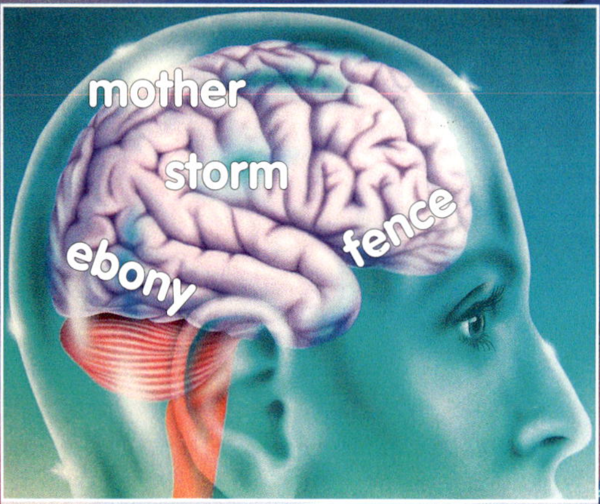

Manche Vokabeln kann ich mir leichter merken als andere.
Was passiert beim Lernen im Gehirn?
Wie kann ich besser lernen?

Warum fällt man beim Stolpern meist doch nicht hin?
Wie kann der Mensch seine Bewegungen so schnell steuern?

Warum ist es so schwer, Robotern das Fußballspielen beizubringen?

Machen Bananen wirklich glücklich?

Die Dosis macht das Gift. Tollkirschen wirken tödlich, machen toll oder sogar schön. Was heißt hier toll und was ist schön?

Warum kann Christian seine Beine nicht bewegen? Was könnte passiert sein?

GABA

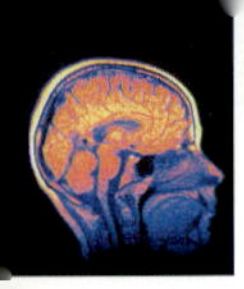

Nerven steuern Lebensvorgänge

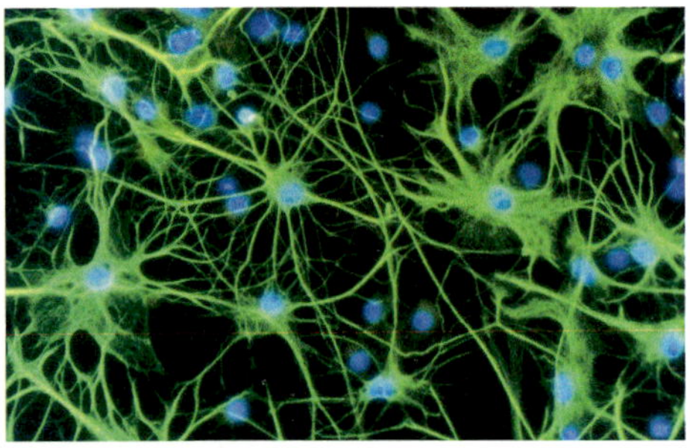

1. a) Nenne Redewendungen, in denen der Begriff „Nerven“ vorkommt, und erkläre sie.
b) Beschreibe, was man in der Biologie unter „Nerven“ versteht.

2. Welche Bereiche des Nervensystems treten bei folgenden Tätigkeiten in Aktion? Begründe. Nutze auch den Informationstext.
a) mit der Hand schreiben
b) eine Knobelaufgabe lösen
c) starkes Herzklopfen
d) ein Buch lesen
e) tanzen
f) schlafen
g) küssen

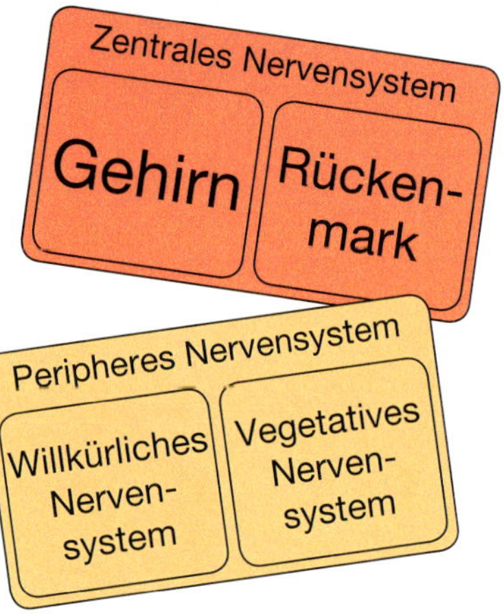

3. Vergleiche den Aufbau des Nervensystems eines Süßwasserpolypen mit dem des Menschen und stelle die Unterschiede heraus.

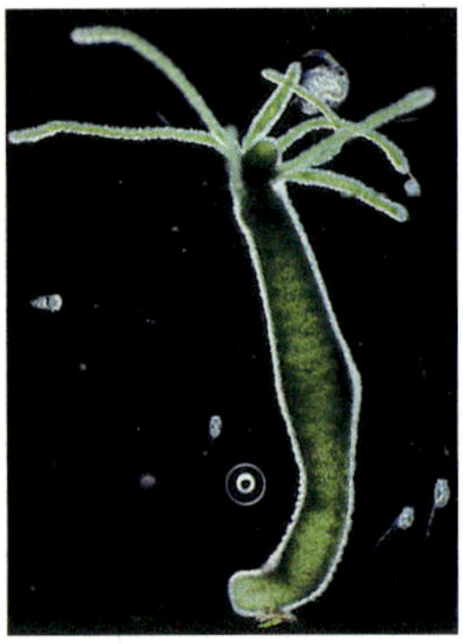

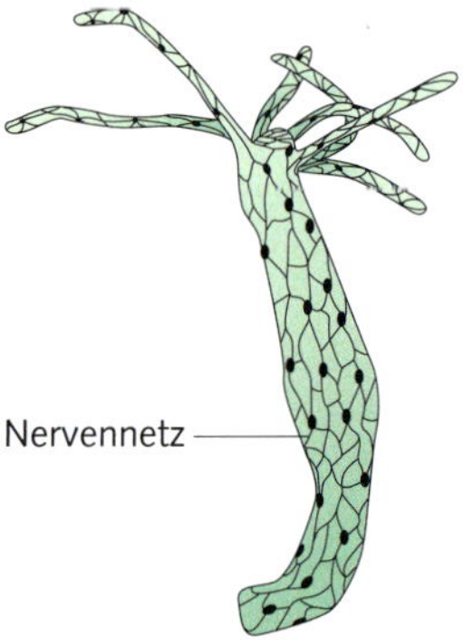

4. Das Nervensystem des Menschen arbeitet mit verschiedenen anderen Organen bzw. Organsystemen zusammen. Einige dieser Zusammenhänge werden durch das Puzzle dargestellt.
a) Finde mehr über die Funktionen heraus, die die einzelnen „Puzzleteile“ erfüllen, und beschreibe sie jeweils kurz.
b) Erläutere am Beispiel eines Handballtorwartes, der auf einen sich nähernden Ball reagiert, wie die „Puzzleteile“ zusammenarbeiten.
c) Erstelle ein „Reiz-Reaktions-Schema“, in dem du das beschriebene Zusammenspiel ▸visualisierst. Wähle selbst eine geeignete Darstellungsform aus und erläutere die Zusammenhänge anschließend vor der Klasse.

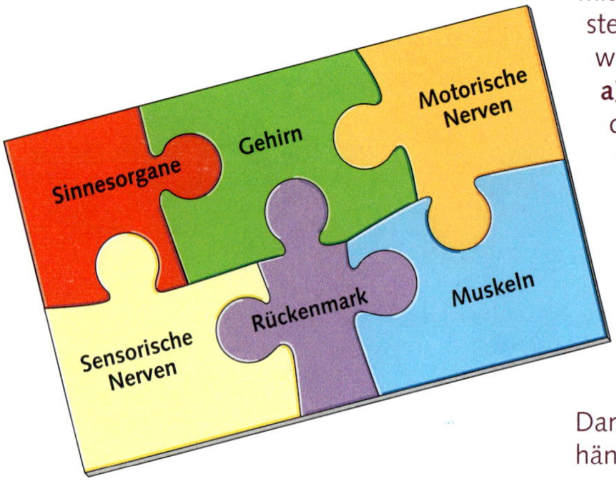

5. Bewerte die hier gewählte Darstellung der Zusammenhänge als Puzzle. Wofür erscheint sie dir geeignet und wo liegen ihre Grenzen? Schlage eine Darstellung vor, die das Zusammenspiel der verschiedenen Organe und Organsysteme besser verdeutlicht.

1 Snowboarder in Aktion

Komplexe Aufgabe

Schaut man erfahrenen Sportlern zu, zum Beispiel auf einer Skipiste, so sehen ihre „Kunststücke" oft ganz leicht aus. Steht man aber als Anfänger erstmals auf Skiern, so wird einem schnell klar, wie schwierig es bereits ist, sich aufrecht zu halten. Zu viele Bewegungen müssen koordiniert werden, um nicht hinzufallen. Und auf die anderen Pistenbesucher muss man ja auch noch achten.

Steuerzentrale des Körpers

Auch wenn uns dies meist nicht so bewusst ist: Selbst bei ganz normalen Tätigkeiten, etwa beim Gehen oder Fahrradfahren, regelt das ▸ **Gehirn** viele einzelne Muskeln und berücksichtigt dabei die Schwerkraft und die Umgebung. Gleichzeitig regelt das Gehirn ganz ohne unseren Einfluss die Körpertemperatur, unsere Atmung und Verdauung sowie eine Vielzahl weiterer Vorgänge. Nicht zuletzt speichern wir auch zahlreiche Informationen, können lernen und uns an Dinge und Gefühle erinnern.
Manche Reaktionen des Körpers laufen aber auch ohne Beteiligung des Gehirns ab. Hierzu gehören zum Beispiel die ▸ Reflexe, die im ▸ **Rückenmark** ausgelöst werden. Das Rückenmark ist eng mit dem Gehirn verknüpft. Gehirn und Rückenmark bilden zusammen das **zentrale Nervensystem (ZNS).** Es ist die Steuerzentrale des Körpers.

Nachrichtennetzwerk

Jede Art der Steuerung kann immer nur auf der Grundlage von Informationen ablaufen. Um auf etwas zu reagieren, muss der Körper erst einmal „wissen", auf was er zu reagieren hat. Unsere **Sinnesorgane** nehmen Informationen aus unserer Umwelt und aus unserem Körper auf und wandeln sie in ▸ elektrische Nervenimpulse um.
Egal, ob die Augen Licht, die Ohren Schall, die Haut eine Temperatur oder spezielle Rezeptoren den Dehnungszustand unserer Muskeln aufnehmen, alles wird in elektrische Nervenimpulse umgewandelt und über so genannte ▸ **sensorische Nerven** zum ZNS geleitet.
Aufgrund dieser Informationen löst das ZNS dann eine Reaktion aus. Damit der Körper dann auch tatsächlich reagieren und eine entsprechende Bewegung ausführen kann, müssen umgekehrt auch Informationen vom ZNS im ganzen Körper, beispielsweise zu den Muskeln, geleitet werden. Dies ermöglichen die ▸ **motorischen Nerven.**
Motorische und sensorische Nerven gehören zum **peripheren Nervensystem.** Es durchzieht fein verästelt den ganzen Körper und dient zur Informationsübertragung.

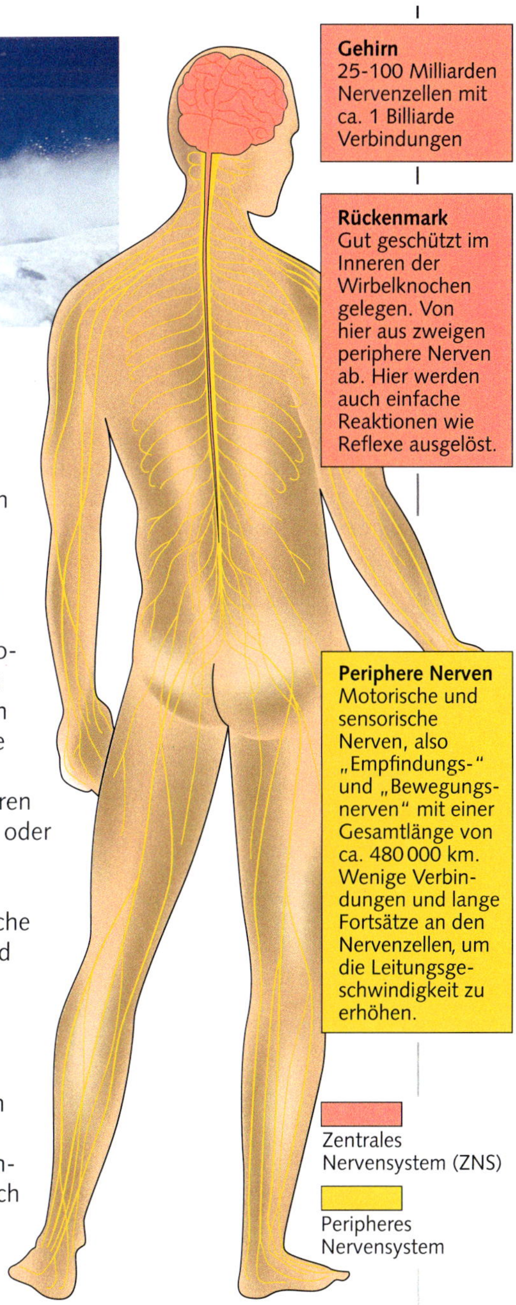

2 Nervensysteme des Menschen

Steuerung ohne Willen

Viele innere Organe wie Magen und Darm werden vom Gehirn gesteuert, ohne dass wir dies durch unseren Willen beeinflussen können. Man unterscheidet daher zwischen dem willkürlichen Nervensystem, welches die bewussten Reaktionen steuert und dem ▸ **vegetativen Nervensystem,** dessen Reaktionen wir nicht durch unseren Willen beeinflussen können.

System → S. 180

Die Nervenzelle – Grundbaustein des Nervensystems

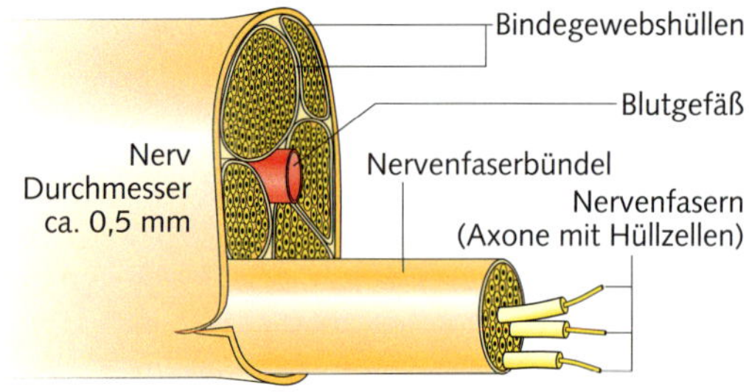

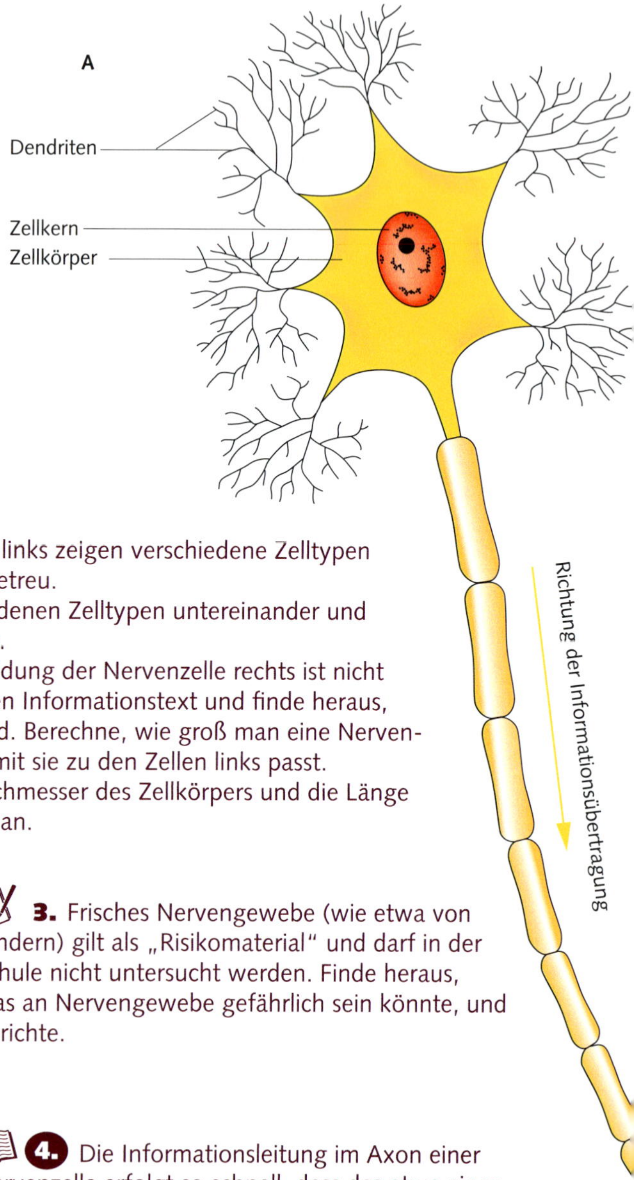

1. a) Beschreibe, aus welchen Bestandteilen ein Nerv besteht. Erkläre, wie diese zusammengesetzt sind und welche Aufgabe sie jeweils haben.
b) Zeige, wie die einzelne Nervenzelle durch ihren Bau an ihre Funktion angepasst ist.

2. Die Abbildungen links zeigen verschiedene Zelltypen des Menschen maßstabsgetreu.
a) Vergleiche die verschiedenen Zelltypen untereinander und mit der Nervenzelle rechts.
b) Die schematische Abbildung der Nervenzelle rechts ist nicht maßstabsgetreu. Nutze den Informationstext und finde heraus, wie groß Nervenzellen sind. Berechne, wie groß man eine Nervenzelle zeichnen müsste, damit sie zu den Zellen links passt.
Gib den berechneten Durchmesser des Zellkörpers und die Länge des Axons in Zentimetern an.

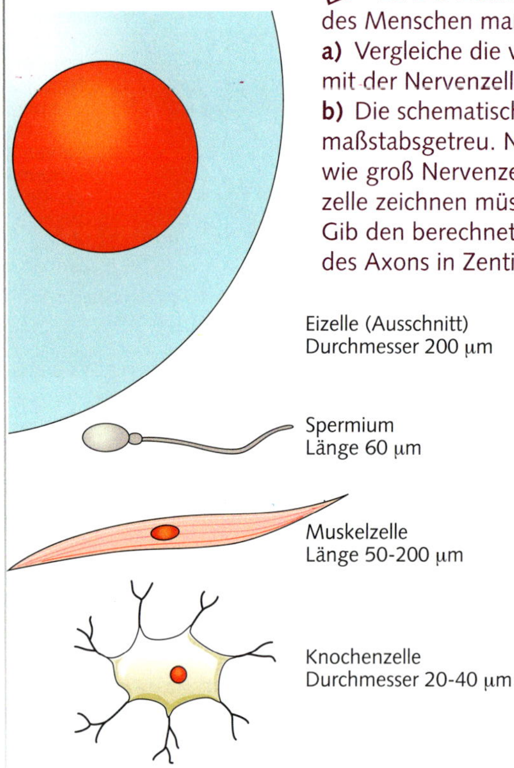

3. Frisches Nervengewebe (wie etwa von Rindern) gilt als „Risikomaterial" und darf in der Schule nicht untersucht werden. Finde heraus, was an Nervengewebe gefährlich sein könnte, und berichte.

4. Die Informationsleitung im Axon einer Nervenzelle erfolgt so schnell, dass das etwa einen Meter lange Axon in nur einer Hundertstel Sekunde (0,01 s) durchlaufen wird. Wie schnell (in $\frac{km}{h}$) müsste ein Auto fahren, um ebenfalls einen Meter in einer Hundertstel Sekunde zurückzulegen?

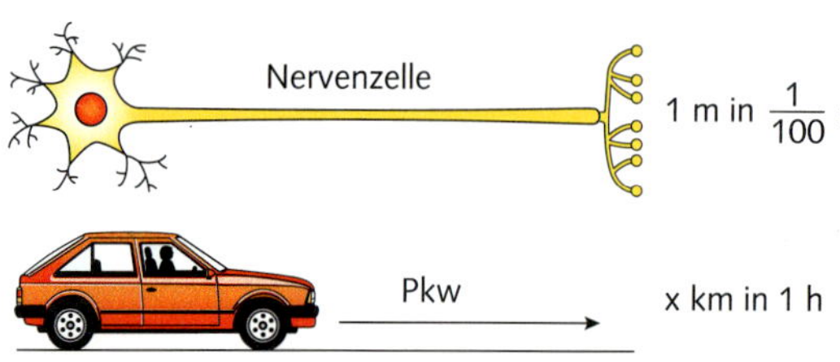

5. Mikroskopiere Fertigpräparate mit Nervenzellen oder Nervengewebe.
a) Fertige eine Zeichnung oder ein Mikrofoto an und beschrifte die Darstellung mithilfe des Informationstextes und der Abbildung 1.
b) Kopiere dein Bild auf eine Folie und erläutere es vor der Klasse.

Nervenzellen – Grundbausteine des Nervensystems

Das Nervensystem ist ein komplexes System, welches mit der Steuerung vieler Körperfunktionen eine wichtige Funktion zu erfüllen hat. Dabei kann man grob zwei Bereiche voneinander unterscheiden: Die Verarbeitung von Informationen, die vom ▸zentralen Nervensystem (ZNS) übernommen wird, und die Weiterleitung von Informationen, die Aufgabe des ▸peripheren Nervensystems ist. Obwohl die Aufgaben sowohl des zentralen als auch des peripheren Nervensystems verschieden sind, ähneln sich ihre Grundbausteine, **Nervenzellen,** in ihrem Grundbauplan stark.

Bau von Nervenzellen

An einem dicken Zellbereich, dem **Zellkörper,** befinden sich zahlreiche verästelte und eher kurze Fortsätze, die **Dendriten.** Sie stehen in Kontakt mit weiteren Nervenzellen, von denen sie Informationen sammeln. Auf diese Weise entstehen Netzwerke aus vielen Nervenzellen, die Informationen verarbeiten können.

Vom Zellkörper der Nervenzelle geht das **Axon,** ein einzelner, oft besonders langer Fortsatz aus. Er dient dazu, Informationen an andere Zellen weiterzuleiten. Obwohl die Zellkörper der Nervenzellen mit einem Durchmesser von etwa 30 µm, also 30 Millionstel Metern, eher zu den kleinen Zellen des Körpers zählen, können ihre Axone ganz beträchtliche Längen erreichen. So kann es sein, dass der Zellkörper einer Nervenzelle im Rückenmark zu finden ist und das Axon das ganze Bein durchläuft und erst am Zeh endet.

Oft wird das Axon von **Hüllzellen** umkleidet. Diese flachen Zellen sind, ähnlich wie isolierendes Klebeband, um das Axon herumgewickelt.

An seinem Ende verzweigt sich das Axon zu so genannten **Endknöpfchen.** Diese Endknöpfchen können zum Beispiel auf einem Muskel liegen oder aber auch auf Dendriten weiterer Nervenzellen.

Axone bilden zusammen mit ihren Hüll- und weiteren Hilfszellen die Nervenfasern. Bindegewebe umschließt jeweils ein Bündel dieser Fasern und mehrere derartiger Bündel bilden einen **Nerv.**

Informationsleitung

Nervenzellen transportieren ständig geladene Teilchen durch ihre Membranen. Infolgedessen sind positive und negative Ladungen innerhalb und außerhalb der Zelle nicht gleich verteilt. Normalerweise überwiegen im Inneren der Zelle negative, außen jedoch positive Ladungen. So entsteht eine elektrische Spannung, die **Ruhespannung.**

Das Erzeugen und Aufrechterhalten der Ruhespannung benötigt viel Energie. Daher sind sowohl das ZNS als auch die peripheren Nerven gut durchblutet.

Wird nun beispielsweise eine Nervenzelle in der Hand durch eine Tastsinneszelle erregt, kehrt sich die elektrische Spannung an dieser Zelle kurzzeitig um. Dieser **elektrische Impuls** läuft vom Zellkörper weg am Axon entlang. Da die Hüllzellen wie eine Isolationsschicht wirken, kann er sich jedoch nur an den schmalen Bereichen zwischen zwei Hüllzellen, den Schnürringen, ausprägen. Der Impuls „springt" sozusagen von Schnürring zu Schnürring, sodass Geschwindigkeiten von 100 Metern pro Sekunde erreicht werden.

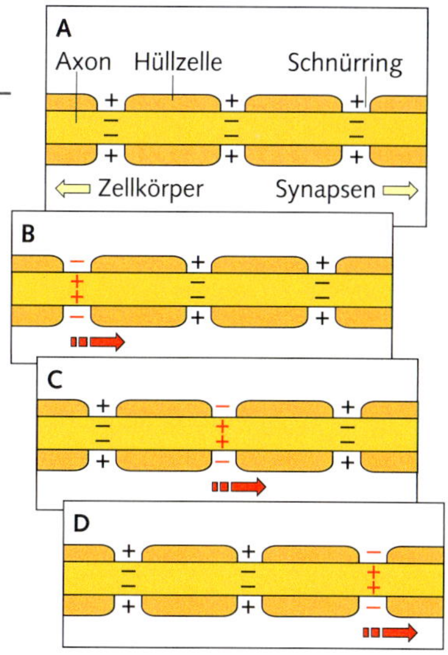

2 Informationsleitung (Schema). **A** *Ruhezustand;* **B–D** Entstehung und *Weiterleitung des elektrischen Impulses*

Informationsverarbeitung

Über die Endknöpfchen steht eine Nervenzelle mit weiteren Zellen in Kontakt. Diese Kontaktstellen, über die die Nervenzellen miteinander „verschaltet" sind, nennt man ▸**Synapsen.** Durch die komplexe Verschaltung zahlreicher Zellen kann der Körper Informationen nicht nur weiterleiten, sondern auch verarbeiten. Die Funktionen des Gehirns gehen letztlich auf diese Verschaltungen zurück und so findet man im ZNS Nervenzellen, die über besonders viele Dendriten und Synapsen verfügen. Ihre Axone sind oft kurz. Nervenzellen des peripheren Nervensystems haben dagegen meist weniger Kontaktstellen, dafür aber sehr lange Axone.

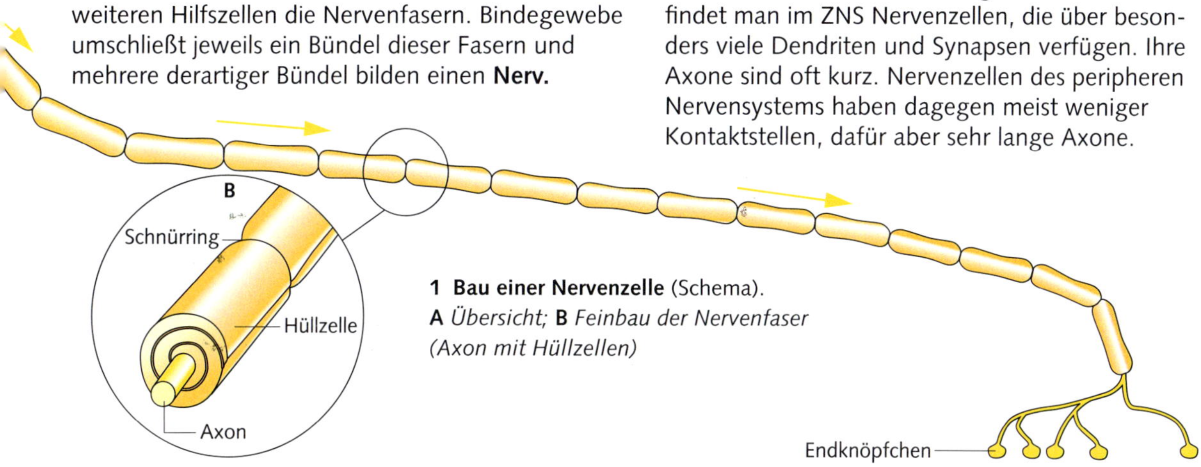

1 Bau einer Nervenzelle (Schema). **A** *Übersicht;* **B** *Feinbau der Nervenfaser (Axon mit Hüllzellen)*

Struktur und Funktion → S. 182

Zellgeflüster – Nervenzellen stehen miteinander in Kontakt

1. a) Beschreibe die Funktionsweise einer Synapse. Nutze dazu die Abbildung 1 auf der Folgeseite und erläutere die einzelnen dort dargestellten Vorgänge in einem zusammenhängenden Text.
b) Trage vor und zeige die jeweiligen Vorgänge parallel auf einer Folie der Abbildung 1.

2. Erläutere, wie sich die aufgeführten Gifte auf die Funktion der Synapse auswirken. Beschreibe dazu, wie die Informationsübertragung gestört wird, und stelle jeweils eine begründete Vermutung darüber an, welche Folgen das für den Organismus hat. Präsentiere deine Ergebnisse anhand einer Folie der Abbildung 1.

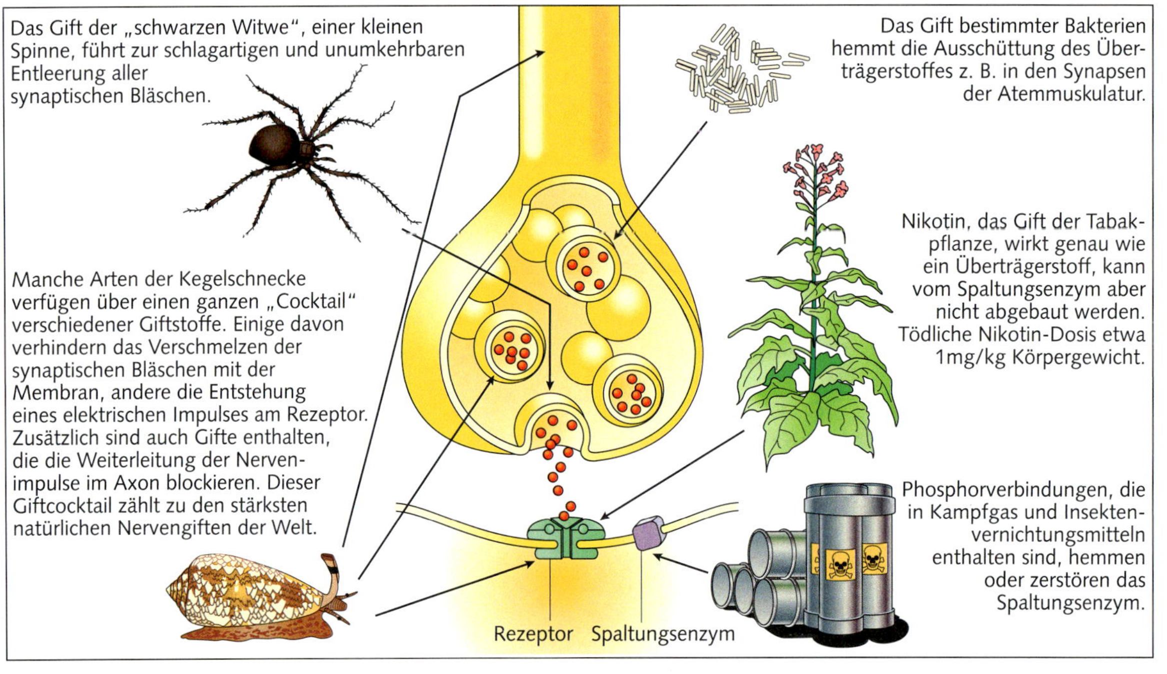

3. Auch Curare, das Pfeilgift der südamerikanischen Indianer, ist ein Synapsengift.
a) Finde mehr über seine Wirkung heraus und stelle sie dar. Erläutere dazu, wie der in der Abbildung 1 gezeigte Mechanismus durch das Gift gestört wird.
b) Für welches der in der Abbildung oben genannten Synapsengifte könnte Curare als Gegengift eingesetzt werden? Erläutere anhand der Wirkmechanismen.

Nervenzellen stehen miteinander in Kontakt

Als Teile des Nervensystems erfüllen Nervenzellen lebenswichtige Funktionen für den Körper. Dies können sie aber nicht alleine. Nervenzellen stehen daher mit anderen Nervenzellen, aber auch mit Drüsen- oder Muskelzellen in Kontakt. Die Übertragung von Informationen von einer Zelle auf eine andere ist wichtiger Bestandteil ihrer Funktion. Innerhalb der einzelnen Nervenzellen werden die Informationen in Form von ▸elektrischen Impulsen weitergegeben. Nervenzellen berühren sich aber nur selten direkt, wie Untersuchungen mit dem Elektronenmikroskop zeigen. Daher können auch die elektrischen Nervenimpulse nicht ohne weiteres von einer Zelle zur nächsten gelangen.

Berührungsloser Kontakt – die Synapse

Der Ablauf dieser Informationsübertragung ist in der Abbildung 1 am Beispiel einer Nervenzelle dargestellt, die mit einem Muskel in Verbindung steht. Dabei berühren sich Nerven- und Muskelzelle jedoch nicht, sondern sind durch einen schmalen Spalt voneinander getrennt. Endknöpfchen, Spalt und der hinter dem Spalt liegende Bereich der Folgezelle bilden zusammen die **Synapse.** Die Membranen vor und hinter dem Spalt enthalten jeweils ganz bestimmte Proteine. Außerdem findet man im Endknöpfchen zahlreiche membranumhüllte ▸Vesikel, die **synaptischen Bläschen.** Sie sind mit einem ganz bestimmten chemischen Stoff gefüllt, den man **Überträgerstoff** nennt. ▸Enzyme und der Überträgerstoff ermöglichen in Verbindung mit dem Bau der Synapse die Übertragung von Informationen von einer Zelle auf eine andere.

Empfindliches System

Die Synapse ist ein fein abgestimmtes System. Durch Eingriffe, etwa von Medikamenten, Giften oder Drogen, kann sie gestört werden und dann nicht mehr richtig funktionieren. So blockieren beispielsweise bestimmte Schmerzmittel die Ausschüttung des Überträgerstoffes in Synapsen, die für das Schmerzgefühl verantwortlich sind. Somit spürt man keine Schmerzen mehr. Auf die Dauer reagiert der Körper aber auf das Ausbleiben der Empfindung. Dann führen schon kleinste Mengen des Überträgerstoffes zu starken Schmerzen.

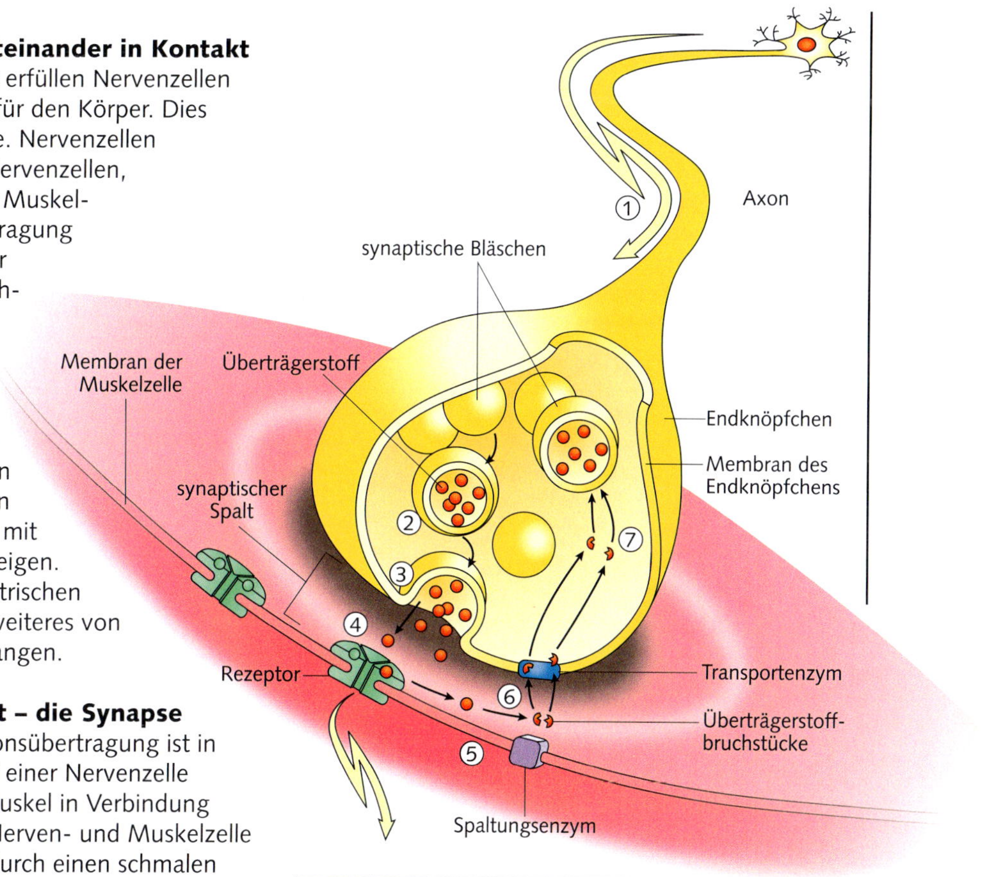

① Ein elektrischer Impuls erreicht über das Axon das Endknöpfchen …

② … und bewirkt dort, dass einige der mit Überträgerstoff gefüllten synaptischen Bläschen …

③ … mit der Membran des Endknöpfchens verschmelzen und den Überträgerstoff in den synaptischen Spalt abgeben.

④ Der Überträgerstoff überquert den Spalt und gelangt zum Rezeptor. Dort gibt es einen Bereich, an den Überträgerstoffmoleküle andocken können (Schlüssel-Schloss-Prinzip). Der Rezeptor ruft daraufhin einen neuen elektrischen Impuls hervor, bevor …

⑤ … sich der Überträgerstoff wieder ablöst und schließlich von einem Spaltungsenzym gespalten wird. Die inaktiven Bruchstücke …

⑥ … werden wieder in das Endknöpfchen transportiert, …

⑦ … wo sie wieder zu neuem Überträgerstoff zusammengesetzt werden, der in synaptische Bläschen „verpackt“ wird.

1 **Struktur und Funktion einer Synapse**

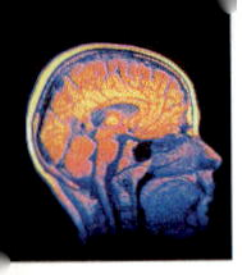

Das Rückenmark – Schaltzentrale für Reflexe

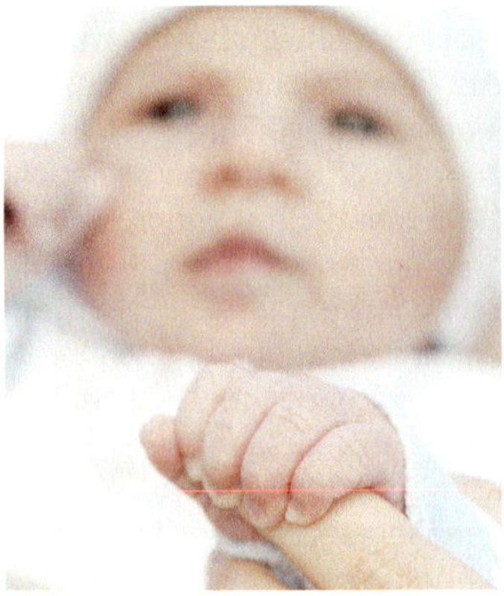

1. Säuglinge krallen sich oft mit ihren kleinen Händchen fest um Finger, Haare oder um die Kleidung des Menschen, der sie auf dem Arm hat. Dieser angeborene Greifreflex geht im Laufe des ersten Lebensjahres wieder verloren.
Erkläre den Greifreflex aus der ▸Evolution des Menschen. Welche Bedeutung hatte der Reflex für unsere Vorfahren?

2. Informiere dich über weitere Reflexe, die nur bei Säuglingen auftreten. Berichte, durch welche Reize die Reflexe jeweils ausgelöst werden, welche Reaktionen erfolgen und warum viele dieser Reflexe lebenswichtig sind.

3. Führt folgenden Versuch zur Funktionsweise des Kniesehnenreflexes zu zweit durch.
a) Die Versuchsperson setzt sich entspannt hin und schlägt die Beine übereinander. Der andere schlägt dann nicht zu fest mit der Handkante oder einem Reflexhammer unterhalb der Kniescheibe auf das oben liegende Bein.
b) Beschreibt die Reaktion auf den Schlag.
c) Erläutert mithilfe des Informationstextes und der Abbildung 1B die einzelnen Vorgänge vom Schlag bis zur Muskelreaktion in den Schritten 1 bis 5.

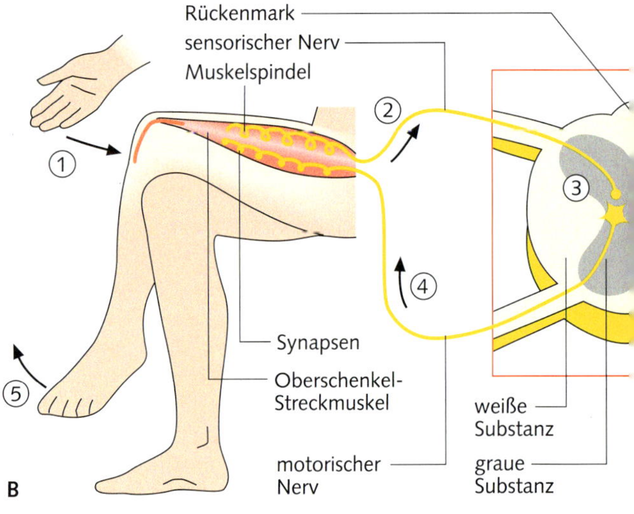

B

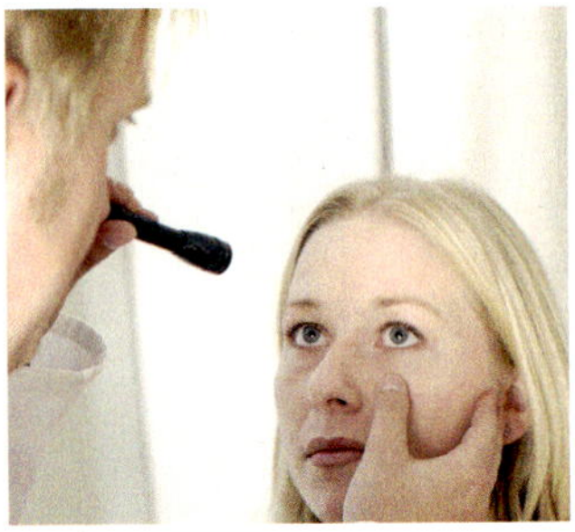

4. Welcher Reflex wird hier vom Arzt getestet? Informiere dich, was das Testergebnis über den Zustand eines Verletzten aussagen könnte, und berichte.

5. Übertrage die unten stehende Tabelle in dein Heft und vervollständige sie, indem du alle im Informationstext genannten Reflexe berücksichtigst.

Name des Reflexes	auslösender Reiz	Reaktion	Funktion des Reflexes
Lidschluss-reflex	z. B. Berührung des Auges, Wind	Augenlid schließt sich	Schutz vor Verletzung der Hornhaut

6. Vergleiche die Lage der grauen und der weißen Substanz beim Rückenmark und beim ▸Großhirn.

7. Eine Querschnittslähmung kann durch einen schweren Verkehrsunfall verursacht sein. Informiere dich und berichte über die Ausfallerscheinungen, mit denen die Patienten leben müssen. Wie lassen sich die Symptome erklären und wie hängen sie von der Lage der Verletzung des Rückenmarks ab?

Reflexe garantieren sichere Reaktionen

Wir könnten keinen sicheren Schritt machen, weder auf gerader Straße noch in unebenem Gelände, wenn wir die Spannung jedes einzelnen Muskels bewusst steuern wollten. Wir planen zwar, wo wir langgehen wollen, und erkennen mit den Augen den nächsten Tritt, aber die Feinregulierung der Muskeln erfolgt über verschiedene **Reflexe.** Das sind automatisch ablaufende Reaktionen, die nicht erlernt werden müssen und zumeist ein Leben lang erhalten bleiben. Sie beruhen auf relativ festen Verschaltungen zwischen Nervenzellen, sodass auf einen bestimmten Reiz hin eine automatische Reaktion stattfindet.
Viele Reflexe dienen dem Schutz des Körpers oder gar dem Überleben. Beispiele sind der Atemreflex, der Schluckreflex, der Brechreflex, der Hustenreflex, der Niesreflex, der Lidschlussreflex und der Stolperreflex.

1 Kniesehnenreflex.
A *beim Gehen;* **B** *im Test;* **C** *Schema*

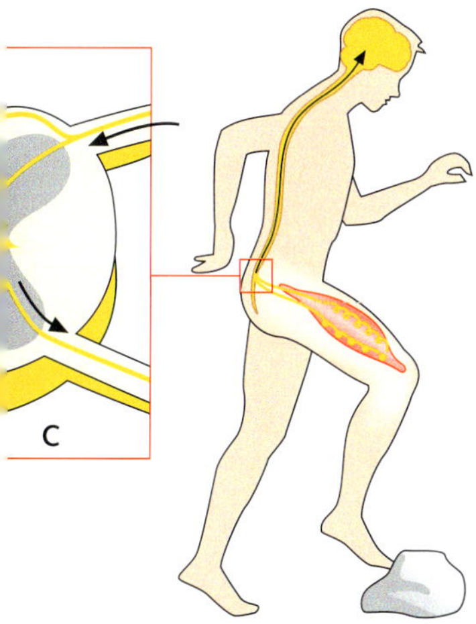

Der Kniesehnenreflex

Bleiben wir beim Gehen zum Beispiel an einem Stein hängen, so stolpern wir vielleicht, aber stürzen nicht unbedingt. Eine plötzliche Dehnung eines Muskels, in diesem Fall des Oberschenkelstreckmuskels, wird von einer so genannten Muskelspindel als Reiz registriert. Ein sensorischer Nerv meldet dies ans Rückenmark, wo die Information direkt auf eine motorische Nervenzelle umgeschaltet wird, die den Oberschenkelstreckmuskel veranlasst, sich zusammenzuziehen und das Bein zu strecken. Da hierfür nur ein einziger synaptischer Umschaltvorgang nötig ist, erfolgt der Reflex sehr schnell, noch bevor wir überhaupt bewusst wahrnehmen, dass wir gestolpert sind.
Dieser Stolperreflex kann als so genannter **Kniesehnenreflex** auch ausgelöst werden, wenn durch einen Schlag die Kniesehne des Oberschenkelstreckmuskels plötzlich gedehnt wird.
Parallel zur Auslösung des Reflexes wird die Nachricht auch ans Gehirn geleitet, wo weitere Verarbeitungen stattfinden. Beispielsweise werden von hier aus zusätzliche Korrekturschritte oder das Vorstrecken der Arme ausgelöst, um einen eventuellen Sturz aufzufangen. Die meisten anderen Reflexe laufen so über mehrere Nervenzellen als Zwischenstationen ab.

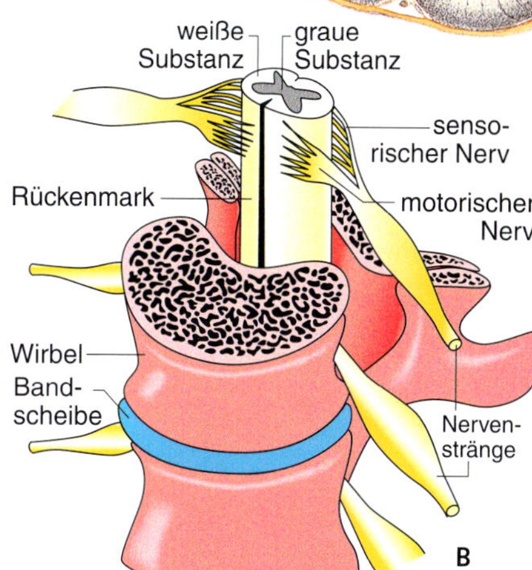

2 Rückenmark. **A** *im Querschnitt;* **B** *Lage im Wirbelkanal*

Das Rückenmark – gut geschützt und doch gefährdet

Das Rückenmark ist also einerseits eine wichtige Umschaltzentrale für Reflexe, andererseits stellt es die Nachrichtenverbindung zwischen dem Gehirn und den verschiedenen Körperbereichen her. Auch am Bau des Rückenmarks kann man diese beiden Funktionen unterscheiden: in der innen liegenden grauen Substanz befinden sich die Zellkörper der Nervenzellen mit den Synapsen für die zahlreichen Verschaltungen, während in der weißen Substanz die Nervenfasern für die schnelle Nachrichtenübermittlung verlaufen.

Das Rückenmark wird entlang der **Wirbelsäule** von den Wirbeln umschlossen und liegt gut geschützt im Wirbelkanal. Zwischen den einzelnen Wirbeln treten gebündelte Nervenfasern aus, die in alle Bereiche des Körpers führen. Wird die Wirbelsäule verletzt oder werden Wirbelkörper oder Bandscheiben verschoben, so kann dies zu starken Schmerzen und zu erheblichen Störungen des Nervensystems führen. Bei einer **Querschnittslähmung** ist der Körper unterhalb der Verletzungsstelle gefühllos und bewegungsunfähig.

System → S. 180

Das Gehirn – Steuerzentrale für Verhalten

1. a) Jonglieren ist eine komplizierte Tätigkeit. Liste auf, welche Wahrnehmungen dabei stattfinden und welche Bewegungen gesteuert werden müssen.
b) Ordne den unter a) genannten Leistungen die daran hauptsächlich beteiligten Gehirnbereiche zu.
c) Jonglieren zu lernen ist schwer, aber es macht Spaß. Beschreibe in allgemeiner Weise, was beim Lernen im Gehirn stattfindet. Welche Rolle spielt der „Spaß" dabei?
d) Jonglieren fördert Wahrnehmung, Konzentration und Bewegungskoordination. Nenne weitere Tätigkeiten, die das Gehirn auf vergleichbar vielfältige Weise trainieren.

5. a) Recherchiert zum Thema „Richtig Lernen" im Internet und in den zahlreichen dazu verfügbaren Ratgebern. Erstellt eine eigene Broschüre mit Lerntipps, die ihr für sinnvoll haltet.
b) Überprüft und begründet, inwiefern die Tipps die Arbeitsweise des Gehirns beim Lernen berücksichtigen.

2. Erkläre, welche Bedeutung es für die Funktion des Großhirns hat, dass die graue Substanz außen in der Großhirnrinde liegt und die Großhirnrinde zudem stark gefaltet ist.

3. Erstellt in Gruppen Collagen, die die Arbeitsteilung zwischen den beiden Hälften des Großhirns veranschaulichen.

4. Koma-Patienten zeigen keine Anzeichen einer bewussten Wahrnehmung oder willkürlicher Bewegungen. Trotzdem atmen, schlucken, husten oder niesen sie. Welche Hirnteile funktionieren bei ihnen offensichtlich noch und welche nicht?

6. Beschreibe anhand der nebenstehenden Abbildung, wie das Gehirn natürlicherweise geschützt ist.

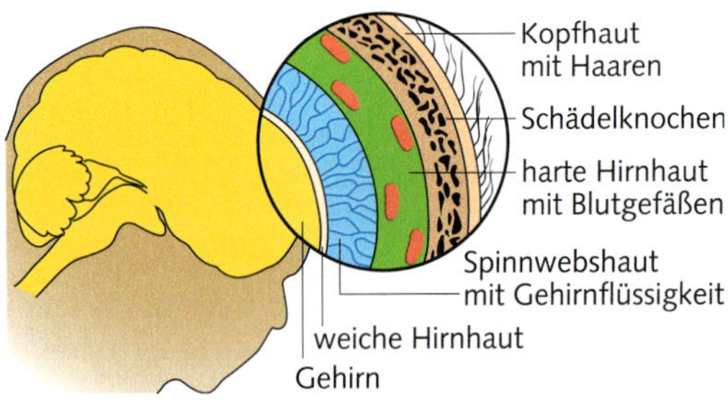

7. Bei einem K.-o.-Schlag an den Kopf prallt das Gehirn an die harten Schädelknochen. Dabei werden Gehirnbereiche gestaucht und nicht mehr ausreichend mit Sauerstoff versorgt. Der Getroffene sieht „Sterne" und wird bewusstlos.
a) Beschreibe weitere Situationen, in denen es zu ähnlichen Verletzungen kommen kann.
b) Mache Vorschläge, wie man sich schützen kann.

Universum Box - Promotion

8. Die bekanntesten Überträgerstoffe im Gehirn sind Acetylcholin, Serotonin, Dopamin und Noradrenalin. Finde ihre Bedeutung für unser Handeln und unsere Gefühle heraus. Nutze hierfür zum Beispiel das Internet.

Netzwerk Gehirn

Lesen, schreiben, rechnen, Probleme lösen, Fahrrad fahren, jonglieren, Glück empfinden, Telefonnummern kennen, schlafen und vieles mehr – wie soll diese wabbelige, graue, knapp 1,5 kg schwere Masse, die wir Gehirn nennen, das alles leisten?

Diese gewaltige Leistung vollbringt ein Netzwerk aus etwa 100 Milliarden ▸Nervenzellen, die über mehr als 1 Billiarde ▸Synapsen miteinander kommunizieren. Je nach Beanspruchung wird dieses Netzwerk laufend umgebaut und passt sich so veränderten Bedingungen an.
Unterstützt werden die Nervenzellen durch ▸Hüllzellen, die für eine gute elektrische Isolierung der Nervenfasern sorgen und zusätzlich Aufgaben im Hirnstoffwechsel übernehmen. Das Gehirn wird reichlich mit Traubenzucker als Energiespender und mit Sauerstoff versorgt. Es verbraucht allein etwa 20% des Sauerstoffs in einem ruhenden Organismus. Unterbrechungen der Blutversorgung des Gehirns führen umgehend zu schweren Funktionsstörungen und können bereits nach wenigen Minuten bleibende Hirnschäden zur Folge haben.

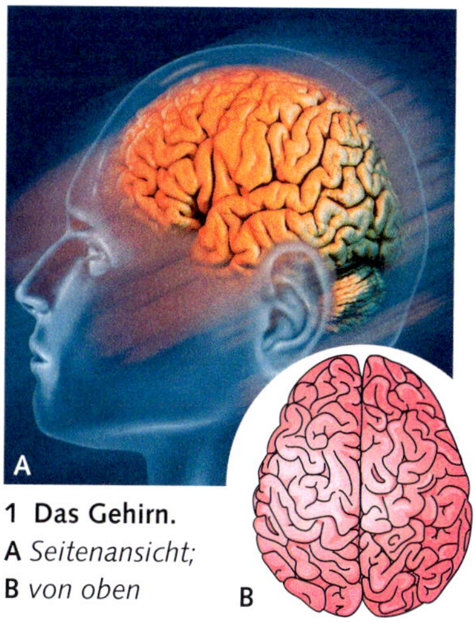

1 Das Gehirn.
A *Seitenansicht;*
B *von oben*

Bau und Funktion des Gehirns

Das Gehirn besteht aus mehreren Teilen, die zwar eng zusammenarbeiten, aber auf verschiedene Aufgaben spezialisiert sind. Abbildung 2 gibt hierzu eine Übersicht.

Beim Menschen ist das **Großhirn** besonders stark entwickelt. Die Großhirnrinde ist gefaltet und bietet durch die **Oberflächenvergrößerung** viel Platz für die außen liegende graue Substanz, wo sich die Zellkörper der Nervenzellen und die synaptischen Verknüpfungen befinden.
Im Großhirn erfolgen die bewussten Wahrnehmungen und Bewegungssteuerungen, aber auch Denken, Erinnern und das Sprachvermögen sind hier lokalisiert. Das Großhirn besteht aus zwei Hälf-ten, die über den Balken miteinander verbunden sind. Dabei sind die Aufgaben auf die beiden Groß-hirnhälften ungleich verteilt. Die linke Hälfte ver-arbeitet Nachrichten aus der rechten Körperseite und steuert diese. Für die rechte Hirnhälfte gilt das Umgekehrte. Sprache und logisches Denken erfol-gen überwiegend in der linken Großhirnhälfte, die rechte ist eher für räumliches Vorstellungsvermögen, Musikalität und Kreativität zuständig. Die Arbeitsweise des Gehirns ist noch nicht vollständig

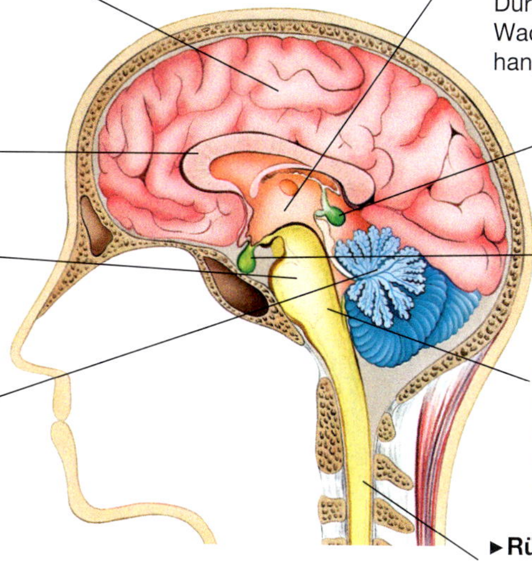

2 Gehirnteile und ihre Funktionen

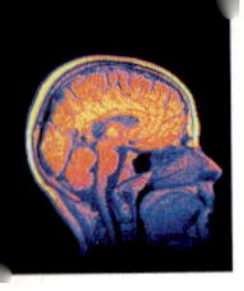

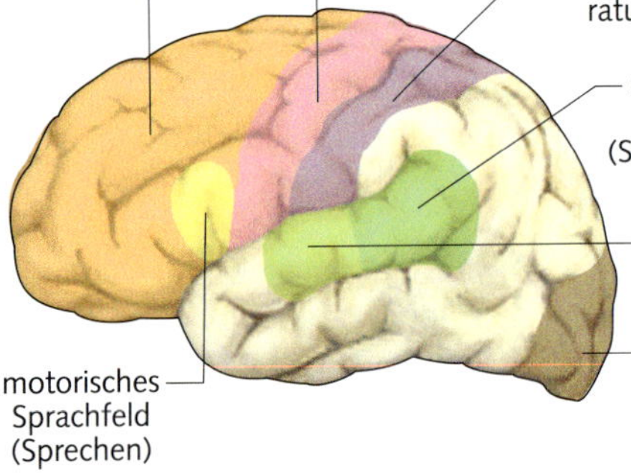

3 Rindenfelder des Großhirns

erforscht, man weiß aber, dass so genannte **Rindenfelder** für bestimmte Funktionen zuständig sind.

Gefühle

Gefühle können lebenswichtig sein. Sie steuern unser Verhalten, indem sie uns zum Beispiel vor Gefahren warnen. Durch Mitgefühl und Zuneigung helfen sie, unseren Platz in der Gemeinschaft zu finden. Gefühle wie Angst, Freude, Zufriedenheit, aber auch Hunger, Durst und sogar Liebe entstehen im Gehirn. Zwar ist man weit davon entfernt, dies vollständig zu verstehen, aber so viel ist sicher: Im Zusammenspiel von Großhirn und Zwischenhirn, im so genannten **limbischen System,** werden bestimmte ▸Überträgerstoffe an Synapsen ausgeschüttet, die das weitere Verhalten beeinflussen.

Ähnlich wirkende Stoffe können aber auch über das Blut zugeführt werden. So können psychische Erkrankungen mit Medikamenten behandelt werden. Viele ▸Drogen beeinflussen ebenfalls die Gehirnfunktionen und machen das Gefühlsleben des Menschen abhängig von der „Stoff"-Zufuhr von außen. Harmloser ist es da, dann und wann Bananen, Feigen oder Schokolade zu essen, die den Aufbau von Serotonin fördern, einem Überträgerstoff, der gute Laune hervorruft.

Lernen und Gedächtnis

Abgesehen von manchen ▸Reflexen oder angeborenen Verhaltensweisen können wir durch ▸Lernen unser Verhalten flexibel neuen Situationen anpassen. Dabei führen zuvor gemachte Erfahrungen zu einer Umstrukturierung von ▸Synapsen im Gehirn. Manche Synapsen werden neu aufgebaut oder gefestigt und die Nervenimpulse bahnen sich hier schneller ihren Weg, andere werden unterdrückt oder ganz abgebaut. Je nach Dauerhaftigkeit unterscheidet man verschiedene **Gedächtnisstufen.** Nur wirklich Wichtiges oder oft Gebrauchtes wird dauerhaft ins Langzeitgedächtnis übernommen. Aber was ist wichtig? Wichtig ist, was Vorteile bringt. Dieser Erfolg, oder auch nur der zu erwartende Erfolg, ist oft die wichtigste Antriebskraft für das Lernen. Ein inneres Belohnungssystem im Gehirn wirkt über den Überträgerstoff Dopamin. Wenn eine Lernsituation, z. B. der Umgang mit einem neuen Handy, positive Gefühle auslöst, wird dies durch Dopamin verstärkt.

Sensorisches Gedächtnis
In diesem Ultrakurzzeitgedächtnis verursachen die Sinneseindrücke für Sekundenbruchteile schnell abklingende Nervenimpulse.

Arbeitsgedächtnis
In diesem Kurzzeitgedächtnis können in den Assoziationsfeldern der Großhirnrinde Nervenimpulse laufen und sekundenlang etwa 7 Gedächtnisinhalte gleichzeitig präsent halten.

Langzeitgedächtnis
Viel genutzte Synapsen werden zunächst vorübergehend verstärkt. In einem zweiten Schritt werden Synapsen im Großhirn dauerhaft gefestigt, neue angelegt oder nicht gebrauchte abgebaut. Die Nervenimpulse laufen auf neuen, schnelleren Bahnen. Das Gelernte kann lebenslang erhalten bleiben.

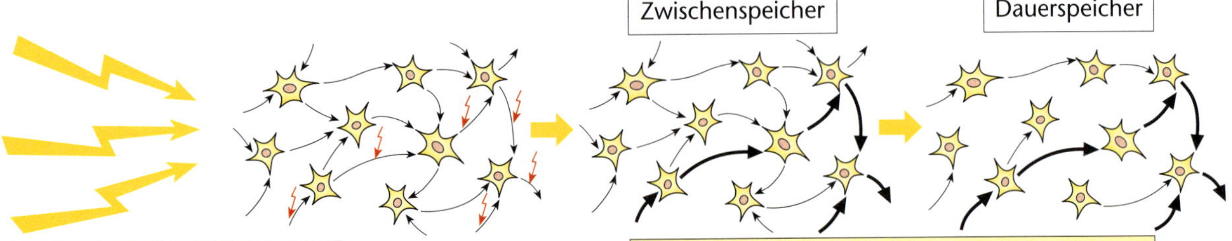

Aufnahme gefördert durch:
- Aufmerksamkeit
- Neuigkeitswert
- gefühlsmäßige Bedeutung

Übernahme gefördert durch:
- Bedeutung, positive oder negative Gefühle
- sinnvolle und mehrfache Verknüpfung
- Wiederholung, variantenreich, nicht langweilig
- Schlaf

4 Gedächtnisstufen

Gesundes und krankes Gehirn

Methoden der Hirnforschung

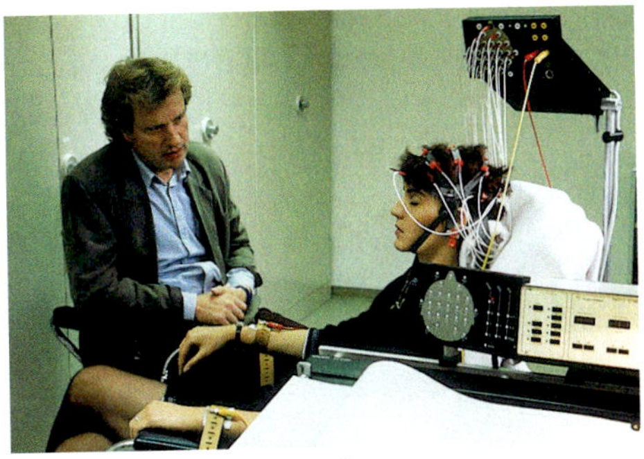

Beim **EEG**, dem **E**lektro**e**ncephalo**g**ramm, werden Hirnströme gemessen. Sie geben Aufschluss über die Hirnaktivität.

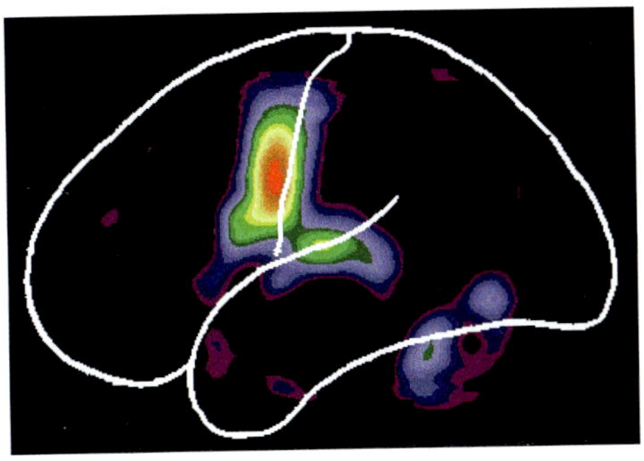

Spezielle **Computertomografien** zeichnen die verstärkte Durchblutung besonders aktiver Hirnregionen auf – hier beim Sprechen.

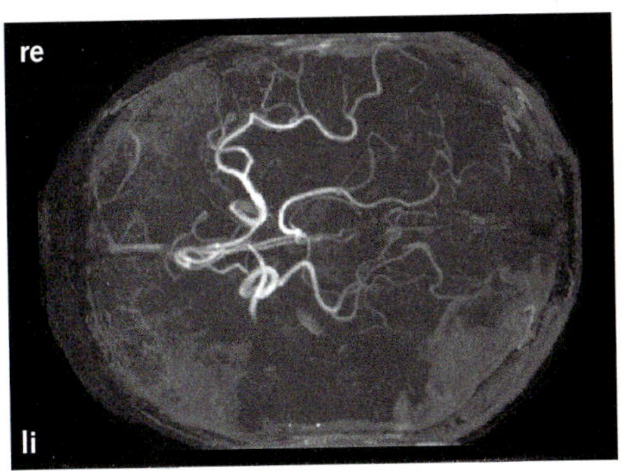

Das Bild zeigt eine Röntgenaufnahme mit einem Kontrastmittel. Zu sehen ist die Durchblutungsstörung nach einem Schlaganfall in der linken Hirnhälfte. Patienten leiden nach Schlaganfällen, bei Verletzungen oder Tumoren unter ganz bestimmten **Funktionsausfällen.**

Durch Kombination dieser Methoden kann man bestimmte Funktionen bestimmten Hirnregionen zuordnen.

Epilepsie

Bei einem epileptischen Anfall kommt es zu plötzlich auftretenden Muskelkrämpfen. Der Betroffene zuckt unkontrolliert mit Armen und Beinen und wird dann meist bewusstlos oder schläft tief. Für diese Erscheinungen sind ungewöhnliche elektrische Entladungen im Gehirn verantwortlich. Sie lassen sich mithilfe eines EEGs untersuchen.
Epilepsie kann vielfältige Ursachen haben. Eine Therapie ist mit Medikamenten heute meistens möglich.

Hirnhautentzündung (Meningitis)

Von einer Hirnhautentzündung sind häufig Kinder oder Jugendliche betroffen. Ursache sind oft bestimmte Bakterien, die man Meningokokken nennt. Gelangen die Erreger durch offene Wunden oder nach einer Schwächung des Immunsystems ins Gehirn, kommt es zu Fieber, starken Kopfschmerzen, Übelkeit und der typischen Steifheit des Nackens. Hier muss der Arzt umgehend mit Antibiotika helfen, damit keine Spätfolgen wie Erblindung oder gar der Tod eintreten. Aber auch behandelt endet eine Hirnhautentzündung oft tödlich.

1. a) Vergleiche das gezeigte computertomografische Bild mit den Rindenfeldern des Großhirns. Welche Rindenfelder sind hier aktiv?
b) Beschreibe, wie sich das Bild bei anderen Aktivitäten der Testperson wie Lesen oder Musikhören vermutlich verändern würde.

2. Der im Bild gezeigt Schlaganfall betrifft die linke Großhirnhälfte. Welche Ausfallerscheinungen sind bei dem Patienten zu befürchten?

3. Suche Informationen über weitere Erkrankungen des Gehirns oder Nervensystems wie Parkinson, Alzheimer oder Multiple Sklerose. Beschreibe jeweils Ursachen, Symptome und Behandlungsmöglichkeiten.

4. Das Ableiten von Gehirnströmen kann man bereits zur Steuerung von Computern mithilfe von Gedanken nutzen. Recherchiere und berichte über solche BCIs (Brain-Computer-Interfaces).

Wie wir lernen

1. Nenne Beispiele für das
a) Lernen durch Nachahmung;
b) Lernen durch Versuch und Irrtum.

2. Die untere Grafik stellt die Ergebnisse von Experimenten zum mehrkanaligen Lernen dar. Interpretiere die Ergebnisse.

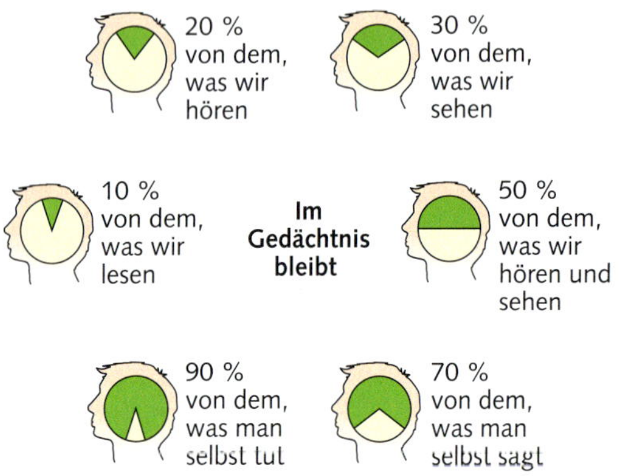

3. Ein Alzheimer-Patient kann sich nicht mehr daran erinnern, wo er vor einer Stunde seine Brieftasche abgelegt hat. Erkläre diese Schwäche mithilfe des Zweistufenmodells vom Gedächtnis.

4. Beschreibe die Abbildungen A–D zur Informationsspeicherung und Gedächtnisleistung anhand des Informationstextes.

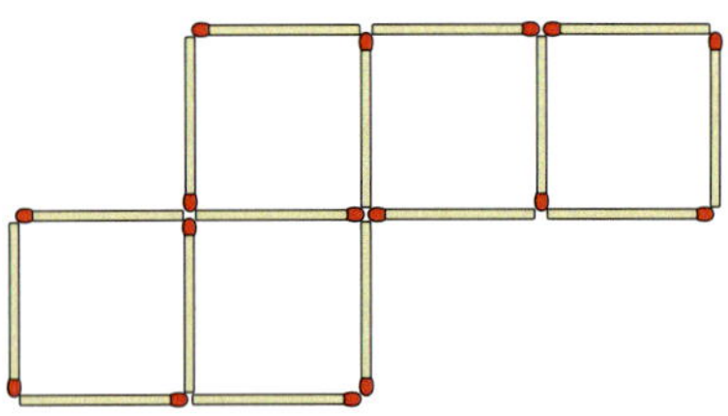

5. Lege in der dargestellten Weise aus 16 Streichhölzern fünf Quadrate. Versetze zwei Streichhölzer so, dass vier Quadrate entstehen.
a) Wie lange hast du dazu gebraucht und wie hast du die Lösung gefunden?
b) Auf welche Weise hast du gelernt?

6. Erläutere das nebenstehende Modell des menschlichen Gedächtnisses und vergleiche dieses mit Abbildung 2 auf der rechten Seite. Welches Modell scheint dir besser zum Verstehen des Sachverhaltes geeignet zu sein? Begründe.

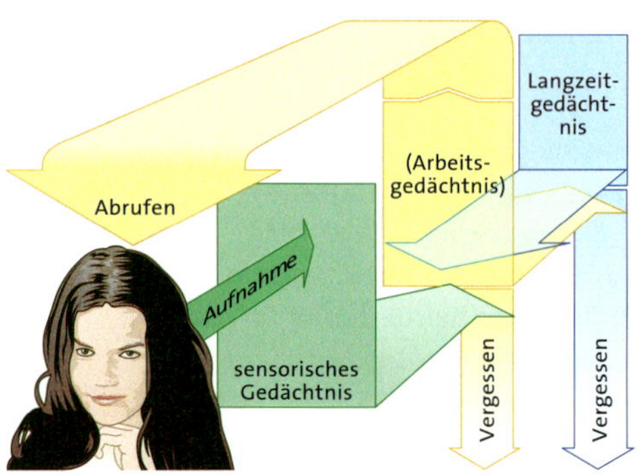

Lernvoraussetzungen

Unser ▸Gehirn ist als Zentralorgan für alles verantwortlich, was wir täglich an Informationen aufnehmen, im Organismus zu Handlungen verarbeiten und zum Teil im Gedächtnis speichern. Wie kommt es zu diesen Leistungen?
Das Gehirn setzt sich aus rund 100 Milliarden ▸Nervenzellen zusammen. Diese sind jeweils über tausende von ▸Synapsen miteinander verbunden und bilden ein dichtes Nervennetz. Man schätzt deren Zahl auf etwa 100 Billionen. In diesem Nervennetz werden Informationen als elektrische und biochemische Ströme aufgenommen, an bestimmte Gehirnregionen weitergeleitet und dort gespeichert.

Das Gehirn eines Neugeborenen hat durchschnittlich 2500 Synapsen je Nervenzelle. Diese sind vorerst auf Wahrnehmung und Reaktion beschränkt. Mit jedem neuen Tag werden bisher „brachliegende" Nervenzellen über Synapsen miteinander verbunden. In den folgenden Monaten nimmt die Informationsverarbeitung rasch zu. Immer mehr Nervenzellen vernetzen miteinander. Bei Kleinkindern ist die Zahl der Synapsen bereits auf 150 000 angewachsen. Das Gehirn kann sich ständig wechselnden Bedingungen anpassen.

Lernvorgänge

Bereits Säuglinge und Kleinkinder erforschen ihre Umgebung und probieren den Umgang mit verschiedenen Gegenständen und Spielzeugen aus. Bei einem Puzzle zum Beispiel machen sie anfangs mehrere Versuche, um einzelne Teile in die zugehörigen Aussparungen zu legen. Haben sie durch **Versuch und Irrtum** gelernt, das passende Teil erfolgreich zu legen, freuen sie sich über den Lernerfolg.

Kinder beobachten Personen ihrer Umgebung genau. Durch **Nachahmung** lernen sie den Umgang mit Malstiften, Werkzeugen oder Besteck. Jugendliche und Erwachsene verfolgen in Tanzstunden aufmerksam die Vorführung und Erläuterung Ihres Tanzlehrers. Sie lernen die ersten Schritte eines Tanzes durch Nachahmung.

1 Formen des Lernens. A *Versuch und Irrtum;* **B** *Nachahmung*

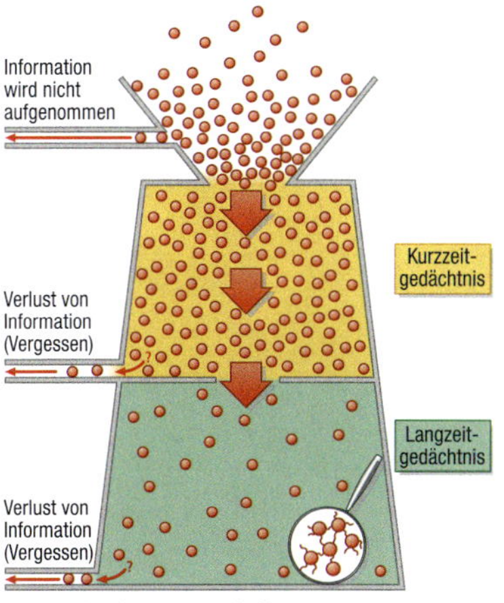

2 Gedächtnismodell

In vielen Problemsituationen – zum Beispiel bei mathematischen oder technischen Aufgabenstellungen – muss man zur Lösung vorher Lösungsstrategien überlegen, das Problem gezielt aufgliedern und Zusammenhänge herstellen. Mit diesem Lernen **durch Einsicht** zeigt der Mensch seine Fähigkeit, vorausschauend zu planen und zu handeln.

Gedächtnis

Zum Lernen gehört auch, dass das, was man lernen will, ins **Gedächtnis** gelangt und dort gespeichert wird. Beim Lernen werden hauptsächlich Augen, Ohren und Hände als Eingangskanäle zum Gehirn benutzt. Lernt man zum Beispiel Vokabeln, kann man sie lesen, hören oder schreiben. Je nach Lerntyp kann man die Vokabeln besser im Gedächtnis behalten, die man gelesen, gehört oder geschrieben hat. Man kann aber die Vokabeln auch aufnehmen, wieder abspielen und dabei zusätzlich aufschreiben. Dazu benutzt man mehrere Eingangskanäle. Durch dieses mehrkanalige Lernen gelangen Informationen auf verschiedenen Wegen ins Gehirn. Mehrkanaliges Lernen steigert oft den Lernerfolg.

Über die Sinnesorgane und das Gehirn gelangen Informationen in das **sensorische Gedächtnis.** Danach werden sie für wenige Minuten im **Kurzzeit-** oder **Arbeitsgedächtnis** gespeichert. In dieser Zeit finden Verknüpfungen mit weiteren Gedächtnisinhalten statt. „Unwichtige" Informationen gehen verloren. Sie müssen neu hinzukommenden Informationen Platz machen.
„Wichtige" Informationen werden ins **Langzeitgedächtnis** überführt. Dieser Speicher hat ein großes Aufnahmevermögen und kann Informationen über längere Zeiträume speichern. Je nach Bedeutung können sie schnell wieder verloren gehen oder lebenslang gespeichert bleiben.
Besondere Erfahrungen und Ereignisse, die mit angenehmen oder unangenehmen Gefühlen verbunden sind, werden im **emotionalen Gedächtnis** gespeichert, zum Beispiel eine besondere eigene Leistung oder eine schlechte Erfahrung mit einer Speise.

Wie Tiere lernen

Lernen durch Erfahrung

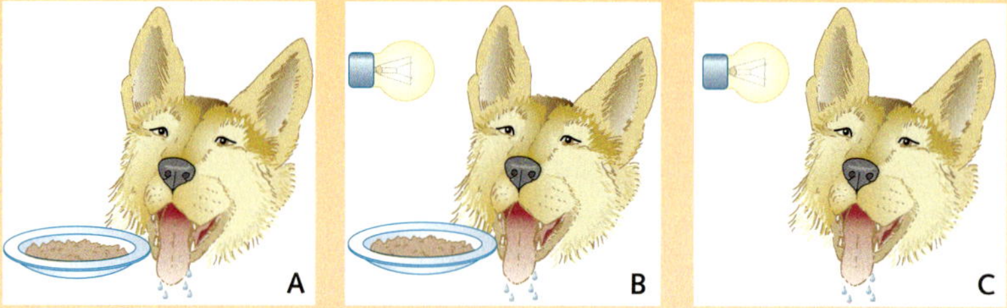

Sehen oder riechen Hunde Futter, fließt verstärkt Speichel im Maul zusammen. Diese Körperreaktion ist angeboren und wird als **unbedingter Reflex** bezeichnet. Der russische Forscher PAWLOW untersuchte, ob sich dieser Reflex anders als durch Futter auslösen lässt. Einige Tage ließ er während der Fütterung der Hunde eine Glocke ertönen. Nach diesem Training reichte der Glockenton allein aus, um den verstärkten Speichelfluss auszulösen. Die Hunde hatten **gelernt,** den Reiz „Futter" durch den Reiz „Glocke" zu ersetzen. Der verstärkte Speichelfluss, der durch den Glockenton ausgelöst worden war, war zu einem **erworbenen** oder **bedingten Reflex** geworden. Auch die Verhaltensweisen der Hunde hatten sich in den Versuchen geändert. Hörten sie den Glockenton, bettelten sie um Futter. Die Hunde hatten durch **Erfahrung** gelernt.

Lernen durch Prägung

Nach dem Schlüpfen von Entenküken kann man beobachten, dass sie stets ihrer Mutter nachfolgen. Den Entenküken ist angeboren, kurz nach dem Schlüpfen allem zu folgen, was sich in ihrer Nähe bewegt und Laute ähnlich denen einer Ente von sich gibt. Wie das zugehörige Lebewesen aussieht, müssen sie **lernen.** Ist das Muttertier ein Mensch oder ein Ball, der entsprechende Laute von sich gibt, folgen die Küken diesem „Muttertier". Diese **Nachfolgeprägung** ist ein spezieller Lernvorgang, der nur innerhalb einer kurzen Entwicklungsphase nach dem Schlüpfen stattfindet.

Bekannt ist auch die **Prägung auf Nachwuchs.** Die Eltern von Pinguinen lernen nach dem Schlüpfen ihrer Küken deren individuellen Rufe und finden auf diese Weise ihre Nachkommen inmitten einer Kolonie tausender Artgenossen.

Lernen durch Nachahmung

Wenn Entenküken dem Muttertier folgen, beobachten sie zum Beispiel, was die Mutter frisst. Anschließend fressen sie die gleiche Nahrung. So lernen sie durch **Nachahmung,** geeignetes Futter von ungeeignetem zu unterscheiden. Durch Nachahmung werden bestimmte Verhaltensweisen an die jeweiligen Nachkommen weitergegeben.

Auf diese Weise entstehen Traditionen im Verhalten der Tierararten. So lernen Singvögel ihren typischen Gesang. Papageien können sogar einzelne Wörter nachahmen. Schimpansen lernen so in bestimmten Gegenden den Gebrauch von Ästchen, um nach Termiten zu angeln.

Lernen am Erfolg

Werden Rehe an bestimmten Stellen ihres Lebensraumes öfter gestört, machen sie dort negative Erfahrungen. Sie **lernen,** solche Stellen zu meiden. Findet das Rehwild bei seiner Nahrungssuche besonders ergiebige Stellen und wird dort durch ausgiebiges Futter „belohnt", hat es positive Erfahrungen gemacht. Das Erkundungs- und Neugierverhalten der Rehe führt dazu, dass sie durch **Versuch und Irrtum** in ihrem Lebensraum Erfahrungen sammeln. Durch dieses **Lernen am Erfolg** werden sie künftig diese Stellen bevorzugt aufsuchen.

Lernen durch spielerisches Verhalten

Besonders bei jungen Säugetieren kann man beobachten, dass sie miteinander spielen. Hierbei sammeln sie spielerisch Erfahrungen. So lernen junge Katzen bewegliche Gegenstände kennen, die sie nach einiger Zeit mit angeborenen Bewegungsabläufen „erbeuten". Bei solchem **Spielverhalten** werden Verhaltensweisen eingeübt, miteinander kombiniert und mit Erlerntem verbunden. Die Tiere erlernen Bewegungsabläufe, die für ihren Nahrungserwerb, die Verständigung mit Artgenossen, bei Angriffen oder Flucht von Bedeutung sein können.

Lernen durch Einsicht

Mit Orang-Utans hat man viele Versuche zum Thema Lernen durchgeführt. Ein Beispiel: Wie verhält sich ein hungriger Orang-Utan in einem Gehege, wenn er über sich eine Banane hängen sieht?
Im Gehege liegen mehrere Kisten. Der Orang-Utan hatte vorher spielerische Erfahrungen im Umgang mit nur einer Kiste gemacht. Zunächst versuchte der Orang-Utan vergeblich, die Banane mit Stöcken herunterzuholen. Er setzte sich hin und schaute eine Weile zwischen der Banane, der Kiste unter der Banane und den übrigen Kisten hin und her. Plötzlich stand er auf, stapelte die Kisten übereinander, kletterte auf die oberste Kiste und erreichte so die Frucht. Der Orang-Utan hatte ohne vorheriges Ausprobieren die Lösung des Problems gelöst. Er hatte einsichtig gehandelt.

1. Berichte, welche unterschiedlichen Formen des Lernens du bei Tieren kennst. Erläutere die einzelnen Formen an Beispielen.

Lernen durch Gewöhnung

Bestimmte Reize lösen bei Tieren eine angeborene Fluchtreaktion aus. Sonst so scheue Greifvögel wie Turmfalken halten sich auch an Straßen auf. Sie haben gelernt, dass vom Verkehr keine Gefahr ausgeht. Im Gegenteil: Sie profitieren von Wildunfällen. Durch **Gewöhnung** an ursprünglich negative Reize und durch **Lernen am Erfolg** haben sie ihr Verhalten geändert.

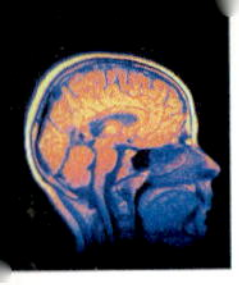

Das vegetative Nervensystem – Steuerung innerer Organe

1. Erkläre mithilfe der Wirkungen von Sympathikus oder Parasympathikus,
a) dass „die Augen vor Schreck geweitet" sind.
b) dass jemand vor Müdigkeit „schon ganz kleine Augen" hat.
c) dass man bei einer Bronchitis zumeist abends oder nachts von Husten gequält wird.
d) dass einem vor Aufregung der „Appetit vergeht".
e) dass es bei Jungen in der Pubertät gerade nachts zu einer Erektion kommt.

2. Warum soll man nach einer guten Mahlzeit nicht gleich Sport treiben?

3. Beschreibe eine Situation beim Essen, die der Arbeitsweise des vegetativen Nervensystems nicht entspricht und eine, die ihr entgegenkommt.

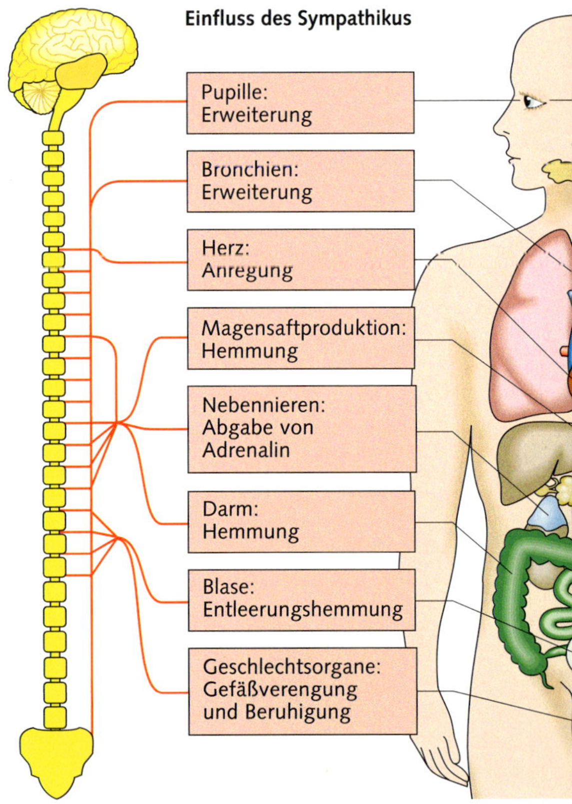

4. Der Sympathikus wirkt mit dem Überträgerstoff Noradrenalin auf die Zielorgane ein. Dieser Stoff ähnelt chemisch dem Hormon Adrenalin.
a) Beschreibe die Wirkungen von Adrenalin.
b) Beschreibe das Zusammenwirken von Nerven- und Hormonsystem am Beispiel Stress.

5. Das vegetative Nervensystem arbeitet zwar unwillkürlich, aber da es über das Gehirn gesteuert wird, gibt es doch gewisse Einflussmöglichkeiten.
a) Recherchiere, welche Körperfunktionen zum Beispiel durch mentales Training, durch autogenes Training, durch Yoga oder andere Übungsformen beeinflusst werden können.
b) Stellt einige Übungen in der Klasse vor. Wie könntet ihr geeignete Situationen schaffen, damit auch Entspannungsübungen funktionieren?

6. Eine Präsentation vor der Klasse wird unbewusst als „Gefahrensituation" eingestuft. Beschreibe körperliche Reaktionen, die in solchen Situationen typischerweise auftreten. Erkläre sie mit den Wirkungen des vegetativen Nervensystems.

Fit für Leistung – durch den Sympathikus

Wir rennen, um noch schnell den Zug zu erreichen. Wir sind hellwach beim Volleyballspiel. In Gefahrensituationen handeln wir schnell und beherzt, ohne viel nachzudenken.
Auf diese Situationen stellt sich der Körper durch die Wirkung des **Sympathikus** ein. Das ist ein Teil des so genannten **vegetativen Nervensystems,** das ohne unseren Willen die Funktionen der inneren Organe steuert. Die Situationsbeurteilung erfolgt über das Großhirn und die gefühlsmäßige Bewertung durch das Zwischenhirn, das dann den einen oder anderen Teil des vegetativen Nervensystems aktiviert. Ist der Sympathikus aktiviert, sorgt er über eine Vielzahl von Nervensträngen, die seitlich aus dem Rückenmark austreten, dafür, dass das Herz schneller schlägt, der Blutdruck steigt und die Bronchien sich weiten. Die Schweißdrüsen nehmen schon einmal vorsorglich die Produktion auf und die Muskelspannung steigt. Die Verdauungsfunktionen werden vorübergehend eingestellt. Das Stresshormon Adrenalin wird ausgeschüttet, um die Aktivierung des Körpers zu unterstützen und länger anhalten zu lassen. Daneben weiten sich die Pupillen, die Aufmerksamkeit steigt, aber das ruhige Nachdenken und Abwägen wird unterdrückt. All dies ermöglicht schnelle, mit körperlicher Anstrengung verbundene Aktivitäten.

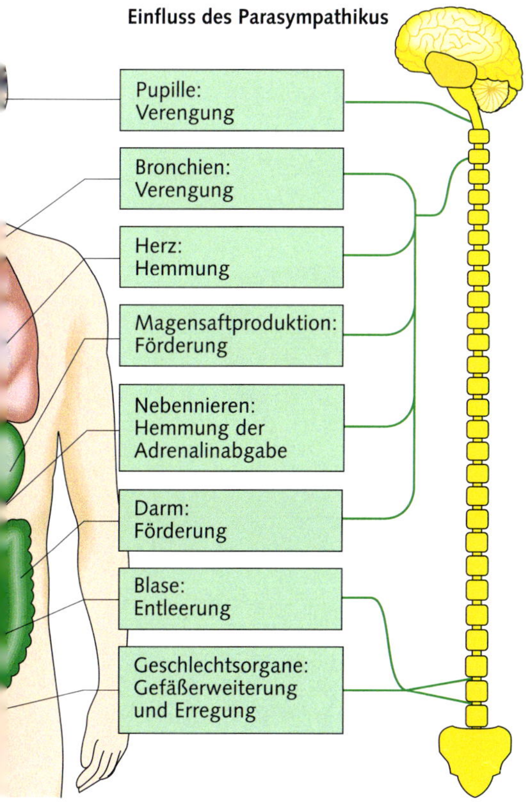

Erholung – durch den Parasympathikus

In der Ruhe wird der andere Teil des vegetativen Nervensystems aktiv. Der **Parasympathikus** ist der Gegenspieler des Sympathikus. Über andere Nervenstränge, die an wenigen Stellen das Rückenmark verlassen, erreicht er letztlich dieselben Organe und führt dort zu den entgegengesetzten Wir-kungen. Magensaftproduktion und Darmbewegungen fördern die Verdauung. Blutdruck und Herzfrequenz sinken, die Bronchien und auch die Pupillen verengen sich. Der Körper erholt und regeneriert sich. Auch für ein ungestörtes Liebesleben ist jetzt die nötige Entspannung da.

Schädliches Gegen- oder harmonisches Zusammenspiel?

Nicht immer sind uns die Wirkungen des vegetativen Nervensystems angenehm. Ein Bewerbungsgespräch bedeutet Stress. Der Sympathikus wird aktiviert. Das Herz klopft, der Kopf wird rot und die Hände feucht. Aber anstatt wegzurennen oder andere körperliche Aktivitäten zu entfalten, sollen wir auf schwierige Fragen antworten – und haben plötzlich eine Denkblockade.
Wollen wir nach dem Mittagessen gleich weiterlernen, macht uns der Parasympathikus Probleme und stellt uns eher auf eine Ruhepause ein. Es kann auf die Dauer zu Verdauungsproblemen führen, wenn man sich zum Essen nicht die nötige Zeit nimmt.
Erst das harmonische Zusammenspiel von anregendem Sympathikus und entspannendem Parasympathikus sorgt für ein ausgewogenes Wohlbefinden zwischen Leistung und Ruhe.

1 Erwünschte (oben) und unerwünschte (unten) Wirkungen des vegetativen Nervensystems

System → S. 180

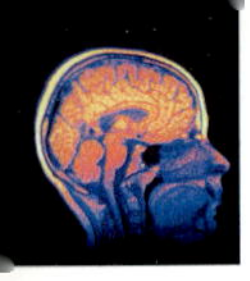

Die Chemie muss stimmen – das Hormonsystem

1. Das Thyroxin der Schilddrüse wirkt noch in einer Verdünnung von 1 : 500 000 000.
a) In wieviel Litern Wasser ist dann 1 g Thyroxin noch wirksam?
b) Welche Folgerung ziehst du aus dem Ergebnis der Aufgabe a)?

2. Erkläre anhand der nebenstehenden vereinfachten Darstellung die Informationsübertragung und Wirkung der Hormone.

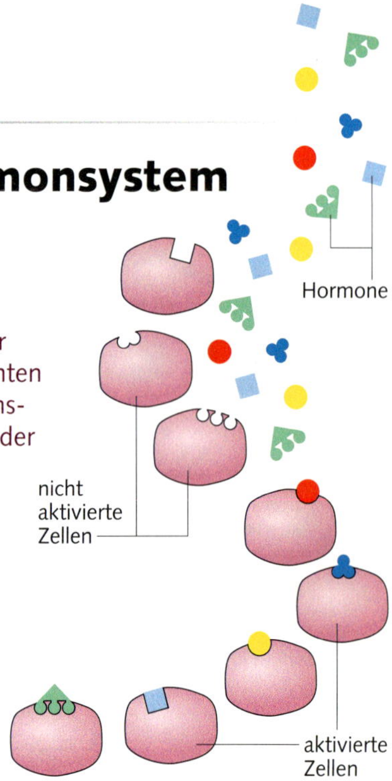

3. Bildet 7 Teams zu jeweils einer der unten aufgeführten Hormondrüsen. Jedes Team informiert sich über die Hormone, die von der jeweiligen Hormondrüse erzeugt werden sowie über deren Wirkungen.
Haltet über eure Ergebnisse einen Kurzvortrag. Gestaltet zur Veranschaulichung eures Vortrages zum Beispiel eine Computerfolie.

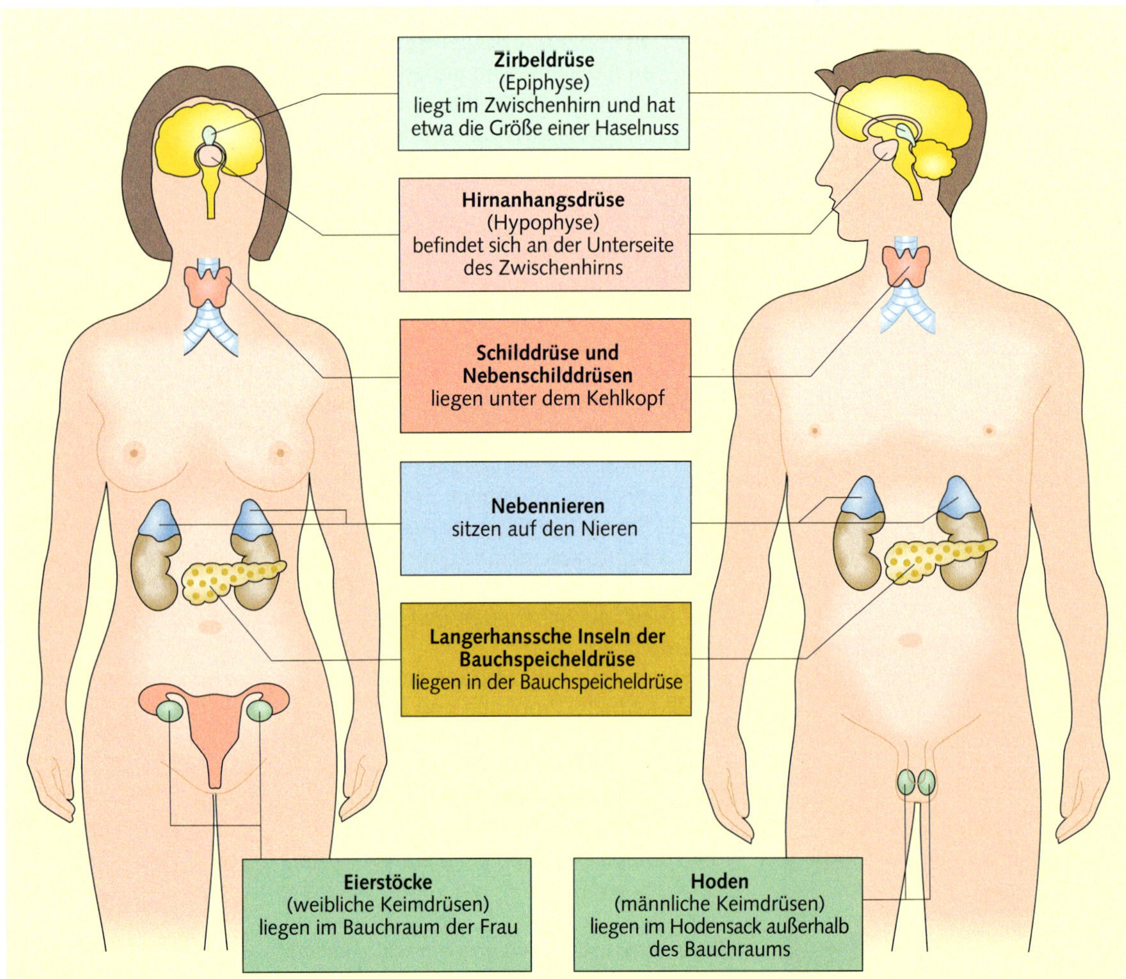

Was sind Hormone?

Hormone sind chemische **Botenstoffe,** die in kleinsten Mengen wirken. Unser Körper produziert sie in speziellen Drüsenzellen. Ein weiterer Teil von ihnen wird in Körpergeweben wie etwa der Magenschleimhaut gebildet, zum Beispiel zur Anregung der Magenbewegung. Ein anderer Teil entsteht in bestimmten Bereichen des Nervensystems, wie etwa im ▸Zwischenhirn. Hormone steuern Stoffwechselvorgänge. Sie beeinflussen das Körperwachstum und die Entwicklung. Sie haben auch Einfluss auf unser Gefühlsleben und können sowohl positive als auch negative Stimmungen hervorrufen. Sie können heilen oder auch krank machen.

Hormondrüsen

Die meisten Hormone werden in speziellen Organen gebildet, die ausschließlich der Hormonproduktion dienen. Solche **Hormondrüsen** sind zum Beispiel die erbsengroße Hirnanhangsdrüse, auch Hypophyse genannt, sowie die unterhalb des Kehlkopfes liegende Schilddrüse. Die Hormondrüsen geben die von ihnen gebildeten Hormone direkt ins Blut ab. Diese werden mit dem Blutstrom im ganzen Körper verteilt und gelangen so zu den einzelnen Organen. Trotz der vielen Botenstoffe entsteht kein Chaos im Körper, denn die Mengen der einzelnen Hormone sind aufeinander abgestimmt.

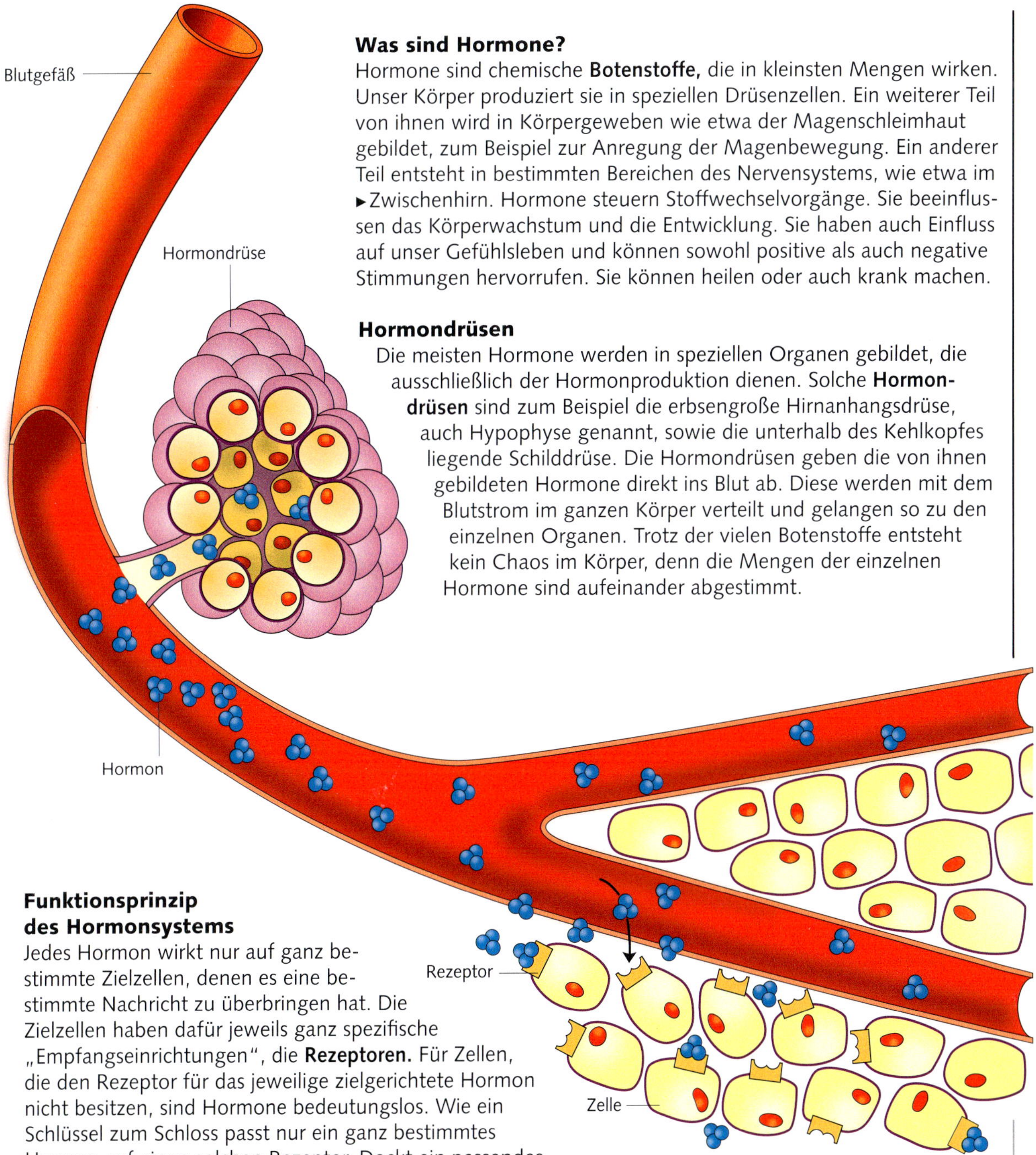

1 Funktionsprinzip des Hormonsystems

Funktionsprinzip des Hormonsystems

Jedes Hormon wirkt nur auf ganz bestimmte Zielzellen, denen es eine bestimmte Nachricht zu überbringen hat. Die Zielzellen haben dafür jeweils ganz spezifische „Empfangseinrichtungen", die **Rezeptoren.** Für Zellen, die den Rezeptor für das jeweilige zielgerichtete Hormon nicht besitzen, sind Hormone bedeutungslos. Wie ein Schlüssel zum Schloss passt nur ein ganz bestimmtes Hormon auf einen solchen Rezeptor. Dockt ein passendes Hormon an einem bestimmten Rezeptor an, so reagiert die Zielzelle darauf mit ihrer spezifischen Wirkung. Diesen Vorgang bezeichnet man als **Schlüssel-Schloss-Prinzip.**
Nach der Reaktion und erfolgreichen Wirkung im Körper wird durch einen Regelmechanismus der entsprechenden Hormondrüse die Hormonproduktion gemindert oder ganz einstellt. Solche ▸Regelmechanismen verhindern Störungen in dem empfindlichen Gleichgewicht der Hormone. Das Gleichgewicht sorgt dafür, dass die von den Hormonen verursachten Wirkungen nicht zu stark werden oder zu lange anhalten. Äußerlich besonders deutlich wird dies beim Wachstum der Kinder und Jugendlichen. So werden Wachstumshormone vor allem von der Hypophyse abgesondert. Die Höchstwerte werden in der ▸Pubertät und in der Zeit danach erreicht, in der das Wachstum beschleunigt stattfindet. Danach nimmt die Menge der Wachstumshormone wieder ab.

System → S. 180 und Struktur und Funktion → S. 182

Hormone in der Anwendung

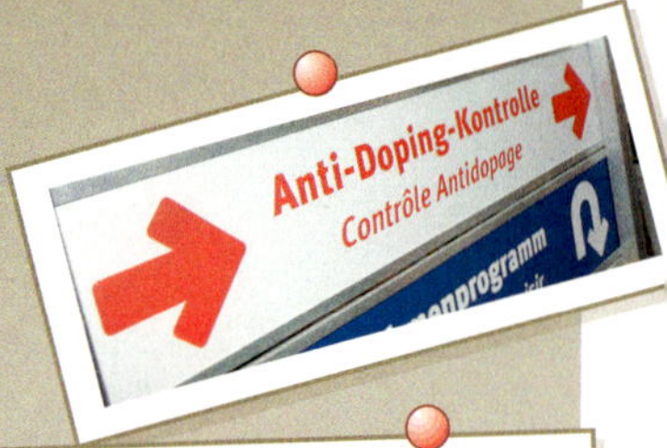

Bodybuilding

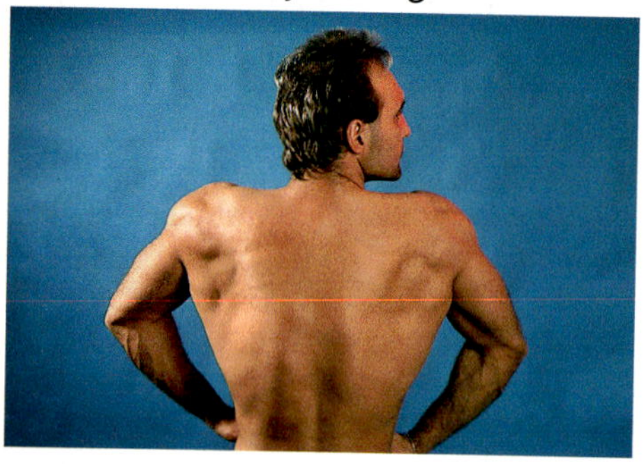

Die Muskelentwicklung bei Männern wird hauptsächlich auf die Wirkung der männlichen Sexualhormone zurückgeführt, vorwiegend auf das Testosteron. Im Sport und beim Bodybuilding kann diese Wirkung durch Medikamente, die den Sexualhormonen sehr ähnlich sind, gezielt genutzt werden. Man nennt sie **Anabolika.**
Diese haben jedoch schwere Nebenwirkungen. Sie fördern z. B. Leber- und Herzerkrankungen und führen bei Frauen zur Vermännlichung des Erscheinungsbildes.

Doping im Sport?

Als **Doping** bezeichnet man Maßnahmen zur Leistungssteigerung des Körpers beispielsweise durch chemische Substanzen.
Manche Leistungssportler greifen trotz Verbots auf solche Substanzen zurück. So ist das Medikament EPO einem Hormon sehr ähnlich, das die Bildung roter Blutkörperchen anregt. Daher wurde es zum Beispiel im Radsport illegalerweise für eine bessere Sauerstoffversorgung und damit verbunden für eine gesteigerte Energiegewinnung benutzt.
Doping ist mit hohen Risiken für die Gesundheit verbunden, da körpereigene Warnhinweise ausgeschaltet werden. Im Extremfall kann Doping tödlich enden.

1. Werden dem menschlichen Körper von außen Hormone zugeführt, kann dies positive, aber auch negative Folgen haben. Erläutere diese Aussage mithilfe der dargestellten oder weiterer Beispiele.

2. Weshalb werden Spitzensportler bei internationalen Wettkämpfen stichprobenartig zur Doping-Kontrolle gebeten? Erläutere.

Hormone in der Medizin: Cortison

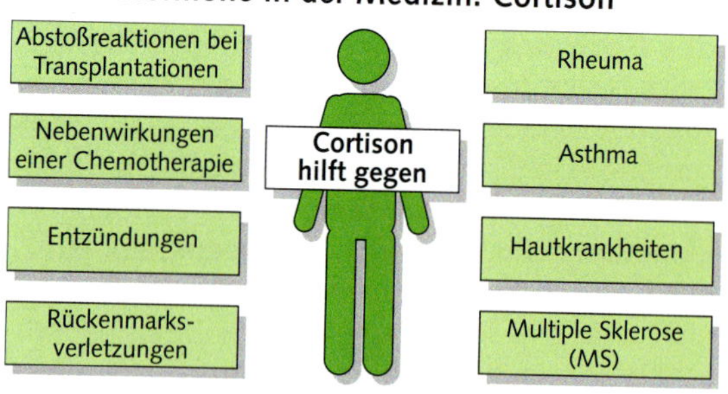

Cortisol ist ein Hormon der Nebennierenrinde, das den Stoffwechsel beeinflusst. Außerdem unterdrückt es allergische und entzündliche Reaktionen. Deshalb wird es häufig als Medikament eingesetzt. Als Medikament Cortison – Vorstufe des Cortisols – hat es aber auch unerwünschte Folgen wie ein aufgedunsenes Gesicht, Muskelschwäche, Diabetes und Bluthochdruck. Bei einer Behandlung mit Cortison müssen daher die positiven und negativen Auswirkungen gegeneinander abgewogen werden.

Hormone in der Nutztierhaltung

In der Viehhaltung werden vielfältige Wachstums- und Leistungsförderer eingesetzt. Der Einsatz von synthetisch hergestellten Hormonen zur Leistungsförderung ist in der EU jedoch verboten. Wenn nämlich diese mit dem Fleisch in den menschlichen Körper gelangen, können sie dort das Zusammenspiel der körpereigenen Hormone stören.

Visualisierung von Sachverhalten

Visualisierung von Sachverhalten
Beim Vortragen komplizierter Sachverhalte ist es oft sinnvoll, diese durch Bilder oder grafische Darstellungen zu veranschaulichen.

Derartige Visualisierungen helfen wichtige Aussagen hervorzuheben. Zusammenhänge können so übersichtlich dargestellt, und Inhalte im Gedächtnis besser verankert werden.

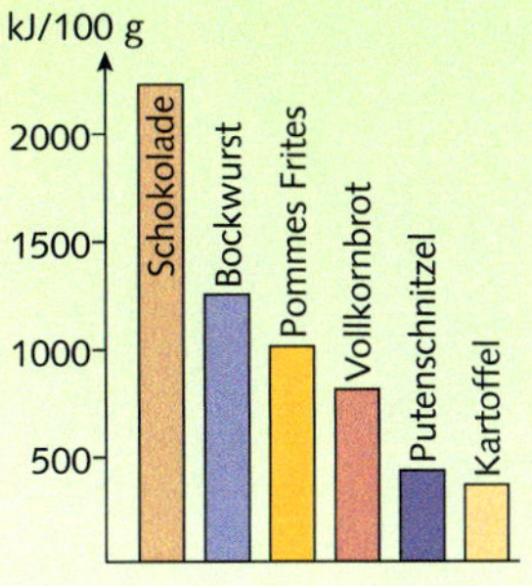

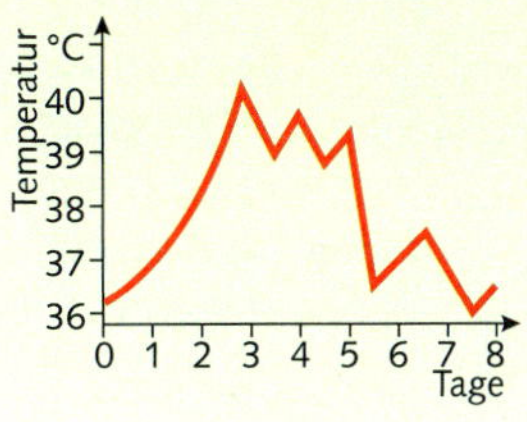

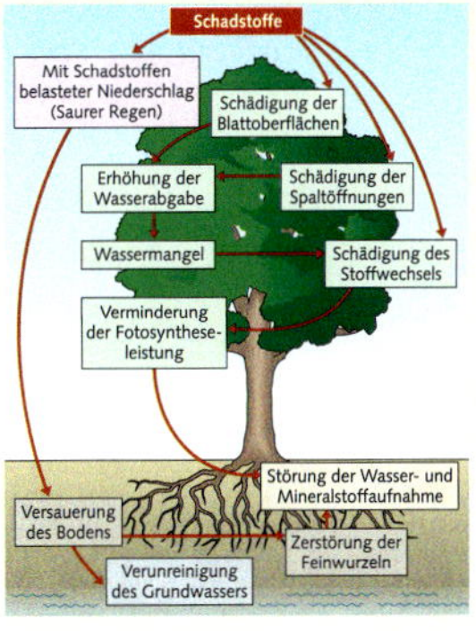

Es gibt viele Möglichkeiten der Visualisierung von Sachverhalten, zum Beispiel
- Säulendiagramme helfen, Zahlen vergleichend darzustellen
- Kurvendiagramme helfen, zeitliche und andere Abhängigkeiten darzustellen
- Kreisdiagramme können prozentuale Verteilungen zeigen
- Kreislaufdiagramme können die Beziehungen einzelner Stationen deutlich machen
- Baum- oder Organisationsdiagramme können Hierarchieebenen oder Abstammungen aufzeigen
- Pfeil- und Flussdiagramme können Zuordnungen oder Abläufe übersichtlich darstellen
- Mindmaps helfen Gedanken zu ordnen und Zusammenhänge darzustellen
- Tabellen helfen Texte oder Daten in Zeilen und Spalten gegliedert darzustellen
- Bilder (Fotos, Zeichnungen, Collagen, Karikaturen) veranschaulichen Inhalte, rufen Gefühle hervor oder können Denkanstöße geben
- Modelle können Funktionen oder Strukturen verdeutlichen
- Gegenstände oder Produkte zum Anfassen können sinnliche Eindrücke wecken

In Vorträgen können auch mehrere Formen der Darstellung miteinander kombiniert werden.

Gestaltungstipps
Alle Visualisierungsformen wirken am besten, wenn sie klar, übersichtlich und aussagekräftig sind.

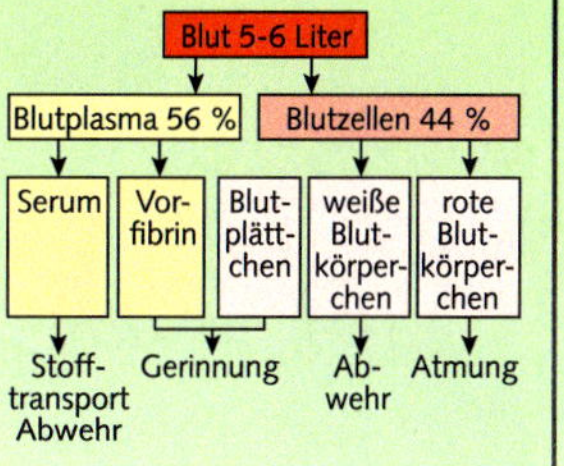

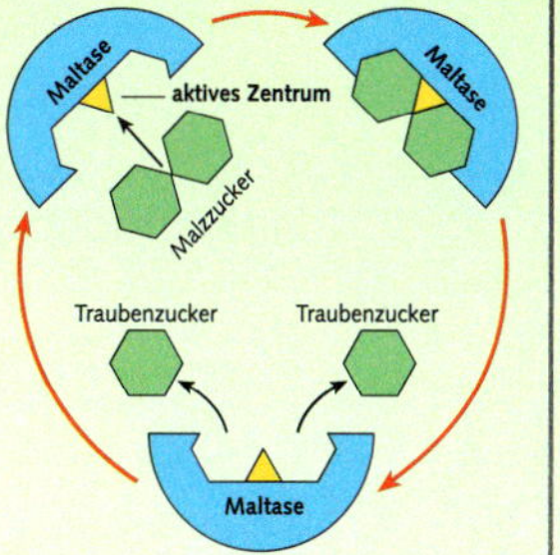

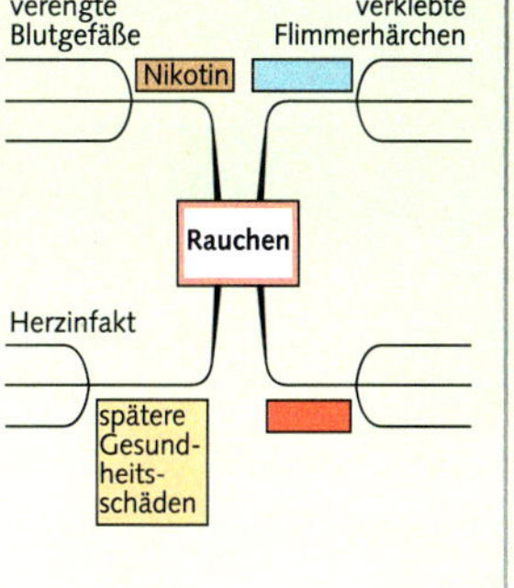

	J	F	M	A	M	J	J	A	S	O	N
Hasel											
Weide											
Pappel											
Birke											
Raps											
Esche											
Gräser											
Brennnessel											

1. a) Bildet Teams und entscheidet euch für eine Möglichkeit, Sachverhalte wie nebenstehende zu visualisieren und begründet die gewählte Darstellungsform.
b) Stellt eure Ergebnisse vor und diskutiert in der Klasse, welche Möglichkeiten sich jeweils gut oder weniger gut eignen.

Welche Form der Visualisierung eignet sich für folgende Sachverhalte?
- Aufgaben unterschiedlicher Hormone
- Steuerung des Blutzuckerspiegels durch Hormone
- Bau einer Nervenzelle
- Ablauf einer Reflexhandlung
- Stressfaktoren für Menschen
- Funktion der Bandscheiben
- Entwicklung der Körpertemperatur bei Masern
- Verlauf einer Infektionskrankheit
- Prozentualer Anteil der häufigsten Todesursachen in Deutschland

Nerven- und Hormonsystem arbeiten zusammen

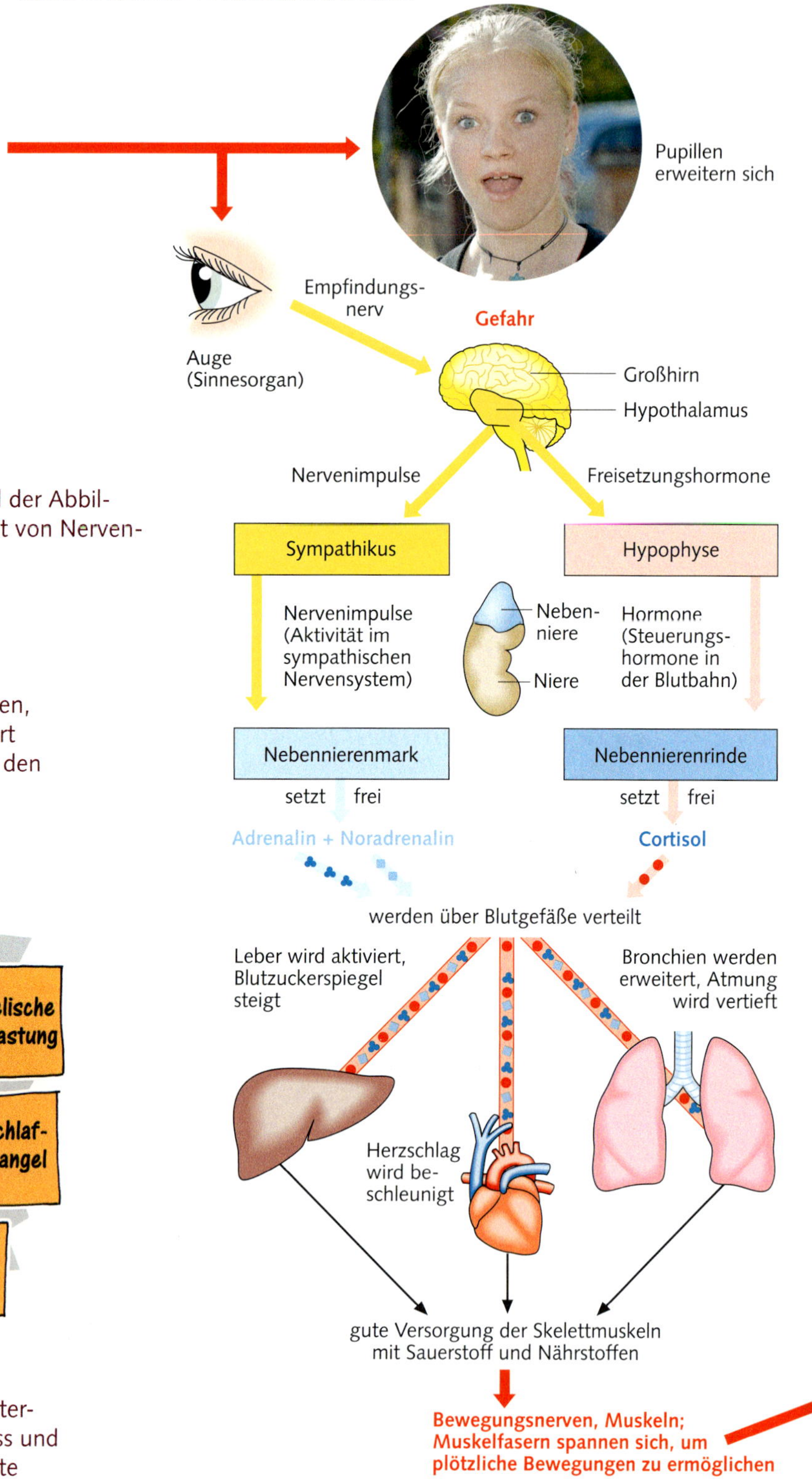

1. Beschreibe anhand der Abbildung 1 die Zusammenarbeit von Nerven- und Hormonsystem.

2. Nenne Beispiele für Stressoren, die in der Abbildung unten aufgeführt sind. Wie wirken sie sich negativ auf den Körper aus?

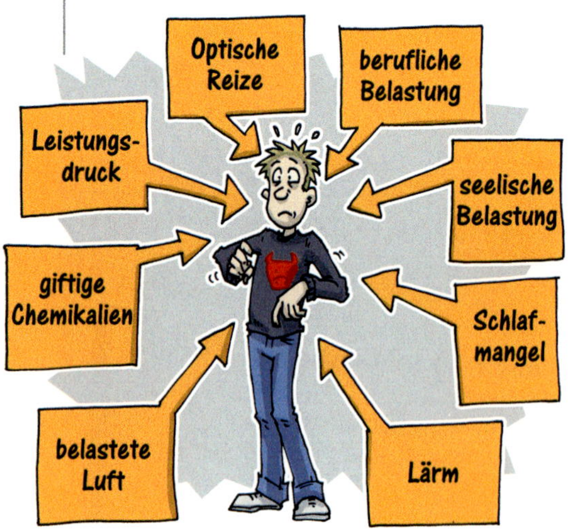

3. Recherchiere im Internet, was man unter Disstress und unter Eustress versteht. Halte dazu einen Kurzvortrag.

In einer lebensgefährlichen Situation

Eine Fußgängerin überquert gerade eine Straße und plötzlich fährt ein Auto auf sie zu, das sie vorher nicht wahrgenommen hat. Sie erkennt die Gefahr, erschrickt und reagiert ohne vorher zu überlegen sofort mit einem schnellen Sprung von der Fahrbahn. Dort bleibt sie erst einmal stehen und wird kreidebleich. Die Knie zittern, das Herz schlägt schneller und kräftiger, sie atmet tief und bekommt ein flaues Gefühl im Magen. Es dauert eine kurze Zeit, bis sie sich wieder beruhigt hat. Was geschah im Körper der Frau in dieser **Stresssituation,** die sie als gefährlich empfunden hatte?

Reaktionen in einer Stresssituation

Die Augen nehmen den ▸Reiz des heran fahrenden Autos auf. Diese Information wird in Form elektrischer Impulse in die ▸Großhirnrinde geleitet, mit dort gespeicherten ähnlichen Situationen verglichen und als „Gefahr" an den ▸Hypothalamus weitergeleitet. Dieser aktiviert über den ▸Sympathikus des vegetativen Nervensystems das **Nebennierenmark.** Es setzt die Hormone **Adrenalin** sowie **Noradrenalin** frei. Diese werden über das Blutgefäßsystem verteilt und entfalten im Körper ihre Wirkung.

Es gibt jedoch noch ein zweites Alarmsystem. Gleichzeitig mit der Aktivierung des Sympathikus schüttet das Gehirn nämlich selbst Hormone aus. Diese Freisetzungshormone wirken auf die ▸Hypophyse. Diese schüttet daraufhin ▸Steuerungshormone aus. Sie gelangen über die Blutbahnen zu den Nebennieren. Dort veranlassen sie die **Nebennierenrinde** zur Abgabe des „Aktivitätshormons" **Cortisol.** Dieses Hormon beeinflusst unter anderem den Kohlenhydrathaushalt, fördert den Anstieg des Blutzucker- und Blutfettspiegels sowie die Ausschüttung von roten Blutkörperchen.

Nach dem Schreck wird also über zwei unabhängige Wirkungsketten die Ausschüttung von Stresshormonen veranlasst. Diese wirken unter anderem auf die Leber, wodurch es zur Bildung von Glukose kommt, sodass der Blutzuckerspiegel steigt. Zudem werden Atmung und Blutkreislauf aktiviert. Der Stoffwechsel beschleunigt sich. Die Skelettmuskeln werden gut durchblutet und reagieren rasch und kräftig auf die Impulse der motorischen Nerven. Der ganze Körper ist auf Leistung eingestellt. Der rettende Sprung von der Fahrbahn gelingt.

Der Körper hat auf den Stress mit der Aktivierung seiner Alarmsysteme reagiert. So kann er mithilfe des vegetativen Nervensystems in Bruchteilen von Sekunden Höchstleistungen vollbringen. Die Wirkung der Stresshormone hält nach der Reaktion noch etwas länger an und ist als flaues Gefühl bemerkbar.

Nach dem Stress

Erst wenn nach dem Stress die Hormone wieder abgebaut sind, normalisieren sich in der Erholungsphase Kreislauf und Stoffwechsel. Dies ist ein sinnvoller biologischer Mechanismus. Wird jedoch ein Körper zu oft Stresssituationen wie Lärm, Hetze, Leistungsdruck, hoher Verantwortung oder Termindruck ausgesetzt und fehlen längere Erholungsphasen, wird er mit Hormonen überflutet. Die negativen gesundheitlichen Folgen sind unter anderem zunehmende Aggressivität, Magen- und Darmgeschwüre, Bluthochdruck oder sogar Herzinfarkt. Durch eine ausgeglichene Lebensführung kann man sich vor Dauerstress schützen. Dazu gehören zum Beispiel ausreichender Schlaf, regelmäßige Bewegung im Freien und eine richtige Zeitplanung.

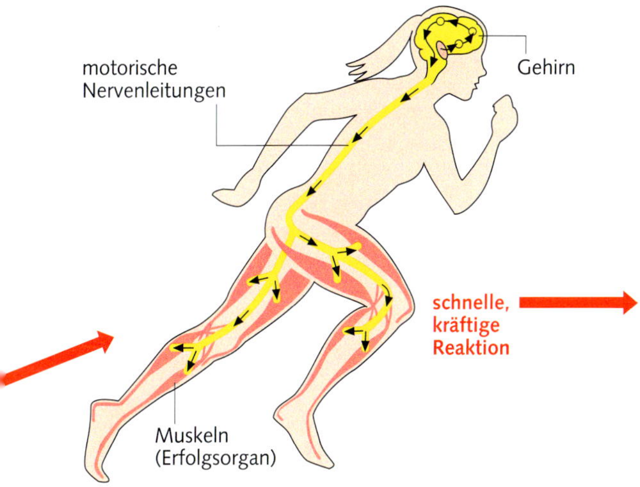

1 Zusammenarbeit von Nerven- und Hormonsystem in einer Stresssituation

System → S. 180

Steuern und Regeln

Nervensystem
Sinnesorgane nehmen Reize auf. Diese veranlassen Sinneszellen, elektrische Nervenimpulse zu bilden. Sensorische Nerven leiten die Impulse ins Zentralnervensystem: ins Rückenmark und Gehirn. Dort findet die Verarbeitung statt. Bei Bedarf werden Reaktionen ausgelöst. Nun leiten motorische Nerven elektrische Impulse zu den Muskeln, die sich auf das Signal hin zusammenziehen – eine Bewegung erfolgt.

Nervenzellen
Eine Nervenzelle erhält Signale von anderen Nervenzellen, die mit ihr durch Synapsen an den Dendriten in Kontakt stehen. Chemische Überträgerstoffe können dann in der Nervenzelle elektrische Impulse auslösen. Diese laufen das Axon entlang und führen an den Synapsen zur nachfolgenden Nervenzelle wiederum zur Ausschüttung von Überträgerstoffen.

Überträgerstoffe an Synapsen
An den Synapsen erfolgt die Informationsübertragung zwischen Nervenzellen auf chemischem Wege. Dabei kommen unterschiedliche Überträgerstoffe zum Einsatz, die anregen, hemmen oder zu bestimmten Gefühlslagen führen können. Daher sind die Synapsen Angriffspunkt von zahlreichen Medikamenten, Drogen und Nervengiften.

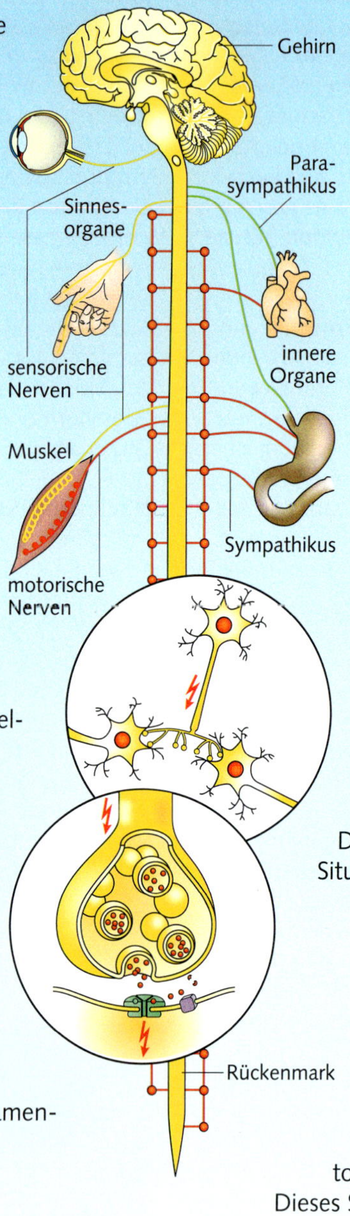

Rückenmark und Reflexe
Das Rückenmark verbindet das periphere Nervensystem mit dem Zentralnervensystem. Außerdem werden hier Reflexe ausgelöst.

Lernen und Gedächtnis
Die Verschaltungen durch Synapsen zwischen den Nervenzellen im Gehirn sind veränderbar. Das Verhalten kann sich so veränderten Bedingungen anpassen. Wir lernen. Gelerntes gelangt ins Gedächtnis und wird dort gespeichert, manchmal ein Leben lang. Wer mehrkanalig lernt, steigert oft seinen Lernerfolg.

Verhalten
Menschen zeigen Verhaltensweisen wie Besitzverhalten, Territorialverhalten, Aggressionsverhalten und Individualdistanz.

Vegetatives Nervensystem
Das vegetative Nervensystem steuert ohne unseren Willen die Funktionen der inneren Organe. Dabei wirkt der Sympathikus in Situationen aktiver Leistung, der Parasympathikus bei der Verdauung und Erholung.

Gehirn
Das Gehirn ist die übergeordnete Steuerzentrale für unser Verhalten. Die verschiedenen Gehirnbereiche wie Großhirn, Kleinhirn, Zwischenhirn, Mittelhirn und verlängertes Rückenmark erfüllen dabei jeweils bestimmte Funktionen. Auch die linke und rechte Großhirnhälfte sind spezialisiert.

Hormonsystem
Hormondrüsen geben Hormone in geringen Mengen ins Blut ab. Nur Zielzellen mit den passenden Rezeptoren reagieren. Dieses Signalsystem ist langsamer, aber länger anhaltend als das des Nervensystems. Über das Gehirn und die Hirnanhangsdrüse (Hypophyse) arbeiten diese beiden Signalsysteme eng zusammen.

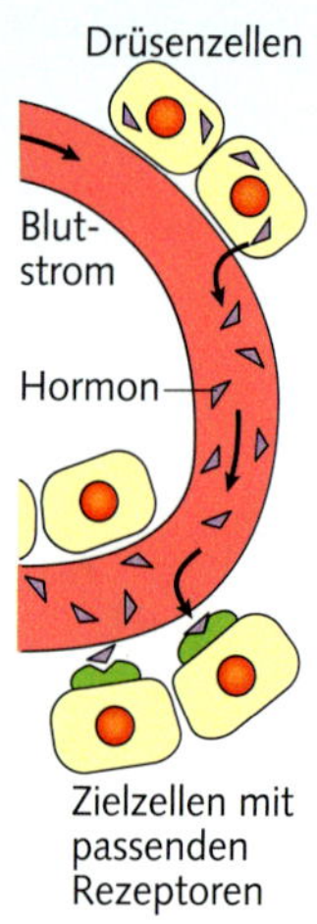

Schlüssel-Schloss-Prinzip
Überträgerstoffe an Synapsen und Hormone wirken auf ihre Zielzellen, indem sie nach dem Schlüssel-Schloss-Prinzip an passende Rezeptoren andocken.

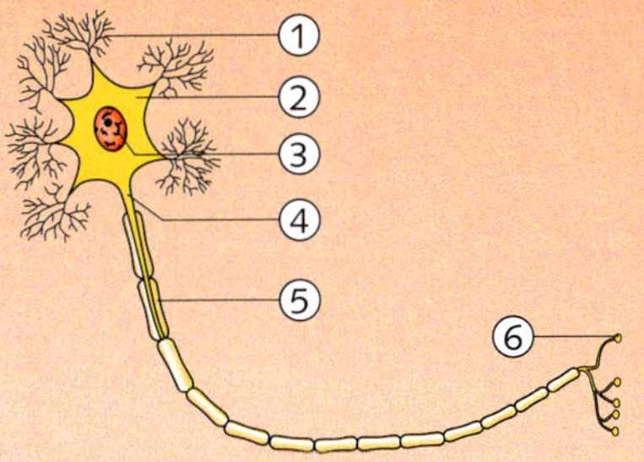

1. Benenne die mit Ziffern markierten Teile der Nervenzelle und beschreibe kurz ihre jeweiligen Funktionen.

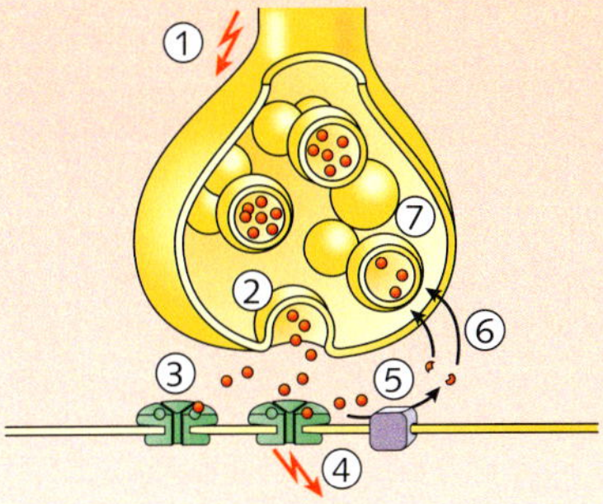

2. a) Benenne die in der Synapse gekennzeichneten Strukturen und Vorgänge.
b) Stelle den Vorgang der synaptischen Übertragung als „Animation" dar. Dies kann durch Auflegen mehrerer Tageslichtschreiberfolien geschehen oder als Abfolge von Computerfolien in einem Präsentationsprogramm. Natürlich kannst du auch ein Animationsprogramm benutzen.

3. Atropin, das Gift der Tollkirsche, führt zu Lähmungen, indem es sich auf die Rezeptoren an den Synapsen setzt und diese blockiert. Welcher Mechanismus der synaptischen Übertragung ist dann gestört?

4. a) Recherchiere und berichte, wie Atropin, das Gift der Tollkirsche, medizinisch eingesetzt wird.
b) Die Tollkirsche heißt lateinisch „Atropa belladonna". Recherchiere die Bedeutung dieses Namens. Wie nutzten eitle Römerinnen das Gift?

5. Koffein verlängert die Wirkungsdauer des Stresshormons Adrenalin. Beschreibe die Wirkungen.

6. In welchen Pflanzen kommt Koffein vor und welche Genussmittel werden daraus hergestellt?

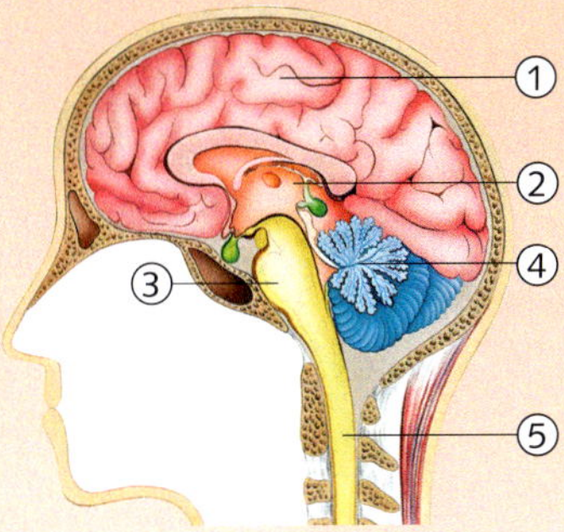

7. a) Benenne die gekennzeichneten Gehirnteile.
b) Ordne den Gehirnteilen folgende Funktionen richtig zu:
A: Feinsteuerung automatisierter Bewegungen
B: Atemreflex, Hustenreflex und andere Reflexe
C: bewusste Wahrnehmung, Denken, Gefühle, bewusste Bewegungssteuerung
D: Gefühle, Verbindung zum Hormonsystem
E: Zusammenschalten der Informationen aus verschiedenen Hirnregionen

8. Beim Berühren einer heißen Herdplatte werden Schmerzreize über Sinneszellen der Haut aufgenommen und führen reflexartig zum Wegziehen der Hand. Stelle den Reflex in Form eines Flussdiagramms dar. Beschreibe dazu die einzelnen Teilvorgänge stichwortartig und verbinde die Textelemente durch Pfeile.

9. a) Listet die Einflüsse auf, die eine dauerhafte Speicherung von Gelerntem im Langzeitgedächtnis fördern.
b) Stellt vor diesem Hintergrund in Form kleiner Sketche günstige und ungünstige Formen des Vokabellernens vor und lasst sie durch die Zuschauer kommentieren.

10. Auf welche Weise lernen Tiere? Nenne drei Formen und belege diese jeweils mit einem Beispiel.

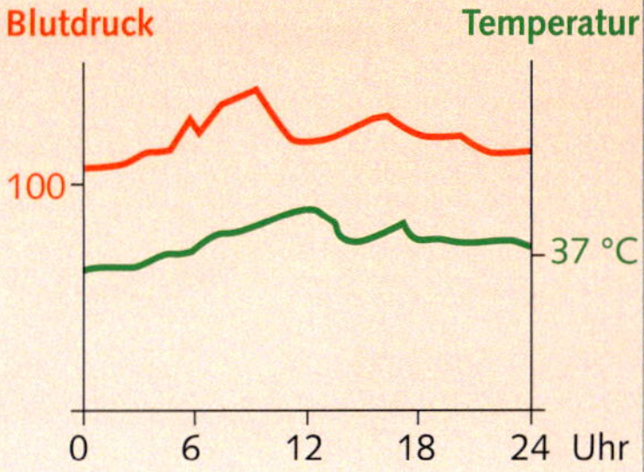

11. a) Beschreibe den dargestellten Tagesverlauf von Blutdruck und Körpertemperatur.
b) Wann ist der Sympathikus, wann der Parasympathikus besonders aktiv?
c) Wann sollte dieser Mensch schlafen, essen oder arbeiten, um mit seinem „Biorhythmus" im Einklang zu sein?

12. Recherchiere und berichte, welches Hormon den Tag-Nacht-Rhythmus steuert und welche Einflüsse den Rhythmus verändern können.

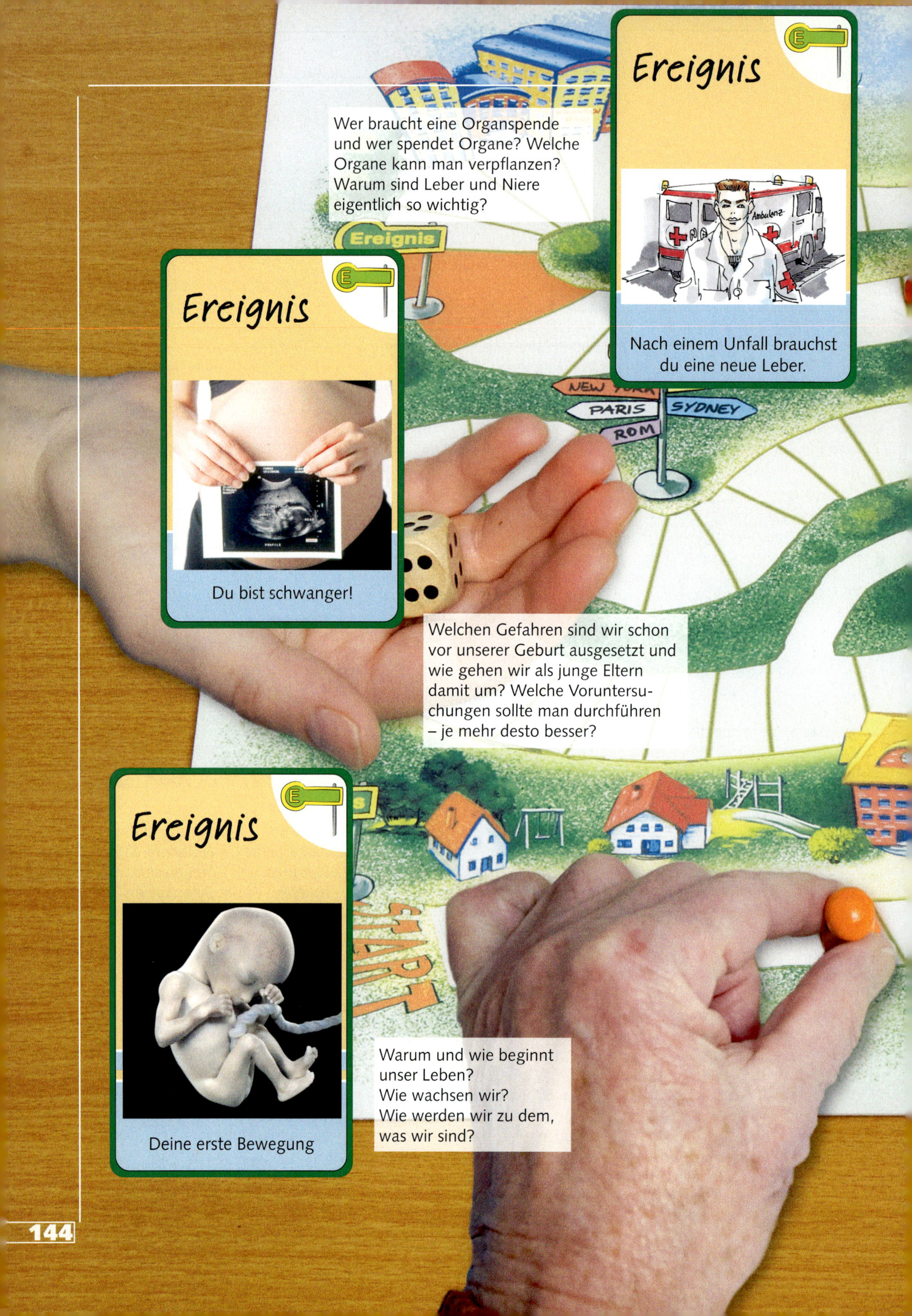

Wer braucht eine Organspende und wer spendet Organe? Welche Organe kann man verpflanzen? Warum sind Leber und Niere eigentlich so wichtig?

Welchen Gefahren sind wir schon vor unserer Geburt ausgesetzt und wie gehen wir als junge Eltern damit um? Welche Voruntersuchungen sollte man durchführen – je mehr desto besser?

Warum und wie beginnt unser Leben?
Wie wachsen wir?
Wie werden wir zu dem, was wir sind?

Ereignis

Du bist tot - und das war's?

Warum müssen wir sterben? Was kommt danach? Wann ist ein Mensch „wirklich" tot?

Ereignis

Du bist verliebt!

Wie stellen wir uns unsere (gemeinsame) Zukunft vor? Welche Möglichkeiten haben wir?

Stationen eines Lebens

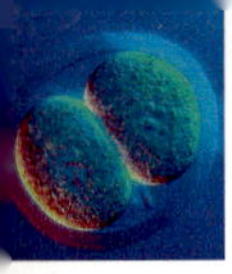

Ein Mensch entsteht

1. Erläutere anhand der Bilder A bis E, was bei der Befruchtung und in der frühen Keimesentwicklung geschieht.

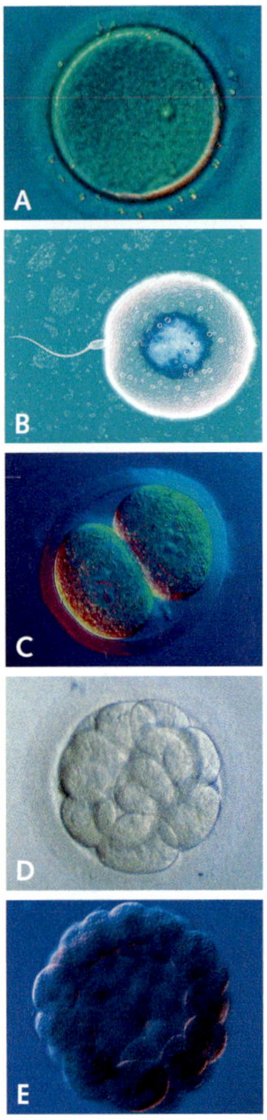

2. „Schwanger oder nicht schwanger?“
a) Nenne Anzeichen einer Schwangerschaft. Befrage dazu Eltern, Freunde oder Bekannte.
b) Erkläre die Funktionsweise eines Schwangerschaftstests.

3. a) Dies ist das Ultraschallbild eines Kindes. Beschreibe, was du auf dem Bild erkennen kannst.
b) Gib mithilfe der Tabelle und des Maßstabes das ungefähre Alter des Kindes an. Begründe die Altersangabe.
c) Heute haben Frühgeborene ungefähr ab dem 7. Monat schon eine gute Chance, zu überleben. Nenne die möglicherweise auftretenden Probleme, wenn ein Kind bereits nach 5 Monaten geboren wird.

Monat	1.	2.	3.	4.	5.	6.	7.	8.	9.	10.
Körpergewicht in g	6	12	41	175	500	800	1300	2300	2900	3500
Körperlänge in cm	1	4	9	16	25	30	35	40	45	51

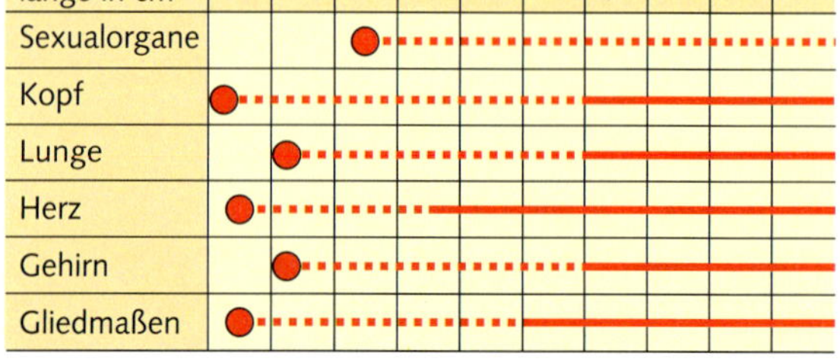

Beginn der Entwicklung und weitere Ausprägung
voll entwickelt vorliegende Organe

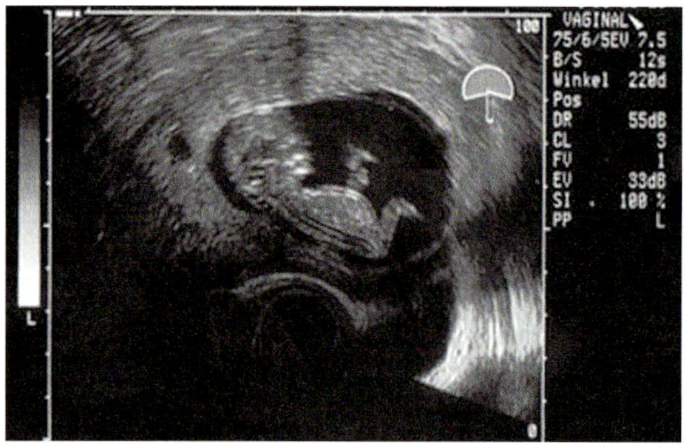

2 cm

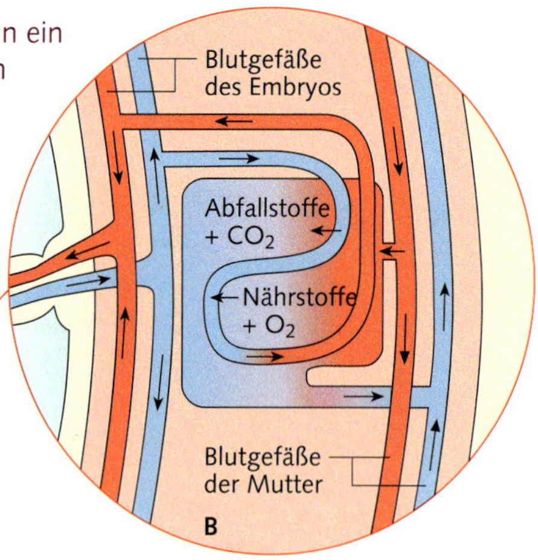

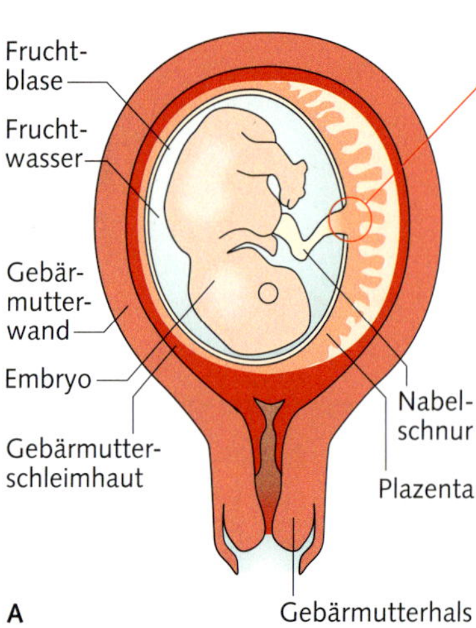

4. a) Der Embryo entwickelt bis zum 7. Monat eine Lunge, zugleich liegt er in einer flüssigkeitsgefüllten Fruchtblase. Erkläre mithilfe der Abbildung, wie die Atmung und Ernährung über die Plazenta funktioniert.
b) Erläutere, wie sich Rauchen auf den Embryo auswirkt.

Befruchtung und Einnistung

Viele Paare wünschen sich ein Kind und freuen sich über die ersten Anzeichen einer Schwangerschaft, vor allem wenn die Regelblutung ausbleibt und der Schwangerschaftstest positiv ausfällt.
Ein Kind kann entstehen, wenn beim Geschlechtsverkehr Spermien des Mannes über die Scheide und die Gebärmutter in den Eileiter gelangen und dort auf eine reife Eizelle treffen. Um die Zeit des Eisprungs ist der Schleimpfropf, der sonst den Gebärmutterhals verschließt, dünnflüssiger, sodass die Spermien leichter aus der Scheide in die Gebärmutter vordringen können. Obwohl bei einem Spermienerguss bis zu 150 Millionen Spermien abgegeben werden, gelingt es nur dem schnellsten Spermium, mit dem Kopf die Zellhaut der Eizelle zu durchdringen. Dies ist der Moment der **Befruchtung.** Die Eihülle wird danach sofort für andere Spermien undurchdringlich. Anschließend verschmelzen die Zellkerne von Ei- und Spermienzelle. Ihre Erbanlagen kommen in einem Zellkern zusammen. Nach etwa einem Tag beginnt sich die befruchtete Eizelle zu teilen. Während weiterer ▸Zellteilungen im Eileiter entsteht zunächst ein Zellhaufen, der sich weiter zum Bläschenkeim entwickelt. Er enthält einen flüssigkeitsgefüllten Hohlraum und unterschiedliche Zellen, aus denen sich später die Organe des Embryos entwickeln.
Dieser Bläschenkeim wird von Flimmerhärchen durch den Eileiter zur Gebärmutterschleimhaut transportiert, wo er sich festsetzt. Dabei wachsen Zellen des Keims, die Zotten, in die Gebärmutterschleimhaut ein. Dies ist die **Einnistung,** mit der die **Schwangerschaft** beginnt.

Zwillinge

Manchmal reifen zwei Eizellen gleichzeitig heran und werden von zwei Spermien befruchtet. So entstehen zweieiige **Zwillinge,** die unterschiedliches Erbgut besitzen und nicht mehr Ähnlichkeiten aufweisen als andere Geschwister. Seltener entstehen eineiige Zwillinge, die aus nur einer befruchteten Eizelle entstehen. Nach der ersten Teilung trennen sich die beiden Tochterzellen und entwickeln sich getrennt weiter. Die eineiigen Zwillinge besitzen identisches Erbgut, sodass sie sich oft zum Verwechseln ähnlich sehen.

Schwangerschaft und Keimesentwicklung

Das wachsende Kind wird in den ersten acht Wochen **Embryo** genannt. Der Embryo ist zwar noch klein und leicht, aber nach etwa acht Wochen sind bereits alle Organe angelegt. Von nun an wird das heranwachsende Kind **Fetus** genannt.
Nach 12 Wochen ist der Fetus ungefähr 9 cm groß und deutlich als menschliches Wesen zu erkennen. Allerdings macht der Kopf fast die Hälfte des Fetus aus. Man sieht bereits Augen, Ohren, Nase und Mund. Der Fetus hat ausgeformte Finger und Zehen mit Nägeln. Das Geschlecht ist erkennbar. All diese Entwicklungen bemerkt die Frau nicht.

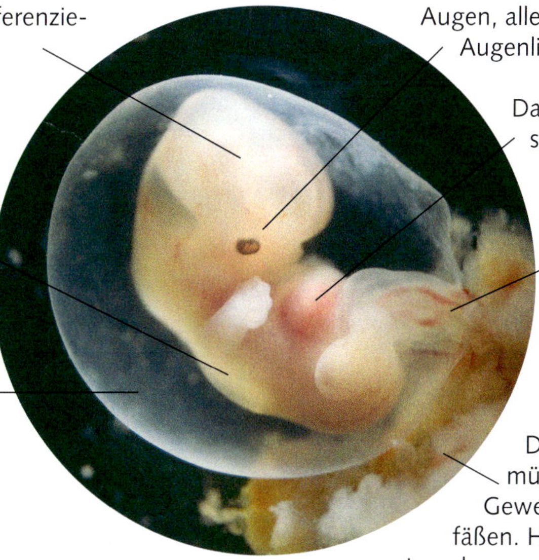

1 Embryo (6. Woche)

Entwicklung → S. 184

Der Fetus wächst jetzt sehr schnell und ist zu Beginn des fünften Monats etwa 16 cm groß und 150 g schwer. Die Organe und Muskeln entwickeln sich weiter. Der Fetus ist vorübergehend behaart. Dies lässt sich mit der ▸ Evolution des Menschen erklären.

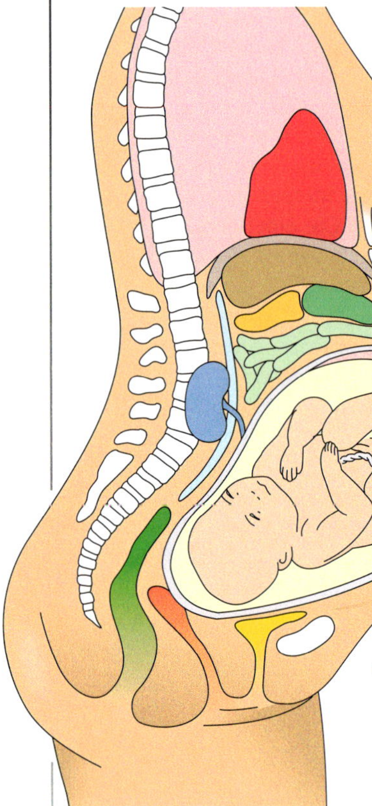

A

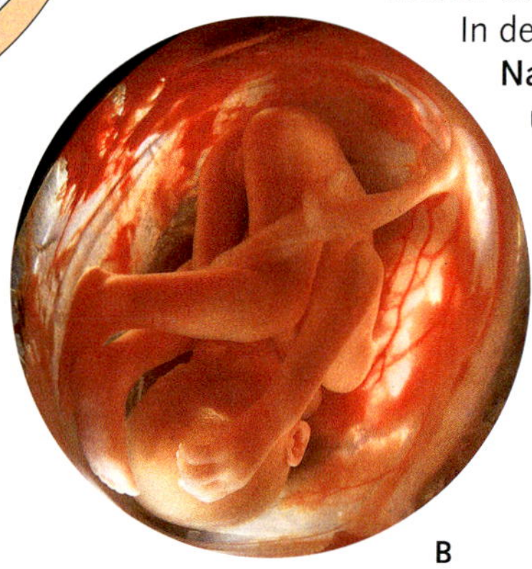

B

2 **Fetus.**
A *im Körper der Mutter (Schema);*
B *im 5. Monat*

Der Körper wird bald mit einer weißen Fettschicht, der so genannten Käseschmiere, überzogen. Diese schützt die Haut vor dem Fruchtwasser. Meist kann die Mutter ab dem 5. Monat Kindsbewegungen wahrnehmen. Der Fetus reagiert auf Reize wie Musik oder menschliche Stimmen.
Nach dem 6. Monat ist die Organentwicklung mit Ausnahme der Sexualorgane weitgehend abgeschlossen. Daher hat ein Kind ab dem 7. Monat gute Überlebenschancen, wenn es zu einer Frühgeburt kommt.

Im 8. und 9. Monat wachsen und reifen die Organe aus, und der Fetus nimmt weiter an Größe und Gewicht zu, wodurch das Leben für die Mutter anstrengender wird. Viele Organe der Mutter werden zusammengedrückt, Atemnot und Harndrang können die Folge sein. Am Ende des neunten Monats hat sich der Fetus normalerweise mit dem Kopf nach unten gedreht. Nach durchschnittlich 270 Tagen ist der Fetus zur Geburt bereit.

Die Geburt

Zu Beginn des Geburtsvorgangs, der **Eröffnungsphase,** setzen **Wehen** ein, die durch das Zusammenziehen und Entspannen der Muskeln in der Gebärmutterwand entstehen. Sie verursachen Schmerzen. Die Wehen drücken das Kind immer tiefer in das Becken. Dadurch weitet sich der Muttermund schrittweise, die **Fruchtblase** platzt und das Fruchtwasser läuft über die Scheide ab.
In der darauffolgenden **Austreibungsphase** wird das Kind mit Presswehen aus der Gebärmutter in die Scheide und dann ans Tageslicht gebracht. Zunächst erscheint der Kopf im Scheidenausgang, dann folgt der übrige Körper. Meistens helfen in dieser Phase eine Hebamme oder ein Arzt, indem das Kind vorsichtig gedreht und gezogen wird. Das Kind atmet sofort selbstständig, sodass nun die Nabelschnur durchtrennt werden kann.
In der dritten Phase, der so genannten **Nachgeburtsphase,** werden die Plazenta und die leere Fruchtblase ausgestoßen. Aus dem Fetus ist ein **Säugling** geworden, der auf die Pflege von Mutter und Vater angewiesen ist.

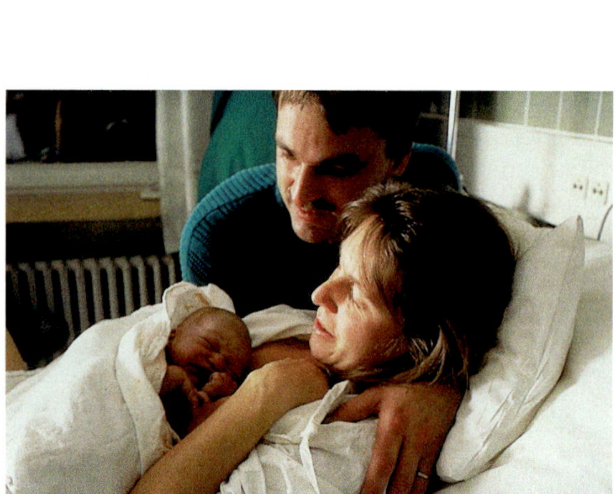

3 **Eltern mit Neugeborenem**

Gesundheit für Mutter und Kind

Ernährung

Mutter und Kind benötigen eine gesunde, vitamin- und mineralstoffreiche Ernährung, zum Beispiel mit frischem Obst, Salaten, Gemüse, Milch- und Vollkornprodukten. Schwangere sollten nur wenig Koffein, das beispielsweise in Kaffee und Cola enthalten ist, zu sich nehmen, da es das Risiko für Fehlgeburten erhöhen kann. Bei Genuss von rohem Fleisch oder Rohmilchkäsesorten besteht die Gefahr einer bakteriellen Infektion, die dem Kind massiv schaden kann.

Alkohol

Der Embryo kann Alkohol kaum abbauen. Deshalb sollten Schwangere auf Alkohol verzichten. Er kann, besonders in den ersten drei Schwangerschaftsmonaten, zu schweren körperlichen und geistigen Entwicklungsschäden beim Kind führen.

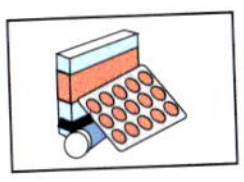

Medikamente

Medikamente sollten nur in Notfällen und nach Absprache mit dem Arzt eingenommen werden. Dies gilt auch für frei verkäufliche Medikamente wie Kopfschmerz-, Schlaf- oder Abführtabletten.

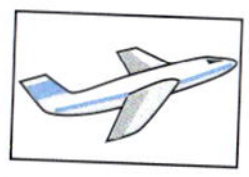

Reisen

Lange Reisen in ferne Länder können eine Schwangere aufgrund der langen Anreise, der Temperaturunterschiede und der manchmal ungewohnten Speisen sehr belasten. Es ist in jedem Fall wichtig, auf einen ausreichenden Impfschutz und hygienische Verhältnisse zu achten.

Stress

Stress kann im Extremfall zu einer Minderversorgung mit Sauerstoff oder Nährstoffen führen und das Risiko einer Früh- oder Fehlgeburt erhöhen. Es ist also wichtig, auf genügend Erholungszeiten und Entspannungsphasen zu achten.

1. Eine Frau hat eine Flugreise nach Südamerika geplant, als sie feststellt, dass sie schwanger ist. Stelle die Probleme dar, die bei einer solchen Tour entstehen könnten. Erläutere.

2. Wie kann der Vater zu einer gesunden Entwicklung des ungeborenen Kindes beitragen?

Sport

Spazierengehen, Fahrradfahren oder Wassergymnastik sind für die Schwangere gute Möglichkeiten, sich in Bewegung zu halten und das Kind reichlich mit Sauerstoff zu versorgen. Sportarten wie Reiten oder Handballspielen, die mit Stößen und Erschütterungen verbunden sind, oder Leistungssport sind gefährlich. Auch Tauchen kann den Embryo bzw. Fetus schädigen.

Rauchen

▸ Nikotin ist ein Nervengift und verengt die Blutgefäße der Schwangeren. Der Embryo wird dadurch schlechter mit Sauerstoff versorgt. Kinder von Raucherinnen haben häufig ein geringeres Geburtsgewicht und neigen zu Entwicklungsstörungen.

Wie sich ein Säugling entwickelt

1. a) Erkläre, warum man ein Baby in den ersten Monaten Säugling nennt.
b) Erkläre, was das Wort „stillen" bedeutet. Nutze auch das Foto links und beachte, dass mit Stillen nicht nur die Ernährung des Säuglings gemeint ist.

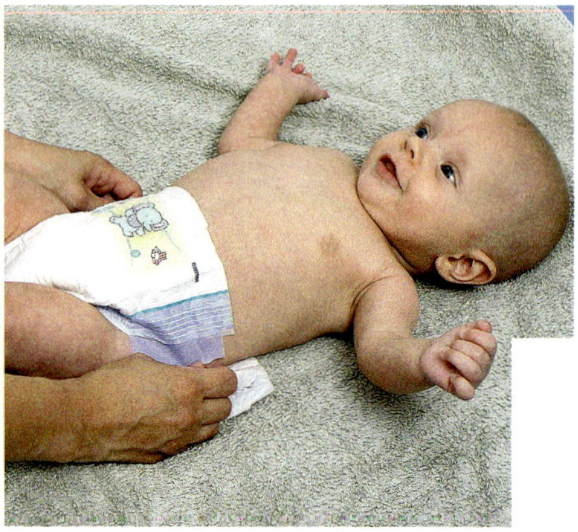

2. a) Beschreibe Maßnahmen zur Körperpflege beim Wickeln?
b) Nutze das Foto und beschreibe, was Eltern und Säugling beim Wickeln noch tun, das ihre Beziehung zueinander festigt.

4. Ein langer Krankenhaus- oder Heimaufenthalt kann bei Säuglingen und Kleinkindern zu Entwicklungsstörungen und psychischen Schäden führen. Berichte über mögliche Gründe.

3. Menschenbabys sind weder Nesthocker noch Nestflüchter. Man bezeichnet sie auch als Traglinge.
a) Beschreibe, was mit Tragling gemeint ist. Recherchiere verschiedene Möglichkeiten, Säuglinge und Kleinkinder zu tragen. Klebe Bilder dazu in deinen Hefter.
b) Erkläre, warum Säuglinge seltener weinen, wenn sie getragen werden, als wenn sie alleine im Bettchen oder Kinderwagen liegen.

Die ersten Tage nach der Geburt

Zu Hause oder im „Mutter-Kind-Zimmer" im Krankenhaus wird der Säugling wenige Stunden nach der Geburt zum ersten Mal gestillt. Dies ist für ihn sehr anstrengend. Er schläft dabei sogar manchmal ein. Er spürt den warmen Körper seiner Mutter und hört ihre Stimme. So entsteht bereits sehr früh eine feste Bindung zwischen Mutter und Kind.

Entwicklung des Säuglings

Die Muttermilch enthält alles, was der Säugling für seine Ernährung in den ersten Monaten braucht. Später gewöhnen die Eltern ihn nach und nach an Speisen, die in der Familie üblich sind. Zur täglichen Babypflege gehören das Wickeln und Baden, das Eincremen und das Wechseln der Kleidung.
Mit der Zeit wird der Säugling immer aktiver. Er schaut sich um, lächelt, lauscht Gesprächen und versucht zu „brabbeln". Er lernt greifen und schließlich krabbeln. Der Säugling entwickelt sich zum **Kleinkind.**

Bezugspersonen

Für eine gesunde körperliche und psychische Entwicklung des Säuglings sind feste **Bezugspersonen** unerlässlich. Die enge **Mutter-Kind-Beziehung** wird durch das Stillen und den engen Körperkontakt bereits in den ersten Tagen aufgebaut. Sie sollte in den nächsten Wochen und Monaten nicht gestört werden. Mit der Zeit werden auch der Vater, Geschwister oder andere Pflegepersonen zu vertrauten Bezugspersonen. Beim Wickeln, Baden und Füttern, beim Singen, Streicheln, Spielen und Toben wird diese Beziehung täglich erneuert. Das Kind lernt, dass es sich auf die Bezugspersonen verlassen kann und entwickelt ein **Urvertrauen.**

Entwicklung → S. 184

Was ein Kind alles lernt

1. In der nebenstehenden Abbildung ist die Entwicklung eines Kleinkindes im ersten Jahr dargestellt. Führe die Abbildung bis zum 7. Lebensjahr – der Zeit der Einschulung – fort.

2. Begründe, warum zahlreiche Kontakte für die Entwicklung eines Kindes sehr wichtig sind.

3. Zähle auf, was ein Kind können muss, wenn es in die Schule kommt.

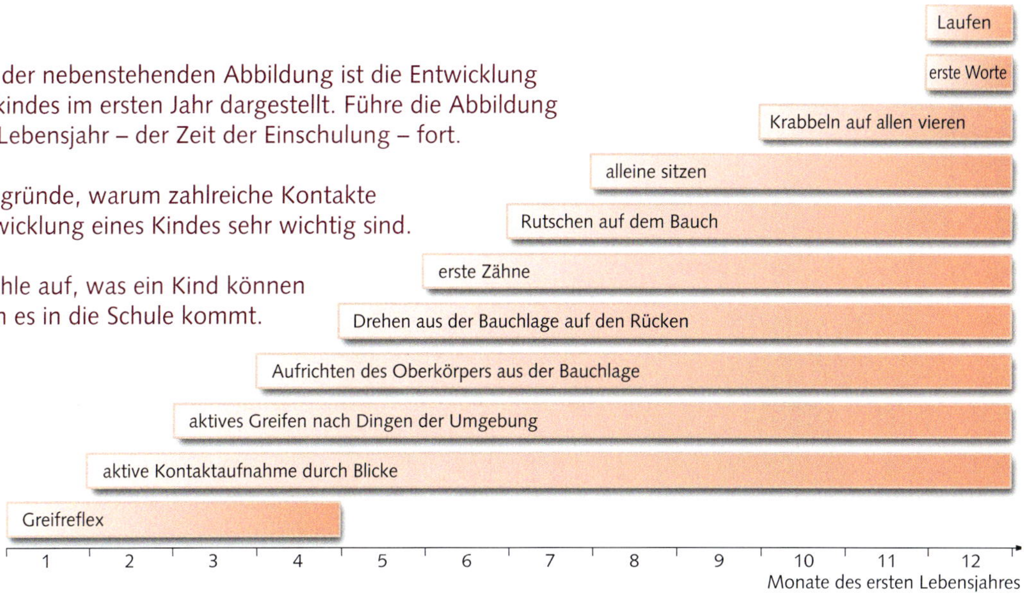

Viele Fortschritte

Mit zunehmendem Alter schreitet die Entwicklung des Kindes fort. Die Eltern freuen sich über jeden Lernfortschritt. Eine vertrauensvolle Beziehung zu den Eltern, Anregungen und Kontakte sind die Grundlage für die gesunde Entwicklung eines Kindes.

Vom Stehen bis zum Sprechen

Am Ende des ersten Lebensjahres kann das Kleinkind meist kurze Zeit stehen, ohne sich festzuhalten. Es richtet sich an Möbeln auf und geht an der Hand. Es spricht erste Worte. Während des zweiten Lebensjahres gelingt es dem Kind, mit dem Löffel zu essen und aus Tassen zu trinken. Es lernt viele neue Wörter, bringt es bereits auf einen Wortschatz von etwa 50 Wörtern und bildet einfache Sätze. Bilderbücher werden mit Interesse betrachtet.

Vom Spielen bis zur Schule

Ab dem dritten Lebensjahr spielt es gern und viel. Es lernt dadurch die Umwelt kennen und testet seine Möglichkeiten. Es ahmt Tätigkeiten von Erwachsenen nach. Im Kindergarten knüpft es soziale Kontakte. Es lernt einfache Melodien. Je mehr Anregungen das Kind bekommt, desto besser entwickelt sich das Gehirn. Bis zum sechsten Lebensjahr umfasst der Wortschatz etwa 2000 Wörter. Das Kind hat bis dahin grundlegende Kenntnisse von Wortschatz und Grammatik erworben. Ab dem siebenten Lebensjahr geht das Kind in die Grundschule. Mit zunehmenden Alter setzt es sich immer mehr mit seiner Umwelt auseinander.

1 A-C Vom Kleinkind zum Schulkind

Entwicklung → S. 184

Pränataldiagnostik

www.1000fragen.de: Das Bioethik-Projekt der Aktion Mensch bis 2009

1. a) Erkläre kurz, was man unter pränataler Diagnostik versteht.
b) Erläutere, warum die in der Abbildung gestellte Frage, ob die PND das Leben einfacher oder schwieriger macht, durchaus berechtig ist.
c) Nimm Stellung zu dieser Frage und begründe deine Meinung.

2. Besuche die Webseite www.1000fragen.de. Recherchiere dort Fragen, die im Zusammenhang mit der PND stehen. Suche eine interessante Frage aus. Fasse die auf der Seite angegebenen Antworten zusammen und beziehe selbst Stellung. Trage deine Stellungsnahme vor der Klasse vor.

Pränataldiagnostik (PND)
Werdende Eltern stellen sich bei aller Vorfreude auf das Kind oft auch viele Fragen. Verläuft die Entwicklung des ungeborenen Kindes normal? Wird es gesund zur Welt kommen?

Diese Bedenken sind ganz normal und es gibt heute viele Methoden, das Kind bereits vor seiner Geburt (= pränatal) zu untersuchen und mögliche Krankheiten oder Entwicklungsstörungen frühzeitig zu erkennen. Dazu gehören vor allem alle Arten von Ultraschalluntersuchungen sowie die Analyse von Blutproben der Mutter. Beides ist kaum mit Risiken verbunden und gehört daher heute zum „Standardprogramm“ der während der Schwangerschaft durchgeführten Vorsorgeuntersuchungen.

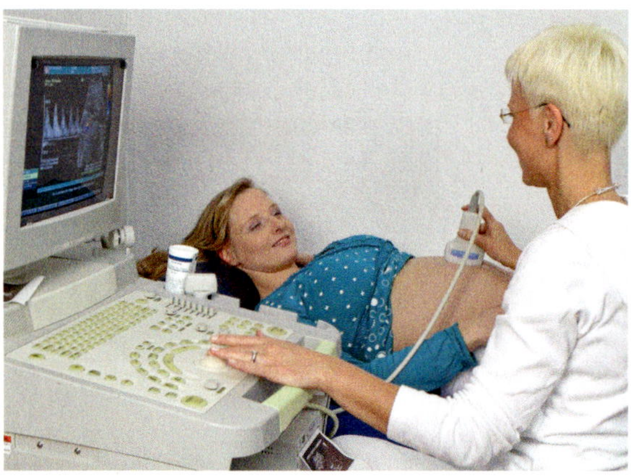
1 Ultraschalluntersuchung

Darüber hinaus wird in bestimmten Fällen, etwa dann, wenn in der Familie des Vaters oder der Mutter bestimmte Erbkrankheiten aufgetreten sind, manchmal auch zu solchen Methoden geraten, die einen medizinischen Eingriff erfordern. Dabei werden beispielsweise Proben vom Fruchtwasser oder vom Blut des Fetus genommen. Diese Eingriffe sind für Mutter und Kind nicht ohne Risiko. Aber nur so kann man Proben gewinnen, die Zellen des Fetus enthalten. An diesen kann man dann genetische Untersuchungen durchführen und so klären, ob beim Kind bestimmte Erbkrankheiten oder Behinderungen vorliegen.

Kontroversen
Wird bei einem ungeborenen Kind im Rahmen einer Ultraschalluntersuchung zum Beispiel ein Herzfehler festgestellt, so kann dieser manchmal noch im Mutterleib operiert und behoben werden. Das Kind entwickelt sich dann fast normal. Auch bestimmte Stoffwechselerkrankungen können – wenn sie frühzeitig erkannt und behandelt werden – beinahe folgenlos bleiben. Unerkannt können sie aber zum Beispiel zu schweren geistigen Behinderungen führen. Für die Befürworter der Pränataldiagnostik (PND) sind dies starke Argumente. Sie verweisen zudem auf das Recht der Eltern, frühzeitig über Erbkrankheiten und Behinderungen ihres Kindes informiert zu sein, um entsprechende Maßnahmen ergreifen zu können.
Andererseits sind vorgeburtliche Behandlungen nur selten möglich. Oft stehen die Eltern lediglich vor

der Wahl, das Kind abzutreiben oder auszutragen. Viele Betroffenenverbände stehen vorgeburtlichen Untersuchungen daher eher kritisch gegenüber. Wir sollten besser lernen, mit den Betroffenen zu leben und an Wegen forschen, ihnen ihr Leben zu erleichtern, anstatt sie auf dem Wege der PND quasi schon vor ihrer Geburt auszusortieren und abzuschaffen.
Außerdem, so warnen Kritiker, könnten werdende Eltern unter hohen gesellschaftlichen Druck geraten: Wer nicht alle Möglichkeiten der PND ausschöpft oder sich bewusst für ein krankes oder behindertes Kind entscheidet, wird sich unter Umständen später dafür rechtfertigen müssen, die Gesellschaft mit einem weiteren Pflegefall zu belasten.

2 **Humangenetische Beratung**

Die Eltern tragen eine große Verantwortung

Die Möglichkeit, ein Kind bereits vor dessen Geburt untersuchen zu lassen macht das Leben für werdende Eltern also nicht unbedingt einfacher. Einerseits besteht die Chance, nach einer solchen Untersuchung beruhigt und glücklich über das Ergebnis „Alles in Ordnung!" nach Hause zu fahren. Andererseits besteht das Risiko, auf der Grundlage eines anders lautenden Ergebnisses schwierige Entscheidungen treffen zu müssen. Jede PND ist daher auch mit ausführlichen und vor allem persönlichen ärztlichen Beratungen verbunden. Hierzu steht neben Ärztinnen und Ärzten auch das speziell geschulte Personal der humangenetischen Beratungsstellen zur Verfügung, an die man sich im Fall der Fälle wenden kann.

Pinnwand

Erbkrankheiten

Erbkrankheiten werden durch Veränderungen der Erbinformationen hervorgerufen. Meist steht also schon nach der Befruchtung der Eizelle fest, ob bzw. unter welchen Erbkrankheiten der neue Mensch leiden wird. Viele Erbkrankheiten werden ▸rezessiv vererbt, das heißt, auch nicht erkrankte Eltern können betroffene Kinder bekommen. Über eine PND lassen sie sich aber lange vor der Geburt erkennen.

Mukoviszidose (= cystische Fibrose)

Betroffen: ~ 1 von 2.500 Personen

Symptome: Schleimdrüsen im Körper bilden zu dickflüssigen Schleim; Beeinträchtigung vor allem der Lunge und Verdauungsorgane; Lebenserwartung etwa 36 Jahre

Therapie: Medikamente zur Schleimverdünnung; Physiotherapie zur Unterstützung der Lunge dabei, den Schleim abzugeben; Medikamente und spezielle Ernährung zur Linderung der Verdauungsprobleme

Progerie

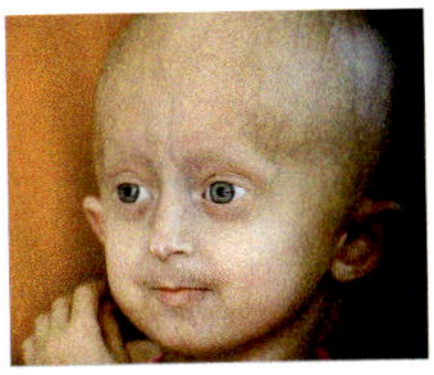

Betroffen: geschätzt ~ 1 von 8000000 Personen (etwa 50 Fälle weltweit bekannt)

Symptome: Alterung 5 x bis 10 x schneller; Arterienverkalkung; Hautprobleme; Knochenschwund; Tod meist durch Schlaganfall oder Herzinfarkt bereits im Kindes- oder Jugendalter; Lebenserwartung durchschnittlich 14 Jahre

Therapie: nur Behandlung zur Linderung der Symptome möglich, zum Beispiel Lotionen für die empfindliche Haut; Physiotherapie zur Förderung der Durchblutung; Medikamente in der Erprobung

1. Stelle Ursachen, Häufigkeiten, Symptome und Behandlung weiterer Erbkrankheiten zusammen.

2. Auch die Farbenblindheit wird durch Veränderungen im Erbgut hervorgerufen. Handelt es sich deiner Ansicht nach um eine Erbkrankheit? Begründe.

3. a) Sollten werdende Eltern ihr Kind per PND auf Erbkrankheiten untersuchen? Begründe.
b) Nach welchen Kriterien könnte man entscheiden, ob ein an einer Erbkrankheit leidendes ungeborenes Kind abgetrieben wird oder nicht? Erkläre.

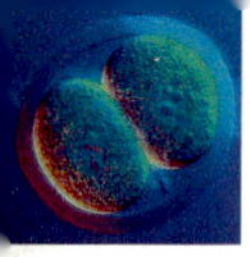

Wie Lebewesen wachsen

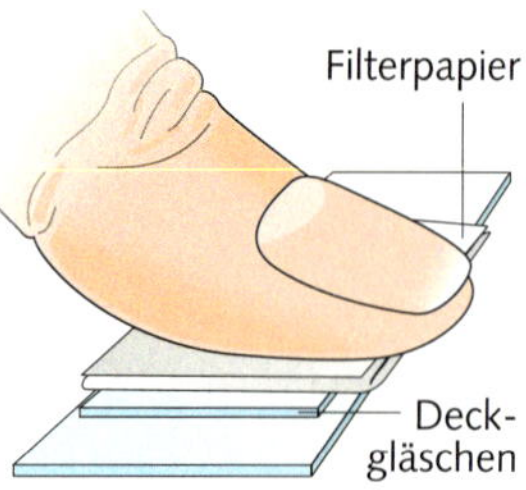

1. In den Wurzelspitzen austreibender Zwiebeln finden viele Zellteilungen statt. Folgende Anleitung hilft dir, Präparate zur mikroskopischen Untersuchung der Mitosestadien anzufertigen.
a) Entferne die äußerste Schale einer Küchenzwiebel und setze sie auf ein Glas mit Wasser. Im Glas soll so viel Wasser sein, dass die Zwiebel die Wasseroberfläche gerade nicht berührt.
b) Nach zwei bis vier Tagen haben sich kleine Wurzeln gebildet. Schneide etwa 3 mm lange Spitzen ab und gib sie in ein kleines Becherglas mit etwas Karmin-Essigsäure (C). Koche die Wurzelspitzen fünf bis zehn Minuten lang, bis die Färbelösung fast eingedampft ist.
c) Bringe drei bis vier Wurzelspitzen mit der Pinzette auf einen Objektträger und lege ein Deckgläschen auf. Fertige nun ein Quetschpräparat an. Lege dazu den Objektträger auf den Tisch als ebenen Untergrund. Falte ein Stück Filterpapier mehrfach und lege es auf das Deckgläschen. Drücke dann von oben mit dem Daumen kräftig auf das Filterpapier, möglichst ohne seitliches Verrutschen.
d) Mikroskopiere die Wurzelspitzen. Suche zunächst bei geringer Vergrößerung Zellen in verschiedenen Mitosestadien. Mikroskopiere dann bei starker Vergrößerung (z. B. 500-fach) und fertige mikroskopische Zeichnungen einzelner Mitosestadien an.

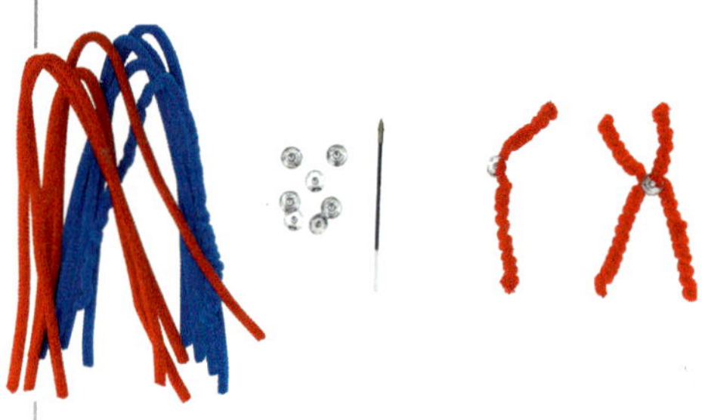

2. a) Stellt die einzelnen Phasen der Mitose mithilfe eines Modells aus Pfeifenputzern nach.
b) Erklärt bei der Präsentation, was das Modell gut zeigt.
c) Welche Vorgänge der Mitose werden damit nicht so gut oder gar nicht dargestellt?

3. a) Beschreibe die Phasen der Mitose und erläutere dabei die Veränderungen und die Bewegungen der Chromosomen.
b) Warum muss einer Zellteilung eine Mitose vorausgehen?

4. Wie unterscheiden sich die Chromatidenzahlen der Chromosomen während der verschiedenen Phasen des Zellzyklus? Benenne die Vorgänge, die zur Veränderung der Chromatidenzahl führen.

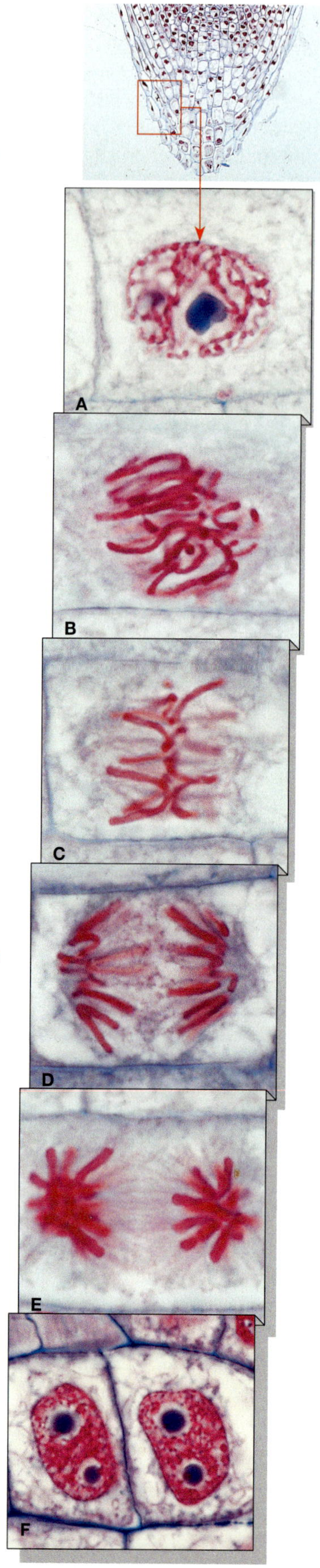

Kein Wachstum ohne Zellteilung

Die meisten Pflanzen und Tiere, aber auch wir Menschen wachsen, indem sich unsere Zellen vermehren. Dies geschieht durch fortwährende Zellteilungen. Beim Menschen geht aus einer befruchteten Eizelle ein neuer Mensch hervor. Ehe er geboren wird, differenzieren sich die Zellen und bilden Gewebe, Organe und schließlich den lebensfähigen Organismus. Aber auch im ausgewachsenen Zustand werden immer wieder Zellen durch Zellteilungen erneuert. In Bildungsgeweben von Pflanzen lassen sich solche Zellteilungen besonders gut betrachten.

Die Mitose – eine Kernteilung

Bei jeder Zellteilung findet auch eine **Kernteilung** statt, die so genannte **Mitose.** Mehrere Phasen lassen sich unterscheiden:

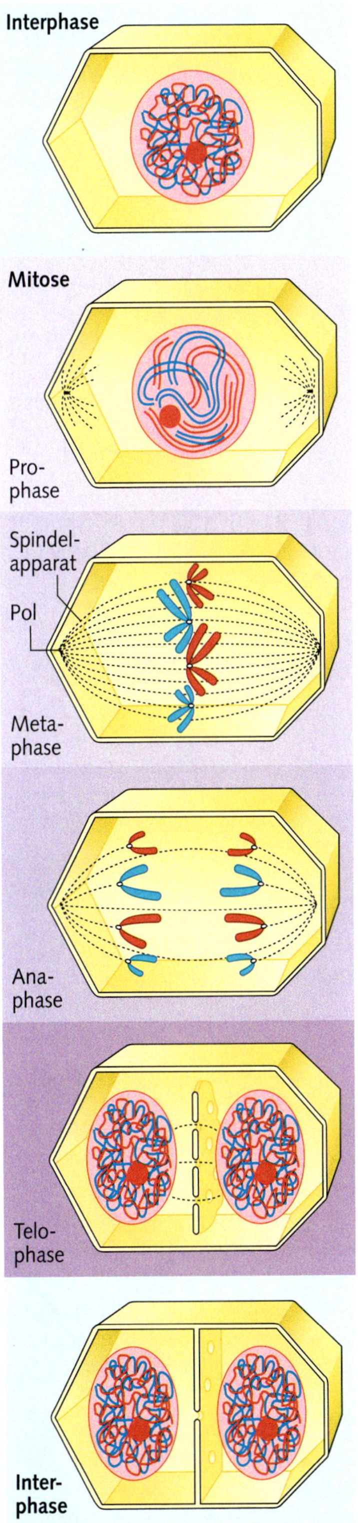

1 Mitose und Interphasen

Prophase

Die ▸ Chromosomen werden im mikroskopischen Bild deutlich sichtbar, weil sie sich stärker aufspiralisieren. Die Kernmembran löst sich auf. Außerdem bildet sich ein so genannter **Spindelapparat,** eine faserige Struktur, mit der die Chromosomen bewegt werden.

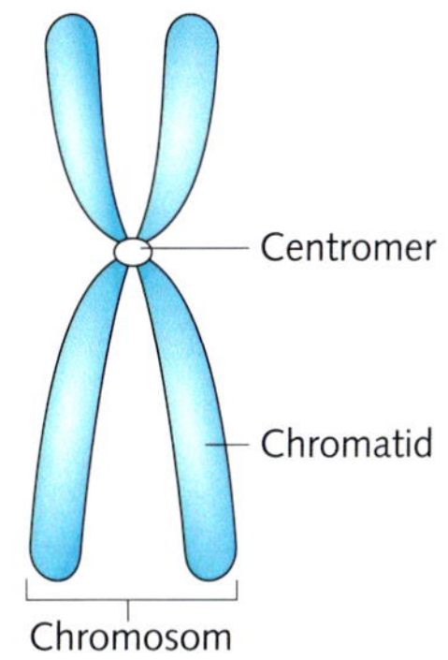

2 Metaphasechromosom

Metaphase

Die Chromosomen sind jetzt sehr dicht gepackt und daher am deutlichsten zu sehen. Jedes Chromosom besteht aus zwei Hälften, den beiden **Chromatiden.** Diese hängen nur noch an einer leicht eingeschnürt wirkenden Stelle, dem **Centromer,** zusammen. Der Spindelapparat nimmt Verbindung zu den Centromeren auf und ordnet die Chromosomen in einer Ebene in der Mitte der Zelle an.

Anaphase

Jetzt werden die Chromosomen in ihre beiden Chromatiden getrennt. Die Chromatiden werden vom Spindelapparat zu den beiden Polen der Zelle gezogen. Dabei gelangt von jedem Chromosom eins der Chromatiden in die eine Hälfte der Zelle, das andere in die andere Hälfte. So wird gewährleistet, dass die neuen Zellen je einen kompletten Satz Chromosomen mit der vollständigen Erbinformation erhalten.

Telophase

Die Chromosomen entspiralisieren sich und werden wieder schwächer sichtbar. Der Spindelapparat löst sich auf. Es bilden sich Kernmembranen, und die beiden neuen Zellen werden durch die Bildung von Zellmembranen und Zellwänden voneinander getrennt.

Der Zellzyklus wiederholt sich

Zwischen zwei Zellteilungen, in der **Interphase,** wachsen die Zellen wieder zu ihrer ursprünglichen Größe heran. Die Chromosomen sind nicht als solche erkennbar, da sie in weiten Bereichen entspiralisiert sind. An der ▸ DNA wird Information zur ▸ Proteinbiosynthese abgelesen und es findet intensiver Stoffwechsel statt. Durch identische ▸ DNA-Verdoppelung entstehen wieder zwei Chromatiden an jedem Chromosom. In rasch wachsenden Geweben wiederholt sich dieser Kreislauf aus Zellteilung und Interphase innerhalb etwa eines Tages.

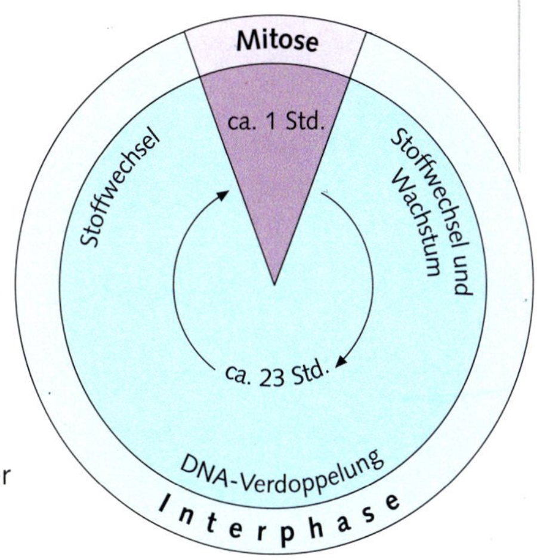

3 Zellzyklus

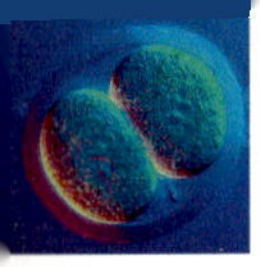

Was Stammzellen alles können

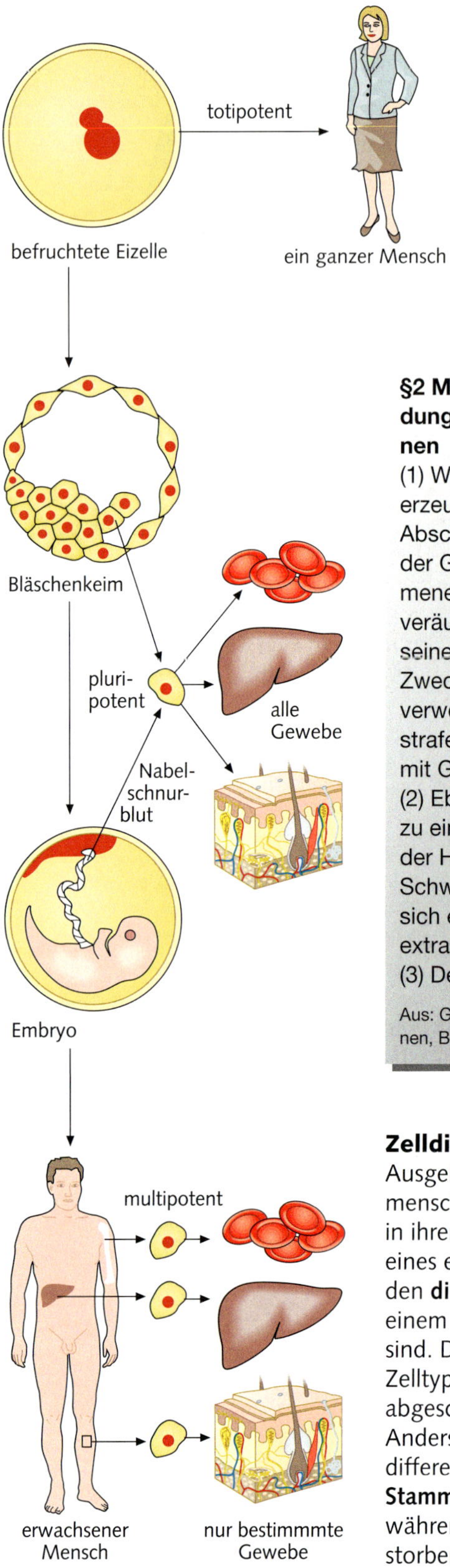

1. Erläutere anhand der Abbildung und des Informationstextes die unterschiedlichen Stammzelltypen: adulte, embryonale, multipotente, pluripotente, totipotente und iPS.

§2 Missbräuchliche Verwendung menschlicher Embryonen

(1) Wer einen extrakorporal erzeugten oder einer Frau vor Abschluss seiner Einnistung in der Gebärmutter entnommenen menschlichen Embryo veräußert oder zu einem nicht seiner Erhaltung dienenden Zweck abgibt, erwirbt oder verwendet, wird mit Freiheitsstrafe bis zu drei Jahren oder mit Geldstrafe bestraft.
(2) Ebenso wird bestraft, wer zu einem anderen Zweck als der Herbeiführung einer Schwangerschaft bewirkt, dass sich ein menschlicher Embryo extrakorporal weiterentwickelt.
(3) Der Versuch ist strafbar.

Aus: Gesetz zum Schutz von Embryonen, Bundesministerium der Justiz.

2. a) Beschreibe mithilfe des Informationstextes das Verfahren des therapeutischen Klonens.
b) Erläutere die Vorteile, die das therapeutische Klonen gegenüber Organtransplantationen von Mensch zu Mensch besitzt.
c) Entwickle eine Grafik, die das therapeutische Klonen mit iPS darstellt.

3. a) Fasse die Aussage des nebenstehenden Gesetzestextes mit eigenen Worten zusammen.
b) Welche Folgen kann das Gesetz für den medizinischen Fortschritt haben?
c) Stelle Argumente für und gegen die Forschung an embryonalen Stammzellen zusammen. Wie ist deine Meinung dazu?

4. Was versteht man unter ALS? Recherchiere Berichte betroffener Menschen und stelle den Krankheitsverlauf dar.

Zelldifferenzierung durch An- und Abschalten von Genen
Ausgehend von der befruchteten Eizelle entstehen alle Zellen des menschlichen Körpers durch ▸Zellteilungen. So haben alle Körperzellen in ihren Zellkernen dieselbe genetische ▸Erbinformation. Im Körper eines erwachsenen Menschen gibt es dennoch ungefähr 200 verschieden **differenzierte Zelltypen,** die jeweils eine besondere Funktion in einem Gewebe übernommen haben und in ihrem Bau daran angepasst sind. Die Differenzierung kommt dadurch zustande, dass in jedem Zelltyp andere ▸Gene aktiv sind. Gene, die nicht aktiv sind, sind abgeschaltet worden.
Anders ist es bei **Stammzellen.** Sie sind nicht oder noch nicht fertig differenziert und können sich unbegrenzt teilen. Als **embryonale Stammzellen** bauen sie nach und nach den gesamten Embryo auf, während **adulte Stammzellen** im erwachsenen Körper alte und abgestorbene Zellen ersetzen.

System → S. 180

Stammzelle ist nicht gleich Stammzelle

Adulte Stammzellen liegen beim erwachsenen Menschen verstreut in verschiedenen Geweben. Bei Bedarf teilen sich beispielsweise Stammzellen in der Haut und ihre Tochterzellen differenzieren sich zu den Zellen, die gebraucht werden, um abgestorbene Hautzellen zu ersetzen. Solche Stammzellen, die nur bestimmte andere Zellen hervorbringen, heißen **multipotent.**
Embryonale Stammzellen können noch mehr. Aus der befruchteten Eizelle kann sich ein kompletter Mensch entwickeln, sie ist **totipotent.** Wenn der Embryo sich zum Bläschenkeim entwickelt hat, kann jede einzelne seiner Zellen noch alle Gewebe des menschlichen Körpers, aber keinen ganzen Menschen mehr hervorbringen. Diese Stammzellen heißen **pluripotent.**

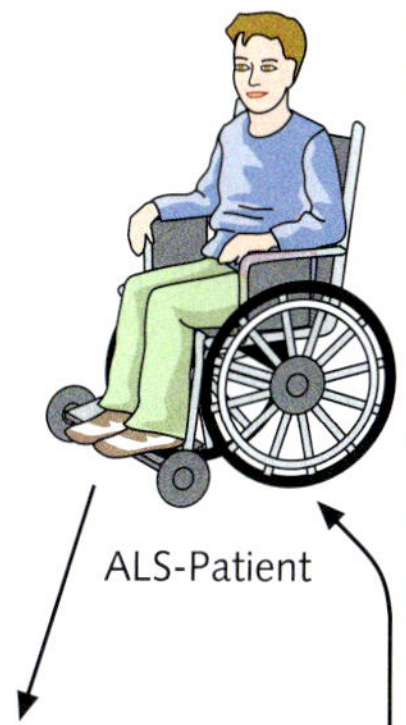

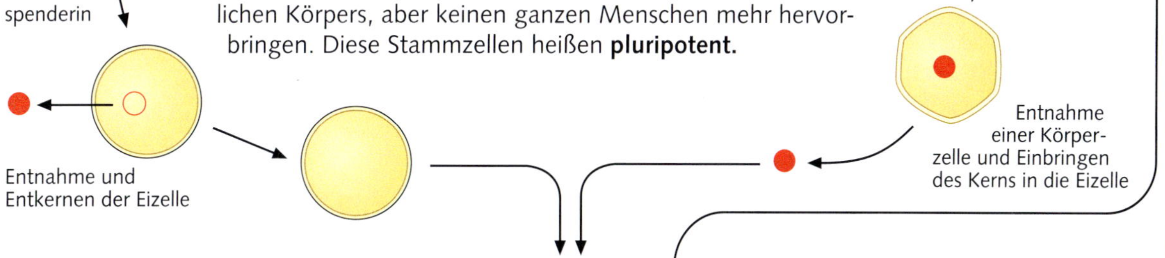

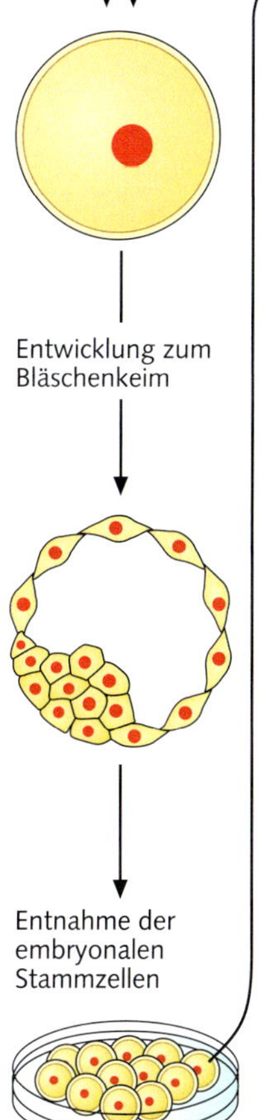

1 Therapeutisches Klonen (Schema)

Mit Stammzellen Krankheiten heilen

Stammzellen werden schon lange in der Medizin genutzt. Bei Leukämiekranken erzeugen defekte Stammzellen im Knochenmark zu viele weiße Blutzellen. Dadurch ist die gesamte Blutbildung gestört. Die vollständige Zerstörung der defekten Stammzellen und eine Knochenmarktransplantation mit Stammzellen eines geeigneten, gesunden Spenders kann viele Leukämiekranke retten.

Therapeutisches Klonen – Hoffnung für Schwerkranke?

Viele tödlich verlaufende Krankheiten können gestoppt oder sogar geheilt werden, wenn erkrankte Organe ersetzt werden. Da sich bei der ▸Organspende viele Probleme stellen, sucht die Stammzellenforschung andere Wege, um Gewebe und Organe für Schwerkranke herzustellen.

Die Krankheit ALS lässt motorische Nervenbahnen absterben. Dies führt zu Lähmungen und schließlich zum Atemstillstand der Erkrankten. Durch **therapeutisches Klonen** könnte den Patienten möglicherweise mit folgendem Verfahren geholfen werden: Aus einer Körperzelle gewinnt man den Zellkern mit den Erbinformationen des Erkrankten. Diesen Zellkern bringt man in die entkernte Eizelle einer Frau ein. In dieser Umgebung kann der Zellkern totipotent werden und die Embryonalentwicklung beginnt. Im Stadium des Bläschenkeims könnten einzelne Zellen des Embryos entnommen werden, um Nervengewebe für den ALS-Kranken zu bilden. Dieses Gewebe würde nicht abgestoßen.

Stammzellforschung ohne Embryonen

Die Verwendung von embryonalen Stammzellen ist aber ethisch bedenklich, denn die Embryonen hätten sich zu einem ganzen Menschen entwickeln können. Therapeutisches Klonen in der oben beschriebenen Form ist in Deutschland daher verboten. Viele Forscher meinen aber, dass man nur an embryonalen Stammzellen herausfinden kann, wie Stammzellen überhaupt funktionieren. Da mit der Stammzellforschung viele Hoffnungen verbunden sind, besteht hier ein ethisches ▸Dilemma: Ungeborenes Leben soll krankes Leben heilen helfen.

Die Forschung sucht daher nach anderen Techniken. So ist es mithilfe von Viren als „Gentaxis" gelungen, Gene in die Hautzellen einzubringen, die die Zelle wieder in einen pluripotenten Zustand versetzten. Diese **iPS,** d. h. **induzierten pluripotenten Stammzellen,** könnten danach zum Beispiel das für ALS-Kranke benötigte Nervengewebe bilden. Allerdings gibt es bei diesem Verfahren noch viele Probleme und die Anwendung an Patienten ist noch nicht möglich.

Wenn kein Kind kommen will

Ungewollt kinderlos zu sein, ist für viele Paare eine große Belastung, unter der sie sehr leiden. Was aber kann man tun, wenn trotz längeren „Probierens" kein Kind kommen will?
Die Ursachen dafür können sehr unterschiedlich sein und sowohl beim Mann als auch bei der Frau liegen. Oft enthält beispielsweise das Sperma des Mannes zu wenige oder zu unbewegliche Spermien. Bei Frauen kann es zu Störungen bei der von Hormonen gesteuerten Reifung der Eizellen oder bei deren Wanderung durch den Eileiter kommen.

Das Sperma wird übertragen
Hilfe bietet die **Reproduktionsmedizin,** die sich damit befasst, den Kinderwunsch zu erfüllen. Manchmal reicht es schon, wenn ein Arzt den Zeitpunkt des Eisprunges bestimmt und dann das Sperma direkt in die Gebärmutter oder sogar in den Eileiter überträgt. Eine solche **Insemination** ist ein relativ geringer Eingriff in die natürlichen Abläufe.

Befruchtung im Labor
Demgegenüber stellt die **In-vitro-Fertilisation (IVF)** schon einen schwereren Eingriff dar. Sie ist mit großen Belastungen vor allem für die betroffenen Frauen, aber auch für deren Partner verbunden. Dabei muss sich die Frau zunächst einer Hormonbehandlung unterziehen, damit mehrere Eizellen gleichzeitig heranreifen. Diese werden ihr dann im Rahmen einer Operation entnommen. Im Labor werden später Spermien und Eizellen in einer speziellen Nährlösung zusammengebracht. Die Eizelen werden nun befruchtet und beginnen sich zu teilen.
Die so entstehenden Embryonen werden in die Gebärmutter der Frau eingesetzt, wo sie sich zu Kindern entwickeln können. Etwa 50% der Paare, die sich für diese Methode entscheiden, bekommen schließlich ein Kind. Dafür sind aber mitunter viele Versuche notwendig. Und: Je älter die Mutter, umso geringer die Chance auf Erfolg.

Manche sehen die IVF kritisch, zum Beispiel weil meist mehr als ein Embryo in die Gebärmutter eingesetzt wird. So erhöht man die Chance, dass sich wenigstens ein Embryo einnistet. Nisten sich mehrere Embryonen ein, kommt es zu ungewollten Mehrlingsschwangerschaften. Diese sind ein besonderes Risiko für Mutter und Kinder. In Deutschland dürfen daher bei jedem Versuch höchstens drei Eizellen befruchtet und eingepflanzt werden. Ob ein, zwei oder drei Embryos eingesetzt werden sollen, muss das Paar selbst entscheiden.

Auch ein Weg – die Adoption
Wenn der Wunsch nach eigenen Kindern dauerhaft unerfüllt bleibt, kann man sich um eine **Adoption** bemühen. Kein einfacher Weg, der aber nach Ansicht von Adoptionseltern einer „biologischen Elternschaft" am Ende in nichts nachstehen muss.

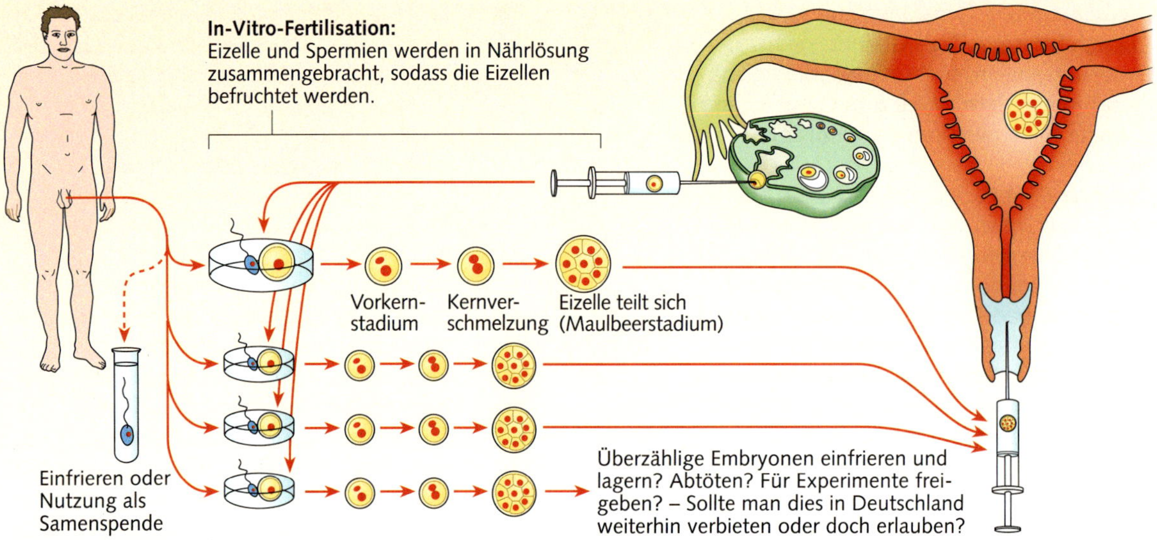

1 Ablauf einer In-vitro-Fertilisation (IVF)

Experimente ohne Tabu?

1. Informiere dich über verschiedene Möglichkeiten, Stammzellen zu gewinnen. Stelle Vor- und Nachteile heraus und berichte kurz.

2. Recherchiert Argumente pro und contra Präimplantationsdiagnostik (PID) und führt ein ▸Streitgespräch.

3. Auch wenn die Verfahren kompliziert und für den Laien unverständlich sind, sollte man sich mit Themen wie „Embryonale Stammzellen" oder „Präimplantationsdiagnostik" auseinandersetzen. Würdest du dieser Aussage zustimmen? Begründe.

4. „Alles hat zwei Seiten." Hiermit ist gemeint, dass sich die Vor- und Nachteile die Waage halten, so wie die Seiten einer Medaille gleichwertig sind. Stelle die folgenden Verfahren kurz vor und nimm Stellung dazu, ob das Sprichwort von den „zwei Seiten einer Medaille" hier angebracht ist.

a) Gewinnung embryonaler Stammzellen für die Forschung
b) Pränataldiagnostik
c) Präimplantationsdiagnostik
d) Keimbahntherapie

Stammzellen

Für die medizinische Forschung sind ▸Stammzellen ein Hoffnungsträger. Man hofft, mit ihrer Hilfe viele Krankheiten behandeln zu können. Die für die Forschung vielversprechendsten Stammzellen lassen sich aus ▸Embryonen gewinnen. Die Embryonen werden dabei getötet. In vielen Ländern nutzt man als Stammzelllieferanten Embryonen, die bei der ▸In-vitro-Fertilisation übrig geblieben sind. In Deutschland ist dies verboten und sogar die Einfuhr embryonaler Stammzellen aus dem Ausland ist durch Auflagen strikt begrenzt.
Kritiker fürchten, dass die Reproduktionsmediziner so noch dazu ermuntert werden könnten, möglichst viele „überschüssige" Embryonen für die Forschung zu erzeugen. Viele Forscher kritisieren diese Regelung hingegen und verlagern ihre Labors ins Ausland. Sie verweisen auf das große Leid, das viele Krankheiten über die Betroffenen bringen und das sie durch ihre Forschungen mit Stammzellen zu lindern hoffen.

Experten bewerten kritische Themen

Mit solchen Widersprüchen befasst sich unter anderem die **Zentrale Ethikkommission,** ein von der Bundesärztekammer eingesetztes Expertenteam. Im Hinblick auf Stammzellen kommen diese Experten zu dem Schluss, dass weniger die Forschung an sich als vielmehr die Gewinnung von Stammzellen problematisch sein kann.

Präimplantationsdiagnostik (PID)

Präimplantationsdiagnostik bedeutet soviel wie „Untersuchung vor der Einsetzung". Gemeint sind Untersuchungen, die man an in-vitro gezeugten Embryonen durchführt, bevor sie in die Gebärmutter eingesetzt werden. Meist geht es um genetische Untersuchungen: Ohne ihm zu schaden, entnimmt man einem Embryo zwei bis drei Tage nach der Befruchtung eine Zelle und untersucht sie. Sind bei einem Paar Erbkrankheiten ausgeprägt, so kann ein PID-Verfahren klären, welche Embryonen Träger der Krankheit sind und welche nicht. Vom Ergebnis hängt dann ab, ob der Embryo eingepflanzt oder abgetötet wird.
Kritiker halten vor allem diese ▸Selektion, also **Auswahl bestimmter Embryonen,** für unangebracht, da jeder Mensch ein Recht auf Leben habe. Zudem sei es möglich, dass man sich irgendwann „Wunschkinder" vor der Schwangerschaft aussuchen könne. Das halten Befürworter der PID für Unsinn. Sie betonen, dass die PID Leid verhindert, das etwa das Austragen eines behinderten Kindes mit sich brächte. Sie verweisen dabei auch auf den § 218, der die Abtreibung behinderter Kinder ohnehin straffrei stellt. Warum also nicht schon vorher feststellen, ob eine Behinderung vorliegt?

Keimbahntherapie

Theoretisch könnte man sogar die ▸Keimzellen eines Menschen so verändern, dass er seine Erbkrankheiten oder sonstige unerwünschte Eigenschaften nicht weitervererben kann. Derzeit gibt es jedoch kein solches Verfahren. Und in Deutschland sind bereits alle Versuche verboten, es zu entwickeln.

Deine eigene Meinung ist wichtig!

Jeder sollte eine begründete Meinung zu diesen Themen haben. Als Bürger wählen wir Politiker, die Gesetze erlassen und solche Verfahren erlauben oder verbieten.

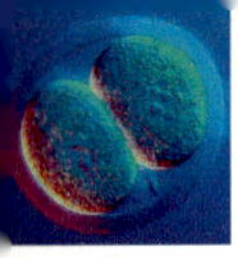

Zukunft = Familie? Formen des Zusammenlebens

„Ich möchte gerne Kinder haben. Aber auch mein Beruf ist mir wichtig. Beides geht nur, wenn sich der Vater mit um die Familie kümmert."
Insa, 15 Jahre

„Männer müssen arbeiten gehen und Geld ranschaffen. Wenn du als Mann einen auf Familie machst, denken doch alle, du wärst ein Versager!"
Sven, 16 Jahre

1. a) Beschreibe die Abbildungen oben. Was ist zu sehen? Welche Aussage steckt dahinter?
b) Nimm Stellung dazu. Ist dies eine realistische Darstellung der Gedanken junger Erwachsener?
c) Welche Probleme könnten bezüglich einer gemeinsamen Zukunftsplanung auf Insa und Sven zukommen und wie können sie diese entschärfen?

2. Informiere dich über die Idee der Mehrgenerationenhäuser.
a) Fasse kurz zusammen, was ein Mehrgenerationenhaus ist.
b) Welche Vorteile bietet es Kindern, Eltern und Senioren jeweils?

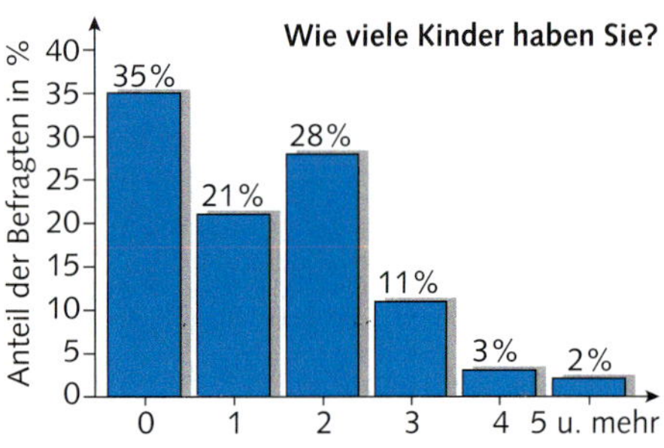

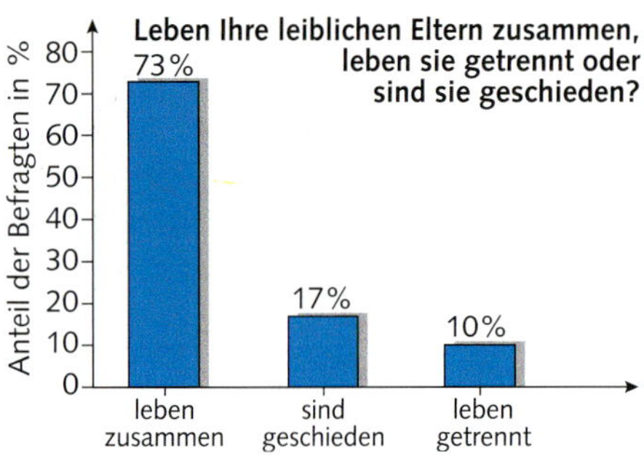

3. a) Beschreibe die Aussagen der beiden Diagramme über die Umfrageergebnisse.
b) Beurteile, inwieweit die Ergebnisse einerseits dem oben gezeigten Familienbild entsprechen, andererseits aber auch andere Realitäten zeigen.
c) Sammele Vermutungen über die Gründe für unterschiedliche Kinderzahlen und Lebensverhältnisse. Erstelle zum Beispiel eine Mindmap.

4. a) Entwerft eine Umfrage zum Thema „Zukunft = Familie?", in der ihr Mitschülerinnen und Mitschüler mit Fragebögen anonym zu deren Zukunftsplänen befragt. Fragt zum Beispiel, wie viele Kinder jemand haben möchte, ob vorher geheiratet werden soll, wie wichtig die berufliche Karriere ist usw. Denkt euch eigene Fragen aus, erstellt und verteilt die Fragebögen und wertet sie aus.
b) Sucht im Internet nach Statistiken oder Umfragen zu diesem oder ähnlichen Themen. Druckt die interessantesten aus und stellt sie vor.

Ehe und Familie – im Umbruch

„Die Ehe ist immer noch die Lebensform erster Wahl, vor allem, wenn es darum geht, Kinder zu bekommen und groß zu ziehen." So stellte es das Statistische Bundesamt 2008 fest: Die Kinder werden meist geboren, während ihre Eltern verheiratet sind.
Aber es ist ein Wandel festzustellen. Immer mehr Familien entscheiden sich gegen die „klassische" Rollenverteilung, in der der Vater arbeitet und die Mutter allein die Kinder groß zieht. In 85 % aller Ehen mit Kindern unter 15 Jahren arbeitet die Mutter mindestens Teilzeit, in 20 % sogar Vollzeit. Mütter verzichten heute weniger als früher auf die eigene Karriere. Und Väter, die heute mehr als früher am Familienleben teilhaben möchten, stoßen dabei in der Arbeitswelt auf wenig Verständnis.

Andere Formen des Zusammenlebens

Auch wenn die Ehe noch lange kein „Auslaufmodell" zu sein scheint, sind andere Formen des Zusammenlebens auf dem Vormarsch. **Alleinerziehende** und **Patchworkfamilien,** bei denen ein oder beide Partner vorhandene Kinder mit in die neue Beziehung bringen, haben zugenommen. Daneben gibt es viele, die gewollt oder ungewollt kinderlos bleiben. Sie leben oft als **Singles,** bilden für einen begrenzten Zeitraum eine **Lebensgemeinschaft** oder sind verheiratet.

Das Problem der Kinderlosigkeit

In Deutschland liegt die durchschnittliche Kinderzahl pro Frau heute bei etwa 1,3. Rund ein Viertel der Frauen, die zwischen 40 und 60 Jahre alt sind, haben keine Kinder. Gründe sind zum Beispiel die schwierige Vereinbarkeit von Kindern und Berufsleben oder die hohen Kosten, die Kinder verursachen. Wenn Frauen durchschnittlich weniger als zwei Kinder bekommen, nimmt die Bevölkerung ab. Problematisch ist dies auch, weil auf diese Weise der Anteil der „Alten" steigt, die zudem dank der modernen Medizin immer älter werden, während immer weniger „Junge" nachkommen. Da es vorwiegend Menschen zwischen 16 und 66 Jahren sind, die arbeiten gehen, Geld verdienen und Steuern und Sozialabgaben wie die Rentenbeiträge zahlen, ist dies ein wachsendes Problem. Nur wenn wieder mehr Menschen Kinder bekommen, wird unser Sozialsystem auch in Zukunft noch funktionieren. Eine kinder- und familienfreundlichere Gesellschaft ist also letztlich im Interesse aller. Ehen und Familien werden deshalb durch Steuervorteile gefördert und die Vereinbarkeit von Familie und Beruf soll etwa durch preiswerte Betreuungsangebote und flexiblere Arbeitszeiten verbessert werden.

Familie im Wandel der Zeit

1 Großfamilie

Das Wort Familie kommt aus dem Lateinischen. Die „Familia" war der Hausstand eines Mannes, also neben seiner Ehefrau und den Kindern auch alle Sklaven, Helfer und sogar das Vieh.
Bis vor gut 200 Jahren gehörten auch bei uns alle Bewohner eines Haushalts zu einer **„großen Hausfamilie"**. Auf einem Bauernhof waren das neben den Großeltern, Eltern und Kindern auch Mägde und Knechte (Hilfsarbeiter) sowie häufig noch unverheiratete Angehörige. Sie alle bildeten eine Hausgemeinschaft und teilten sich anfallende Arbeiten im Haus, Stall oder auf dem Feld.
Mit der Industrialisierung lebten immer mehr Menschen in der Stadt in kleinen Wohnungen. Vor ungefähr 150 Jahren hatte sich der Familienbegriff so weit gewandelt, dass man hierunter nur noch die beiden Eltern mit ihren Kindern verstand. Der Vater ging arbeiten, während sich die Mutter um die durchschnittlich 3 Kinder kümmerte. **Bürgerliche Kleinfamilie** nannte man das.
Heute sind die Familien meist nicht nur kleiner, immer häufiger versuchen auch beide Eltern, **Familie und Beruf** miteinander zu vereinbaren. Dazu sind sie vor allem auf Angebote angewiesen, ihre Kinder außerhalb der eigenen Familie betreuen zu lassen.

2 Kindertagesstätte

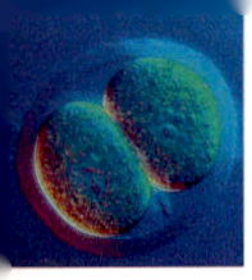

Die Entwicklung des Menschen

1. Erläutere die Abbildungen. Ordne den einzelnen Bildern die dazu passenden Begriffe aus dem Text zu.

2. Bewerte die Abbildungen. Findest du die Darstellung als Weg, die gezeigten Phasen und die einzelnen Fotos passend? Begründe deine Wertung und mache Vorschläge, wie man die Entwicklung des Menschen noch darstellen könnte.

3. Erstelle eine Tabelle, in die du für die vier Lebensphasen jeweils die typischen Entwicklungen einträgst. Unterscheide zwischen körperlichen und geistigen Entwicklungen sowie solchen, die die Lebensumstände und die Verantwortung betreffen.

4. **a)** Befragt Menschen in unterschiedlichen Lebensphasen, also Kinder, Jugendliche und Erwachsene dazu, wie sie ihre jetzige Lebensphase charakterisieren würden. Fragt auch, wie sie sich zukünftige Phasen vorstellen und welche Erinnerungen sie an vergangene Phasen haben.
b) Wertet die Ergebnisse im Hinblick auf folgende Fragen aus.
- Gibt es typische Antworten zu einzelnen Phasen, die immer wieder auftauchen und wie lauten diese?
- Ist das, was Menschen über zukünftige Phasen sagen, vergleichbar mit dem, was Menschen sagen, die diese Phasen schon erreicht haben? Welche Unterschiede gibt es zwischen Erwartungen und den späteren Empfindungen?
- Ist die Erinnerung an frühere Phasen vergleichbar mit der Empfindung, die die Menschen haben, die aktuell in dieser Phase sind?

c) Gestaltet mit den Ergebnissen eine Ausstellung oder eine Broschüre "Lebensweg".

Lebensweg eines Menschen
So unterschiedlich die Menschen und ihre Leben auch sind, wir alle teilen den Start- und den Endpunkt des Lebens sowie die Tatsache, dass wir auf unserem Weg nicht stehen bleiben oder umkehren können. Jeder Mensch beginnt seine Existenz im Moment der Befruchtung einer Eizelle, die daraufhin anfängt, sich wieder und wieder zu teilen und dadurch ein ▸ **Embryo** und schließlich ein Fetus wird. Nach ungefähr neun Monaten verlassen wir den Körper der Mutter, verleben einige weitgehend unselbstständige Jahre als **Kind,** bevor uns ein ziemlich radikaler Wechsel widerfährt. Während wir als **Jugendliche** die Jahre der ▸ Pubertät durchlaufen, erfahren unser Körper und unser Geist deutliche Veränderungen. Schließlich werden wir zu **Erwachsenen**, können nun selber Kinder haben und finden uns vorübergehend auf dem

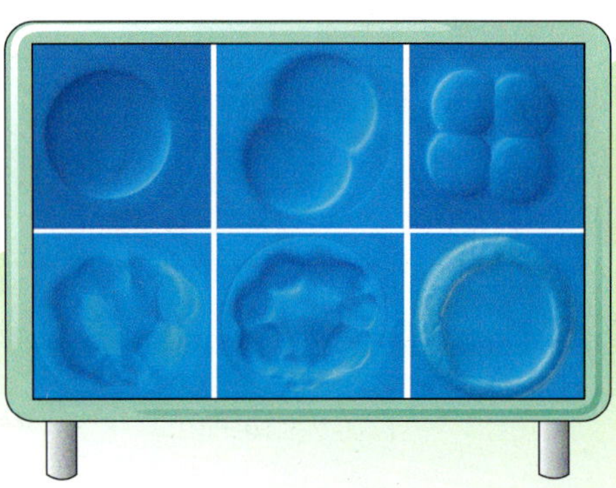

Höhepunkt unserer körperlichen Leistungsfähigkeit wieder. Doch schon beginnt der Zerfall des Körpers. Auch wenn uns noch viele aufregende, schöne und bisweilen anstrengende Jahre erwarten, so wird den meisten spätestens jetzt klar, dass die Reise dem Endpunkt entgegen steuert: dem Tod, der am Ende jeden Lebens steht.
Die vier Lebensphasen, vom Embryo über das Kind und den Jugendlichen bis zum Erwachsenen, sind ebenso biologisch vorgegeben wie der Tod, der das Leben beendet.

Lebensphasen und Sozialisation

Innerhalb der von der Natur vorgegebenen Lebensphasen gibt es oft viele kleinere Lebensabschnitte. So schicken wir unsere Kinder irgendwann zur Schule, sie müssen eine Ausbildung machen oder studieren, bevor sie ins Erwerbsleben eintreten, um vielleicht irgendwann einmal Rentner zu werden. Welche Lebensabschnitte jemand durchläuft, wann sie beginnen und wie sie jeweils charakterisiert sind, hängt dabei von der jeweiligen Kultur oder Gesellschaft ab und nicht von der Biologie seines Körpers. Die Sozialisation des Menschen hat also ebenso starken Einfluss auf seinen Lebensweg wie die Natur.

Typisch: Fähigkeiten und Bedürfnisse

Je nach Lebensphase und -abschnitt haben Menschen unterschiedliche Fähigkeiten und Bedürfnisse. Ein kleines Kind wünscht sich eine andere Welt als seine Eltern. Die Vorstellungen seiner Großeltern oder der kinderlosen Nachbarn werden wiederum anders aussehen.
Eine Gesellschaft als Ganzes kann nur funktionieren, wenn sie einen Ausgleich zwischen diesen verschiedenen Bedürfnissen schafft und auf Menschen jeden Alters Rücksicht nimmt. Das kann gelingen, wenn sie allen Menschen die Gelegenheit gibt, sich gemäß ihrer Fähigkeiten einzubringen, wertgeschätzt zu werden und sich weder überfordert noch allein gelassen zu fühlen.

1 „Lebensweg“ eines Menschen

Entwicklung → S. 184

Sterben und Tod

1. Obwohl du sicher eine ziemlich genaue Vorstellung davon hast, was der Tod ist, kann es manchmal ganz schön schwer sein, es zu erklären. Wie würdest du es einem Kindergartenkind erklären?

2. Wie würde wohl ein Arzt den Begriff „Tod" erklären, wenn er die Ehefrau eines nach einem Unfall hirntoten Mannes überzeugen möchte, ihn als Organspender freizugeben?

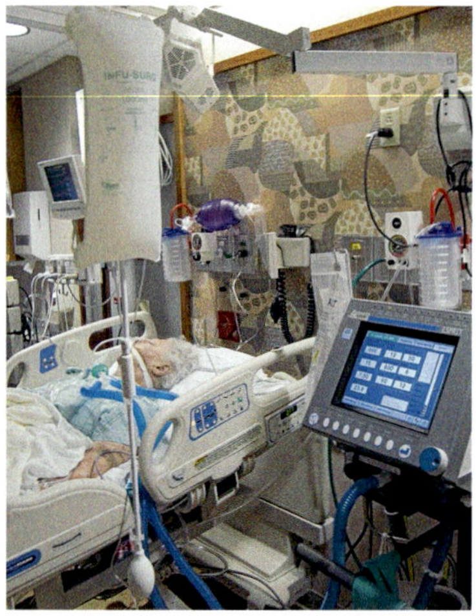

1 **„Zwischen Leben und Tod"**

3. Recherchiere, was genau der Begriff "klinisch tot" bedeutet. Warum ist dieser Ausdruck sehr missverständlich bzw. widersprüchlich?

4. „Durch die Möglichkeiten der modernen Medizintechnik ist die Grauzone zwischen Leben und Tod breiter geworden." Erläutere.

5. Recherchiere, nach welchen Kriterien Mediziner heute den Tod feststellen. Stelle die verschiedenen Möglichkeiten ausführlich dar.

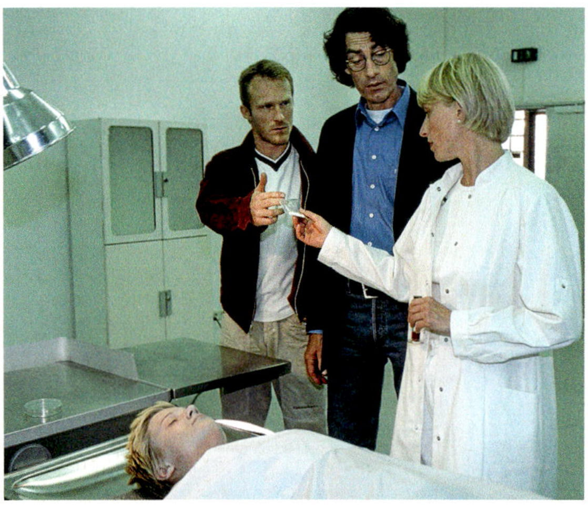

2 **Filmszene: Polizeiarzt stellt den Tod fest.**

Wann endet das Leben?

„Er ist tot. Zeitpunkt des Todes: 12 Uhr" – so kennen wir es aus Fernsehserien oder Filmen: Ein Arzt untersucht eine Leiche, stellt den Tod fest und nennt den Zeitpunkt des Todes.
Wissenschaftlich betrachtet ist es jedoch gar nicht einfach, Kriterien festzulegen, wann genau ein Mensch tot ist: Zum Beispiel muss ein Herzstillstand durchaus nicht von Dauer sein, ohne Herzschlag ist man also keineswegs tot. Schnell und richtig behandelt kann man gesund werden und viele Jahre weiterleben. Andererseits wachsen Haare und Fingernägel nach dem, was wir landläufig "Tod" nennen, noch eine ganze Weile weiter. Ein Toter ist also nicht unbedingt „ganz tot". Beide Beispiele zeigen: Der Tod kommt stufenweise und Sterben ist in der Regel eher ein Prozess als ein Moment.

Der Tod in früheren Zeiten

Schon für die alten Ägypter spielte die Festlegung des Todeszeitpunktes eine Rolle, etwa wenn es um Erbschaften oder die Ausführung von Totenriten ging. Für sie war das Herz das zentrale Organ des Körpers. In ihrer Vorstellung war es der Sitz der Seele. Hörte das Herz auf zu schlagen, stand dies nach ihrer Beobachtung immer im Zusammenhang mit dem Ausbleiben der Atmung und anderer Bewegungen und für Jahrtausende waren dies die allgemein anerkannten Todeszeichen.
Als im 18. Jahrhundert – also vor nicht einmal 300 Jahren – die Forschung auf dem Gebiet der Elektrizität vorankam, gelangen dann aber Wiederbelebungen nach Herz- oder Atemstillstand. Die bisherige Annahme, der Herzstillstand sei ein untrügliches Todeszeichen, musste also revidiert werden. Der französische Anatom BICHAT schloss als einer der ersten, dass nicht das Herz, sondern das Gehirn das Organ ist, an dem der Tod zu erkennen sei. Er unterschied zwischen dem „organischen Leben" und den „höheren Lebensfunktionen" wie Denken und Entscheiden.

3 **MARIE FRANÇOIS XAVIER BICHAT (1771–1802)**

Heutige Definition von „Tod"

Heute kann man mit medizinischer Technik Menschen künstlich beatmen und ernähren, die außer einigen Körperfunktionen keine Lebenszeichen mehr zeigen. Die "Grauzone" zwischen Leben und Tod ist breiter geworden. Die Frage, ob sich ein Patient wieder erholen kann, oder ob die Schäden unumkehrbar, also irreversibel, sind, wurde daher zunehmend wichtig für die Definition von „Tod".
Menschen sollen natürlich nicht versehentlich oder voreilig und damit fälschlich für tot erklärt werden.

Vor allem, wenn es darum geht, Spenderorgane für eine ▸Transplantation zu entnehmen, muss man aber schnell und doch zweifelsfrei feststellen können, ob ein Mensch tot ist. In Deutschland ist daher gesetzlich geregelt, dass eine ganze Reihe von Kriterien erfüllt sein müssen, bevor ein Mensch für tot erklärt werden kann. Eines dieser Kriterien ist der so genannte **Hirntod.** Er äußert sich im Ausbleiben jeglicher Reaktionen, so zum Bespiel auch der meisten Reflexe wie der Pupillenreflex oder der Schluckreflex. Auch die eigene Atmung bleibt dauerhaft aus, da sie ebenfalls vom Gehirn gesteuert wird.

Im ▸EEG zeigt sich der Hirntod durch flache Linien. Wie sie zeigen, erlischt die elektrische Aktivität des Gehirns. Gelingt es für einen Zeitraum von 30 Minuten nicht, eine elektrische Aktivität des Gehirns nachzuweisen, geht man davon aus, dass die Hirnaktivität dauerhaft, also irreversibel erloschen ist. Der Patient wird für tot erklärt.

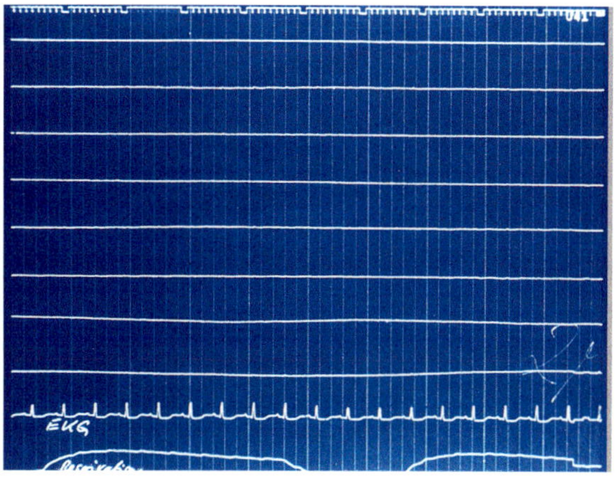

4 Nulllienien-EEG: Erlischt die elektrische Aktivität des Gehirns, gilt ein Patient als tot.

Warum müssen wir sterben?

Streifzug

Auf diese Frage geben vor allem die Religionen Antworten. Je nach Religion glauben deren Anhänger, dass sie nach dem Tod ins Paradies, in „den Himmel" oder „die Hölle" kommen können oder dass sie in irgendeiner Form wiedergeboren werden. Damit müssen wir sterben, um in dieses neue Leben eintreten zu können. Aus naturwissenschaftlicher Sicht gibt es jedoch keine Hinweise auf ein Leben nach dem Tod. Für Naturwissenschaftler ist allenfalls die Beobachtung interessant, dass es fast ein Grundbedürfnis des Menschen zu sein scheint, nicht anzuerkennen, dass unser Dasein irgendwann ein Ende hat.

Auf die Frage nach den Ursachen dafür, dass wir sterben, hat die Biologie jedoch durchaus überraschende Antworten: Aus Sicht der Evolutionsbiologie liegt es vermutlich daran, dass wir uns nur bis zu einem bestimmten Alter fortpflanzen. Nach der derzeit gültigen Evolutionstheorie setzen sich solche Eigenschaften von Lebewesen durch, die ihren Fortpflanzungserfolg erhöhen. Menschen, die besonders alt werden, bekommen aber dadurch nicht mehr Nachkommen als solche, die nur ein mittleres Alter erreichen. Also wird die Eigenschaft, besonders alt zu werden, von der Evolution nicht verstärkt. Durch die Evolution werden wir eben so alt, dass wir unsere Kinder bekommen und sie so weit erziehen können, bis sie selbst Kinder bekommen können. Alles was darüber hinaus geht, ist aus der Sicht der Evolution eher als eine Art „Bonus" zu betrachten.

Transplantationen retten Leben

Wenn Organe versagen
Durch Krankheiten oder Unfälle können Organe so schwer geschädigt werden, dass sie ihre Funktion im Körper nicht oder nicht mehr in ausreichendem Maße erfüllen können. Heute können die Funktionen fast aller lebenswichtigen Organe vorübergehend auch von Maschinen übernommen werden. Aber nicht immer erholen sich die Organe wieder. Dann bedeutet die Abhängigkeit von diesen Maschinen oft ein gesundheitliches Risiko und immer eine enorme Einbuße von Lebensqualität: Ein Patient, dessen Nieren nicht mehr arbeiten, muss dreimal in der Woche für vier bis fünf Stunden zur ▸Dialyse. Ohne funktionierende Bauchspeicheldrüse bekommt man die Zuckerkrankheit Diabetes. Wenn Herz oder Leber versagen, besteht Lebensgefahr. Heilung verspricht dann nur eine Organverpflanzung.

Verpflanzung von Organen, Geweben, Zellen
Bei einer Transplantation (von lat. transplantare = verpflanzen) werden ein Organ oder Teile davon von einem Menschen auf einen anderen übertragen. Am häufigsten werden Nieren transplantiert, denn da ein Mensch zwei Nieren hat, kann er eine spenden und trotzdem fast normal weiterleben. Andere Organe wie Herz, Leber oder Lunge können auch transplantiert werden, jedoch kommen als Spender nur tote Menschen in Frage. Nicht immer müssen ganze Organe verpflanzt werden: Für Leukämiekranke kann die Übertragung weniger gesunder Knochenmarkszellen der einzige Weg sein, wieder ganz gesund zu werden. Für den Spender bedeutet das lediglich einen kleinen Eingriff, da ihm nur wenige Knochenmarkszellen entnommen werden.

Seltenheitswert
Der Bedarf an Spenderorganen ist viel höher als das Angebot. Die Gründe sind vielschichtig. Sie reichen von der teils extrem geringen Wahrscheinlichkeit, einen aus medizinischer Sicht passenden Spender zu finden, bis zu dem unguten Gefühl, das viele Menschen haben, wenn sie darüber nachdenken, was nach ihrem Tod mit ihrem Körper geschehen wird.

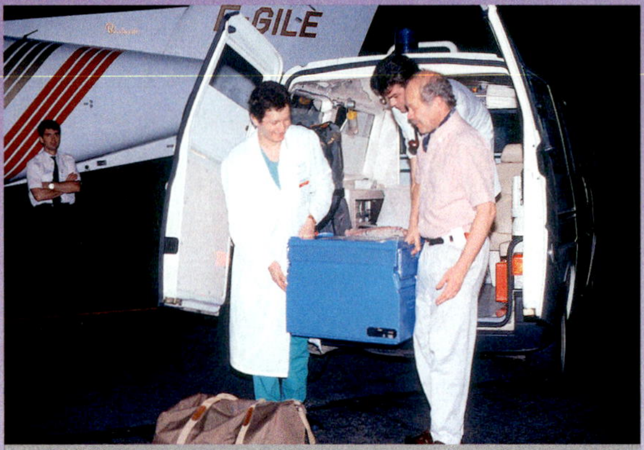

Informationsbedarf
Viele Menschen wissen wenig über die Hintergründe und die Möglichkeit, sich als Gewebe- oder Organspender zur Verfügung zu stellen. Hier setzen die folgenden Fragen an. Sie können euch helfen, das Thema zu strukturieren.

Organisatorisches
Wie läuft eine Organverpflanzung ab? Wie gelingt es trotz geringer Wahrscheinlichkeiten, passende Spender zu finden, die Organe direkt nach dessen Tod zu entnehmen und dann unverzüglich einem Empfänger einzusetzen? Welche Organisationen garantieren den reibungslosen, aber auch ethisch und rechtlich einwandfreien Ablauf?

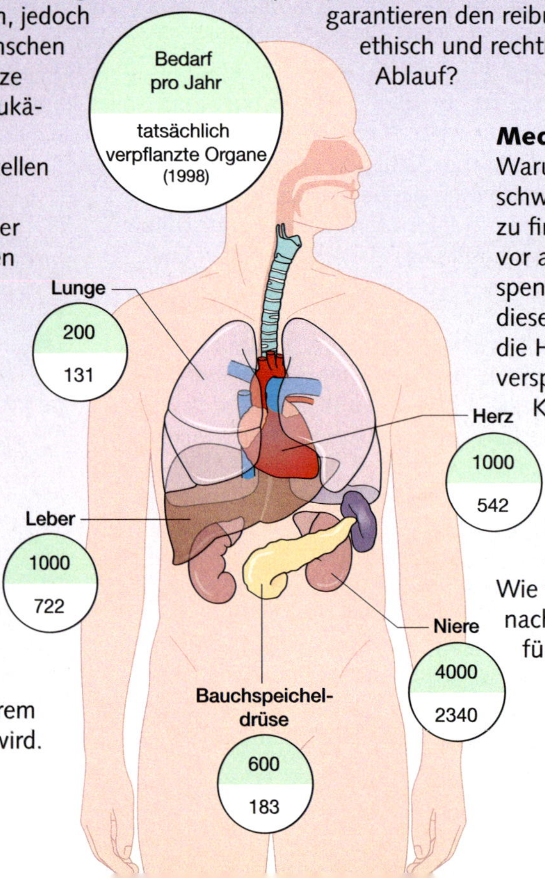

Medizinisches
Warum ist es manchmal so schwer, geeignete Spender zu finden? Warum gilt dies vor allem für Knochenmarksspenden? Was sind in diesem Zusammenhang z. B. die HLA-Faktoren? Was verspricht man sich von den Knochenmark-Typisierungsaktionen, zu denen immer wieder aufgerufen wird, z. B. durch Ketten-E-Mails oder Zeitungsartikel? Wie funktioniert die Suche nach geeigneten Spendern für andere Organe?

Tipps zur Informationsbeschaffung

Im Internet gibt es zahlreiche Seiten, die sich mit dem Thema Transplantation und Organspende befassen und es aus unterschiedlichen Blickwinkeln beleuchten. Ein guter Einstieg gelingt über das Angebot der Bundeszentrale für gesundheitliche Aufklärung BzgA.

www.organspende-info.de

Darüber hinaus bieten auch viele Ärzte, Krankenhäuser und Krankenkassen kostenlos und unverbindliche Informationsmaterialien an.

Rechtliches und Politisches
Welche Gesetze müssen im Zusammenhang mit Organtransplantationen beachtet werden und was sind deren wichtigste Regelungen? Wird über diese Gesetze noch diskutiert, sollen sie möglicherweise geändert werden? Wie wird man Organspender und was passiert, wenn sich ein möglicher Spender nicht mehr selber entscheiden kann, beispielsweise nach einem Unfall? Was ist ein Organspendeausweis? Wozu braucht man ihn und wie bekommt einen?

Ethisches
Welche ethischen Fragen spielen eine Rolle? Wann ist ein Mensch tot? Darf man einem Toten im Zweifel nicht auch gegen seinen Willen Organe entnehmen, um einen Lebenden zu retten? Warum ist Organhandel in Deutschland verboten, obwohl doch so dringend Organe gesucht werden? Ist man nicht eigentlich ethisch verpflichtet, sich als Spender zur Verfügung zu stellen?

Öffentliches
Welche Kampagnen gibt es, die die Spendebereitschaft erhöhen sollen? Was steht im Mittelpunkt – Informationen zu vermitteln, Aufmerksamkeit zu erzeugen oder ...? Wie ist das zu bewerten (überlegt sinnvolle Kriterien)? Was denken Leute auf der Straße über Organspende und Transplantationen? Wie gut sind sie informiert?

Tipps zur Durchführung

- Entscheidet zunächst, wen und in welcher Form ihr informieren wollt. Ihr könnt z. B. eine Ausstellung gestalten oder auch eine Infoveranstaltung, zu der ihr gezielt Gäste einladet, die ihr dann mit Vorträgen informiert und durch die Ausstellung führt. Natürlich könnt ihr auch eine Broschüre erstellen oder eure Arbeitsergebnisse auf der Schulhomepage veröffentlichen.
- Gliedert dann das Thema. Einige Vorschläge für Teilthemen und Leitfragen findet ihr auf dieser Seite. Verteilt die Teilthemen und legt die Leitfragen fest und was die einzelnen Gruppen an Material und Informationen beitragen.
- Verschafft euch Informationen, wertet sie aus und klärt offene Fragen in der Gruppe oder mit der Lehrkraft. Eventuell könnt ihr auch externe Experten befragen, z. B. per E-Mail.
- Wählt die interessantesten Infos aus und fasst sie verständlich zusammen. Erstellt oder sammelt dazu auch Abbildungen, die ihr bei eurem Projekt verwenden könnt.
- Stellt die Materialien so rechtzeitig fertig, dass vor der eigentlichen Veröffentlichung noch Zeit für mögliche Korrekturen bleibt.
- Informiert eure Zielgruppe rechtzeitig. Gebt notwendige Informationen über euer Projekt eventuell auch an die Presse weiter.
- Führt die Veranstaltung durch und dokumentiert sie, indem ihr Fotos macht, mit Gästen sprecht und diese "Interviews" auch festhaltet. Vielleicht erscheint ein Bericht über das Projekt in der Zeitung oder auf der Schulhomepage.

Die Nieren entgiften das Blut

1. Beschreibe die Lage und den Bau der Nieren.

2. Führt in Teamarbeit die Präparation einer frischen Schweineniere durch. Ihr Aufbau entspricht in etwa einer menschlichen Niere. Ihr benötigt dafür eine flache Schale und ein Skalpell oder ein sehr scharfes Messer. Wenn ihr die Niere hinlegt und waagerecht durchschneidet, könnt ihr die Nierenrinde, das Nierenmark, das Nierenbecken, den Harnleiter und die zu- und abführenden Blutgefäße erkennen. Fertigt eine biologische Zeichnung von dem Präparat an und beschriftet sie.

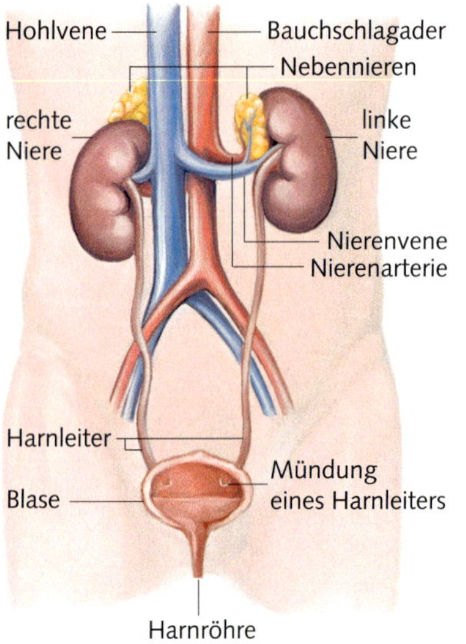

3. Beschreibe mithilfe der Abbildungen die Funktion der Nieren und die Entstehung des Urins.

4. Die Ärzte im Mittelalter untersuchten unter anderem die Menge, Farbe und den Geruch von Urin und mussten ihn sogar kosten. Die Zuckerkrankheit heißt in der Fachsprache „Diabetes Mellitus". „Mellitus" bedeutet „honigsüß" und bezieht sich auf den Geschmack des Urins. Auch heute ist die Urinprobe ein wichtiger Bestandteil ärztlicher Untersuchungen. Recherchiere, worüber die Zusammensetzung des Urins Auskunft geben kann, und halte einen Kurzvortrag.

5. a) Sammelt und ordnet Aspekte zum Thema „▸ Organspende und Transplantation" in einer Mindmap.
b) Bildet Interessengruppen und teilt das Thema entsprechend auf.
c) Bereitet in den Gruppen kurze Vorträge zum Thema vor und haltet sie vor der Klasse.

6. Beschreibe den Vorgang der Dialyse. Recherchiere zum Beispiel im Internet und nutze die Abbildungen. Informationsmaterial gibt es auch beim Arzt oder von den Krankenkassen.

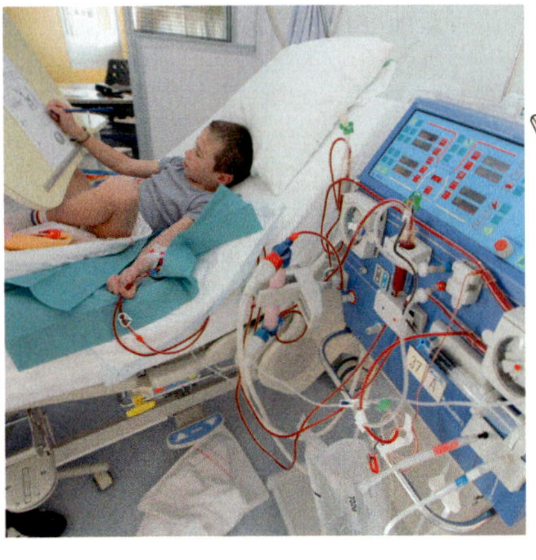

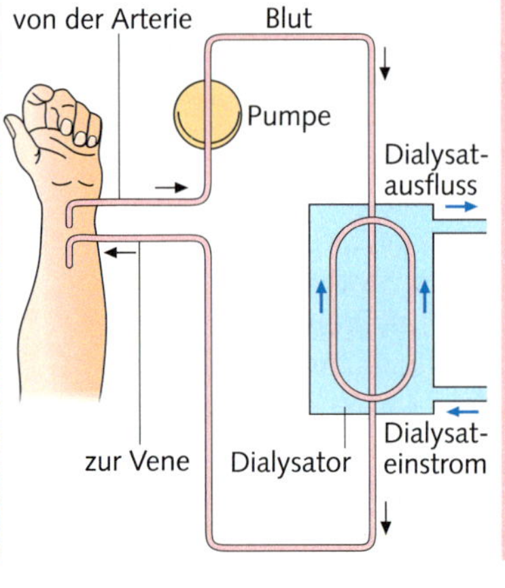

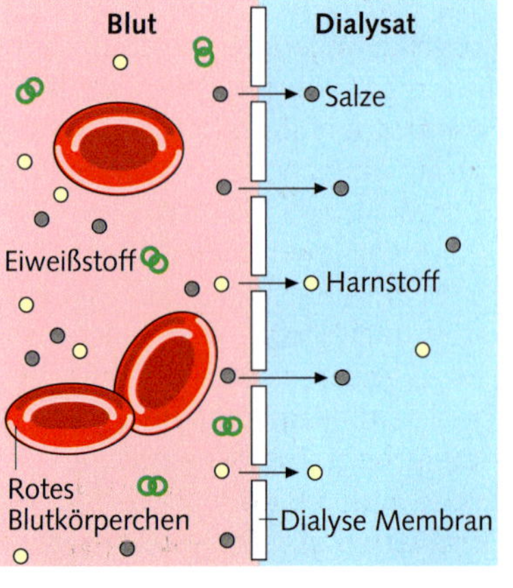

Abfall muss entsorgt werden

Durch Atmung und Nahrung nehmen wir ständig Stoffe auf, die unser Körper zum Leben benötigt. Was aber geschieht mit den nicht verwertbaren und zum Teil giftigen Abbaustoffen? Sie werden durch die ▸ Haut, die ▸ Lungen, den Darm und die Nieren ausgeschieden.

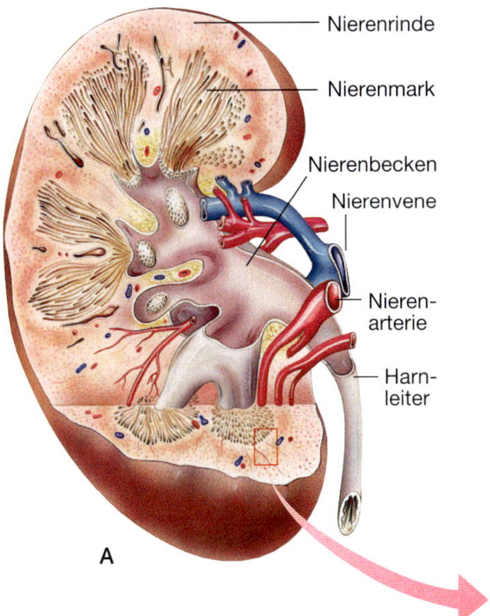

Aufbau und Funktion der Nieren

Die Nieren liegen auf der Körperrückseite zu beiden Seiten der Wirbelsäule dicht über der Taille. Sie sind etwa sieben Zentimeter groß, bohnenförmig und dunkelrot gefärbt.
An der Einbuchtung führt eine Arterie hinein und eine Vene heraus. Betrachtest du eine Niere im Längsschnitt, so erkennst du einen Hohlraum. Dieser wird als **Nierenbecken** bezeichnet.

Das Nierengewebe selbst besteht aus der hellen **Nierenrinde** und dem dunkleren **Nierenmark** mit etwa einer Million kugeliger **Nierenkörperchen.** Jedes besteht aus einer doppelwandigen Kapsel. Durch die Blutgefäße in ihrem Innern fließt das Blut mit solch hohem Druck, dass u. a. Wasser, Mineralsalze, Traubenzucker und Harnstoff durch Poren in der Gefäßwand hindurchgepresst werden. Durch diesen Filtervorgang entstehen täglich etwa 170 l **Primärharn.** Neben giftigen Abbauprodukten wie **Harnstoff** enthält der Primärharn auch Stoffe, die für den Körper noch verwertbar sind. Dazu gehören z. B. Mineralstoffe, Traubenzucker und Wasser. Auf dem Weg durch die zahlreichen Windungen der Nierenkanälchen wird der größte Teil dieser Stoffe über die Nierenvene in den Blutkreislauf zurückgeführt. Es bleiben rund 1,5 l **Endharn** übrig. Dieser **Urin** besteht vorwiegend aus Wasser, Salzen und Harnstoff. Er sammelt sich in den trichterförmigen Hohlräumen des Nierenbeckens und fließt durch den schlauchartigen Harnleiter in die Harnblase. Von hier aus wird er durch die Harnröhre mehrmals täglich ausgeschieden.
Die Nieren haben nicht nur die Aufgabe, das Blut von Abfallstoffen zu reinigen, sondern sie regulieren auch den **Wasser-** und den **Salzhaushalt** des Körpers.

Erkrankungen der Nieren

Bei manchen Menschen entstehen im Nierenbecken oder in der Harnblase aus unlöslichen Bestandteilen des Harns kleine Kristalle, die zu Nierensteinen oder Blasensteinen verklumpen. Diese können starke Schmerzen auslösen.
Infolge einer starken Erkältung können Bakterien über die Harnleiter bis in die Nieren wandern und zu einer Entzündung führen, in deren Verlauf Nierengewebe zerstört wird.

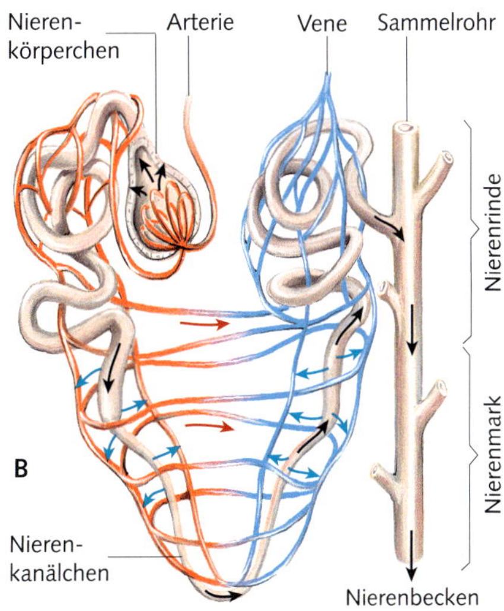

Auch durch giftig wirkende Stoffe wie Alkohol oder bestimmte Medikamente kann Nierengewebe geschädigt werden. Manchmal versagen die Nieren auch völlig. Um zu überleben, sind diese Menschen dann auf eine intensive Nierenersatztherapie (Dialyse) oder eine ▸ Organtransplantation angewiesen.

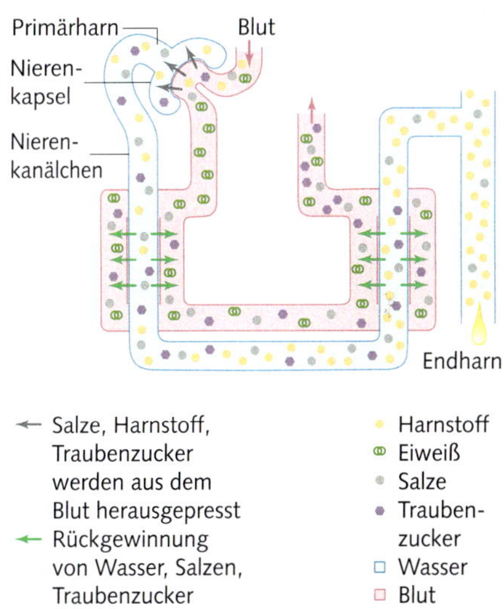

1 Niere. A *Bau;* **B** *Feinbau;* **C** *Harnbildung (Schema)*

System → S. 180 und Struktur und Funktion → S. 182

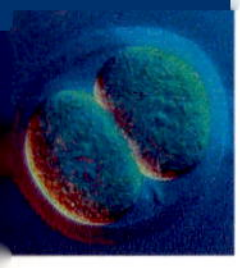

Die Leber – eine lebenswichtige „Chemiefabrik"

1. a) Beschreibe die Lage und den äußeren Bau der Leber.
b) Entwickle ein Informationsplakat oder eine Mindmap zum Thema: „Aufgaben der Leber".
c) Beschreibe die Blutversorgung der Leberläppchen. Nutze hierzu die Abbildung vom Feinbau der Leber.

2. Berichtet über Schadstoffe, die in unseren Körper gelangen können und in der Leber verarbeitet werden.

3. Informiert euch zum Beispiel im Internet über die verschiedenen Arten der Hepatitis. Nennt Möglichkeiten der Ansteckung und unterbreitet Vorschläge, wie man sich vor einer Infektion schützen kann. Gestaltet dazu ein Informationsplakat.

4. Beschreibe die verschiedenen Stadien einer Lebererkrankung und nenne mögliche Ursachen.

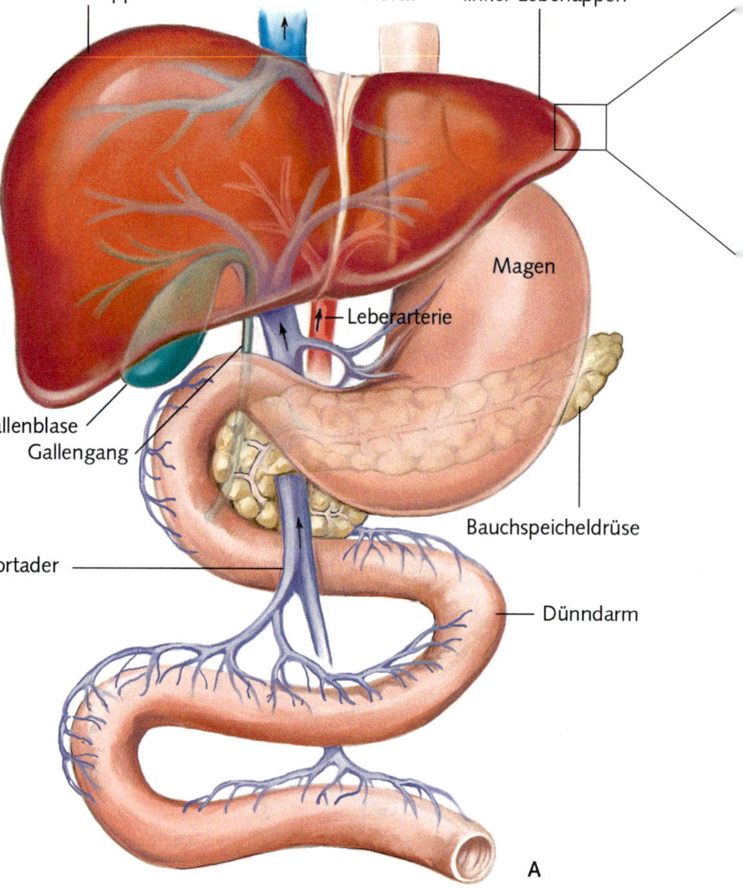

A

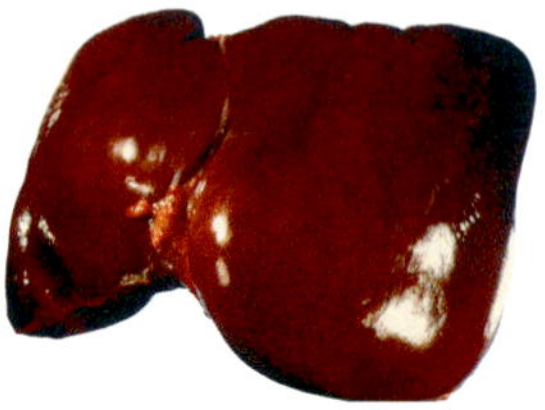
gesunde Leber

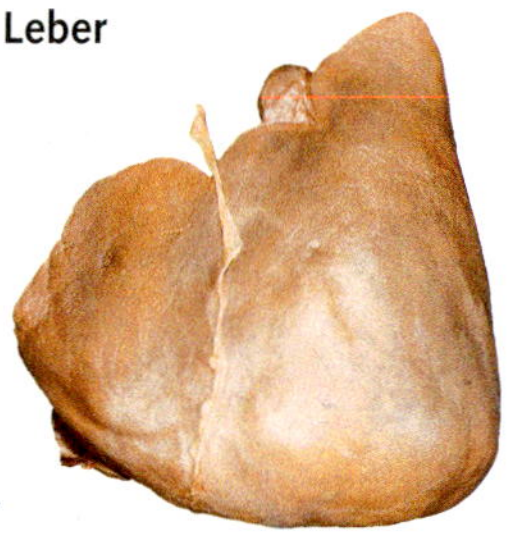
Fettleber

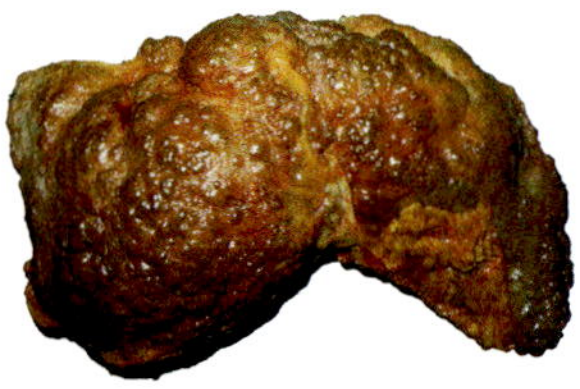
Leberzirrhose

5. Untersuche Leberzellen unter dem Mikroskop. Zupfe von einer Schweineleber ein stecknadelkopfgroßes Stück ab und zerdrücke es in einem Tropfen Wasser auf einem Objektträger. Decke es mit einem Deckgläschen ab und mikroskopiere das Leberpräparat zunächst im Hellfeld und dann durch Abblenden im Kontrast. Fertige eine mikroskopische Zeichnung an und beschrifte eine Leberzelle.

6. Schon die alten Griechen wussten, dass die Leber in der Lage ist nachzuwachsen. Der Sage nach fraß ein Adler dem Halbgott Prometheus jeden Morgen die Hälfte der Leber weg und am nächsten Morgen war sie komplett nachgewachsen. So schnell geht es natürlich in Wirklichkeit nicht. Welche Vorteile bringt die Regenerationsfähigkeit der Leber bei einer Transplantation? Informiere dich im Internet und berichte.

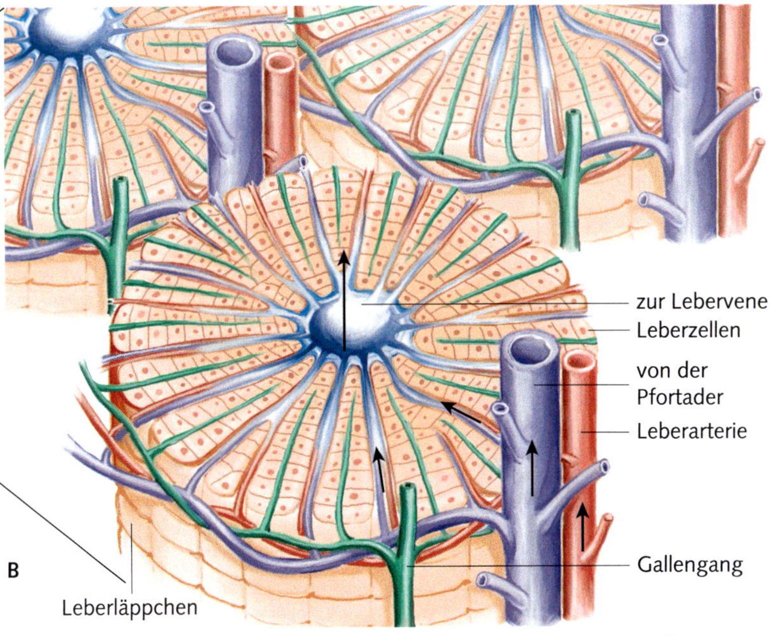

1 Leber. A *Lagebeziehung der Leber zu den Nachbarorganen;* **B** *Feinbau Leberläppchen (die Pfeile stellen die Fließrichtung des Blutes dar)*

Lage und Bau der Leber

Im rechten Oberbauch unter dem Zwerchfell und durch den Brustkorb geschützt liegt die Leber. Eine gesunde Leber wiegt etwa 1500 Gramm, hat eine feste, glatte Oberfläche und ist aufgrund der starken Durchblutung dunkelrot bis braun gefärbt. Äußerlich sind zwei Leberlappen zu erkennen. Innen besteht die Leber aus etwa 100 000 stecknadelkopfgroßen Leberläppchen. Das sind feine, blutumspülte Schichten von Leberzellen. Sauerstoffreiches Blut erhält die Leber über die Leberarterie. Die **Pfortader,** die sich in der Leber verzweigt, versorgt die Leber vom Darm her kommend mit nährstoffreichem Blut. Es durchfließt die Leberläppchen und wird schließlich über die Lebervene abgeführt. Am unteren Leberrand liegt die Gallenblase. In ihr sammelt sich die gelbgrüne **Gallenflüssigkeit,** die von der Leber gebildet und für die Fettverdauung im Dünndarm benötigt wird.

Funktionen der Leber

Die Leber ist an mehr als 500 verschiedenen **Stoffwechselvorgängen** beteiligt, daher wird sie manchmal als „Chemiefabrik des Körpers" bezeichnet. Die verschiedenen Nährstoffe werden im Magen-Darm-Trakt verdaut, so dass ihre Bausteine schließlich ins Blut aufgenommen werden können. Über die Pfortader gelangen diese Stoffe in die Leber, wo sie umgebaut oder gespeichert werden. Die im Blut enthaltenen Aminosäuren nutzen die Leberzellen zum Teil für den Aufbau körpereigener Eiweiße. Das für die Blutgerinnung benötigte Fibrinogen ist hierfür ein Beispiel. Überschüssige Aminosäuren können von den Leberzellen aber auch zur Energiegewinnung oder zum Aufbau von Kohlenhydraten verwendet werden. Als Abfallprodukt entsteht dabei **Harnstoff.** Dieser wird an das Blut abgegeben und über die Nieren mit dem Urin ausgeschieden.

Neben ihrer Funktion als Stoffwechselorgan ist die Leber auch ein **Speicherorgan.** Traubenzucker wird zu Glykogen zusammengesetzt. Glykogen dient Menschen und Tieren wie die Stärke bei Pflanzen als Energiespeicher. Kommt es trotz aufgefüllter Glykogenspeicher zu übermäßiger Nahrungszufuhr, so werden überschüssige Nährstoffbausteine von der Leber zum Aufbau von Fetten genutzt, welche dann anderswo im Körper abgelagert werden. Die Leber speichert auch Vitamine und Spurenelemente.
Die Leber ist zudem an der **Entgiftung** des Körpers beteiligt. Einige Abfallstoffe werden mit der Gallenflüssigkeit in den Darm entleert, andere werden gespeichert oder abgebaut. Zu den von der Leber abgebauten Giften zählt auch der Alkohol.

Gefahren für die Leber

Übermäßiger Alkoholgenuss und Medikamentenmissbrauch, aber auch eine ungesunde Lebensweise mit übermäßiger Ernährung führen zu einer starken Belastung der Leber. Die überlastete Leber kann die mit der Nahrung zugeführten Fette nicht mehr abbauen und lagert sie ab. So kommt es zur Ausbildung einer Fettleber. Aber auch durch Infektionen wie Hepatitis kann die Leber geschädigt werden. Die **Leberzirrhose** schließlich ist das Endstadium vieler Lebererkrankungen.
Die Zellen sterben ab, die Leber schrumpft und kann ihre zahlreichen Funktionen nicht mehr erfüllen. In schweren Fällen ist dann eine Organtransplantation die letzte Rettung, denn ein Leben ohne Leber ist nur für wenige Stunden möglich. Medikamente oder Maschinen, die die Funkionen der Leber ersetzen könnten, gibt es nicht.

System → S. 180

Sucht hat viele Gesichter

1. Erstellt eine Mindmap zum Thema Sucht und Drogen.

2. Es gibt unterschiedliche Arten von Sucht.
a) Betrachte die Bilder und erläutere, um welche Art von Sucht es sich jeweils handelt.
b) Liste weitere Suchtarten auf.

3. Nenne mögliche Gründe, Drogen „auszuprobieren". Nimm dazu Stellung.

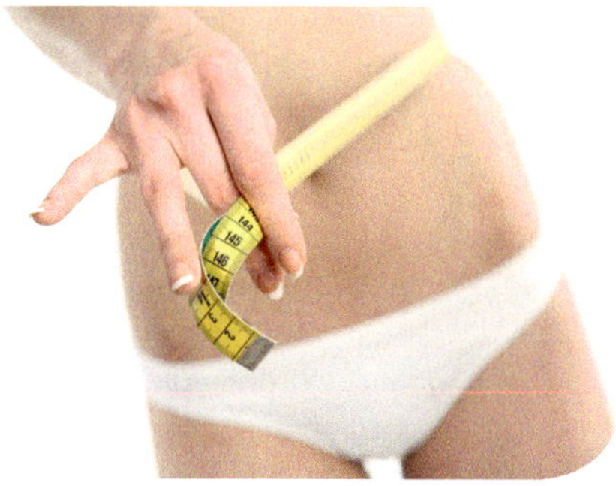

4. Informiere dich über eine Art von Sucht und stelle die Ergebnisse in einer geeigneten Präsentation vor.
Nutze unterschiedliche Quellen, auch Drogen- oder Suchtberatungsstellen. Folgende Gesichtspunkte kannst du beachten: Geschichte der Droge, Herstellung, Gefahren, Langzeitschäden und strafrechtliche Folgen, Ursachen der Sucht, Hilfen, Therapiemöglichkeiten und Alternativen zum Suchtverhalten.

5. Erläutere, was man unter den Begriffen „Gewöhnung", „körperliche Abhängigkeit" und „psychische Abhängigkeit" versteht.

6. Beschreibe die Spirale einer Abhängigkeit. An welcher Stelle und auf welche Weise könnte eingegriffen werden?

Was ist „Sucht"?

Sucht ist die krankhafte Abhängigkeit eines Menschen von einem Stoff wie Alkohol oder Heroin oder die zwanghafte Ausübung eines Verhaltens. Man unterscheidet deshalb zwischen stoffabhängigen und stoffunabhängigen Süchten. Bei betroffenen Menschen besteht ständig das Verlangen nach erneuter Einnahme des Stoffes oder einer Wiederholung des Verhaltens, um ein Lustgefühl zu erreichen oder Unlustgefühle zu vermeiden. Die meisten Suchtmittel führen zu **physischer,** das heißt **körperlicher Abhängigkeit.** Wird das Suchtverhalten nicht ausgeübt, reagiert der Körper mit Entzugserscheinungen. Bei der **psychischen,** das heißt **seelischen Abhängigkeit,** kann das innere Gleichgewicht nur noch mithilfe des Stoffes oder des Verhaltens erreicht werden.

Wenn Verhaltensweisen zur Sucht werden

Menschen können auch ohne die Einnahme von Drogen suchtkrank sein. Die Sucht äußert sich hier in bestimmten Verhaltensweisen, die schwerwiegende soziale Folgen haben oder die Gesundheit schädigen können.
So kann das Spielen von **Computerspielen** zur Sucht werden. Die Spiele sind so angelegt, dass sich in den Gedanken des Spielers bald alles um die Fortführung der Spiele dreht.

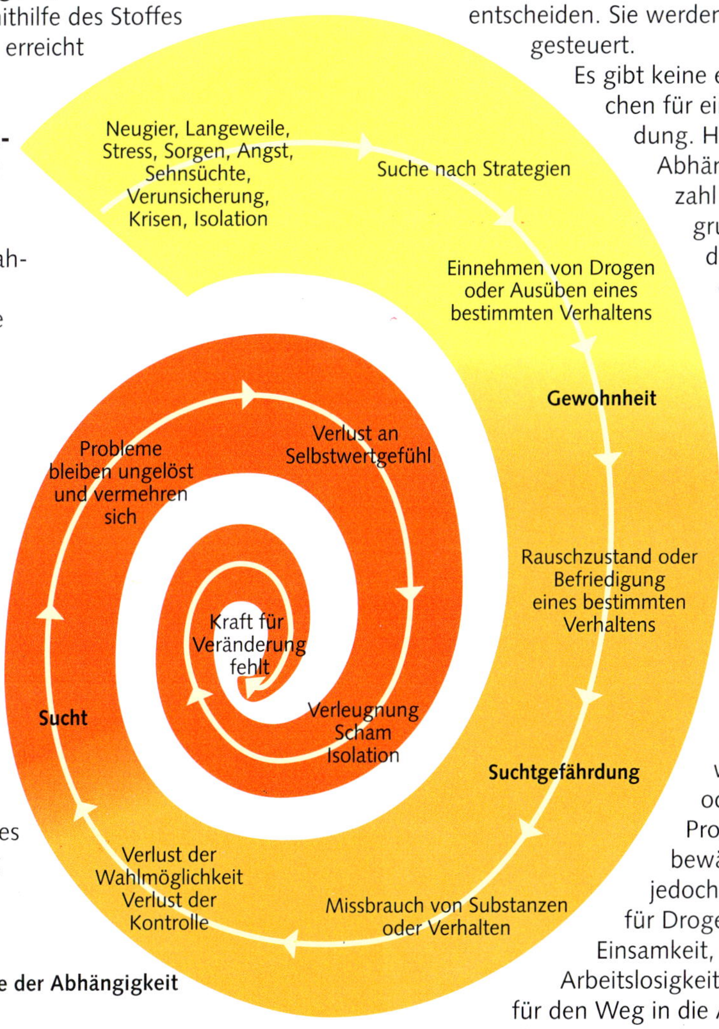

1 Spirale der Abhängigkeit

Kaufsucht oder **Glücksspiele,** die mit dem Einsatz von Geld verbunden sind, können in eine Spirale der Verschuldung führen, wodurch langfristig das Leben des Betroffenen und das seiner Familie verändert oder sogar zerstört wird.

Essstörungen wie **Magersucht** und **Bulimie,** die Ess- und Brechsucht, können ernsthafte gesundheitliche Schäden zur Folge haben und sogar zum Tod führen.

Man spricht spätestens dann von süchtigem Verhalten, wenn die Betroffenen den Großteil ihrer Freizeit mit diesem krankhaften Verhalten verbringen und darüber Familie, Freunde, Schule oder Beruf vernachlässigen.

Sucht bedeutet Verlust der Freiheit

Menschen, die körperlich oder psychisch von Suchtmitteln abhängig sind oder zwanghaftes Verhalten ausüben, können nicht mehr frei über sich selbst entscheiden. Sie werden durch ihre Sucht gesteuert.
Es gibt keine eindeutigen Anzeichen für eine Suchtgefährdung. Häufig liegt einer Abhängigkeit eine Vielzahl von Ursachen zugrunde, welches mit der Persönlichkeit des Betroffenen, dem sozialen Umfeld und der Verfügbarkeit von Drogen zusammenhängt. Bei Jugendlichen ist es oft die Neugier, die zum ersten Drogenkonsum verleitet.
Menschen, die passiv und unselbstständig sind, ein geringes Selbstwertgefühl haben oder Konflikte bzw. Probleme nur schwer bewältigen können, sind jedoch besonders anfällig für Drogen. Aber auch Einsamkeit, Wut, Angst oder Arbeitslosigkeit können Ursachen für den Weg in die Abhängigkeit sein.
Beim Auftreten von bestimmten Gefahrensignalen sollten Eltern oder Betroffene selbst eine Sucht- oder Drogenberatungsstelle aufsuchen. Dort erhalten sie vielfältige Unterstützung und Hilfe auch im Hinblick auf notwendige Therapien.

Legal – und deshalb harmlos?

1. Beschreibe, was man unter legalen Drogen versteht.

2. Führt ein Projekt zum Thema Alkohol und Alkoholismus durch. Beschäftigt euch mit verschiedenen Aspekten des Alkohols. Folgende Leitfragen können helfen:
- Wie wirkt Alkohol?
- Wie viel Alkohol ist in unterschiedlichen alkoholischen Getränken enthalten?
- Wann und warum wird Alkohol getrunken?
- Wie wird Alkohol in der Werbung dargestellt?
- Was ist Alkoholismus und welche Folgen kann er für die Betroffenen haben?

Wählt unterschiedliche Möglichkeiten, um die Ergebnisse zu ▸ visualisieren.

3. Auf Zigarettenschachteln muss auf die Gefahren des Zigarettenrauchs hingewiesen werden.

a) Welche Warnhinweise stehen auf den Schachteln und welchen biologischen Hintergrund haben sie?

b) Formuliert weitere Warnhinweise, die auf Zigarettenschachteln stehen könnten.

bis 0,5 ‰

entspannt, redselig, leichte Gehstörungen und Konzentrationsschwäche

bis 0,5–1,5 ‰

Gleichgewichtsstörungen, Selbstüberschätzung, Lallen, Fahruntüchtigkeit

bis 1,5–3 ‰

Rausch, Gedächtnisstörungen, verlängerte Reaktionszeit, Müdigkeit, Übelkeit, Koma

Info

Nach Informationen der Krankenkassen stieg zwischen 2007 und 2008 die Zahl der durch Alkoholmissbrauch verursachten Klinikaufenthalte von Kindern unter 15 Jahren von 177 auf 214. Wenn man diese Angabe einer Kasse auf alle Versicherten hochrechnet, kommt man bundesweit insgesamt auf knapp 2400 Fälle von akutem Alkoholrausch in dieser Altersgruppe. Bei den unter 18-Jährigen weisen die TK-Zahlen einen Anstieg der Klinikeinweisungen um 174 auf 1765 aus; das entspricht einer Gesamtzahl von fast 20000 minderjährigen „Komasäufern", die 2008 im Krankenhaus landeten.

dpa

4. Stelle die Zahlen des Zeitungsartikels grafisch dar.

5. a) Nehmt zur Szene in Abbildung 1 Stellung und bewertet sie.

b) Macht Vorschläge, wie auch eine Party ohne Alkohol „cool" werden kann.

6. Weshalb ist es „cool" mit dem Rauchen gar nicht erst anzufangen? Nenne hierfür Gründe.

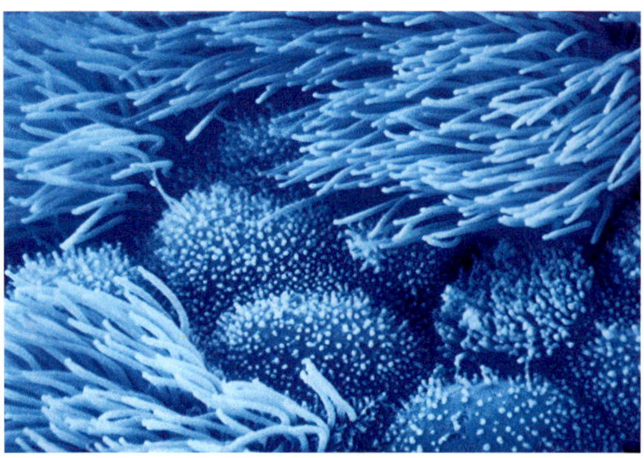

7. Diskutiert in der Klasse den Sinn von Rauchverboten zum Beispiel in öffentlichen Gebäuden, in der Bahn und in Gaststätten und Restaurants. Fasst das Für und Wider in der Diskussion schriftlich zusammen.

8. Nebenstehendes Mikrofoto zeigt einen Ausschnitt aus einer Bronchie. Was fällt dir auf? Erkläre.

1 Wochenendparty

2 Rauchen in der Clique

Alkohol kann süchtig machen

Endlich Wochenende: Zeit, den Alltagsstress zu vergessen und mit anderen feiern. Um schnell in Stimmung zu kommen, gehört für viele Menschen der Genuss von alkoholischen Getränken dazu. Alkohol verteilt sich in kurzer Zeit über das Blut im gesamten Köper und löst vielfältige Reaktionen aus. Dabei kann man die Wirkung von Alkohol für den Einzelnen nicht vorhersagen. Sie ist abhängig von der Grundstimmung des Menschen, von der Alkoholmenge, dem Körpergewicht, dem Geschlecht und der vorher aufgenommenen Nahrung.

Alkohol beeinträchtigt in jedem Fall das zentrale Nervensystem, sodass man sich häufig überschätzt und sein Verhalten nicht mehr kontrollieren kann. Beim Autofahren wird das besonders deutlich. Obwohl die Reaktionsgeschwindigkeit durch Alkohol vermindert ist, fühlen sich viele stark und fahren mit erhöhter Geschwindigkeit. Oft hat das tödlichen Folgen. Immer wieder lesen wir davon in der Tageszeitung.

Wer bemerkt, dass er immer wieder mehr Alkohol braucht, um gut „drauf" zu sein oder sich zu entspannen, gerät in Gefahr, **abhängig** zu werden. Regelmäßiger Alkoholkonsum schädigt die ▸Leber. Sie kann die Entgiftungsarbeit nicht mehr leisten und schrumpft schließlich. Aber auch die Gehirnfunktionen lassen bei einem Alkoholiker nach. Ist es also cool, häufig zum Alkohol zu greifen?

Rauchen – ein zweifelhaftes Vergnügen

Viele, die einmal mit dem Rauchen angefangen haben, kommen davon nicht mehr los. Warum ist Rauchen eigentlich so toll? Viel rauchen, weil es „in" ist oder andere in der Clique auch rauchen. Dann wagt man es nicht, die Zigarette abzulehnen. Manche wollen zeigen, dass sie sich nichts vorschreiben lassen. Sie glauben, mit dem Rauchen ihre Selbständigkeit beweisen zu müssen. Manche Jugendliche berichten, dass Rauchen sie entspannt und Müdigkeit vertreibt. Diese Wirkung ist tatsächlich auf das **Nikotin** zurückzuführen. Nikotin lässt den Blutdruck steigen und das Herz schlägt schneller. Nikotin verengt die feinen Blutgefäße im menschlichen Körper. Die Haut wird weniger durchblutet und man sieht blass aus

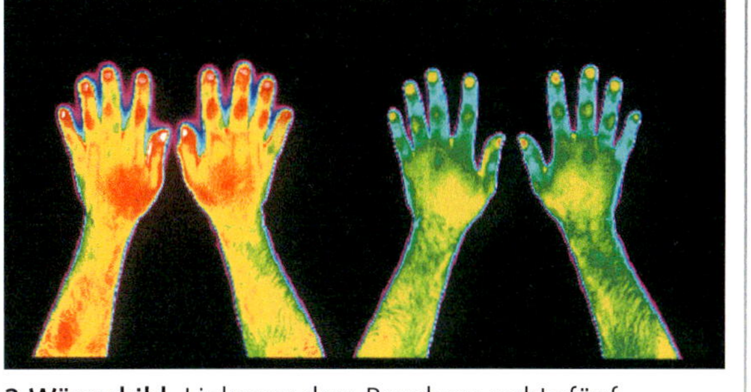

3 Wärmebild. Links vor dem Rauchen; rechts fünf Minuten nach den Rauchen

Da Nikotin und Kohlenstoffmonooxid die zarten Flimmerhärchen der Bronchien vergiften, und die Teerbestandteile des Rauches sie außerdem verkleben, entstehen dauerhafte Verschleimungen und Entzündungen der Bronchien: eine **Bronchitis.** Der Körper versucht, die Schleimabsonderungen durch häufiges Husten abzustoßen: Es ist ein **Raucherhusten** entstanden.
Die ständigen Vergiftungen und Schädigungen des Lungengewebes können zu Zellveränderungen führen, die sich bei Rauchern deutlich häufiger als bei Nichtrauchern **Lungenkrebs** entwickelt. Die mangelhafte Durchblutung kann auch zum Absterben von Armen und Beinen führen. Eine plötzliche Verstopfung eines Gefäßes kann sogar einen **Herzinfarkt** oder einen **Schlaganfall** auslösen.

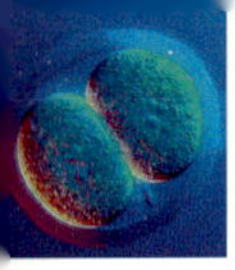

Illegale Drogen – bei Strafe verboten

1. Was versteht man unter illegalen Drogen? Gib einen Überblick.

2. a) Informiert euch über die Herkunft von Opium. Welche Drogen werden daraus hergestellt? Warum ist der Umgang mit diesen Drogen bei uns verboten?
b) Berichte, in welchen Fällen Morphium und Codein als Medikamente eingesetzt werden.
c) Beschreibe, wie Heroin entstanden ist und welche Wirkungen es hat.
d) Welche Folgen hat das Verbot von Drogen auf Opiumbasis für die abhängigen Menschen?

3. Auch Cannabis-Produkte wie Haschisch und Marihuana, die aus der indischen Hanfpflanze gewonnen werden, gehören zu den illegalen Drogen.
Beschreibe Herkunft, Anwendung, Wirkung und Risiken dieser Drogen. Erstelle Computerfolien.

4. Erkläre, warum manche Haschischraucher mit der Zeit zu stärkeren Drogen übergehen.

5. Ecstasy, Speed und Spice gehören zu den synthetisch hergestellten Designerdrogen. Stelle in einem Kurzvortrag Wirkungen und Gefahren vor, die mit der Einnahme dieser Drogen verbunden sein können.

6. a) Mit welchen Entzugserscheinungen müssen Abhängige rechnen, wenn sie ihre jeweilige Droge nicht mehr einnehmen?
b) Beschreibe an einem Beispiel, wie Abhängige ihren Drogenkonsum finanzieren.

7. Um euch über die rechtlichen Aspekte im Zusammenhang mit Drogen zu informieren, könnt ihr einen Experten in eure Klasse einladen, beispielsweise jemanden von der Polizei.
Überlegt euch vorher Fragen, die ihr stellen wollt.

Illegale Drogen

Als illegale Drogen bezeichnet man Stoffe, deren Besitz oder Handel nach dem Betäubungsmittelgesetz strafbar sind. Zu ihnen gehören sowohl Substanzen, die prinzipiell verboten sind, beispielsweise Kokain oder Heroin, als auch solche, die nur medizinisch genutzt und bei entsprechender Indikation wie starken Schmerzen verschrieben werden dürfen.

Cannabis-Produkte

Cannabis-Produkte, zu denen **Haschisch** und **Marihuana** gehören, werden aus Blättern, Blüten und dem Harz der indischen Hanfpflanze hergestellt. Cannabis wird meist mit Tabak vermischt als Joint geraucht. Die Wirkung ist je nach der Stimmung des Konsumenten unterschiedlich. Positive oder negative Stimmungen werden verstärkt. Die Wahrnehmung von Zeit und Raum und von Farben kann sich verändern.
Bei längerem Konsum kann es zur ▸psychischen Abhängigkeit kommen. Konzentrations- und Leistungsfähigkeit lassen nach und Depressionen treten auf. Außerdem wird die Schwelle, andere Drogen zu konsumieren, niedriger.

Drogen auf Opiumbasis

Aus dem Milchsaft von Kapseln des Schlafmohns wird **Opium** gewonnen. Dieser enthält viele Inhaltsstoffe, so auch **Opiate** wie **Codein** und **Morphium.** Durch chemische Weiterbehandlung lässt sich daraus **Heroin** herstellen. Konsumenten rauchen, spritzen oder inhalieren solche Drogen. Sie erzeugen zunächst ein starkes Glücksgefühl und wirken beruhigend. Häufig angewendet kommt es zu Gleichgültigkeit gegenüber Alltagsproblemen sowie Realitätsverlust. Drogen auf Opiumbasis erzeugen sehr schnell eine ▸körperliche und psychische Abhängigkeit. Abhängige, die Heroin spritzen, können sich durch den Gebrauch unsauberer Spritzen, mit ▸HIV oder Hepatitis infizieren. Strecksubstanzen im Heroin führen zu schweren Organschäden. Aufgrund der hohen Kosten der Drogen sind Beschaffungskriminalität oder Prostitution häufig die Folgen. Morphium wird jedoch auch unter ärztlicher Kontrolle als Medikament bei starken Schmerzen nach Operationen und bei Krebspatienten eingesetzt. Codein ist in Medikamenten gegen Hustenreiz enthalten.

1 Süchtig

Kokain

Kokain wird aus den Blättern des südamerikanischen Kokastrauches gewonnen. Es wird als Pulver geschnupft, seltener gespritzt.
Zunächst wirkt Kokain stark aufputschend. Bei längerer Einnahme können Aggressionen, Depressionen und Verfolgungswahn auftreten. Auch körperliche Gesundheitsschäden entstehen. So schädigt das Schnupfen von Kokain die Nasenschleimhaut und führt zu Entzündungen der Nasenscheidewand. Schlaf- und Appetitstörungen können auftreten. Das Spritzen von Kokain kann langfristig zu einer Schwächung des Immunsystems und zu Leberschäden führen. Kokainkonsum macht körperlich abhängig.

Designer-Drogen

Designer-Drogen wie **Ecstasy** und **Speed** werden ausschließlich synthetisch im Labor hergestellt. Konsumenten schlucken sie meist in Form von Pillen. Die Designer-Droge **Spice** wird von den Herstellern auf eine Mischung verschiedener Kräuter aufgebracht. Diese mit Drogen angereicherten Kräuter werden geraucht.
Designerdrogen erzeugen zunächst ein Harmoniegefühl mit der Umwelt und erhöhen die Kontaktbereitschaft. Die normalerweise am Abend oder in der Nacht eintretende Müdigkeit bleibt aus. Appetitlosigkeit, Unruhe und verstärkter Harndrang treten auf. Langfristige oder häufige Einnahme führt zur Austrocknung des Körpers, zu Halluzinationen, Kreislaufversagen und einer Schädigung des Gehirns.
Speed gehört zu der chemischen Wirkstoffgruppe der Amphetamine. Diese rufen eine psychische und körperliche Abhängigkeit hervor.

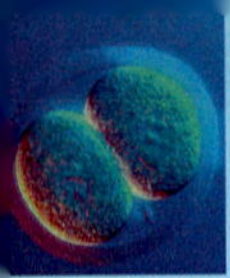

Stationen eines Lebens

Wie ein Kind entstehen kann
Spermien und Eizellen sind die Keimzellen des Menschen. Nur durch ihre Verschmelzung kann ein Kind entstehen. Ist das auf natürlichem Weg beim Geschlechtsverkehr nicht möglich, kann der Kinderwunsch unter Umständen doch erfüllt werden- mit Hilfe der Reproduktionsmedizin. Dazu wird zum Beispiel eine Eizelle im Labor mit dem Sperma des Vaters zusammengebracht und die so befruchtete Eizelle dann in die Gebärmutter eingepflanzt.

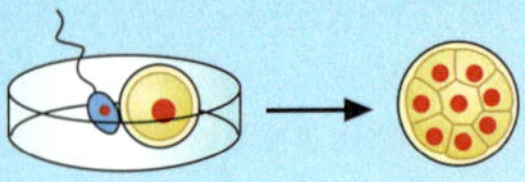

Vorgeburtliche Untersuchungen
Schon vor der Geburt eines Kindes kann man Untersuchungen durchführen, um Entwicklungsstörungen oder Erbkrankheiten frühzeitig erkennen und eventuell behandeln zu können. Eltern müssen sich gut überlegen, welche Untersuchungen sie durchführen lassen und ob sie sich im Zweifelsfall für oder gegen eine Abtreibung entscheiden wollen.

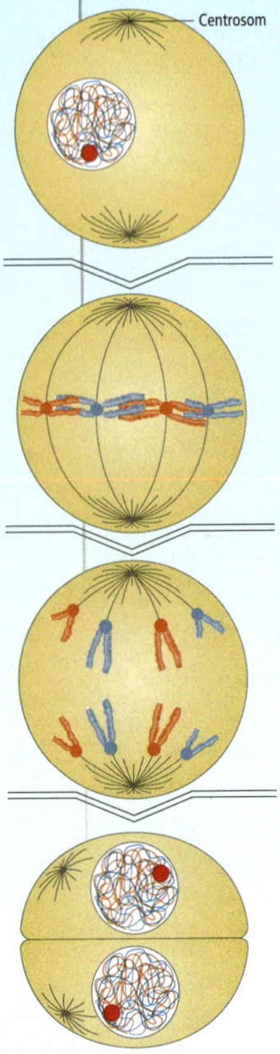

Zellteilung und Stammzellen
Aus einer befruchteten Eizelle entsteht durch Zellteilung ein Mensch, der aus vielen Milliarden differenzierter Zellen besteht.
Die Fähigkeit, sich fast unbegrenzt teilen und in alle möglichen Zelltypen differenzieren zu können, macht die so genannten Stammzellen für die Medizin und Forschung wertvoll. Man darf jedoch nicht vergessen, dass Stammzellen menschliches Leben sind. Daher gelten in Deutschland sehr strenge Regeln für den Umgang mit ihnen.

Die Mitose – eine Kernteilung
Jede menschliche Zelle enthält in ihrem Kern einen doppelten Satz Erbinformationen. Diese liegen auf den Chromosomen. Im Vorfeld der Zellteilung werden die Chromosomen bei der Mitose geteilt und auf die Tochterzellen verteilt - und zwar so, dass in beiden Zellen die gleiche Information vorliegt. Nach der Teilung wird die Erbinformation in jeder Zelle erneut verdoppelt.

Die Schwangerschaft
Aus einer von einem Spermium befruchteten Eizelle kann sich zunächst ein Embryo entwickeln, aus dem während der Schwangerschaft schließlich ein Kind wird. Während dieser Zeit muss die werdende Mutter besonders auf ihre Gesundheit und auf die des Kindes achten.

Was ein Kind lernt
In den ersten Tagen nach der Geburt entsteht eine feste Bindung zwischen dem Säugling und seinen Bezugspersonen. Das Kind lernt, sich auf sie zu verlassen und ihnen zu vertrauen. Auch Trinken, Krabbeln, Laufen und Sprechen muss das Kind lernen.

Lebensphasen
So individuell die Entwicklung des Menschen auch verläuft, die vier Lebensphasen Embryo, Kind, Jugendlicher und Erwachsener sind biologisch vorgegeben und bei allen zu finden. Wie hingegen einzelne Lebensabschnitte und das Zusammenleben der Menschen aussehen, ist von der Gesellschaft abhängig, in der wir leben. In unserer Gesellschaft entscheiden sich derzeit zu wenig Menschen, Kinder zu bekommen. Das bringt viele Probleme mit sich.

Nieren und Leber sind lebenswichtig
Organe wie die Nieren oder die Leber entgiften das Blut. Sie sind daher lebenswichtig. Versagen sie, kann eine Organspende helfen. Dafür sind Spenderorgane unabdingbar. Mit einem Organspendeausweis kann man seine Bereitschaft zur Organspende zeigen.

Sucht und Drogen
Menschen, die an einer Sucht leiden, haben ein krankhaft gesteigertes Verlangen, einen bestimmten Stoff einzunehmen oder ein bestimmtes Verhalten zu wiederholen. Sie sind abhängig und verlieren damit die Kontrolle über ihr Leben.

Stationen eines Lebens

1. a) Bringe die Phasen der Mitose in die richtige Reihenfolge und benenne sie.
b) Welche Vorgänge finden in der Interphase zwischen zwei Mitosen statt?
c) Skizziere ein Metaphasechromosom und beschrifte die Skizze.

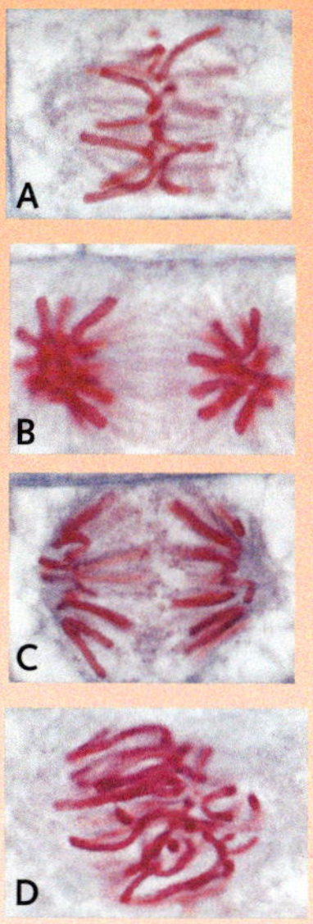

2. Stelle die einzelnen Phasen der Schwangerschaft von der Befruchtung bis zur Geburt zusammen. Finde zu jedem Abschnitt die wichtigen Fakten und jeweils mindestens eine passende Abbildung. Stelle alles zu einer Broschüre „Wie ein Kind entsteht" zusammen.

3. Skizziere möglichst plakativ, wie Schwangere während der Schwangerschaft auf das ungeborene Kind Rücksicht nehmen müssen. Wähle eine geeignete Darstellungsform, zum Beispiel einen Text mit Bildern, eine Collage oder eine Zeichnung mit Piktogrammen.

4. Stammzellen fallen in Deutschland unter das Embryonenschutzgesetz. Recherchiere, welches die wichtigsten Regelungen in diesem Gesetz sind und fasse sie kurz zusammen.

5. Erläutere, was man unter pränataler Diagnostik, kurz PND, versteht. Welche Probleme können damit verbunden sein?

6. Finde mehr über den so genannten „Generationenvertrag" heraus. Erläutere vor diesem Hintergrund, warum es ein Problem für die Gesellschaft darstellt, dass viele junge Erwachsene keine Kinder bekommen wollen.

7. Beschreibe je einen typischen Tag im Leben eines Säuglings, eines Kindes, eines Jugendlichen und eines Erwachsenen.

8. Die Leber erfüllt als Stoffwechselzentrale wichtige Aufgaben. Nenne je drei Beispiele
a) zum Aufbau von Stoffen,
b) zum Abbau von Stoffen,
c) zur Speicherung von Stoffen.

9. Beschreibe kurz die Funktion der Nieren mithilfe folgender Begriffe: Nierenkörperchen, Harnstoff, Primärharn, Wasser, Druck, Endharn, Nierenrinde, Nierenmark, Nierenbecken.

10. Stell dir vor, dass deine Nieren aufgrund einer Krankheit aufhören zu arbeiten. Du benötigst dringend eine Spenderniere und suchst einen Spender. Erstelle dazu einen Aufruf an mögliche Spender. Überzeuge deine Leser von der Dringlichkeit deines Anliegens.
a) Stelle zunächst dar, wie dein Alltag ohne Niere aussähe und wieso du dir so dringend eine neue Niere wünschst.
b) Erkläre dann, was genau die Nieren machen und warum es lebenswichtige Organe sind.
c) Fasse die wichtigsten Informationen zur Nierenspende für die potenziellen Spender zusammen. Was müssen sie wissen, um sich für eine Spende entscheiden zu können?
d) Das deutsche Transplantationsgesetz erschwert deinen Plan, dir eine Niere von einem Fremden einpflanzen zu lassen, allerdings erheblich. Finde heraus, warum und mit welcher Begründung.

11. a) Nenne jeweils drei stoffabhängige und stoffunabhängige Süchte.
b) Beschreibe je eine stoffabhängige und eine stoffunabhängige Sucht genauer. Erläutere jeweils vor allem auch die Folgen.
c) Nenne Gründe, warum Menschen zu Drogen greifen.

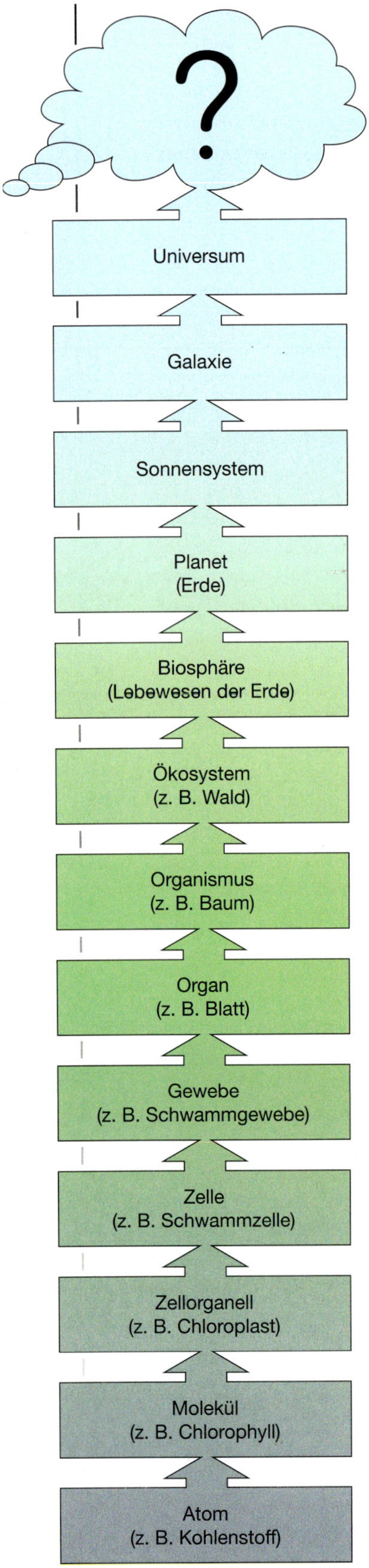

Basiskonzept System

Dem Basiskonzept System liegen zwei Ideen zugrunde. Die erste könnte man so zusammenfassen: „Alles besteht aus Bestandteilen und ist selbst ein Bestandteil von etwas Größerem." So besteht eine Zelle aus Organellen, ist aber gleichzeitig Bestandteil eines Gewebes. Das Gewebe besteht also aus Zellen, ist aber selbst Bestandteil eines Organs, welches wiederum Bestandteil eines Organismus ist, der wiederum Bestandteil eines Ökosystems ist.

Eine Zelle ist aber nicht einfach ein loser Haufen von Organellen, ein System nicht einfach eine Ansammlung von Bauteilen. Alle Bauteile eines Systems sind miteinander verbunden. Sie beeinflussen sich gegenseitig und so kann das ganze System viel mehr, als es die Bauteile an sich könnten. Dies ist die zweite Grundidee, die in diesem Basiskonzept steckt: Alle Bestandteile eines Systems arbeiten zusammen, und durch diese Zusammenarbeit kann das System mehr als die Summe seiner Teile.

Um dies entdecken und verstehen zu können, müssen Naturwissenschaftler also stets auch das "große Ganze" betrachten. Wenn sie sich nur mit Einzelheiten beschäftigten, werden die Erkenntnisse begrenzt sein. Du kannst hier an einigen Beispielen den „systemischen Blick" ausprobieren, ohne den viele biologische Vorgänge und Zusammenhänge rätselhaft bleiben.

1. a) Erläutere die Abbildung "Von der Zelle zum Baum". Beginne mit den Organellen der Zelle. Beschreibe die verschiedenen Systeme und wie sie wiederum Teil anderer Systeme sind.
b) Erläutere an einem dieser Systeme einige Abhängigkeiten, indem du zeigst, wieso einzelne Bestandteile für sich alleine nicht funktions- oder lebensfähig wären.

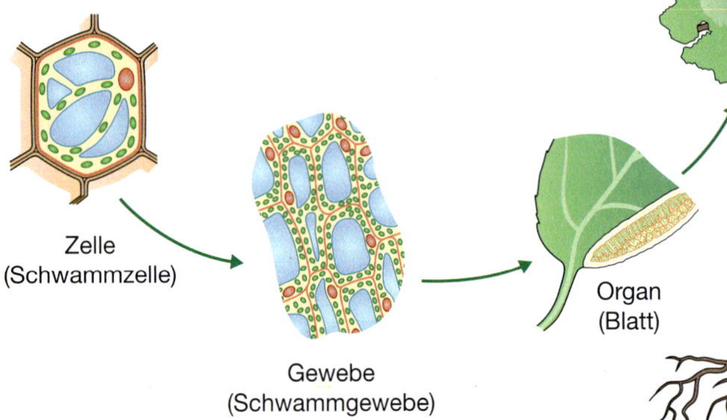

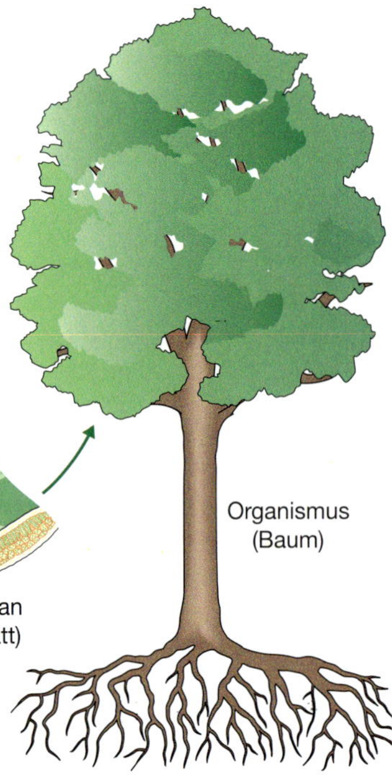

2. Übertrage das Beispiel aus der Abbildung auf eine menschliche Leberzelle.

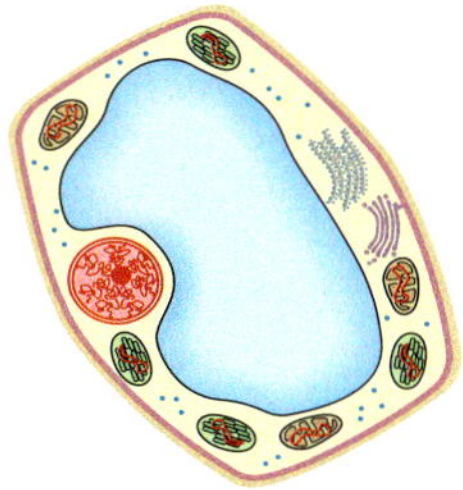

Die Zelle als System

Eine Pflanzenzelle ist von einer Membran umgeben. Diese enthält neben den Chloroplasten, in denen die Fotosynthese abläuft, unter anderem auch Mitochondrien, die für den Energiehaushalt wichtig sind. Im Zellkern liegen die Chromosomen mit den Erbinformationen, in einer Vakuole können Stoffe gespeichert werden und Dictyosomen sorgen für den Stofftransport in der Zelle. Keines dieser Organellen wäre für sich genommen längere Zeit funktionsfähig. Zusammen jedoch ergänzen sich ihre Funktionen – die Zelle lebt.

Das Nervensystem

Im Gehirn arbeiten Milliarden Nervenzellen zusammen. Gemeinsam mit dem Rückenmark und den peripheren Nervenbahnen bildet es das Nervensystem. Dieses Organsystem arbeitet seinerseits mit anderen Organen und Organsystemen zusammen, zum Beispiel den Sinnesorganen oder dem Bewegungsapparat.

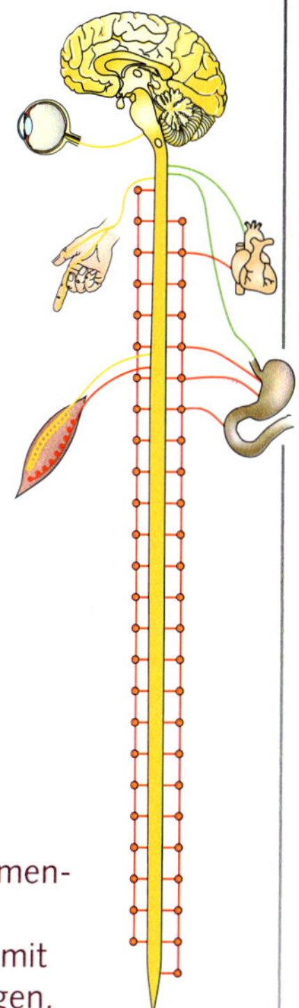

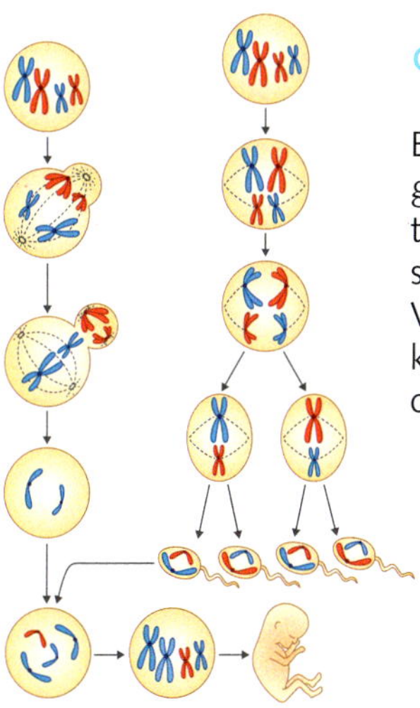

Chromosomenverteilung

Bei der Keimzellbildung werden die Chromosomenpaare getrennt und auf die Tochterzellen verteilt. Bei der Befruchtung werden Chromosomen neu kombiniert. Später werden sie dann "abgelesen", um Proteine zu bilden. War die Verteilung der Chromosomen zuvor jedoch fehlerhaft, kommt es nun auch zu Fehlern. Bestimmte Behinderungen oder Fehlgeburten können die Folge sein.

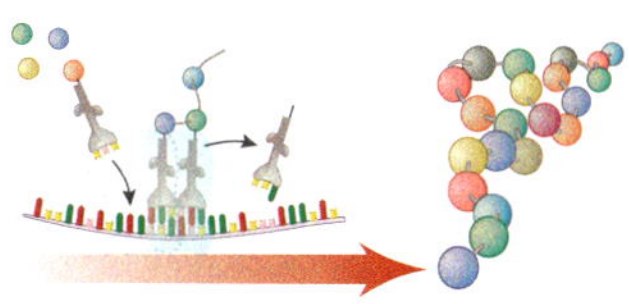

3. Erläutere die Zusammenhänge, die erklären, dass die Wahrscheinlichkeit, ein Kind mit Trisomie 21 zur Welt zu bringen, mit dem Alter der Mutter steigt.

Ökosysteme und Evolution

Lebewesen sind in ihren Lebensräumen vielen Einflüssen ausgesetzt. Temperatur, Nahrungsangebot und das Vorkommen von Feinden sind nur einige dieser Umweltfaktoren, die in Ökosystemen auf Lebewesen einwirken. Sie entscheiden über das Überleben einzelner Individuen und darüber, welche Arten in einem Lebensraum überleben können. Sie sind auch die Ursache für den Selektionsdruck, der die Richtung der Evolution festlegt.

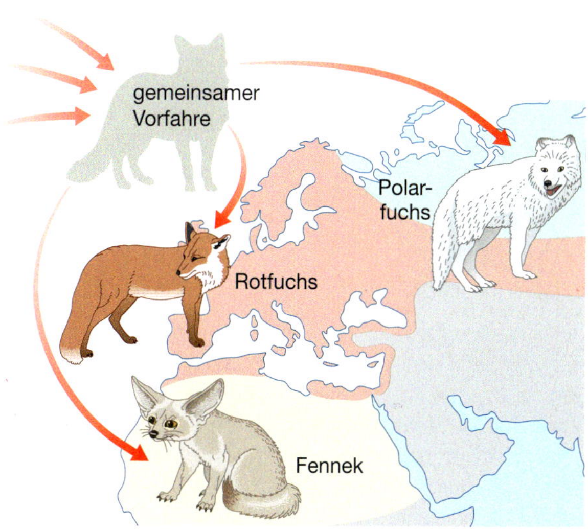

4. Welche Umweltfaktoren waren für die Entwicklung der unterschiedlichen Fuchsarten vermutlich hauptsächlich verantwortlich? Erläutere.

Basiskonzept Struktur und Funktion

Die Strukturen von lebenden Systemen hängen mit ihren Funktionen zusammen. Dies gilt für Pflanzen, Tiere und Menschen gleichermaßen. Die Vordergliedmaßen der Wirbeltiere zum Beispiel entsprechen ihren Aufgaben. Die in Hormondrüsen gebildeten Hormone wirken nach dem Schlüssel-Schloss-Prinzip nur auf bestimmte Zielzellen mit entsprechenden geformten Rezeptoren. Der Bau der Plazenta bei Wirbeltieren ermöglicht den Stoffaustausch zwischen mütterlichem und embryonalem Blut.

Gliedmaßen

Die Vordergliedmaßen der Wirbeltiere sind entsprechend ihrer Funktion gebaut. Maulwürfe besitzen Grabhände und Fledermäuse verlängerte Finger, zwischen denen Flughäute gespannt sind. Sie gehen auf einen Grundbauplan zurück.

Struktur und Funktion von Nervenzellen

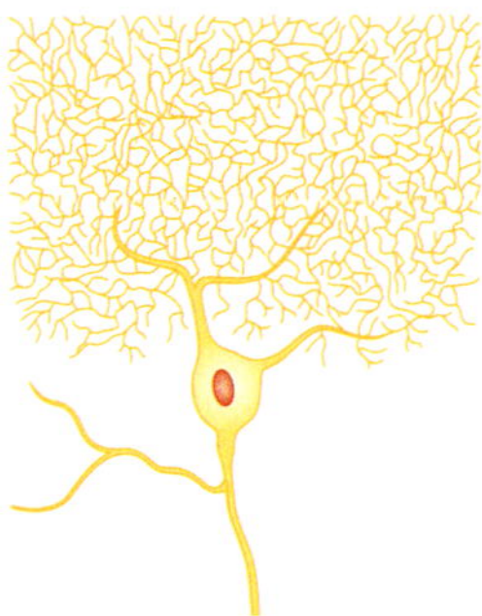

Die bäumchenartigen Dendriten einer Nervenzelle ermöglichen den Kontakt und die Zusammenarbeit mit anderen Nervenzellen. Im Axon überwinden den Nervenimpulse auch größere Entfernungen, beispielsweise bis zum angesteuerten Skelettmuskel.

Struktur und Funktion der Plazenta

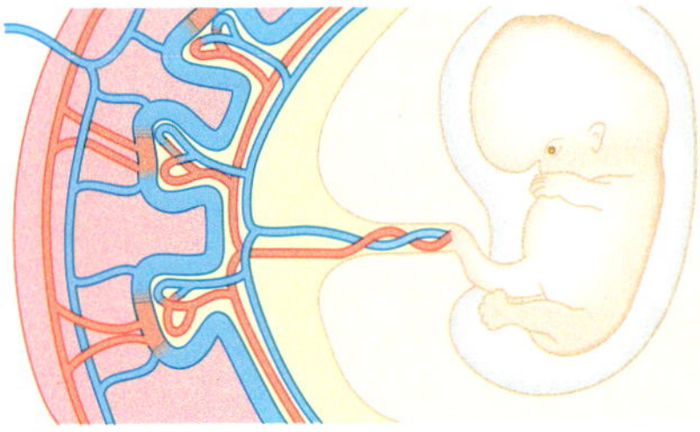

Die Struktur der Plazenta von Wirbeltieren einschließlich des Menschen ermöglicht den Austausch von mütterlichem und fetalem Blut. Sie ist von zahlreichen Blutgefäßen durchzogen, die eng beieinander liegen. Dabei findet auf der stark vergrößerten Oberfläche der Stoffaustausch statt.

Synapse

Die Synapse ist eine Kontaktstelle zwischen zwei Nervenzellen oder einer Nervenzelle mit einer Muskel-, Sinnes- oder Drüsenzelle. Ihre Struktur ermöglicht es, durch chemische Überträgerstoffe Informationen über einen Spalt von einer Zelle auf die andere zu übertragen.

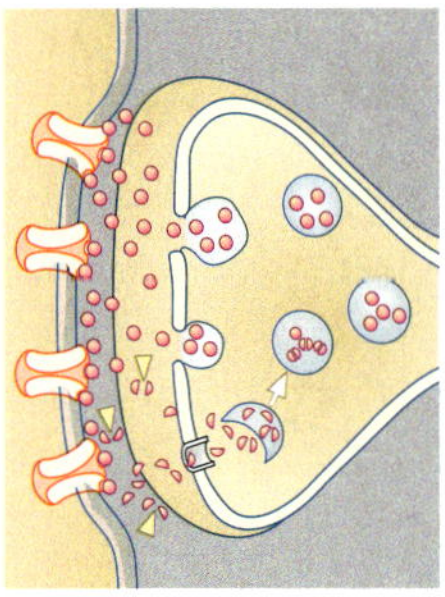

DNA-Verdoppelung

Bei der so genannten Replikation öffnet sich der DNA-Doppelstrang in Längsrichtung. Nun lagern sich Nucleotide mit passenden Basen an die offenen Einzelstränge an und werden miteinander verknüpft. So entstehen wieder zwei komplette DNA-Doppelstränge.

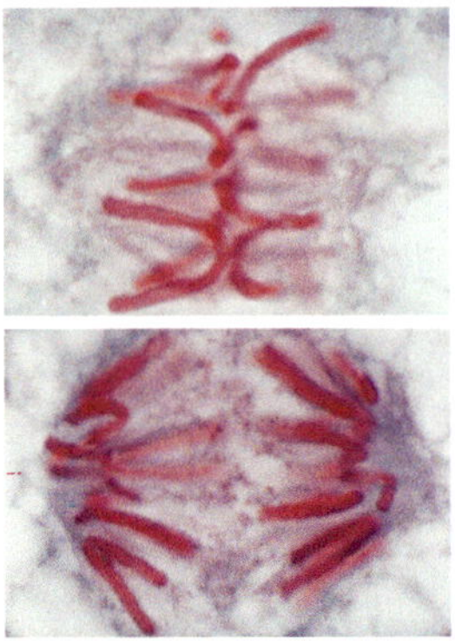

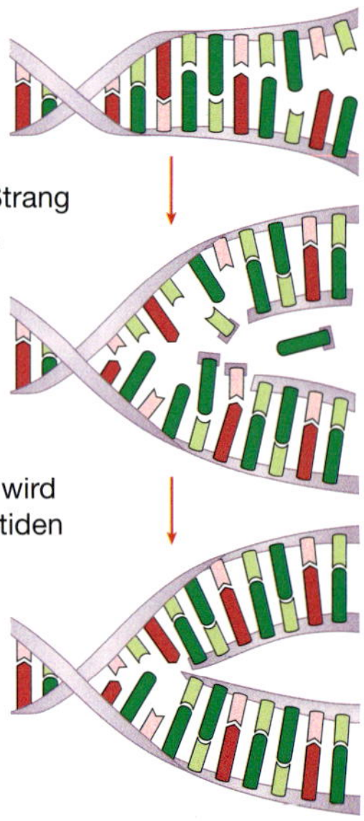

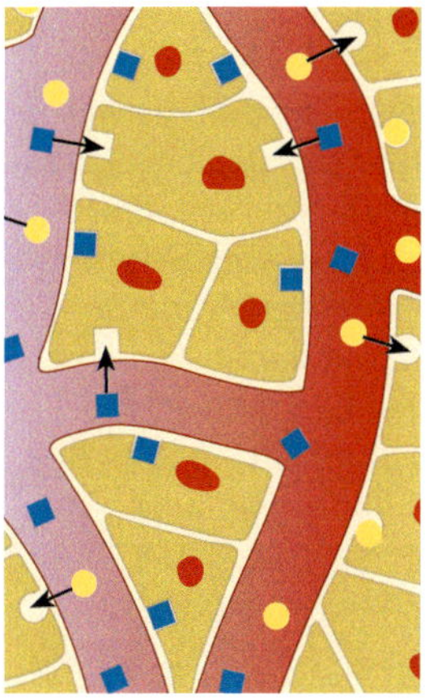

Hormone

Ein von Hormondrüsen in die Blutbahn abgesondertes Hormon wirkt nach dem Schlüssel-Schloss-Prinzip nur auf spezielle Zielzellen mit den zum Hormon passenden Rezeptoren.

Proteinbiosynthese

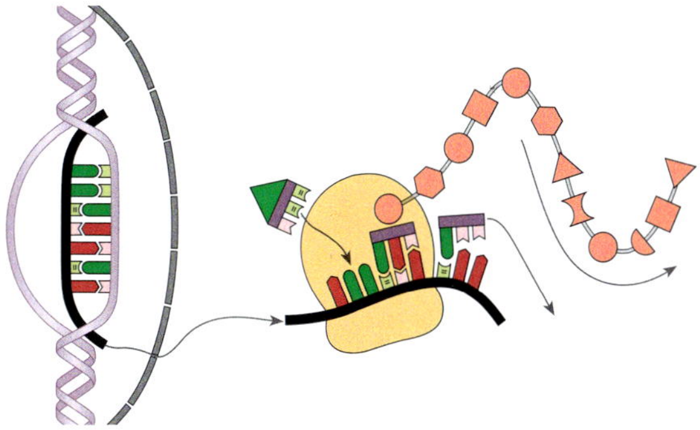

In den Genen ist der Bau der körpereigenen Proteine verschlüsselt. Die Proteine sind für die Ausbildung der Zellen und Enzyme verantwortlich, die zur Ausbildung von Merkmalen eines Lebewesens führen. An den Ribosomen werden im Zellkern die entsprechenden Informationen von den Genen abgelesen. Anschließend werden in der Zelle die Aminosäuren nach einem bestimmten Code in der richtigen Reihenfolge zu einem Protein zusammengefügt.

Struktur und Funktion der Nieren

Die Nieren sind Teil des Ausscheidungssystems. Durch ihren Bau mit rund 1,2 Millionen Nierenkörperchen in der Nierenrinde können sie täglich bis zu 1500 Liter Blut filtern. Das Blut gelangt von der Hauptschlagader über die Nierenarterie in die Kapillaren der Nierenrinde.

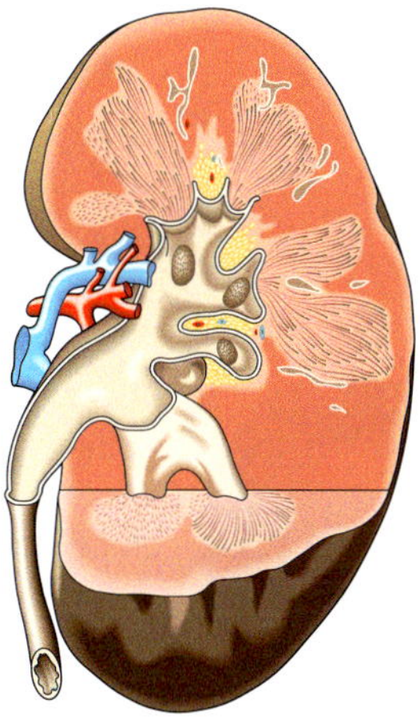

Gentransfer

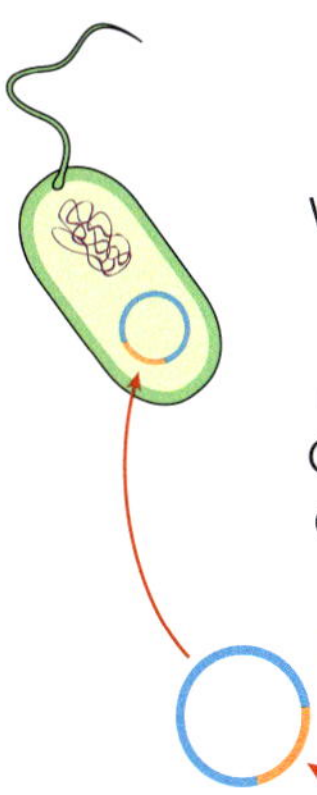

Weil die DNA aller Organismen die gleiche Grundstruktur aufweist, ist es mit Hilfe der Gentechnik möglich, Teile von Geninformationen einer Art auf eine andere zu übertragen und so die Entwicklung und Ausprägung gewünschter Merkmale herbeizuführen.

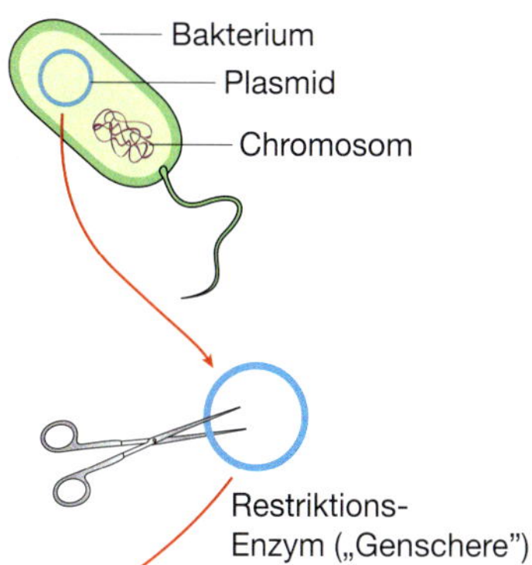

1. Trotz eines gemeinsamen Grundbauplanes der Vordergliedmaßen bei Wirbeltieren einschließlich des Menschen sind diese unterschiedlich gebaut und üben auch unterschiedliche Funktionen aus. Erläutere dies anhand von Beispielen.

2. Erläutere den Zusammenhang zwischen Struktur und Funktion anhand der DNA-Replikation.

Basiskonzept Entwicklung

Alles Leben befindet sich in ständiger Entwicklung. So hat sich seit Milliarden von Jahren die Pflanzen- und Tierwelt – einschließlich die des Menschen – zu den heutigen Formen entwickelt. Diese Evolution findet auch weiterhin statt. Arten sterben aus, Arten bilden sich neu. Alle heutigen Vogelarten gehen zum Beispiel auf den Urvogel zurück. So entstanden aus dem Grundfink auf den Galapagos-Inseln durch Mutation und Selektion verschiedene Arten von Darwinfinken. Entwicklung findet auch bei jedem Individuum statt. Meist beginnt sie mit einer befruchteten Eizelle und verläuft über verschiedene Embryonalstadien zum fertigen Organismus. Dabei finden Entwicklungsprozesse auch auf der Ebene von Organen und Zellen statt. Durch Züchtung und technische Mittel kann der Mensch sowohl in individuelle Entwicklungsvorgänge als auch in die Stammesentwicklung eingreifen.

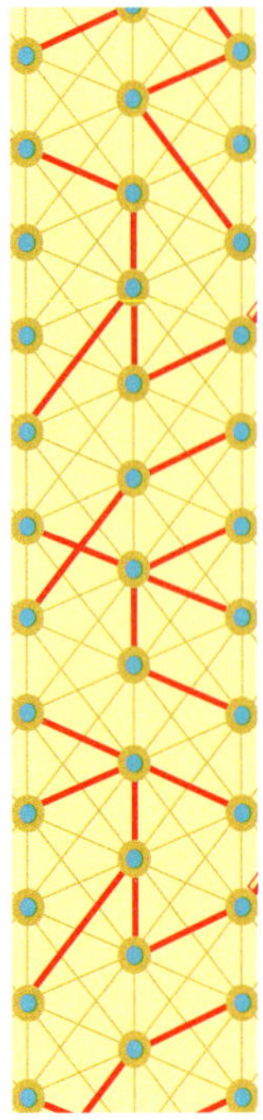

Plastizität

Das Gehirn besteht aus vielen Nervenzellen, die über Synapsen miteinander verknüpft sind. Bei Neugeborenen sind es zunächst wenige Verknüpfungen. Mit zunehmenden Alter nehmen die Verknüpfungen durch Bewegungsabläufe, Erfahrungen und gelernte Wörter rapide zu. In den Verknüpfungen ist das Gelernte gespeichert. Je mehr wir lernen, umso komplexer wird das Nervennetz. Es kann sich im Laufe des Lebens Veränderungen anpassen, schnelle Verbindungen herstellen, ungenutzte aber auch abschalten. Man bezeichnet diese Fähigkeit als Plastizität.

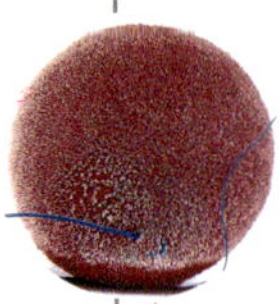

Individualentwicklung

Die Individualentwicklung beginnt mit der Befruchtung der Eizelle durch ein Spermium. Die weitere Entwicklung erfolgt über einen Embryo und Fetus zum Neugeborenen. Dabei bestimmen die Gene der Eltern zum großen Teil, wie sich körperliche und geistige Merkmale ausprägen.

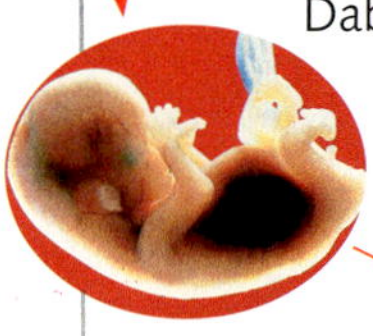

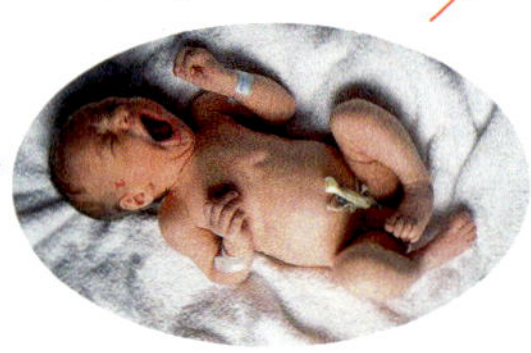

Stammzellen

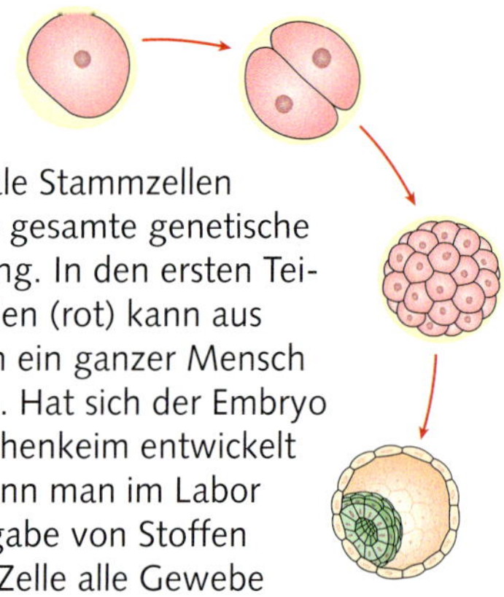

Embryonale Stammzellen haben die gesamte genetische Ausstattung. In den ersten Teilungsstadien (rot) kann aus den Zellen ein ganzer Mensch entstehen. Hat sich der Embryo zum Bläschenkeim entwickelt (grün), kann man im Labor durch Zugabe von Stoffen aus jeder Zelle alle Gewebe herstellen.

Resistenzen

Einige Schädlinge überleben den Einsatz von Pflanzenschutzmitteln aufgrund von Mutationen. Die Resistenz gegen das Mittel wird an die folgenden Generationen weitergegeben und verbreitet sich so über die Gene.

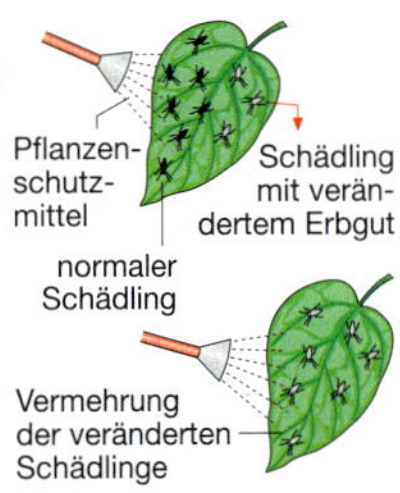

Innerartliche Selektion

Bei Rangordnungskämpfen haben schwächere Tiere geringere Fortpflanzungschancen als stärkere. Die Fitness oder Tauglichkeit der Tiere entscheidet, inwieweit deren Gene in folgende Generationen eingebracht wird. Bei der langfristigen Entwicklung bleiben solche Merkmale erhalten, die für die Lebewesen von Vorteil sind. Dabei können positive Merkmale durch veränderte Umweltbedingungen zu Nachteilen werden. Die enormen Geweihe der urzeitlichen Riesenhirsche z. B. wurden in der waldreichen Nacheiszeit zum Nachteil. Die Tiere starben aus.

Entwicklung zum Landleben

Im Devon entwickelten sich aus Lungenfischen die ersten Landwirbeltiere. Dies wurde erst dadurch möglich, dass sich nach und nach aus Flossen Gliedmaßen bildeten. Auch die Ernährung stellte sich um.

Aufrechter Gang

Die Entwicklung der bogenförmigen Wirbelsäule in Jahrmillionen zur doppelt S-förmigen Krümmung ermöglichte eine ständige aufrechte Haltung des Menschen.

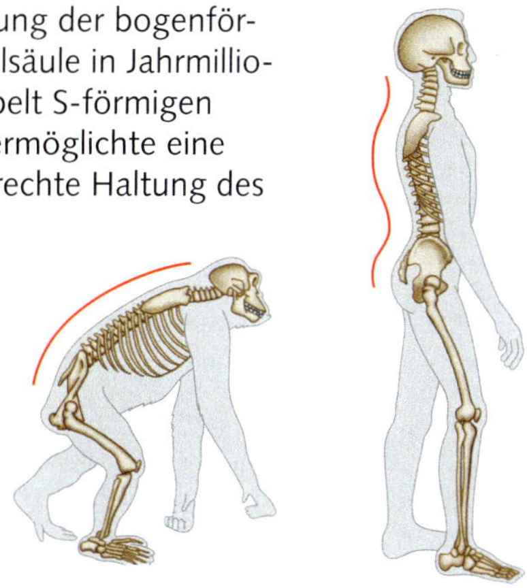

1. Der Mensch kann durch genetische Maßnahmen in die Entwicklung von Pflanze, Tier und Mensch eingreifen. Nenne Beispiele.

2. Im Jahre 2011 trat in Deutschland eine bakterielle Infektionskrankheit (EHEC) auf, die auf Antibiotika nicht reagierte. Weshalb versagten die verabreichten Antibiotika?

Evolution der Wirbeltiere

Die Evolution der Lebewesen lässt sich anhand von Stammbäumen veranschaulichen. Der Stammbaum der Wirbeltiere zum Beispiel zeigt die verwandtschaftlichen Beziehungen innerhalb einer systematischen Gruppe. So besitzen alle Wirbeltiere im Unterschied zu ihren Vorfahren eine Wirbelsäule. Sie sind aus einer gemeinsamen Vorfahrform hervorgegangen und umfassen sämtliche Nachkommen dieses Vorfahren. An den Verzweigungen steht jeweils eine Ausgangsart, so zum Beispiel ein Ur-Kriechtier, das sowohl zu den Kriechtieren als auch über Saurier und Ur-Vogel zu den heutigen Vogelarten führt.

Artenbildung

Die Entwicklung zu verschiedenen Arten, beispielsweise von Darwin-Finken, geht auf verschiedene Faktoren zurück. Hierzu gehören Mutation, Rekombination der Gene, Selektion sowie geografische Isolation.

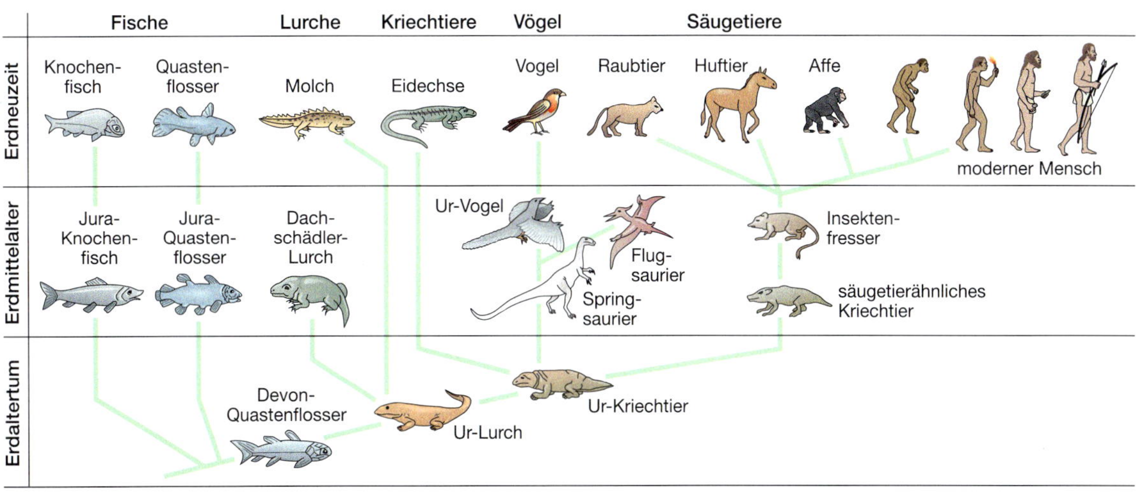

Stichwortverzeichnis

Fette Seitenzahlen weisen auf ausführliche Behandlung im Text oder auf Abbildungen hin.
f. = die folgende Seite
ff. = die folgenden Seiten

F

G

J

K

L

M

Namensverzeichnis

Übersicht

Bildquellenverzeichnis

Titel (Oma und Enkelin): Getty images, München; Titel (Wespenschwebfliege): Wildlife, Hamburg; Titel (Nervenzelle): F1online, Frankfurt; 3.1, 10.1: Arthur Hauck, Pfalzgrafenweiler; 3.2, 24.1: Agentur Focus, Hamburg (Syred/SPL); 4.1, 72.1: Corbis, Düsseldorf (© Frans Lanting); 5.1, 116.1: David Brandt, Dresden; 6.1, 144.1: Minkus images, Isernhagen; 8.1: Wildlife, Hamburg; 10.2: Agentur Focus, Hamburg (Science Pictures Limited/SPL); 10.3: mauritius images, Mittenwald; 11.1: Okapia, Frankfurt (K.Porter/NAS); 11.2, 15.2A, 12-22.Ikon: Johannes Lieder, Ludwigsburg; 11.3: Karly, München (Prof. Dr. G. Wanner); 12.1: Imme Freundner-Huneke, Neckargemünd; 13.1: Picture-Alliance, Frankfurt (Aribert Jung, Klett GmbH); 13.2: Karly, München; 14.1C: Agentur Focus, Hamburg (Innerspace Imaging/SPL); 14.1D: Johannes Lieder, Ludwigsburg; 14.2:-3: Imme Freundner-Huneke, Neckargemünd; 14.4: Johannes Lieder, Ludwigsburg; 15.1C:-D: Lyß, Wolfenbüttel; 15.2B: Johannes Lieder, Ludwigsburg; 16.1A: Duquesne University, Pittsburgh (Dr. R.Elinson); 16.1B-F: Tierbildarchiv Angermayer, Holzkirchen (Pfletschinger); 16.2: Bildarchiv Boden-Landwirtschaft-Umwelt, Creglingen (Otto Ehrmann); 16.Ikon: Xeniel-Dia, Neuhausen (Dr. Nittinger); 17.2A: Picture-Alliance, Frankfurt (Picture Press/Willi Rolfes); 17.2B: Tierbildarchiv Angermayer, Holzkirchen; 18.1: Dr. Bernd Nussinger, Nürnberg; 18.2: Karly, München; 19.1: Karly, München (Prof. G. Wanner); 19.2: aus: Kleinig, Sitte: Zellbiologie, 4. Aufl., 2002 © Spektrum Akademischer Verlag, Heidelberg, Berlin; 19.4A: Agentur Focus, Hamburg (Camr/A.B. Dowsett/SPL); 20.1: Karly, München; 20.2: Okapia, Frankfurt; 21.2: aus: Hans Kleinig, Peter Sitte: Zellbiologie, 3. Auflage 1992, © Elsevier GmbH, Spektrum Akademischer Verlag, Heidelberg; 21.3: Okapia, Frankfurt; 22.1A: Museum Boerhaave, Leiden; 22.1B: Optisches Museum der Ernst-Abbe-Stiftung, Jena; 22.2A: Deutsches Museum, München; 22.2B: TopicMedia Service, Putzbrunn (Wisniewski); 22.3A: Keystone, Hamburg (Hans-Rudolf Schulz); 22.3B: Corbis, Düsseldorf (Visual Unlimited); 24.2: Institute of Cancer Research, London; 24.3: Deutsches Museum, München; 24.4: Michael Rogosch, Bochum; 24.5: Agentur Focus, Hamburg (SPL/David Aubrey); 24.6: Henning Christoph, Essen; 25.1: Agentur Focus, Hamburg (TEK IMAGE/SPL/AGENTUR FOCUS); 25.2: Fairfaxphotos, Syndney, NSW (Sahlan Hayes); 25.3: Eccocell Biotechnologie, Graz, Langenfeld (Werner Krug); 26.1A: Minkus images, Isernhagen; 26.1B: Minkus images, Isernhagen; 26.1C: Minkus images, Isernhagen; 26.1D, 26.1I-IV: Minkus images, Isernhagen; 27.1: fotolia.com, New York (© MoCoPhoto); 27.2, 38.2: Institut für Humangenetik, Universitätsklinikum, RWTH Aachen; Leitung der Zytogenetik: Dr. rer.nat. Herdit M. Schüler; 28.1, 28.2, 26-70.Ikon, 154.2: Michael Walory, Münster; 28.3: Dr. Manfred Keil - Lichtbild-Archiv, Neckargemünd; 28.4: Johannes Lieder, Ludwigsburg; 30.1: Deutsches Museum, München; 31.4: vario images, Bonn; 32.1: Michael Walory, Münster; 34.1: mauritius images, Mittenwald; 34.2: Arco Images, Lünen (De Meester, J.); 34.3: Arco Images, Lünen (P. Wegner); 34.4: alimdi.net, Deisenhofen (Michael Krabs); 34.5: Michael Walory, Münster; 36.1: laif, Köln (Jonkmanns); 36.2: mauritius images, Mittenwald (Photononstop); 36.3: mauritius images, Mittenwald (Alamy/Joanna T.); 36.4: Picture Press, Hamburg (Silje Paul); 37.1A: mauritius images, Mittenwald (mindbodysoul); 37.1B: Panther Media, München (Robert Kneschke); 38.1: Institut für Humangenetik, Universitätsklinikum, RWTH Aachen; Leitung der Zytogenetik: Dr. rer. nat. Herdit M. Schüler; 39.1-4: Minkus images, Isernhagen; 40.1-2: Imme Freundner-Huneke, Neckargemünd; 41.1A, 154.1A-F, 179.1A-D, 182.2-3: Johannes Lieder, Ludwigsburg; 42.2A: PAN-Images, Kassel (Nordmann); 42.2B: F1online, Frankfurt (denkou images); 43.1: Agentur Focus, Hamburg (A. Barrington Brown/SPL); 43.2: Jochen Tack Fotografie, Essen; 45.1: vario images, Bonn; 48.1: Lyß, Wolfenbüttel; 48.2: Imme Freundner-Huneke, Neckargemünd; 49.2: Helga Lade, Frankfurt; 51.1, 51.2A-B: Imme Freundner-Huneke, Neckargemünd; 53.1A: Okapia, Frankfurt (Mark D. Phillips/NAS); 53.1B: Agentur Focus, Hamburg (Francis Leroy); 53.2: Agentur Focus, Hamburg (Dept. of clinical cytogenetics, Addenbrookes Hospital/SPL); 53.3: Corbis, Düsseldorf (ZEFA/Mika); 54.1: Johannes Lieder, Ludwigsburg; 55.1: F1online, Frankfurt (Kraus); 55.2: Deutsches Historisches Museum, Berlin; 56.1: Picture-Alliance, Frankfurt (ZB); 58.1: Lyß, Wolfenbüttel; 58.2: mauritius images, Mittenwald (Heidi Velten); 58.3: Imme Freundner-Huneke, Neckargemünd; 58.4: Associated Press, Hamburg; 59.1A: mauritius images, Mittenwald (Rossenbacher); 59.1B: Lavendelfoto, Hamburg (Gerhard Hoefer); 59.3: Joker, Bonn (Ralf Gerard); 60.1: Picture-Alliance, Frankfurt (ZB); 60.2, 60.3: Picture-Alliance, Frankfurt; 61.2: Imme Freundner-Huneke, Neckargemünd; 62.3B: Corbis, Düsseldorf (Colin McPherson); 62.4: B. Foroughi, Institut für Resistenzgenetik, Grünbach; 63.1A: Uwe Tönnies, Laatzen; 63.1B: Corbis, Düsseldorf (W. Wayne Lockwood, M.D.); 63.2A: A1PIX - Your Photo Today, Taufkirchen; 63.2B: Getty Images, München (Altrendo); 66.1: Golden Rice Humanitarian Board/www.goldenrice.org; 67.1A-B: Wildlife, Hamburg (D. Harms); 67.1C: www.biosicherheit.de, Darmstadt (Gerd Spelsberg); 67.2A: Okapia, Frankfurt (picture-alliance); 67.2B: ANDIA, Pacé (© Aucouturier); 68.1: StockFood, München (Teubner Foodfoto); 68.2: TopicMedia Service, Putzbrunn; 68.3: Keystone Pressedienst, Hamburg (Volkmar Schulz); 68.4: Schott, Mainz; 68.5: bw Photoagentur, München (C. Wild); 68.6: Stills-Online Bildagentur, Hamburg; 72.1: Corbis, Düsseldorf; 72.3: akg-images, Berlin; 73.1: Corbis, Düsseldorf (Roger Ressmeyer); 73.2: Hessisches Landesmuseum, Darmstadt (Sina Althöfer); 73.3: Hans-Peter Konopka, Herne; 73.4: A1PIX - Your Photo Today, Taufkirchen (HSC); 74-114.Ikon, 76.2: Staatliches Museum für Naturkunde, Stuttgart; 74.1: Picture-Alliance, Frankfurt; 75.1E: Pantarei/Centro Studi Ricerche Ligabue, Venezia (Manzoni); 75.1F: Staatliches Museum für Naturkunde, Stuttgart; 75.1G: Staatliches Museum für Naturkunde, Stuttgart (R. Harling, bearb.: J. Gritzka); 76.1: TopicMedia Service, Putzbrunn (Dr. Sauer); 76.3: Okapia, Frankfurt (Cancalosi); 76.4: Caro, Berlin (Sanchez); 76.5: Okapia, Frankfurt (Breck); 77.1: Okapia, Frankfurt (Doug Lee/Peter Arnold); 78.1: Erhard Mathias, Reutlingen; 78.2: TopicMedia Service, Putzbrunn (De Cuvela/Silvestris); 78.3: vario images, Bonn; 78.4: Erhard Mathias, Reutlingen; 78.5: Helmut Gaßmann, Bad Münstereifel; 78.6-9: Erhard Mathias, Reutlingen; 79.1: Astrofoto, Sörth (Detlev van Ravenswaay); 84.1: TopicMedia Service, Putzbrunn (Fleetham); 85.1A: TopicMedia Service, Putzbrunn (Lenz); 85.1B: Okapia, Frankfurt (Frieder Sauer); 86.1: Vladimir Motycka, 27034 Cista u Rakovnika; 88.1: Senckenberg Forschungsinstitut und Naturmuseum, Frankfurt; 89.1, 89.2: Juniors, Hamburg; 89.3: Blickwinkel, Witten (M. Willemeit); 89.4: Okapia, Frankfurt (ZoomServerPro); 89.5: Westend 61, München (Erich Kuchling); 90.1: Okapia, Frankfurt (Gohier); 91.2: A1PIX - Your Photo Today, Taufkirchen (NTH); 91.3: Okapia, Frankfurt (D. Parer & E. Parer-Cook/Auscape/SAVE); 92.1: Arco Images, Lünen (NPL); 92.2: Spektrum der Wissenschaft Verlagsgesellschaft, Heidelberg (J. A. Bishop und L. M. Cook); 92.3: Zoo Safaripark, Schloss Holte-Stukenbrock; 94.1: Blickwinkel, Witten (F. Hecker); 94.2: Reinhard-Tierfoto, Heiligkreuzsteinach; 95.1: Premium Stock Photography, Düsseldorf (Volkmar Brockhaus); 95.2: Wildlife, Hamburg (D. Harms); 95.3: A1PIX - Your Photo Today, Taufkirchen (VWR); 95.4: Paul Trötschel, Heeslingen (OT Stettdorf); 96.1: Tierbildarchiv Angermayer, Holzkirchen (Pfletschinger); 96.2: Tierbildarchiv Angermayer, Holzkirchen (Pfletschinger); 96.3: mauritius images, Mittenwald; 96.4: mauritius images, Mittenwald (fm); 97.3: mauritius images, Mittenwald (imagebroker); 97.4: Prof. Dr. Lutz Thilo Wasserthal, Erlangen; 97.5: Okapia, Frankfurt (Fred Bavendam); 98.1: Picture-Alliance, Frankfurt (ZB); 98.2: mauritius images, Mittenwald (imagebroker); 98.3: Wildlife, Hamburg (P.Barruell/WWF); 98.4: Senckenberg Museum für Naturkunde, Görlitz; 100.1, 100.4: Deutsches Museum, München; 101.1: akg-images, Berlin; 101.2: Getty Images, München (The Image Bank/Rossi); 101.3: Picture-Alliance, Frankfurt (akg-images); 102.1: Biosphoto, Berlin (Gunther Michel); 106.1: © Wiss. Rekonstruktionen: W. Schnaubelt & N. Kieser -